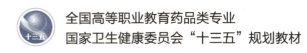

全国高等职业教育药品类专业
国家卫生健康委员会"十三五"规划教材

供药学类、药品制造类、食品药品管理类、
医学技术类、生物技术类专业用

分析化学

第 **3** 版

主　编　李维斌　陈哲洪

副主编　何文涓　王　锋　袁志江　曲中堂

编　者　（以姓氏笔画为序）

王　娅　（重庆美莱德生物医药有限公司）	邹明静　（菏泽医学专科学校）
王　锋　（徐州生物工程职业技术学院）	张丽娜　（遵义医药高等专科学校）
王玉婷　（江苏省徐州医药高等职业学校）	陈哲洪　（遵义医药高等专科学校）
曲中堂　（重庆医药高等专科学校）	周建庆　（安徽医学高等专科学校）
朱　疆　（楚雄医药高等专科学校）	袁志江　（山西药科职业学院）
孙　倩　（辽宁医药职业学院）	郭可愚　（上海健康医学院）
李维斌　（楚雄医药高等专科学校）	鲍　羽　（湖北中医药高等专科学校）
时惠敏　（郑州澍青医学高等专科学校）	蔺首睿　（长春医学高等专科学校）
何文涓　（无锡卫生高等职业技术学校）	

人民卫生出版社

图书在版编目（CIP）数据

分析化学/李维斌,陈哲洪主编.—3 版.—北京:人民卫生出版社,2018

ISBN 978-7-117-25634-6

Ⅰ.①分… Ⅱ.①李…②陈… Ⅲ.①分析化学-高等学校-教材 Ⅳ.①065

中国版本图书馆 CIP 数据核字（2018）第 058835 号

人卫智网	www.ipmph.com	医学教育、学术、考试、健康， 购书智慧智能综合服务平台
人卫官网	www.pmph.com	人卫官方资讯发布平台

分 析 化 学

第 3 版

主　　编：李维斌　陈哲洪

出版发行：人民卫生出版社（中继线 010-59780011）

地　　址：北京市朝阳区潘家园南里 19 号

邮　　编：100021

E‐mail：pmph @ pmph.com

购书热线：010-59787592　010-59787584　010-65264830

印　　刷：人卫印务（北京）有限公司

经　　销：新华书店

开　　本：850×1168　1/16　印张：28

字　　数：659 千字

版　　次：2009 年 1 月第 1 版　2018 年 6 月第 3 版
　　　　　2024 年 10 月第 3 版第 14 次印刷（总第 29 次印刷）

标准书号：ISBN 978-7-117-25634-6

定　　价：62.00 元

全国高等职业教育药品类专业国家卫生健康委员会
"十三五"规划教材出版说明

《国务院关于加快发展现代职业教育的决定》《高等职业教育创新发展行动计划（2015－2018年）》《教育部关于深化职业教育教学改革全面提高人才培养质量的若干意见》等一系列重要指导性文件相继出台，明确了职业教育的战略地位、发展方向。为全面贯彻国家教育方针，将现代职教发展理念融入教材建设全过程，人民卫生出版社组建了全国食品药品职业教育教材建设指导委员会。在该指导委员会的直接指导下，经过广泛调研论证，人民卫生出版社启动了全国高等职业教育药品类专业第三轮规划教材的修订出版工作。

本套规划教材首版于 2009 年，于 2013 年修订出版了第二轮规划教材，其中部分教材入选了"十二五"职业教育国家规划教材。本轮规划教材主要依据教育部颁布的《普通高等学校高等职业教育（专科）专业目录（2015 年）》及 2017 年增补专业，调整充实了教材品种，涵盖了药品类相关专业的主要课程。全套教材为国家卫生健康委员会"十三五"规划教材，是"十三五"时期人卫社重点教材建设项目。本轮教材继续秉承"五个对接"的职教理念，结合国内药学类专业高等职业教育教学发展趋势，科学合理推进规划教材体系改革，同步进行了数字资源建设，着力打造本领域首套融合教材。

本套教材重点突出如下特点：

1. **适应发展需求，体现高职特色**　本套教材定位于高等职业教育药品类专业，教材的顶层设计既考虑行业创新驱动发展对技术技能型人才的需要，又充分考虑职业人才的全面发展和技术技能型人才的成长规律；既集合了我国职业教育快速发展的实践经验，又充分体现了现代高等职业教育的发展理念，突出高等职业教育特色。

2. **完善课程标准，兼顾接续培养**　本套教材根据各专业对应从业岗位的任职标准优化课程标准，避免重要知识点的遗漏和不必要的交叉重复，以保证教学内容的设计与职业标准精准对接，学校的人才培养与企业的岗位需求精准对接。同时，本套教材顺应接续培养的需要，适当考虑建立各课程的衔接体系，以保证高等职业教育对口招收中职学生的需要和高职学生对口升学至应用型本科专业学习的衔接。

3. **推进产学结合，实现一体化教学**　本套教材的内容编排以技能培养为目标，以技术应用为主线，使学生在逐步了解岗位工作实践，掌握工作技能的过程中获取相应的知识。为此，在编写队伍组建上，特别邀请了一大批具有丰富实践经验的行业专家参加编写工作，与从全国高职院校中遴选出的优秀师资共同合作，确保教材内容贴近一线工作岗位实际，促使一体化教学成为现实。

4. **注重素养教育，打造工匠精神**　在全国"劳动光荣、技能宝贵"的氛围逐渐形成，"工匠精神"在各行各业广为倡导的形势下,医药卫生行业的从业人员更要有崇高的道德和职业素养。教材更加强调要充分体现对学生职业素养的培养,在适当的环节,特别是案例中要体现出药品从业人员的行为准则和道德规范,以及精益求精的工作态度。

5. 培养创新意识,提高创业能力　为有效地开展大学生创新创业教育,促进学生全面发展和全面成才,本套教材特别注意将创新创业教育融入专业课程中,帮助学生培养创新思维,提高创新能力、实践能力和解决复杂问题的能力,引导学生独立思考、客观判断,以积极的、锲而不舍的精神寻求解决问题的方案。

6. 对接岗位实际,确保课证融通　按照课程标准与职业标准融通,课程评价方式与职业技能鉴定方式融通,学历教育管理与职业资格管理融通的现代职业教育发展趋势,本套教材中的专业课程,充分考虑学生考取相关职业资格证书的需要,其内容和实训项目的选取尽量涵盖相关的考试内容,使其成为一本既是学历教育的教科书,又是职业岗位证书的培训教材,实现"双证书"培养。

7. 营造真实场景,活化教学模式　本套教材在继承保持人卫版职业教育教材栏目式编写模式的基础上,进行了进一步系统优化。例如,增加了"导学情景",借助真实工作情景开启知识内容的学习;"复习导图"以思维导图的模式,为学生梳理本章的知识脉络,帮助学生构建知识框架。进而提高教材的可读性,体现教材的职业教育属性,做到学以致用。

8. 全面"纸数"融合,促进多媒体共享　为了适应新的教学模式的需要,本套教材同步建设以纸质教材内容为核心的多样化的数字教学资源,从广度、深度上拓展纸质教材内容。通过在纸质教材中增加二维码的方式"无缝隙"地链接视频、动画、图片、PPT、音频、文档等富媒体资源,丰富纸质教材的表现形式,补充拓展性的知识内容,为多元化的人才培养提供更多的信息知识支撑。

本套教材的编写过程中,全体编者以高度负责、严谨认真的态度为教材的编写工作付出了诸多心血,各参编院校对编写工作的顺利开展给予了大力支持,从而使本套教材得以高质量如期出版,在此对有关单位和各位专家表示诚挚的感谢!教材出版后,各位教师、学生在使用过程中,如发现问题请反馈给我们(renweiyaoxue@ 163. com),以便及时更正和修订完善。

人民卫生出版社

2018 年 3 月

全国高等职业教育药品类专业国家卫生健康委员会 "十三五" 规划教材 教材目录

序号	教材名称	主编	适用专业
1	人体解剖生理学（第3版）	贺 伟　吴金英	药学类、药品制造类、食品药品管理类、食品工业类
2	基础化学（第3版）	傅春华　黄月君	药学类、药品制造类、食品药品管理类、食品工业类
3	无机化学（第3版）	牛秀明　林 珍	药学类、药品制造类、食品药品管理类、食品工业类
4	分析化学（第3版）	李维斌　陈哲洪	药学类、药品制造类、食品药品管理类、医学技术类、生物技术类
5	仪器分析	任玉红　闫冬良	药学类、药品制造类、食品药品管理类、食品工业类
6	有机化学（第3版）*	刘 斌　卫月琴	药学类、药品制造类、食品药品管理类、食品工业类
7	生物化学（第3版）	李清秀	药学类、药品制造类、食品药品管理类、食品工业类
8	微生物与免疫学*	凌庆枝　魏仲香	药学类、药品制造类、食品药品管理类、食品工业类
9	药事管理与法规（第3版）	万仁甫	药学类、药品经营与管理、中药学、药品生产技术、药品质量与安全、食品药品监督管理
10	公共关系基础（第3版）	秦东华　惠 春	药学类、药品制造类、食品药品管理类、食品工业类
11	医药数理统计（第3版）	侯丽英	药学、药物制剂技术、化学制药技术、中药制药技术、生物制药技术、药品经营与管理、药品服务与管理
12	药学英语	林速容　赵 旦	药学、药物制剂技术、化学制药技术、中药制药技术、生物制药技术、药品经营与管理、药品服务与管理
13	医药应用文写作（第3版）	张月亮	药学、药物制剂技术、化学制药技术、中药制药技术、生物制药技术、药品经营与管理、药品服务与管理

序号	教材名称	主编	适用专业
14	医药信息检索(第3版)	陈　燕　李现红	药学、药物制剂技术、化学制药技术、中药制药技术、生物制药技术、药品经营与管理、药品服务与管理
15	药理学(第3版)	罗跃娥　樊一桥	药学、药物制剂技术、化学制药技术、中药制药技术、生物制药技术、药品经营与管理、药品服务与管理
16	药物化学(第3版)	葛淑兰　张彦文	药学、药品经营与管理、药品服务与管理、药物制剂技术、化学制药技术
17	药剂学(第3版)*	李忠文	药学、药品经营与管理、药品服务与管理、药品质量与安全
18	药物分析(第3版)	孙　莹　刘　燕	药学、药品质量与安全、药品经营与管理、药品生产技术
19	天然药物学(第3版)	沈　力　张　辛	药学、药物制剂技术、化学制药技术、生物制药技术、药品经营与管理
20	天然药物化学(第3版)	吴剑峰	药学、药物制剂技术、化学制药技术、生物制药技术、中药制药技术
21	医院药学概要(第3版)	张明淑　于　倩	药学、药品经营与管理、药品服务与管理
22	中医药学概论(第3版)	周少林　吴立明	药学、药物制剂技术、化学制药技术、中药制药技术、生物制药技术、药品经营与管理、药品服务与管理
23	药品营销心理学(第3版)	丛　媛	药学、药品经营与管理
24	基础会计(第3版)	周凤莲	药品经营与管理、药品服务与管理
25	临床医学概要(第3版)*	曾　华	药学、药品经营与管理
26	药品市场营销学(第3版)*	张　丽	药学、药品经营与管理、中药学、药物制剂技术、化学制药技术、生物制药技术、中药制剂技术、药品服务与管理
27	临床药物治疗学(第3版)*	曹　红	药学、药品经营与管理、药品服务与管理
28	医药企业管理	戴　宇　徐茂红	药品经营与管理、药学、药品服务与管理
29	药品储存与养护(第3版)	徐世义　宫淑秋	药品经营与管理、药学、中药学、药品生产技术
30	药品经营管理法律实务(第3版)*	李朝霞	药品经营与管理、药品服务与管理
31	医学基础(第3版)	孙志军　李宏伟	药学、药物制剂技术、生物制药技术、化学制药技术、中药制药技术
32	药学服务实务(第2版)	秦红兵　陈俊荣	药学、中药学、药品经营与管理、药品服务与管理

序号	教材名称	主编		适用专业
33	药品生产质量管理（第3版）*	李 洪		药物制剂技术、化学制药技术、中药制药技术、生物制药技术、药品生产技术
34	安全生产知识（第3版）	张之东		药物制剂技术、化学制药技术、中药制药技术、生物制药技术、药学
35	实用药物学基础（第3版）	丁 丰	张 庆	药学、药物制剂技术、生物制药技术、化学制药技术
36	药物制剂技术（第3版）*	张健泓		药学、药物制剂技术、化学制药技术、生物制药技术
	药物制剂综合实训教程	胡 英	张健泓	药学、药物制剂技术、药品生产技术
37	药物检测技术（第3版）	甄会贤		药品质量与安全、药物制剂技术、化学制药技术、药学
38	药物制剂设备（第3版）	王 泽		药品生产技术、药物制剂技术、制药设备应用技术、中药生产与加工
39	药物制剂辅料与包装材料（第3版）*	张亚红		药物制剂技术、化学制药技术、中药制药技术、生物制药技术、药学
40	化工制图（第3版）	孙安荣		化学制药技术、生物制药技术、中药制药技术、药物制剂技术、药品生产技术、食品加工技术、化工生物技术、制药设备应用技术、医疗设备应用技术
41	药物分离与纯化技术（第3版）	马 娟		化学制药技术、药学、生物制药技术
42	药品生物检定技术（第2版）	杨元娟		药学、生物制药技术、药物制剂技术、药品质量与安全、药品生物技术
43	生物药物检测技术（第2版）	兰作平		生物制药技术、药品质量与安全
44	生物制药设备（第3版）*	罗合春	贺 峰	生物制药技术
45	中医基本理论（第3版）*	叶玉枝		中药制药技术、中药学、中药生产与加工、中医养生保健、中医康复技术
46	实用中药（第3版）	马维平	徐智斌	中药制药技术、中药学、中药生产与加工
47	方剂与中成药（第3版）	李建民	马 波	中药制药技术、中药学、药品生产技术、药品经营与管理、药品服务与管理
48	中药鉴定技术（第3版）*	李炳生	易东阳	中药制药技术、药品经营与管理、中药学、中草药栽培技术、中药生产与加工、药品质量与安全、药学
49	药用植物识别技术	宋新丽	彭学著	中药制药技术、中药学、中草药栽培技术、中药生产与加工

序号	教材名称	主编	适用专业
50	中药药理学(第3版)	袁先雄	药学、中药学、药品生产技术、药品经营与管理、药品服务与管理
51	中药化学实用技术(第3版)*	杨 红　郭素华	中药制药技术、中药学、中草药栽培技术、中药生产与加工
52	中药炮制技术(第3版)	张中社　龙全江	中药制药技术、中药学、中药生产与加工
53	中药制药设备(第3版)	魏增余	中药制药技术、中药学、药品生产技术、制药设备应用技术
54	中药制剂技术(第3版)	汪小根　刘德军	中药制药技术、中药学、中药生产与加工、药品质量与安全
55	中药制剂检测技术(第3版)	田友清　张钦德	中药制药技术、中药学、药学、药品生产技术、药品质量与安全
56	药品生产技术	李丽娟	药品生产技术、化学制药技术、生物制药技术、药品质量与安全
57	中药生产与加工	庄义修　付绍智	药学、药品生产技术、药品质量与安全、中药学、中药生产与加工

说明：*为"十二五"职业教育国家规划教材。全套教材均配有数字资源。

全国食品药品职业教育教材建设指导委员会
成员名单

主 任 委 员： 姚文兵　中国药科大学

副主任委员： 刘　斌　天津职业大学　　　　　　马　波　安徽中医药高等专科学校

冯连贵　重庆医药高等专科学校　　　袁　龙　江苏省徐州医药高等职业学校

张彦文　天津医学高等专科学校　　　缪立德　长江职业学院

陶书中　江苏食品药品职业技术学院　张伟群　安庆医药高等专科学校

许莉勇　浙江医药高等专科学校　　　罗晓清　苏州卫生职业技术学院

昝雪峰　楚雄医药高等专科学校　　　葛淑兰　山东医学高等专科学校

陈国忠　江苏医药职业学院　　　　　孙勇民　天津现代职业技术学院

委　　　员（以姓氏笔画为序）：

于文国　河北化工医药职业技术学院　杨元娟　重庆医药高等专科学校

王　宁　江苏医药职业学院　　　　　杨先振　楚雄医药高等专科学校

王玮瑛　黑龙江护理高等专科学校　　邹浩军　无锡卫生高等职业技术学校

王明军　厦门医学高等专科学校　　　张　庆　济南护理职业学院

王峥业　江苏省徐州医药高等职业学校　张　建　天津生物工程职业技术学院

王瑞兰　广东食品药品职业学院　　　张　铎　河北化工医药职业技术学院

牛红云　黑龙江农垦职业学院　　　　张志琴　楚雄医药高等专科学校

毛小明　安庆医药高等专科学校　　　张佳佳　浙江医药高等专科学校

边　江　中国医学装备协会康复医学装　张健泓　广东食品药品职业学院

　　　　备技术专业委员会　　　　　张海涛　辽宁农业职业技术学院

师邱毅　浙江医药高等专科学校　　　陈芳梅　广西卫生职业技术学院

吕　平　天津职业大学　　　　　　　陈海洋　湖南环境生物职业技术学院

朱照静　重庆医药高等专科学校　　　罗兴洪　先声药业集团

刘　燕　肇庆医学高等专科学校　　　罗跃娥　天津医学高等专科学校

刘玉兵　黑龙江农业经济职业学院　　郝枝花　安徽医学高等专科学校

刘德军　江苏省连云港中医药高等职业　金浩宇　广东食品药品职业学院

　　　　技术学校　　　　　　　　　周双林　浙江医药高等专科学校

孙　莹　长春医学高等专科学校　　　郝晶晶　北京卫生职业学院

严　振　广东省药品监督管理局　　　胡雪琴　重庆医药高等专科学校

李　霞　天津职业大学　　　　　　　段如春　楚雄医药高等专科学校

李群力　金华职业技术学院　　　　　袁加程　江苏食品药品职业技术学院

莫国民　上海健康医学院

顾立众　江苏食品药品职业技术学院

倪　峰　福建卫生职业技术学院

徐一新　上海健康医学院

黄丽萍　安徽中医药高等专科学校

黄美娥　湖南食品药品职业学院

晨　阳　江苏医药职业学院

葛　虹　广东食品药品职业学院

蒋长顺　安徽医学高等专科学校

景维斌　江苏省徐州医药高等职业学校

潘志恒　天津现代职业技术学院

前　言

本轮规划教材主要依据教育部最新颁布的《普通高等学校高等职业教育（专科）专业目录（2015年）》，按照全国食品药品职业教育教材建设指导委员会和人民卫生出版社制订的"高等职业教育药品类专业国家卫生健康委员会'十三五'教材建设规划"，在第2版的基础上修订编写。

教材以《国务院关于加快发展现代职业教育的决定》和《国家中长期教育改革和发展规划纲要（2010—2020年）》为指导，以培养高级实用型卫生人才为目标，充分体现"工学结合""校企合作""医教协同"的现代教育理念，将培养学生的职业道德、职业能力以及操作技能作为教材编写的主要线索，以专业建设为核心，以能力为本位，注重素养教育，打造工匠精神，活化教学模式。教材既突出分析化学的知识性，又强化分析化学的实践性、实用性，加强学生动手能力与创新能力的培养，围绕药品类专业的岗位实践能力要求安排和选择教学内容，以达到高等职业教育培养目标，为专业课程和后续发展奠定坚实的基础。

本课程由化学分析法和仪器分析法两部分组成，教材主要内容有分析天平与称量、误差与分析数据处理、滴定分析法（酸碱滴定法、氧化还原滴定法、配位滴定法、沉淀滴定法）、电化学分析法（电位法、电位滴定法、永停滴定法）、光学分析法（紫外-可见分光光度法、荧光分析法、红外分光光度法、原子吸收分光光度法）、色谱法（液相色谱法、气相色谱法、高效液相色谱法），以及核磁共振波谱法、质谱法，共16章。

本教材此次修订主要改动如下：删除第2版教材中"第五章仪器分析法概述"；将第二章"误差和分析数据的处理"由2节调整为3节，增加第二节"有效数字及其应用"；将原第四章"滴定分析方法与检测技术"一章，按"酸碱滴定法、氧化还原滴定法、配位滴定法和沉淀滴定法"独立成章；将"第六章电化学分析与检测技术"名称改为"第八章电位法和永停滴定法"；将第2版《分析化学》教材中分散于各章中的"分析化学实训"和综合实训项目，集中于教材后面的"分析化学实验"。

教材理论知识内容由浅入深，做到宽而不深、少而精、浅而实，避免烦琐的理论推导和理论分析。教材同步建设以纸质教材内容为核心的多样化的数字教学资源，将分析化学教学中的一些难点、实训中的一些关键操作做成小视频（微课），通过在纸质教材中增加二维码的方式"无缝隙"地链接视频、动画、PPT等富媒体资源，丰富纸质教材的表现形式。本教材主要适用于药学类、药品制造类、食品药品管理类、医学技术类、生物技术类等各专业高职高专师生，以及满足从事分析检验岗位人员学习分析化学及实验技术的需要。

本书由李维斌、陈哲洪主编，参加教材修订编写的有李维斌（第一章、分析化学实验基础知识），蔺首睿（第二章），何文涓（第三章），张丽娜（分析天平与称量），王玉婷（第四章），王锋（第五章），孙倩（第六章），朱疆（第七章），曲中堂（第八章），陈哲洪（第九章），郭可愚（第十章），时惠敏（第十一章),王娅(第十二章),邹明静(第十三章),周建庆(第十四章),袁志江(第十五章),鲍羽(第十六章);各编者还承担相应各章实验的编写。

在本教材的编写过程中,得到了主编、编者单位的大力支持和帮助,在此表示谢意。本教材使用了《分析化学》第 2 版中的大部分图、表和资料,对未参加本次修订编写工作的原编者致以谢意。

由于编者水平有限,编写时间仓促,教材中存在缺点和错误在所难免,恳请读者批评指正,以便于我们修订完善。

编者

2018 年 5 月

目　录

第一章　绪论　　　　　　　　　　　　　　　　　　　　**1**

第一节　分析化学的任务和作用　　　　　　　　　　　1

第二节　分析方法的分类　　　　　　　　　　　　　　2

一、按分析任务分类　　　　　　　　　　　　　2

二、按分析对象分类　　　　　　　　　　　　　2

三、按分析方法的原理分类　　　　　　　　　　3

四、按试样用量分类　　　　　　　　　　　　　3

五、按分析方法的作用分类　　　　　　　　　　4

第三节　分析化学的发展趋势　　　　　　　　　　　　4

第四节　定量分析的一般步骤　　　　　　　　　　　　5

一、制订分析计划　　　　　　　　　　　　　　5

二、取样　　　　　　　　　　　　　　　　　　5

三、试样的制备　　　　　　　　　　　　　　　6

四、含量测定　　　　　　　　　　　　　　　　6

五、分析结果的表示　　　　　　　　　　　　　6

六、分析结果的评价　　　　　　　　　　　　　7

第二章　误差与分析数据的处理　　　　　　　　　　　**10**

第一节　定量分析误差　　　　　　　　　　　　　　　10

一、误差的类型　　　　　　　　　　　　　　　10

二、准确度和精密度　　　　　　　　　　　　　11

三、提高分析结果准确度的方法　　　　　　　　15

第二节　有效数字及其应用　　　　　　　　　　　　　17

一、有效数字　　　　　　　　　　　　　　　　17

二、有效数字的记录、修约及运算规则　　　　　18

三、有效数字在定量分析中的应用　　　　　　　19

第三节　定量分析结果的处理　　　　　　　　　　　　20

一、可疑值的取舍　　　　　　　　　　　　　　20

二、分析结果的表示方法　　　　　　　　　　　22

三、显著性检验　　　　　　　　　　　　　　　25

第三章　滴定分析法基础知识　　　33

第一节　滴定分析法概述　　　33
一、滴定分析法的基本概念及基本条件　　　33
二、滴定分析法的分类与滴定方式　　　34

第二节　基准物质与滴定液　　　36
一、基准物质　　　36
二、滴定液　　　36

第三节　滴定分析的计算　　　39
一、滴定分析计算的依据　　　39
二、滴定分析计算的基本公式　　　39
三、滴定分析计算实例　　　42

第四章　酸碱滴定法　　　51

第一节　酸碱指示剂　　　51
一、酸碱指示剂的变色原理及变色范围　　　51
二、影响酸碱指示剂变色范围的因素　　　53
三、混合指示剂　　　53

第二节　酸碱滴定类型与指示剂的选择　　　55
一、强碱与强酸滴定及指示剂的选择　　　55
二、强碱（酸）滴定弱酸（碱）及指示剂的选择　　　58
三、强碱（酸）滴定多元弱酸（弱碱）及指示剂的选择　　　61

第三节　酸碱滴定液的配制与标定和酸碱滴定法应用　　　64
一、酸滴定液　　　64
二、碱滴定液　　　64
三、酸碱滴定法的应用　　　64

第四节　非水溶液酸碱滴定法　　　66
一、基本原理　　　67
二、碱的滴定　　　70
三、酸的滴定　　　72

第五章　氧化还原滴定法　　　77

第一节　氧化还原滴定法的基本原理　　　77
一、氧化还原滴定法的分类　　　77
二、氧化还原反应进行的程度　　　78
三、氧化还原反应进行的速率　　　81

四、氧化还原滴定曲线与指示剂 83

第二节 碘量法 85

一、基本原理 85

二、指示剂 86

三、滴定液的配制与标定 86

四、应用示例 88

第三节 高锰酸钾法 88

一、基本原理 88

二、滴定液的配制与标定 89

三、应用示例 90

第四节 亚硝酸钠法 91

一、基本原理 91

二、指示终点的方法 92

三、滴定液的配制与标定 92

四、应用示例 93

第六章 配位滴定法 **98**

第一节 配位滴定法概述 98

一、配位滴定的概念及条件 98

二、EDTA 的结构、性质及在水溶液中的电离平衡 98

三、EDTA 与金属离子配位反应的特点 100

第二节 配位滴定基本原理 100

一、EDTA 配合物的稳定常数 100

二、副反应与副反应系数 101

三、配位滴定条件的选择 103

第三节 金属指示剂 106

一、金属指示剂的作用原理及条件 107

二、常用金属指示剂 107

第四节 滴定液的配制与标定和配位滴定法的应用 109

一、滴定液的配制与标定 109

二、配位滴定法的应用 109

第七章 沉淀滴定法 **113**

第一节 沉淀滴定法概述 113

第二节 银量法 114

一、 铬酸钾指示剂法 114

二、 吸附指示剂法 115

三、 铁铵矾指示剂法 117

第三节　滴定液的配制与标定和银量法的应用 119

一、 滴定液的配制与标定 119

二、 银量法的应用 119

第八章　电位法和永停滴定法 — 124

第一节　电化学分析法概述 124

一、 电化学分析法的分类 124

二、 指示电极与参比电极 124

第二节　直接电位法测定溶液的 pH 126

一、 pH 玻璃电极 126

二、 测定原理和方法 129

三、 其他离子浓度的测定 130

第三节　电位滴定法 131

一、 电位滴定法的基本原理 131

二、 确定终点的方法 131

三、 电位滴定仪 133

第四节　永停滴定法 134

一、 永停滴定法的基本原理 134

二、 几种类型滴定终点的确定方法 134

三、 永停滴定仪 136

第九章　紫外-可见分光光度法 — 139

第一节　光谱分析概述 139

一、 电磁辐射与电磁波谱 139

二、 光学分析法的分类 140

三、 紫外-可见吸收光谱法的特点 141

四、 物质对光的选择性吸收 141

第二节　紫外-可见分光光度法的基本原理 142

一、 透光率与吸光度 142

二、 吸收光谱曲线 143

三、 光的吸收定律 143

四、 吸光系数 144

五、偏离光的吸收定律的主要因素 146

第三节 紫外-可见分光光度计 147
一、紫外-可见分光光度计的主要部件 147
二、紫外-可见分光光度计的光学性能 149
三、紫外-可见分光光度计的仪器类型 149

第四节 分析条件的选择 152
一、仪器测量条件的选择 152
二、显色反应条件的选择 152
三、参比溶液的选择 153

第五节 定性定量分析方法 154
一、定性分析方法 154
二、杂质检查 155
三、定量分析方法 155

第六节 紫外-可见吸收光谱在有机化合物结构分析中的
应用简介 160
一、有机化合物的紫外-可见吸收光谱 160
二、根据紫外-可见吸收光谱推断官能团 161
三、根据紫外-可见吸收光谱推断异构体 161

第十章 荧光分析法 166
第一节 荧光分析法的基本原理 166
一、荧光与磷光的产生 166
二、激发光谱与荧光光谱 167
三、荧光与分子结构 168

第二节 荧光分光光度计 171
一、荧光分光光度计 171
二、荧光分析新技术 173

第三节 定量分析及应用 173
一、荧光强度与物质浓度的关系 174
二、定量分析方法 174
三、荧光分析法的应用 176

第十一章 红外分光光度法 180
第一节 基础知识 180
一、红外线及红外吸收光谱 180

二、红外光谱与紫外-可见光谱的区别　181

第二节　基本原理　182
一、分子的振动和红外吸收　182
二、振动形式　182
三、振动自由度与峰数　182
四、红外吸收峰的类型　184
五、吸收峰的峰位及影响峰位的因素　184
六、吸收峰的强度及影响因素　185
七、红外光谱的重要区域　186

第三节　红外光谱仪与制样　188
一、红外光谱仪的主要部件　188
二、红外光谱仪的工作原理　190
三、试样的制备　190

第四节　红外光谱法的应用　191
一、定性分析与结构分析　191
二、定量分析　193

第十二章　原子吸收分光光度法　197

第一节　原子吸收分光光度法的基本原理　197
一、原子吸收分光光度法及其特点　197
二、原子吸收曲线　198
三、原子吸收值与原子浓度的关系　199

第二节　原子吸收分光光度计　200
一、原子吸收分光光度计的类型　200
二、原子吸收分光光度计的主要部件　200

第三节　原子吸收分光光度法的应用　203
一、定量分析方法　203
二、应用　204

第十三章　液相色谱法　209

第一节　基础知识　209
一、色谱法的产生与发展　209
二、色谱法的分类　210
三、色谱法的基本原理　211

第二节　柱色谱法　215

　　一、液-固吸附柱色谱法　216

　　二、液-液分配柱色谱法　217

　　三、离子交换柱色谱法　218

　　四、分子排阻柱色谱法　218

　　五、柱色谱法的应用　219

　第三节　薄层色谱法　220

　　一、基本原理　220

　　二、吸附剂的选择　221

　　三、展开剂的选择　221

　　四、操作方法　222

　　五、定性定量分析　225

　　六、薄层色谱法的应用及实例　226

　第四节　纸色谱法　227

　　一、基本原理　227

　　二、操作方法　228

　　三、定性定量分析　228

第十四章　气相色谱法　233

　第一节　基础知识　233

　　一、气相色谱法的特点及其分类　233

　　二、气相色谱仪及工作流程　234

　　三、色谱流出曲线及其常用术语　234

　第二节　气相色谱法的基本理论　238

　　一、塔板理论简介　238

　　二、速率理论简介　238

　第三节　色谱柱　240

　　一、气相色谱的固定相　240

　　二、气相色谱的流动相　242

　第四节　检测器　243

　　一、检测器的性能指标　243

　　二、检测器的类型　243

　第五节　分离操作条件的选择　245

　　一、试样的处理　246

　　二、载气条件　246

　　三、色谱柱及柱温的选择　246

四、其他条件的选择 247

第六节 定性定量分析 247

一、定性分析 247

二、定量分析 249

三、气相色谱法的应用 251

第十五章 高效液相色谱法 257

第一节 概述 257

一、高效液相色谱与经典液相色谱的比较 257

二、高效液相色谱与气相色谱的比较 258

第二节 高效液相色谱法的主要类型及原理 259

一、化学键合相色谱法 259

二、其他高效液相色谱法 260

第三节 高效液相色谱法的固定相和流动相 261

一、固定相 261

二、流动相 262

第四节 分离条件的选择 263

一、高效液相色谱的速率理论 263

二、正相键合相色谱法的分离条件 264

三、反相键合相色谱法的分离条件 264

第五节 高效液相色谱仪 265

一、输液系统 265

二、进样系统 266

三、分离系统 267

四、检测系统 267

五、数据记录及处理系统 268

六、高效液相色谱仪的主要性能指标 268

第六节 定性定量分析方法 269

一、定性分析方法 269

二、定量分析方法 270

第七节 毛细管电泳分离分析法简介 271

一、毛细管电泳分离的基本原理 271

二、毛细管电泳仪 273

第十六章 核磁共振波谱法和质谱法简介 277

第一节　核磁共振波谱法简介 277
一、核磁共振波的基本原理 278
二、波谱图与分子结构 279
三、核磁共振波谱仪 280
第二节　质谱法简介 281
一、质谱法的基本概念 282
二、质谱图 282
三、质谱仪 282
四、质谱法的主要用途 284

分析化学实验

第一部分　分析化学实验基础知识 288
一、实验室规则 288
二、实验室安全知识 289
三、实验室急救措施 289
四、实验室常用试剂 290
五、实验数据的记录和实验报告 292

第二部分　分析化学实验 294
实验一　分析天平的称量练习 294
实验二　滴定分析仪器的基本操作练习 305
实验三　滴定分析仪器的校准 314
实验四　盐酸滴定液的配制与标定 321
实验五　氢氧化钠滴定液的配制与标定 323
实验六　药用硼砂的含量测定 325
实验七　药用 NaOH 的含量测定（双指示剂法） 327
实验八　苯甲酸的含量测定 330
实验九　食醋总酸量的测定 332
实验十　高氯酸滴定液的配制与标定 333
实验十一　枸橼酸钠的含量测定 335
实验十二　硫代硫酸钠滴定液的配制与标定 337
实验十三　碘滴定液的配制与标定 339
实验十四　维生素 C 的含量测定 341
实验十五　硫酸铜的含量测定 343

实验十六　高锰酸钾滴定液的配制与标定　345

实验十七　过氧化氢的含量测定　347

实验十八　硫酸亚铁的含量测定　350

实验十九　EDTA 滴定液的配制与标定　352

实验二十　硫酸锌的含量测定　354

实验二十一　水的总硬度测定　355

实验二十二　硝酸银滴定液的配制与标定　357

实验二十三　氯化钠注射液的含量测定　359

实验二十四　硫氰酸铵滴定液的配制与标定　361

实验二十五　溴化钾的含量测定　363

实验二十六　生理盐水 pH 的测定　365

实验二十七　磺胺嘧啶的含量测定（永停滴定法）　366

实验二十八　$KMnO_4$ 溶液吸收曲线的绘制　368

实验二十九　工业盐酸中微量铁的含量测定　370

实验三十　维生素 B_{12} 注射液的含量测定（吸光系数法）　372

实验三十一　双波长分光光度法测定复方磺胺甲噁唑片中
磺胺甲噁唑的含量　374

实验三十二　荧光光度法测定维生素 B_2 的含量　377

实验三十三　阿司匹林红外吸收光谱的测绘　379

实验三十四　维生素 C 中铁盐的检查　382

实验三十五　混合氨基酸分离及鉴定的纸色谱　384

实验三十六　磺胺类药物分离及鉴定的薄层色谱　386

实验三十七　气相色谱法测定藿香正气水中乙醇的含量　388

实验三十八　酊剂中甲醇含量的测定　391

实验三十九　气相色谱定性参数的测定　393

实验四十　高效液相色谱仪性能检查及色谱柱参数的测定　395

实验四十一　内标对比法测定对乙酰氨基酚片的含量　398

实验四十二　复方丹参片中丹参酮 II_A 的分离与含量测定　401

实验四十三　自主设计实验　403

主要参考文献　**405**

目标检测参考答案　**406**

附录　**414**

附录一　弱酸、弱碱在水中的电离常数　414

附录二　国际原子量表（1995）　　　415

附录三　常用式量表　　　417

附录四　难溶化合物的溶度积（18 ~25℃）　　　418

附录五　标准电极电势表（298.15K，水溶液）　　　419

附录六　部分氧化还原电对的条件电极电位　　　421

分析化学课程标准　　　**423**

第一章

绪　论

导言 ∨

　　利用分析化学，科学家历经了100多年艰苦的研究，发现了110种化学元素，完成了原子量的精确测定，建立了元素周期表，建立了"质量守恒定律""定组成定律"和"倍比定律"，为此，人类真正认识了世界，促进了科学技术的大发展。

　　利用分析化学，科研工作者发现了大批矿藏，使埋藏在地下亿万年的矿产得以开采，使得人们的经济水平和生活质量发生了翻天覆地的变化。

　　利用分析化学，科研工作者发现了比利时、德国、荷兰、法国的乳制品和畜禽类产品受到污染是由于比利时一家饲料厂生产的饲料中含有二噁英，有关部门销毁了受到污染的产品，避免了人类受到更大的伤害。

　　利用分析化学，有关部门开展了检查运动员尿液中微量激素的活动，保证了竞技比赛的公平性。

　　利用分析化学，科学家完成了"人类基因测序"伟大工程，从而揭开了后基因时代的序幕。……

　　以上说明，分析化学在人类历史上发挥了重要作用，未来也必将继续发挥重要作用。

第一节　分析化学的任务和作用

　　分析化学(analytical chemistry)是研究物质的组成、结构和形态等化学信息的有关理论和技术的一门科学，又称为分析科学。其**主要任务是鉴定物质的化学组成、测定试样中各组分的相对含量以及确定物质的化学结构**。

　　分析化学作为一门重要科学，在元素的发现、元素周期律的建立、相对原子质量的测定及各种化学定律的发现中起着重要的作用，并且在科学研究、国民经济建设、医疗卫生事业的发展及学校教育等方面都起着重要的作用。

　　在科学研究方面，分析化学的作用已经超出化学领域，在生命科学、材料科学、环境科学、能源科学、物理学等许多领域，都需要知道物质的组成、含量、结构等各种信息。在当今以生物科学技术和生物工程为基础的"绿色革命"中，分析化学在细胞工程、基因工程、蛋白质工程、发酵工程以及纳米技术的研究方面也发挥着重要的作用。分析化学的发展水平是衡量一个国家科学技术水平发展的重要标志之一。

　　在国民经济建设中，分析化学承担着重要的作用。如在自然资源的开发中，对矿样、石油等原料与产品的质量控制与自动检测;在工业生产中的原料、中间体和成品的质量控制与自动检测;工业生产中的三废处理与综合利用;在农业生产中对土壤成分、化肥、农药和粮食的分析及农作物生长过程的研究,都需要分析化学的理论、方法及技术。因此,分析化学是监测国民经济发展的"眼睛"。

在医药卫生事业方面,分析化学也承担着极其重要的作用。如临床检验、疾病诊断、病因调查、新药研制、药品质量的全面控制、中草药有效成分的分离和测定、药物代谢和药物动力学研究、药物制剂的稳定性、生物利用度和生物等效性研究、药品、食品包装材料检测等方面,都离不开分析化学的理论、方法和技术。

在药学教育中,分析化学是一门重要的专业基础课,分析化学的理论、方法及技术是多门药学专业课程的必备基础。例如,药物化学中对原料、中间体及成品分析和药物构效的研究;药物分析中对药品质量标准的制定、药物主成分的含量分析及纯度检测;药剂学中对制剂稳定性、生物等效性的测定;天然药物化学中对天然药物有效成分的提取、分离、定性鉴定和化学结构的测定;药理学中对药物分子的理化性质和药理作用的关系及药物代谢动力学等,都与分析化学有着密切的关系。通过学习分析化学,不仅能掌握分析方法的有关理论及操作技能,而且还能学到科学研究的方法,培养实验操作技能,提高分析解决实际问题的能力,牢固建立"量"的概念,促进学生综合素质的发展。

总之,分析化学与很多学科紧密相关,社会经济的不断发展对分析化学的方法和技术提出了严峻的挑战,也为分析化学的方法和技术的改革和发展带来了机遇,拓展了研究领域,使分析化学这门科学在各领域发挥着越来越重要的作用。

点滴积累 ∨

1. 分析化学是研究物质组成、结构和形态等化学信息的有关理论和技术的一门科学。
2. 分析化学的任务是确定物质的化学组成,测量试样中各组分的相对含量,确定组分化学结构及对化学性质的影响。

第二节 分析方法的分类

根据分析任务、分析对象、测定原理、试样用量与被测组分含量、分析方法所起的作用等分类。

一、按分析任务分类

按分析任务不同可分为定性分析、定量分析和结构分析。**定性分析**的任务是鉴定物质由哪些元素、离子、基团或化合物组成。**定量分析**的任务是测定试样中各组分的相对含量。**结构分析**的任务是研究物质的分子结构、晶体结构或综合形态。

在试样分析中需先进行定性分析,然后进行定量分析,若试样的成分已知时,可以直接进行定量分析。对于结构未知的化合物,需首先进行结构分析,以确定分子结构后,再进行定量分析。

二、按分析对象分类

按分析对象不同可分为无机分析和有机分析。**无机分析**的对象为无机物,其主要任务是鉴定试样中组分的元素、离子、原子团或化合物的组成以及各组分的相对含量。**有机分析**的对象为有机物,有机物结构复杂,不仅需要鉴定组分的元素组成,还需要进行官能团分析及其分子的结构分析。

三、按分析方法的原理分类

按分析方法原理不同可分为化学分析与仪器分析。**化学分析**是以物质发生化学反应为基础的分析方法,被分析的物质称为试样,与试样起反应的物质称为试剂。它包括化学定性分析和化学定量分析两部分,根据化学反应的现象和特征鉴定物质的化学成分称为**化学定性分析**,根据化学反应中试样和试剂的用量,测定物质中各组分的相对含量称为**化学定量分析**。化学定量分析又分为重量分析与滴定分析。化学分析历史悠久,又称为经典分析,所用仪器简单,操作方便,结果较准确,应用范围广。其不足之处是灵敏度较低,分析速度较慢,因此只适用于常量组分的分析。

仪器分析法是以测定物质的物理或物理化学性质为基础的分析方法。由于在测定中需要用到特定仪器,故称为仪器分析,也称为现代分析。根据物质的某种物理性质,如相对密度、折射率、旋光度等与组分的关系,不经化学反应直接进行定性、定量或结构分析的方法,称为**物理分析**。根据被测物质在化学反应中的某种物理性质与组分之间的关系,进行定性或定量分析的方法,称为**物理化学分析**。如电化学分析、光学分析、色谱分析及质谱分析等。仪器分析法具有灵敏、快速、准确及操作自动化程度高的特点,其发展快,应用广泛,特别适合于微量组分或复杂体系的成分分析。

仪器分析常常是在化学分析的基础上进行的,如试样的预处理、溶解、干扰物的分离与掩蔽等。此外,仪器分析大多需要化学纯品作标准,而这些化学纯品的成分和含量,大多需要化学分析方法来确定,所以化学分析法和仪器分析法是相辅相成、互相配合的,前者是分析方法的基础,后者是分析方法发展的方向。

▶ **课堂互动**

根据化学分析与仪器分析的特征,说明为什么化学分析法与仪器分析法是相辅相成、互相配合的?

四、按试样用量分类

根据试样用量的多少,分析方法又可分为常量分析、半微量分析、微量分析和超微量分析。化学定性分析所取试样的质量一般在半微量分析的范畴,而化学定量分析所取试样的质量一般在常量分析范畴,在进行微量分析及超微量分析时,应选用仪器分析方法。按试样用量分类见表 1-1。

表 1-1 各种分析方法的试样用量

方法	试样的质量	试液的体积
常量分析	>0.1g	>10ml
半微量分析	0.1~0.01g	10~1ml
微量分析	10~0.1mg	1~0.01ml
超微量分析	<0.1mg	<0.01ml

此外,还可根据试样中被测组分含量的高低粗略地分为**常量组分分析**(含量>1%)、**微量组分分析**(含量在 0.01%~1%之间)及**痕量组分分析**(含量<0.01%)。需要注意这种分类方法与按试样用量分类方法不同,两类方法不要混淆。

五、按分析方法的作用分类

根据分析方法所起的作用可分为例行分析和仲裁分析。**例行分析**是指一般实验室在日常生产或工作中的分析,又称为常规分析。例如,药厂质检室的日常分析工作即是例行分析。**仲裁分析**是指不同单位对某一产品质量和分析结果有争议时,要求某仲裁单位(如有一定级别的药检所、法定检验单位等)用法定方法,进行裁判的分析。

知识链接

药品质量检验的分类

药品质量检验分为三类,即第一方检验、第二方检验和第三方检验。

第一方检验,即生产者的质量检验,也称生产检验。 药品生产检验由药品生产企业完成。

第二方检验,即买方的质量检验,也称验收检验。 药品验收检验由药品经营企业买方完成。

第三方检验,即质量监督部门的质量检验,也称仲裁与监督检验。 药品仲裁与监督检验由各级药品检验所完成。

点滴积累 ∨

1. 分析方法是按任务、对象、原理、用量和作用不同分类的。

2. 常量组分分析一般选用化学分析法,微量、痕量组分分析则选择仪器分析法。

3. 明确定性分析、定量分析和结构分析各自的任务和分析化学在药学方面的作用。

第三节 分析化学的发展趋势

分析化学是一门古老的科学,它的起源可以追溯到古代炼金术,但在很长的时间中,分析化学都尚未建立起一套成熟的理论体系,仍然还是被视为一门技术。直到 20 世纪时,随着现代科学技术的发展,相关学科间的相互渗透,使分析化学得到了迅速的发展,从一门技术发展成为一门科学。20世纪以来,分析化学经历了三次巨大的变革。

第一次变革是在 20 世纪初,由于物理化学溶液理论的发展,建立了溶液四大平衡理论,为分析技术提供了理论基础,使分析化学由一门技术发展成为一门科学。**第二次变革**是在 20 世纪 30 年代后期至 60 年代,由于物理学和电子学的发展促进了物理和物理化学分析方法的建立和发展。光谱分析等仪器分析的出现,使得快速、灵敏的仪器分析获得蓬勃发展,改变了经典分析化学以化学分析为主的局面。**第三次变革**是在 20 世纪 70 年代末至今,以计算机应用为主要标志的信息时代的到来和生命科学的发展,给科学技术的发展带来巨大的活力,随着环境科学、生命科学、材料科学、能源科学的发展,以及生物学、信息科学、计算机技术等的引入,分析化学进入了一个崭新的境界。

第三次变革要求不仅能确定分析对象中的元素、基团和含量,而且能回答原子的价态、分子的结构和聚集态、固体的结晶形态、短寿命反应中间产物的状态。不但能提供空间分析的数据,而且可作表面、内层和微区分析,甚至三维空间的扫描分析和时间分辨数据,尽可能快速、全面和准确地提供丰富的信息和有用的数据。例如,在药物分析中,人们不仅要分析药物的结构和含量,还要分析药物的晶形,因为同一药物可能由于不同的晶形,在体内有不同的溶解度,而产生不同的疗效。因此现代分析不再仅仅是对物质静态的常规检验,而要深入到生物体内,实现在线检测和对作用过程的动态监测。

总之,现代分析化学已经突破了纯化学领域,它将化学与数学、物理学、计算机科学、生物学及精密仪器制造科学等紧密结合起来,吸取当代科学技术的最新成就,利用物质一切可利用的特性,开发新方法与新技术,使分析化学发展成为一门融合了多学科的综合性科学,成为当代最富有活力的学科之一。分析化学的发展方向是高灵敏度(达到原子级、分子级水平)、高选择性(复杂体系)、准确、快速、简便、经济、分析仪器自动化、数字化、分析方法的联用和计算机化,并向智能化、信息化纵深发展。

点滴积累 ∨

> 分析化学是一门建立在"量"概念的基础学科;是一个获取信息、降低系统不确定性的过程;是一种实践性强,应用价值高的科学方法;是一门涉及化学、生物、电学、光学、计算机等知识体系的综合科学,已成为当代最富活力的学科之一。

第四节 定量分析的一般步骤

定量分析的任务是测定试样中有关组分的相对含量。在分析之前,首先应明确分析任务,制订分析计划,然后按照取样、试样的制备、含量测定和分析结果的表示及评价等操作步骤完成分析任务。

一、制订分析计划

首先要明确所需解决的问题,根据试样的来源、测定的对象、测定的样品数、可能存在的影响因素等,制订一个初步的分析计划,包括选用的方法,对准确度、精密度的要求,以及所需实验条件如仪器设备、试剂和温度等。

二、取样

为了得到有意义的化学信息,取样一定要有代表性,确保分析结果的科学性、真实性,分析测定的试样必须坚持随机、客观、均匀和合理的取样原则。例如药厂生产的一批原料药可能有 100kg,而选取的分析试样只需 1g 或更少,如果所取试样不能代表整批原料药的状况,即使在分析测定中做得再准确,也是毫无意义的。因此,必须采用科学取样方法,从大批原始试样的不同部分、不同深度选取多个取样点采样,然后混合均匀,从中取出少量物质作为分析试样进行分析,保证分析结果能够代表整批原始试样的平均组成和含量。

三、试样的制备

试样制备的目的是使试样适合于选定的分析方法,消除可能引起的干扰。试样的制备主要包括分解试样和分离试样中的干扰物质。

1. 试样的分解 在定量分析中一般是先将试样进行分解,然后再制成溶液(干法分析除外)进行分析。分解的方法很多,主要有溶解法和熔融法。

(1)溶解法:是采用适当的溶剂将试样溶解后制成溶液。由于试样的组成不同,溶解试样所用的溶剂也不同。常用的溶剂有水、酸、碱和有机溶剂等四类。一般情况下先选用水为溶剂,不溶于水的试样可根据其性质选用酸或碱作溶剂。常用作溶剂的酸有:盐酸、硝酸、硫酸、磷酸、高氯酸、氢氟酸以及它们的混合酸;常用作溶剂的碱有:氢氧化钾、氢氧化钠、氨水等。不溶于水的有机化合物试样,可采用有机溶剂溶解。常用的有机溶剂有:甲醇、乙醇、三氯甲烷、苯、甲苯等。

(2)熔融法:该法是对试样进行预处理,适合于一些难溶于溶剂的试样。根据试样的性质,将其与酸性或碱性熔剂一起,在高温下熔融而发生复分解反应,使试样中的待测成分转变为可溶于水或酸、碱的化合物。按所用熔剂的酸碱性,可分为酸性熔剂熔融法和碱性熔剂熔融法。常用的酸性熔剂有 $K_2Cr_2O_7$、$K_2S_2O_7$ 等;碱性熔剂有 Na_2CO_3、K_2CO_3、Na_2O_2、NaOH 和 KOH 等。

2. 干扰物质的分离 对于组成比较复杂的试样,在进行分析时,被测组分的含量测定常受样品中其他组分干扰,需在分析前将干扰组分进行分离或掩蔽。常用的分离方法有:挥发法、沉淀法、萃取法和色谱法等。

四、含量测定

根据试样的组成、被测组分的性质及含量、测定目的要求和干扰物质的情况等,选择恰当的分析方法进行含量测定。一般来说,测定常量组分,常选用重量分析法和滴定分析法;测定微量组分,常选用仪器分析法。例如,自来水中钙、镁离子的含量测定常选用滴定分析法,而矿泉水中微量锌的测定则常选用仪器分析法。

在测定前必须对所用仪器(或测量系统)进行校正。实际上,实验室使用的计量器具和仪器都必须定时请权威机构进行校验。所使用的具体分析方法必须经过认证,以确保分析结果符合要求。定量方法认证包括准确度、精密度、检出限、定量限和线性范围等。

进行含量测定时应按测量步骤记录原始测量数据,原始测量记录必须做到真实、完整、清晰、不得任意涂改。

五、分析结果的表示

根据分析实验测量数据,应用各种分析方法的计算公式,可计算出试样中待测组分的含量,即称为定量分析结果。一般用下面几种方法表示:

（1）**待测组分的化学表示形式**：分析结果通常以待测组分实际存在形式的含量表示，如果待测组分的实际存在形式不清楚，则最好是以其氧化物或元素形式的含量来表示分析结果。而在金属材料和有机分析中常以元素形式（Ca、Mg、Al、Fe 等）的含量来表示分析结果。电解质溶液的分析结果常以所存在的离子的含量来表示。

（2）**待测组分含量的表示方法**：固体试样的含量通常以质量分数表示，在药物分析中也可用含量百分数表示；液体试样中待测组分的含量通常以物质的量浓度、质量浓度和体积分数等表示；气体试样中待测组分的含量常用体积分数表示。

六、分析结果的评价

定量分析根据实验数据，计算测定结果，运用统计学的方法对分析测定所提供的信息进行有效的处理，对测定结果的可靠性作出科学合理的分析判断，再写出书面报告。

点滴积累 ∨

> 定量分析的操作过程一般包括：取样、试样的制备、含量测定、分析数据的处理、分析结果的表示及评价等六大步骤。

复习导图

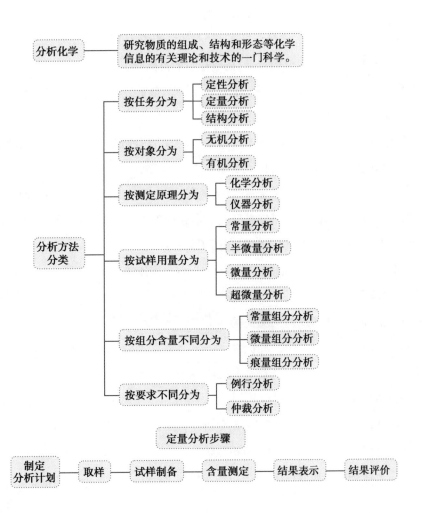

目标检测

一、选择题

（一）单项选择题

1. 分析化学按任务分类可分为（ ）

    A. 无机分析与有机分析   B. 定性分析、定量分析和结构分析

    C. 例行分析与仲裁分析   D. 化学分析与仪器分析

2. 鉴定物质中存在有哪种离子属于（ ）

    A. 定性分析   B. 定量分析   C. 化学分析   D. 仪器分析

3. 按对象分类的分析方法是（ ）

    A. 无机分析与有机分析   B. 定性分析、定量分析和结构分析

    C. 常量分析与微量分析   D. 化学分析与仪器分析

4. 重量分析属于（ ）

    A. 化学分析   B. 仪器分析   C. 光学分析   D. 色谱分析

5. 在半微量分析中对固体物质称量范围的要求是（ ）

    A. 0.1～1g   B. 0.01～0.1g   C. 0.001～0.01g   D. 0.000 01～0.0001g

6. 测定药品中有效成分含量是否达标属于（ ）

    A. 定性分析   B. 定量分析   C. 化学分析   D. 仪器分析

7. 测定0.2mg试样中被测组分的含量,按取样量的范围应为（ ）

    A. 常量分析   B. 半微量分析   C. 微量分析   D. 超微量分析

8. 用pH计测定溶液的pH,应为（ ）

    A. 定性分析   B. 滴定分析   C. 结构分析   D. 仪器分析

9. 到目前分析化学经历了（ ）巨大变革

    A. 一次   B. 二次   C. 三次   D. 四次

10. 将试样与酸性或碱性熔剂一起,在高温下熔融而发生复分解反应,使试样中的待测成分转

    变为可溶于水或酸、碱的化合物的方法是（ ）

    A. 溶解法   B. 熔融法   C. 挥发法   D. 萃取法

（二）多项选择题

1. 分析方法的分类是按照（ ）分类的

    A. 任务   B. 对象   C. 原理

    D. 用量   E. 作用

2. 下列分析方法按对象分类的是（ ）

    A. 定性分析   B. 定量分析   C. 结构分析

    D. 无机分析   E. 有机分析

3. 下列分析方法称为经典分析法的是（ ）

A. 光学分析　　　　　B. 重量分析　　　　　C. 滴定分析

D. 色谱分析　　　　　E. 电化学分析

4. 仪器分析法的特点是(　　)

A. 准确　　　　　　　B. 灵敏　　　　　　　C. 快速

D. 价廉　　　　　　　E. 适合于常量分析

5. 定量分析的操作步骤一般包括哪几部分(　　)

A. 制定分析计划　　　B. 取样　　　　　　　C. 试样制备

D. 含量测定　　　　　E. 结果表示

二、简答题

1. 试回答随着科学技术的发展,仪器分析是否会完全取代化学分析。为什么?

2. 阐述分析方法的分类方法。

3. 分析化学在药学教育中起着什么作用?

（李维斌）

第二章

误差与分析数据的处理

导言 V ⋅⋅

氩气是人类发现的第一种稀有气体,在空气中约占0.93%,被广泛运用于填充日光灯、焊接和切割金属等。但氩气的发现却是源于万分之几的"误差"。1892年,英国科学家瑞利在测定氮气密度时,使用两种来源的氮气进行测定,一种氮气是从空气中去掉氧、二氧化碳和水蒸气以后得到的,密度为1.2572克/升;另一种氮气是从氨中得到的,测定的密度为1.2408克/升。"两者怎么会相差0.0064克/升?"细心的瑞利并没有把万分之几的偏差归于实验误差,而是以严谨的科学态度、认真的周密研究、长期持续的跟进,终于发现了一种未知气体——氩气,并因此获得了1904年诺贝尔物理学奖。

在定量分析过程中,由于受到分析方法、测量仪器、试剂、实验环境和分析工作者等主客观因素的影响,使测定结果与真实值不一致。即使是技术熟练的分析工作者,在完全相同的条件下,使用最好的精密仪器,对同一试样进行多次测定,也不可能得到相同的分析结果。这说明任何测定结果都不会绝对准确,误差是客观存在、难以避免的。因此,在定量分析中,不仅要测定试样中待测组分的含量,还要对分析结果的准确性、可靠性做出合理的评价和正确的表示。同时,还要对引起误差的原因进行分析,采取有效措施减小误差,从而提高分析结果的准确度。

第一节 定量分析误差

一、误差的类型

在定量分析中,根据误差产生的原因和性质,可将误差分为系统误差和偶然误差。

(一)系统误差

系统误差也称可定误差,是由分析过程中某种确定的原因引起的误差,它对分析结果的影响比较固定,具有单向性、重现性,使测定结果都偏高或都偏低。理论上,系统误差的大小、正负是可以测定的,并且可以设法减小或加以校正。

根据系统误差产生的具体原因,可分为以下几类:

1. 方法误差 由于分析方法本身不完善所造成的误差。例如,在重量分析法中,存在沉淀物溶解或沉淀吸附杂质的现象;在滴定分析法中,由于反应未能定量完成导致滴定终点和化学计量点不符等,都会产生方法误差。

2. 仪器误差　由于所用仪器本身不够精准等原因所造成的误差。例如,分析天平的砝码不准,容量仪器刻度不够准确而又未经校正等,均可产生仪器误差。

3. 试剂误差　由于所用试剂不纯等原因所造成的误差。例如,试剂中含有微量的待测组分或干扰物质,蒸馏水中存在微量杂质等,均可产生试剂误差。

4. 操作误差　由于操作人员主观原因在实验过程中所造成的误差。例如,操作人员习惯性地在读取滴定管的读数时偏高或偏低,辨别指示剂的颜色时偏深或偏浅等,均能产生操作误差。

在实验中,读错刻度、看错砝码、加错试剂、溶液溅出、计算错误等明显过失不属于操作误差范畴,而是必须避免的操作错误。一旦发现有操作错误,该测量值应舍弃。为避免此类差错的发生,要求分析人员应加强工作责任心,严格遵守操作规程。

（二）偶然误差

偶然误差也称不可定误差,是由某些难以控制的偶然因素造成的误差。如测量时温度、湿度、电压及气压等偶然变化,分析仪器的微小震动以及分析人员对平行试样测量的微小差异等,均可引起偶然误差。偶然误差具有大小、正负不固定的特点,是无法测量和难以避免的。但如果在相同条件对同一试样进行多次平行测定,对测定数据进行统计处理,可发现偶然误差出现的分布服从正态分布的规律,如图 2-1 所示。

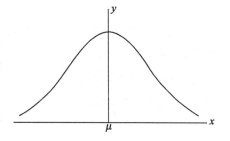

图 2-1　偶然误差的正态分布曲线

其规律为小误差出现的概率大,大误差出现的概率小,特别大的误差出现的概率极小,绝对值相等的正负误差出现的概率基本相等。因此,在消除系统误差后,随着测量次数的增加,偶然误差的算术平均值将趋于零,即测量值的算术平均值接近于真值（μ）。所以在分析工作中可通过“**增加平行测量次数,取算术平均值**”的方法来表示测量结果,以减小偶然误差。

二、准确度和精密度

（一）准确度与误差

准确度是指测量值与真实值接近的程度,用误差来衡量。误差越小,表示测量值与真实值越接近,测量越准确。误差有绝对误差和相对误差两种表示方法。

1. 绝对误差（E）　指测量值（x）与真实值（μ）之差。

$$E = x - \mu \qquad\qquad 式(2\text{-}1)$$

2. 相对误差（RE）　指绝对误差（E）与真实值（μ）比值的百分率。如果不知道真值,但知道测量的绝对误差,则相对误差也可以用测量值（x）为基础表示。

$$RE = \frac{E}{\mu} \times 100\% \quad 或 \quad RE = \frac{E}{x} \times 100\% \qquad\qquad 式(2\text{-}2)$$

案例分析

案例：

某同学用同一台万分之一分析天平称得两份试样的质量，分别为 1.2651g 和 0.1266g。假定两份试样的真实质量分别为 1.2650g 和 0.1265g。试问哪一份试样的称量误差更小？

分析：

该同学两次称量的绝对误差分别计算如下：

$$E_1 = 1.2651 - 1.2650 = 0.0001 (g)$$

$$E_2 = 0.1266 - 0.1265 = 0.0001 (g)$$

该同学两次称量的相对误差分别计算如下：

$$RE_1 = \frac{0.0001}{1.2650} \times 100\% = 0.008\%$$

$$RE_2 = \frac{0.0001}{0.1265} \times 100\% = 0.08\%$$

从上述计算结果来看，该同学两份试样称量的绝对误差完全相等，但相对误差不同，即第二份的相对误差是第一份的 10 倍，故第一份称量误差更小。

由此说明，称量的绝对误差大小与分析天平的精度有关，而相对误差的大小不仅与分析天平的精度有关，还与称量试样的质量有关。

从上述案例分析可知，当绝对误差一定时，试样质量越大，相对误差越小，准确度越高；反之，试样质量越小，相对误差越大，准确度越低。所以用相对误差来表示测定结果的准确度，比用绝对误差更合理。

绝对误差和相对误差有正负之分，当测量值大于真实值时为正误差，表示分析结果偏高；反之，为负误差，表示测量结果偏低。误差的绝对值越小，测量值越接近于真值，测量的准确度就越高。绝对误差与测量值的单位相同，相对误差没有单位。

在实际工作中，由于任何测量都存在误差，所以不可能测得到真实值。因此，在分析化学中，通常将约定真值或相对真值作为真实值。

用测量值与公认的真值之差作为分析误差。用它可衡量分析结果的准确度，判断所选用的分析方法是否合适，检验分析工作者的操作熟练程度。

知识链接

真值的分类

约定真值：由国际计量大会规定的值，如相对原子质量、相对分子质量及一些常数等。

相对真值：即采用可靠的分析方法，在权威机构认可的实验室里，使用最精密的仪器，由不同有经验的分析工作者，对同一试样进行反复多次实验，所得大量数据经数理统计方法处理后的平均值作为相对真值。

（二）精密度与偏差

精密度是指在相同条件下，多次测量的各测量值之间相互接近的程度，用偏差来衡量。精密度反映了测量结果的再现性，各测量值之间越接近，偏差越小，精密度越高；反之，偏差越大，精密度越低。

偏差有以下几种表示方法：

1. 偏差(d)　指测量值(x_i)与平均值($\bar{x}$)之差，d 有正值、负值。

$$d = x_i - \bar{x} \qquad\qquad 式(2\text{-}3)$$

2. 平均偏差($\bar{d}$)　指各单个偏差绝对值的平均值。

$$\bar{d} = \frac{|x_1 - \bar{x}| + |x_2 - \bar{x}| + \cdots\cdots + |x_n - \bar{x}|}{n}$$

$$\bar{d} = \frac{\sum_{i=1}^{n} |x_i - \bar{x}|}{n} \qquad\qquad 式(2\text{-}4)$$

式中，n 为测量次数。应注意，$\bar{d}$ 均为正值。

3. 相对平均偏差($R\bar{d}$)　指平均偏差占平均值的百分率。

$$R\bar{d} = \frac{\bar{d}}{\bar{x}} \times 100\% \qquad\qquad 式(2\text{-}5)$$

滴定分析中，分析结果的相对平均偏差一般应小于 0.2%。使用平均偏差和相对平均偏差表示精密度，简单、方便，但不能较好地反映一组数据的波动情况，即分散程度。因此，对要求较高的分析结果常采用标准偏差、相对标准偏差表示精密度。

4. 标准偏差　标准偏差有总体标准偏差和样本标准偏差。总体标准偏差 σ 计算式为：

$$\sigma = \sqrt{\frac{\sum_{i=1}^{n} (x_i - \mu)^2}{n}} \qquad\qquad 式(2\text{-}6)$$

在统计学中，总体是指所研究对象的全体，σ 为总体标准偏差，n 为次数，μ 为总体平均值（无系统误差时可视为真实值）。

在定量分析时只能做到有限次数测定，总体平均值一般不知道，故只能用样本标准偏差 S 来衡量一组测量数据的分散程度。从总体中随机抽出的一组测量值称为样本。

样本标准偏差 $S(n \leqslant 20)$ 计算式为：

$$S = \sqrt{\frac{\sum_{i=1}^{n} (x_i - \bar{x})^2}{n - 1}} \qquad\qquad 式(2\text{-}7)$$

式中，$n-1$ 称为自由度，用 f 表示，表示一组测量之中独立变数的个数。用标准偏差可使测量中较大的偏差更显著地反映出来，能更好地说明数据的分散程度。

5. 相对标准偏差(RSD)　指标准偏差占平均值的百分率，也称为变异系数(CV)。实际分析工作中，常用 RSD 表示分析结果的准确度。

$$RSD = \frac{S}{\bar{x}} \times 100\% \qquad\qquad 式(2\text{-}8)$$

例2-1 测定某溶液的浓度时,平行测定四次,测定结果分别为:0.2025mol/L、0.2027mol/L、0.2024mol/L、0.2028mol/L,计算平均值、相对平均偏差、标准偏差及相对标准偏差。

解：
$$\bar{x} = \frac{0.2025+0.2027+0.2024+0.2028}{4} = 0.2026(\text{mol/L})$$

$$d_1 = 0.2025 - 0.2026 = -0.0001(\text{mol/L})$$

$$d_2 = 0.2027 - 0.2026 = 0.0001(\text{mol/L})$$

$$d_3 = 0.2024 - 0.2026 = -0.0002(\text{mol/L})$$

$$d_4 = 0.2028 - 0.2026 = 0.0002(\text{mol/L})$$

$$\bar{d} = \frac{|-0.0001|+|0.0001|+|-0.0002|+|0.0002|}{4} = 0.00015(\text{mol/L})$$

$$R\bar{d} = \frac{0.00015}{0.2026} \times 100\% = 0.074\%$$

$$S = \sqrt{\frac{(-0.0001)^2+(0.0001)^2+(-0.0002)^2+(0.0002)^2}{4-1}} = 0.00018$$

$$RSD = \frac{0.00018}{0.2026} \times 100\% = 0.089\%$$

答：本实验结果的平均值为0.2026mol/L,相对平均偏差为0.074%,标准偏差为0.00018,相对标准偏差为0.089%。

（三）准确度与精密度的关系

测量值的准确度表示测量的正确性,测量值的精密度表示测量的重现性。测定结果的优劣应从精密度和准确度两个方面衡量。

精密度与准确度的关系用实例说明。将同一试样安排给四位同学分别测定,其测定结果用图2-2表示。

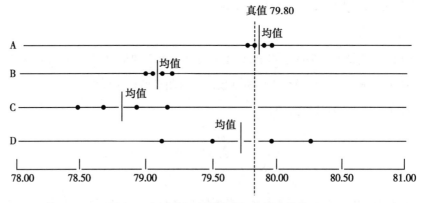

图2-2 定量分析中准确度与精密度的关系

由图可以看出,A同学测定结果彼此接近且平均值与真值相差很小,说明A同学测定结果的精密度、准确度都高,测量结果准确可靠。B同学测定结果彼此接近但平均值与真值相差较大,说明B

同学测定结果的精密度高,但准确度低,测量结果不可靠。C 同学测定结果的准确度、精密度都较差,测量结果更不可靠。D 同学测定结果的精密度很差,虽平均值与真值较接近,但这是由于正负误差相互抵消的偶然结果,其测量结果也不可靠。

由此可见,精密度低,测定结果不可靠;但精密度高不等于准确度高,因为可能存在系统误差(如 B 同学的测量结果)。只有消除了系统误差,精密度高准确度才高。因此,精密度是保证准确度的先决条件,准确度高要求精密度一定高,在评价分析结果时,既要有高的精密度,还要有高的准确度。

▶▶ 课堂活动

　　下面是 3 位同学练习射击后的射击靶图,请您用精密度或准确度的概念来评价这 3 位同学的射击成绩。

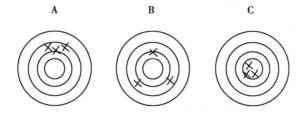

三、提高分析结果准确度的方法

在分析测量过程中,不可避免地存在误差。要提高分析结果的准确度,就必须尽可能减小分析测量过程中的系统误差和偶然误差。为减小分析测量过程中的误差,可从以下几个方面来考虑。

（一）选择适当的分析方法

不同分析方法有不同灵敏度和准确度。应根据测定试样选择合适的分析方法。一般常量组分的测定应选滴定分析法或重量分析法,而微量和痕量组分的测定则选用仪器分析法。滴定分析法和重量分析法能获得较准确的结果,其相对误差一般不超过 0.2%,但灵敏度不高,无法准确测定微量或痕量组分。仪器分析法相对误差较大,但灵敏度较高,绝对误差小,且准确度可以满足测定要求,常用于微量或痕量组分的测定,也可用于常量组分分析。

在选择分析方法时,还应考虑共存组分的干扰,并根据分析对象、试样情况以及对分析结果的要求,选择适当的分析方法。

（二）减小测量误差

为了保证分析结果的准确度,在选定适当的分析方法后,还应尽量减小分析过程中各步骤的测量误差,一般要求每个步骤的测量误差应小于或等于 0.1%。

例如使用分析天平称量时,为了减小称量的相对误差,称取试样的质量要适当。一般万分之一分析天平的称量绝对误差为 ±0.0001g,用减重法称量一份试样需称量两次,可能引起的最大误差是 ±0.0002g,为使称量的相对误差不大于 0.1%,最小称量质量为 0.2g。在滴定分析中,滴定管读数的误差一般为 ±0.01ml,完成一次滴定操作需读数两次,这样可能产生的最大误差是 ±0.02ml,所以为使滴定的相对误差不大于 0.1%,消耗滴定液的体积必须在 20ml 以上。

▶▶ **课堂活动**

请解释在滴定分析中,当使用 25ml 滴定管时,为什么要求滴定液消耗的体积在 20~25ml 为宜。

(三) 减小测量中的系统误差

1. 对照试验　为检验分析方法是否存在系统误差,常用对照试验来检测,分为标准品对照法和标准方法对照法。

标准品对照法是用已知准确含量的标准品或纯物质代替试样,在完全相同的条件下进行测定分析,根据标准品的测量结果与其标准值比较得出分析结果的系统误差,用此误差对试样测定结果进行校正。

标准方法对照法是用可靠(法定)分析方法与被检验的方法,以同一试样进行对照分析,根据结果判断有无系统误差存在。两种测量方法的测定结果越接近,说明被检验的方法越可靠。

2. 空白试验　在不加试样的情况下,按照与分析试样同样的方法、条件、步骤进行的分析试验称为空白试验,所得结果称为空白值。在计算时从试样的分析结果中扣除空白值,就可以消除由于试剂、纯化水、实验器皿带入的杂质所引起的系统误差。

3. 校准仪器　校准仪器可以减小或消除仪器误差。在分析实验中所用的仪器,例如砝码、滴定管、移液管、容量瓶等,必须进行校准,并在计算结果时采用其校正值。由于计量及测量仪器的状态会随时间、环境条件等发生变化,因此应定期对仪器进行校正,并且在同一实验中使用同一仪器。

4. 回收试验　对试样的组成不太清楚或无标准试样做对照试验时,可采用回收试验。这种方法是向试样中加入已知量的待测物质,与另一份待测试样进行平行试验,以加入的待测物质能否回收,来检验有无系统误差存在,并对分析结果进行校正。

(四) 减小测量中的偶然误差

根据偶然误差统计规律,在消除系统误差的前提下,用适当增加平行测定次数取算术平均值的方法来减小偶然误差。在实验中选用稳定性更好的仪器,保持实验环境稳定,提高实验技术人员操作熟练程度等都有助于减少偶然误差。

点滴积累 ＼

1. 系统误差与偶然误差的区别　系统误差来源于方法、试剂、仪器和操作误差,具有重现性,可以用对照试验等方法给予减小或消除;偶然误差由偶然因素引起,不具有重现性,但服从统计规律,可通过对试样平行测定多次,取平均值的方法给予减小。

2. 准确度是指测量值与真实值接近的程度,用误差来衡量。

3. 精密度是指在相同条件下,多次测量的各测量值之间相互接近的程度,用偏差来衡量。

4. 准确度与精密度的关系　准确度高,精密度必然高;精密度高,则准确度不一定高,只有在消除系统误差后,才有精密度高,准确度也高的结论。

第二节 有效数字及其应用

在分析工作中,不仅要准确地测定各种数据,而且还必须正确记录和表示数据,并合理进行处理和运算,以免得到不准确的测量结果,因此必须学习有效数字并在定量分析中正确应用。

一、有效数字

有效数字是指在分析工作中实际上能测量到的数字。在记录测量数据时,只允许保留一位可疑数(欠准数),即只有末位数欠准。有效数字不仅能表示数值的大小,还可反映测量的精确程度。在记录分析数据的位数(有效数字的位数)时,必须与所使用的测量仪器和分析方法的准确程度相适应。

例如,用25ml移液管移取25ml某溶液,应记录为25.00ml,因为移液管可准确读数到0.1ml,而小数点后第二位是欠准数,有±0.01ml的误差,因此可记为四位有效数字。又如,用万分之一分析天平称量时能准确到0.001g,小数点后第四位为欠准值有±1的误差,记录时应保留第四位欠准值。如用分析天平称某试样的质量为1.4582g,是五位有效数字,其中1.458是准确数字,最后一位数字2是可疑数字,其实际质量应为1.4582g±0.0001g。

在确定有效数字的位数时,数字中的1~9均为有效数字,但数字0则不一定。位于第一个数字(1~9)前的"0"不是有效数字,而在数字中间或末尾的"0"是有效数字。例如:

0.05g、0.2%	一位有效数字
0.087g、0.20%	两位有效数字
0.0870g、2.45×10^{-3}	三位有效数字
0.2025g、1.010×10^{-3}	四位有效数字
1.2412g、98.635	五位有效数字

分析化学计算中遇到倍数、分数关系时,因它们是自然数而非测量所得,它们的有效数字位数可以认为没有限制。分析化学中还经常遇到pH、pK等对数值,其有效数字的位数决定于小数部分(即尾数)数字的位数。因为整数部分(首数)只代表原数字的方次。例如,pH = 9.00,即$[H^+]=1.0\times10^{-9}$mol/L,其有效数字位数是两位,而不是三位。

难点释疑

为什么对数值的有效数字位数由小数点后的位数确定?

由$[H^+]$与pH的换算关系可看出:

$$[H^+]=1.0\times10^{-1}\text{mol/L},pH=1.00$$

$$[H^+]=1.0\times10^{-2}\text{mol/L},pH=2.00$$

$$[H^+]=1.0\times10^{-3}\text{mol/L},pH=3.00$$

对数的首数是来自于真数的方次数,仅表示真数前零的数目,即不为有效数字。所以对数值的有效数字位数应由小数点后的位数确定。

有效数字的位数在变换单位时应保持不变,如将22.10ml写成0.02210L。在表示准确度和精密度时,一般只取一位有效数字,最多取两位有效数字。如$R\bar{d}=0.04\%$。

▶▶ **课堂活动**

请想想在台秤和在分析天平上称得同一物质的质量,其有效数字位数表示是否相同? 以此解释有效数字位数的意义。

二、有效数字的记录、修约及运算规则

在处理分析数据时,由于在测量过程中所使用的各种仪器精度不完全一致,使测得的数据有效位数可能不同。为了获得正确的分析结果,必须按一定规则进行数据的记录、修约及运算,以得出合理的结论。

(一)记录

在记录测量数据的有效数字位数时,根据所选用仪器的精度进行记录,记录数据只保留一位可疑数字。例如:用10ml量筒移取10ml某溶液,应记录为10.0ml,因为量筒可准确读数到1ml,小数点后第一位是可疑数字,因此可为记三位有效数字;用50ml容量瓶配制50ml某溶液,应记录为50.00ml,因为容量瓶可准确读数到50.0ml,小数点后第二位是可疑数字,因此可为记四位有效数字。

(二)有效数字修约规则

在数据运算时,根据有效数字的要求,把弃去多余数字的处理过程称为数字的修约。数字修约的规则如下:

有效数字的修约

1. 按国家标准 GBT 8170-1987《数值修约规则》,采取"**四舍六入五留双**"的规则进行修约:当被修约的数字小于或等于4时,该数字舍去;当被修约的数字大于或等于6时,则进位;当被修约的数字等于5时,若5后的数字不为0,则进位;若5后无数字或为0,则看5前一位数,为偶数(包括0),则舍弃,为奇数,则进位。

例如,将表2-1中的测量值修约为四位有效数字:

表2-1　有效数字修约示例表

测量值	修约过程	修约后
2.3084	第五位有效数字小于等于4,舍去	2.308
0.49626	第五位有效数字大于等于6,进位	0.4963
1.74451	第五位有效数字是5,5后有数字,进位	1.745
0.38465	第五位有效数字是5,5后无数字,5前数字为偶数,舍去	0.3846
3.5315	第五位有效数字是5,5后无数字,5前数字为奇数,进位	3.532
4.35250	第五位有效数字是5,5后数字为0,5前数字为偶数,舍去	4.352

2. 修约数字时应一次修约到位,不能分次修约。如将8.3482修约为两位数,不能先修约为

8.35 再修约成 8.4,而应一次修约为 8.3。

3. 可多保留一位有效数字进行运算,运算后,再将结果修约到应有位数。

4. 对相对平均偏差、相对标准偏差等进行修约时,要遵循准确度降低原则,只进不舍,以免人为地提高准确度和精密度。一般取一位有效数字,最多两位有效数字。例如 *RSD* 计算值为 0.123%,修约到一位有效数字为 0.2%,修约到两位有效数字为 0.13%。

知识链接

国家标准简介

我国的国家标准按专业分共有 24 个大类。 其代号用拉丁文字母顺序。 例如,A 综合;B 农业、林业;C 医药、卫生、劳动保护;D 矿业;E 石油;G 化工等,而国家标准 GB/T 8170-1987《数值修约规则》是属于实验室中常用的 A 类综合标准之一。

(三)有效数字运算规则

有效数字运算时,遵循"先修约,后计算"原则,计算后不再修约。

1. 加减法　几个数据相加或相减时,有效数字位数的保留应以小数点后位数最少(绝对误差最大)的数据为依据进行修约,使计算结果的误差与各数据中绝对误差最大的数据相当。

例如,14.28+1.1527+0.0473 求和。以小数点后位数最少的数据 14.28 为保留依据,将 3 个数据修约后再计算,结果只保留两位小数。

$$14.28+1.15+0.05 = 15.48$$

2. 乘除法　几个数相乘除时,有效数字位数的保留,应以有效数字位数最少(相对误差最大)的数据为依据进行修约,使计算结果的误差与各数据中相对误差最大的数据相当。

例如,14.28×1.1527×0.0473 求积。以有效数字位数最少的数据 0.0473 为保留依据,将 3 个数据修约后再计算,结果只保留三位有效数字。

$$14.3×1.15×0.0473 = 0.778$$

三、有效数字在定量分析中的应用

(一)正确选择测量仪器

不同的分析任务对测量仪器有不同的精度要求,为此,必须选择适当的测量仪器。例如在常量分析中,用减重法称取 0.2g 试样,一般要求称量的相对误差为 ±0.1%,其绝对误差为 ±0.0002g,则选用万分之一的分析天平即可达要求;若称取样品质量在 2g 以上时,选用千分之一分析天平进行称量也可以达到要求。

(二)正确记录测量数据

在测量中,正确记录测量数据是获得准确可靠的分析结果的保证。因此,在记录测量数据时,应根据测量方法和所选用仪器的精度正确记录,记录数据只保留一位可疑数字。如用万分之一的分析天平进行称量时,称量结果必须记录到以克为单位小数点后四位。例如,1.3700g 不能写成 1.370g 或 1.37g。记录滴定管滴定体积时,必须记录到以毫升为单位小数点后两位,如溶液的体积为 21.00ml 时,不能写成 21ml 或 21.0ml。

（三）正确表示分析结果

在分析结果的报告中,要注意最后结果中的有效数字保留的位数,它必须与整个分析测量过程获取数据相一致。如果过多地保留数字,会夸大准确度;相反如果随意地减少保留的数字,则会降低准确度。常量分析中,其结果一般要求准确到四位有效数字。

▶ **课堂活动**

在某化工厂分析室,小李和小赵两人同时进行某试样中亚铁含量测定。用万分之一分析天平称取试样 0.2800g,其分析结果报告分别为: 小李 38.20%、小赵 38.199%,请分析小李和小赵的报告哪一份合理? 为什么?

点滴积累 ∨

1. 有效数字是指在分析工作中实际上能测量到的数字,包括准确数字和一位可疑数字。

2. 确定有效数字的位数时,从第一个不是"0"的数字开始。

3. 有效数字的修约规则是"四舍六入五留双"。

4. 几个数据相加减,有效数字位数的保留应以小数点后位数最少的数据为依据,先修约,后计算。

5. 几个数据相乘除,有效数字位数的保留应以有效数字位数最少的数据为依据,先修约,后计算。

6. 在定量分析中,有效数字用于正确选择测量仪器、正确记录测量数据、正确表示分析方法。

第三节　定量分析结果的处理

在定量分析中,通常是把测量数据的平均值作为测定结果进行报告。但在精密分析中,只用测量数据的平均值作为测定结果进行报告是不够的,还应对少量或有限次数实验测量数据运用数理统计方法进行合理分析,对分析结果的可靠性给予正确、科学的评价,再做出分析结果的报告。

一、可疑值的取舍

在分析工作中通常对试样进行平行测定,会发现在测得的一组数据中,会出现个别数据与其他数据相差较大,这种数据可称为可疑值或逸出值。如果此数据确定是由于实验中的过失造成,则可舍去,否则应用统计学方法进行检验,决定其取舍。例如,测量某一含氯试样时,平行测定四次,其结果分别为:15.28%、15.25%、15.37%和15.26%,显然第3个测量值可视为可疑值,该数据是否保留,需查找原因再决定取舍。目前常用的统计方法是 Q 检验法和 G 检验法。

（一）Q 检验法

Q 检验法又称**舍弃商法**。在测定次数较少时($n=3\sim10$),用 Q 检验法决定可疑值的弃舍是比较合理的方法。其检验步骤如下:

1. 将所有测量数据按从小到大顺序排列,算出测定值的极差(即最大值与最小值之差)。

2. 计算出可疑值与其邻近值之差的绝对值。

3. 按照式(2-9)计算 $Q_{计}$。

$$Q_{计}=\frac{|x_{疑}-x_{邻}|}{x_{最大}-x_{最小}}\qquad\text{式(2-9)}$$

4. 查 Q 值表2-2,如果 $Q_{计}>Q_{表}$,将可疑值舍去,否则应当保留。

表2-2　不同置信度下的 Q 值表

n	3	4	5	6	7	8	9	10
$Q_{90\%}$	0.94	0.76	0.64	0.56	0.51	0.47	0.44	0.41
$Q_{95\%}$	0.97	0.84	0.73	0.64	0.59	0.54	0.51	0.49
$Q_{99\%}$	0.99	0.93	0.82	0.74	0.68	0.63	0.60	0.57

（二）G 检验法

G 检验法是适用范围较广的检验方法,具体步骤如下:

1. 计算出包括可疑值在内的平均值及标准偏差。

2. 按式(2-10)计算 $G_{计}$ 值。

$$G_{计}=\frac{|x_{可疑}-\overline{x}|}{S}\qquad\text{式(2-10)}$$

3. 查 G 值表2-3,如果 $G_{计}>G_{表}$,将可疑值舍去,否则应当保留。

表2-3　95%置信度的 G 临界值表

n	3	4	5	6	7	8	9	10
G	1.15	1.48	1.71	1.89	2.02	2.13	2.21	2.29

案例分析

案例:

某学生在测量某一含氯试样时,平行测定4次,其结果分别为:15.28%、15.25%、15.37%和15.26%。该同学发现平行测定数据中第3个测量值与其他几个测量值有一定差距,为此,他在结果表示时将第3个测量值舍去,用剩下的3个测量值计算平均值(15.26%),以此表示分析结果。该同学处理数据的方法是否符合规定要求?

分析:

该同学处理数据的方法不符合规定要求。理由是该同学在实验过程中未发现该数据在测量中存在明显过失,故不能采用人为方法取舍数据。应采用 Q 检验法或 G 检验法检验后再决定数据的取舍。

1. 用 Q 检验法检验 15.37%,是否应舍弃(置信度为 95%)?

按照 Q 检验法计算: $Q_{计} = \dfrac{|15.37\% - 15.28\%|}{15.37\% - 15.25\%} = 0.75$

查表 2-2 得: $n = 4$ 时, $Q_{表} = 0.84$。因为 $Q_{计} < Q_{表}$,所以数据 15.37% 不能舍去。

2. 若采用 G 检验法检验 15.37%,是否应舍弃?

按照 G 检验法计算:

$$\bar{x} = \frac{15.28\% + 15.25\% + 15.37\% + 15.26\%}{4} = 15.29\%$$

$$S = \sqrt{\frac{(-0.01)^2 + (-0.04)^2 + (0.08)^2 + (-0.03)^2}{4 - 1}} = 0.055$$

$$G_{计} = \frac{|x_{可疑} - \bar{x}|}{S} = \frac{|15.37\% - 15.29\%|}{0.055} = 1.45$$

查表 2-3 得: $n = 4$ 时, $G_{表} = 1.48$,由于 $G_{计} < G_{表}$,故 15.37% 数值不应舍弃。

采用 Q 检验法或者 G 检验法检验判断 15.37% 都不应舍弃,应保留。因此本含氯试样的含量应采用 4 个平行测量值的平均值表示,即 15.29%。

二、分析结果的表示方法

在定量分析中,由于偶然误差难以避免,在减小或消除系统误差的情况下,测定结果只能是接近真实值,而不可能是被测组分的真实值。因此在表示分析结果时,必须说明测量值与真实值的接近程度及其真实值所处的范围与可靠性。在定量分析中,由于测定目的不同,要求不同,表示结果的方式也不同,一般有下面几种方式:

(一)一般分析结果的表示

在试样的定量分析实验中,在忽略系统误差的情况下,对于常规或验证性试验,一般每种试样平行测定 3 次,先计算测定结果的平均值,再计算出相对平均偏差,若 $R\bar{d} \leqslant 0.2\%$,可以认为符合要求,取其平均值作为最后的测定结果。否则,认为此次实验不符合要求,需要重做。例如测定某溶液的浓度,测定结果分别为 0.1097mol/L、0.1101mol/L、0.1099mol/L。经计算 $\bar{x} = 0.1099$mol/L, $R\bar{d} = 0.091\%$,小于 0.2%,符合要求,可用 0.1099mol/L 报告其分析结果。

在实际工作中,开展科学研究或制定标准等工作更多用测定数据的相对标准偏差 RSD 来判断测量结果是否符合要求。

(二)分析结果的统计处理方法

如果制定分析标准、开展科研工作以及涉及重大问题的试样分析等需要的精确数据,则需要对试样进行多次平行测定,用统计方法处理测定结果。

1. **偶然误差的正态分布** 对同一试样在相同条件下进行多次测量,当测量次数 n 为无限多次时,其测量产生的偶然误差的规律性分布服从正态分布(即高斯分布):

$$y = \frac{1}{\sigma\sqrt{2\pi}}e^{-\frac{(x-\mu)^2}{2\sigma^2}}$$ 式(2-11)

式中,y 为概率密度,x 表示测量值,μ 表示总体平均值,为 $n\to\infty$ 时测量值的平均值,在没有系统误差的情况下,它就是真值。μ 决定正态分布曲线的位置,σ 为总体标准偏差,反映测量值的离散程度。如图 2-3所示。

图 2-3 中,当固定 μ,σ 愈大,曲线愈平坦,数据愈分散(曲线 2);σ 愈小,曲线愈尖锐,数据愈集中(曲线 1)。当 $x=\mu$ 时对应曲线的最高点,概率密度最大。曲线以通过 $x=\mu$ 这一点的垂线为对称轴,说明正误差和负误差出现的概率相等。当 x 趋向于 $+\infty$ 或 $-\infty$ 时,曲线以 x 轴为渐近线,说明小误差出现的概率大,大误差出现的概率小,出现很大误差的概率几乎为零。

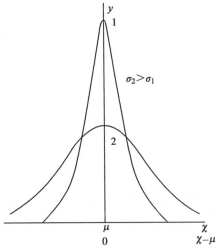

图 2-3 两组精密度不同的测量值的
正态分布曲线

2. **平均值的精密度** 平均值的精密度可用平均值的标准差($S_{\bar{x}}$)表示,平均值的标准差与单次测量结果的标准偏差的关系为:

$$S_{\bar{x}} = \frac{S_x}{\sqrt{n}}$$ 式(2-12a)

对于无限次测量值,则为:

$$\sigma_{\bar{x}} = \frac{\sigma_x}{\sqrt{n}}$$ 式(2-12b)

式(2-12a)表明,平均值的标准偏差与测量次数 n 的平方根成反比,测量次数越多,平均值的标准偏差越小,说明平均值的精密度会随着测量次数的增加而提高。开始时随着测量次数 n 的增加,$S_{\bar{x}}$ 相对迅速减小;当 $n>5$ 时,$S_{\bar{x}}$ 的减小就相对较慢了,当 $n>10$ 时,$S_{\bar{x}}$ 的改变已很小了。即说明,过多增加测量次数并不能使精密度显著提高,反而费时费力。所以在实际定量分析工作中,一般分析平行测量 3~4 次;较高要求分析时,可测量 5~9 次。

3. **平均值的置信区间** 在要求准确度较高的分析工作中,提出分析报告时,需对总体平均值 μ(μ 在消除系统误差时为真实值)做出估计,即推断在某个范围内包含总体平均值 μ 的概率是多少。就是在总体平均值 μ 的估计值 x 两边各定出一个界限,称为**置信限**,两个置信限之间的区间,称为**置信区间**,并指明这种估计的可靠性或概率(表 2-4),将总体平均值 μ 落在此范围内的概率称为**置信概率**或**置信度**(P)。

$$\mu = x \pm u\sigma$$ 式(2-13)

式中,$u\sigma$ 为置信限,$(x\pm u\sigma)$ 为置信区间。置信区间是在一定的置信度时以测量结果为中心,包括总体平均值在内的可信范围。

表2-4　置信区间与概率

置信限($u\sigma$）	测量值出现的区间（$\mu\pm u\sigma$）	概率（%）
1σ	$x=\mu\pm1\sigma$	68.3%
1.96σ	$x=\mu\pm1.96\sigma$	95.0%
2σ	$x=\mu\pm2\sigma$	95.5%
2.58σ	$x=\mu\pm2.58\sigma$	99.0%
3σ	$x=\mu\pm3\sigma$	99.7%

从上可看出置信度越高,置信区间就越宽,判断失误的机会越小,反之置信度越低,置信区间就越窄,判断失误的机会越大。根据统计学原理,一般情况下对某事件做出判断时,若有95%的把握,就认为判断是基本可靠的。

若用多次测量的样本平均值 $\bar{x}$ 来估计 μ 值的范围,则称为平均值的置信区间。用下式表示:

$$\mu=\bar{x}\pm u\cdot\frac{\sigma}{\sqrt{n}} \qquad\qquad 式（2-14）$$

在实际分析工作中,通常是对试样进行有限次数的测定,故用 S 代替 σ,用统计量 t 来代替 u,t 值不仅与置信度 P 有关,还与自由度 f 有关,故常写成 $t_{(P,f)}$。当 $f\rightarrow\infty$ 时,$t\rightarrow u$。所以,进行有限次数试样测量的平均值的置信区间可表示为:

$$\mu=\bar{x}\pm t_{(P\cdot f)}\cdot\frac{S}{\sqrt{n}} \qquad\qquad 式（2-15）$$

根据不同的置信度 P 和自由度 f 所算出的 t 值分布表,见表2-5。

表2-5　t 值分布表

自由度＼置信度	90%	95%	99%
1	6.31	12.71	63.66
2	2.92	4.30	9.92
3	2.35	3.18	5.84
4	2.13	2.78	4.60
5	2.01	2.57	4.03
6	1.94	2.45	3.71
7	1.90	2.36	3.50
8	1.86	2.31	3.36
9	1.83	2.26	3.25
10	1.81	2.23	3.17

续表

自由度＼置信度	90%	95%	99%
20	1.72	2.09	2.84
30	1.70	2.04	2.75
60	1.67	2.00	2.66
120	1.66	1.98	2.62
∞	1.64	1.96	2.58

例 2-2　用 8-羟基喹啉法测定 Al 含量,9 次测定的 $S=0.042\%$,$\bar{x}=10.79\%$,估计在 95% 和 99% 的置信度时平均值的置信区间。

解:查表 2-5:

$$P=95\%，f=9-1=8 \text{ 时},t_{(0.95,8)}=2.31$$

$$P=99\%，f=9-1=8 \text{ 时},t_{(0.99,8)}=3.36$$

(1)95% 置信度时的平均值的置信区间为:

$$\mu=\bar{x}\pm t_{(P,f)}\cdot\frac{S}{\sqrt{n}}=10.79\%\pm2.31\times\frac{0.042\%}{\sqrt{9}}=10.79\%\pm0.032\%$$

(2)99% 置信度时的平均值的置信区间为:

$$\mu=10.79\%\pm3.36\times\frac{0.042\%}{\sqrt{9}}=10.79\%\pm0.047\%$$

答:总体平均值在 10.76%～10.82% 间的概率为 95%;总体平均值在 10.74%～10.84% 间的概率为 99%。

由此可见,增加置信度可扩大置信区间。此外,在相同的置信度下,增加测量次数,可缩小置信区间。

三、显著性检验

在定量分析中,由于系统误差和偶然误差的存在,常会遇到这样的情况:①标准试样或纯物质的测量平均值 $\bar{x}$ 与标准值或真值 μ 不一致;②采用两种不同的分析方法或不同分析人员对同一试样进行分析,获得的两组数据的平均值 $\bar{x}_1$、$\bar{x}_2$ 不一致。因此,必须对分析结果的准确度或精密度是否存在显著性差异进行判断。在定量分析中最常用 F 检验法和 t 检验法,分别检验两组分析结果是否存在着显著性差异。

(一) F 检验法

F 检验法是比较两组数据的方差 S^2(标准偏差的平方),以确定它们的精密度是否有显著性差异,即两组分析结果的偶然误差是否有显著不同。

具体步骤如下:

1. 首先计算出两个样本的方差 S_1^2 和 S_2^2,然后按下式计算方差比 $F_{计}$:

$$F_{计} = \frac{S_1^2}{S_2^2}(S_1 > S_2) \qquad\qquad 式(2-16)$$

2. 由表 2-6 查出,在 95% 置信度时不同 f(自由度)的 $F_表$,比较 $F_计$ 与 $F_表$值,若 $F_计 < F_表$,则表示两组数据的精密度无显著性差异;反之,则有显著性差异。使用表 2-6 时要注意 f_1 为大方差数据的自由度,f_2 为小方差数据的自由度。

表 2-6 95%置信度时的 F 值分布表

f_2 \ f_1	2	3	4	5	6	7	8	9	10	∞
2	19.00	19.16	19.25	19.30	19.33	19.35	19.37	19.38	19.39	19.50
3	9.55	9.28	9.12	9.01	8.94	8.89	8.85	8.81	8.78	8.53
4	6.94	6.59	6.39	6.26	6.16	6.09	6.04	6.00	5.96	5.63
5	5.79	5.41	5.19	5.05	4.95	4.88	4.82	4.77	4.74	4.36
6	5.14	4.76	4.53	4.39	4.28	4.21	4.15	4.10	4.06	3.67
7	4.74	4.35	4.12	3.97	3.87	3.79	3.73	3.68	3.64	3.23
8	4.46	4.07	3.84	3.69	3.58	3.50	3.44	3.39	3.35	2.93
9	4.26	3.86	3.63	3.48	3.37	3.29	3.23	3.18	3.15	2.71
10	4.10	3.71	3.48	3.33	3.22	3.14	3.07	3.02	2.98	2.54
∞	3.00	2.60	2.37	2.21	2.10	2.01	1.94	1.88	1.83	1.00

例 2-3 用两种方法测定某试样中 Ca^{2+} 的含量,第一种方法共测定 6 次,$S_1 = 0.048$;第二种方法共测定 4 次,$S_2 = 0.023$。试问这两种方法测定结果的精密度有无显著性差异?

解:$f_1 = 6 - 1 = 5$;$f_2 = 4 - 1 = 3$。查表 2-6 得 $F_表 = 9.01$

$$F_{计} = \frac{(0.048)^2}{(0.023)^2} = 4.36$$

答:因为 $F_计 < F_表$,故 S_1 和 S_2 无显著性差异,即两种方法的精密度相当。

(二)t 检验法

t 检验法是通过比较平均值与标准值或比较两组平均值,判断某种分析方法或操作过程中是否存在较大的系统误差。

1. 平均值与标准值的比较 具体做法是:

(1)首先计算分析结果的平均值 $\bar{x}$ 和标准差 S,按下式计算 $t_计$ 值:

$$t_{计} = \frac{|\bar{x} - \mu|}{S} \cdot \sqrt{n} \qquad\qquad 式(2-17)$$

(2)查表 2-5 的 t 值分布表,得 $t_表$ 值。若 $t_计 \geq t_表$,则平均值 $\bar{x}$ 与标准值 μ 之间存在显著性差异,表示该方法或该操作过程有系统误差;若 $t_计 < t_表$,则无显著性差异。虽然 $\bar{x}$ 与 μ 有差异,但这种差异不是由于系统误差引起的,而是偶然误差造成的。

例 2-4 滴定分析法测定某药物的含量,已知该药物的真实含量为 36.29%。平行测量药物 6

次,其结果分别为:36.59%、36.43%、36.35%、36.61%、36.44%、36.52%,计算说明该测量方法或操作过程是否存在系统误差(置信度为95%)。

解:
$$\bar{x} = 36.49\% \qquad S = 0.10\% \qquad n = 6$$

$$t_{计} = \frac{|\bar{x} - \mu|}{S} \cdot \sqrt{n} = \frac{|36.49\% - 36.29\%|}{0.10\%}\sqrt{6} = 4.90$$

查表 2-5 得:$t_{(0.95,5)表} = 2.57$

答:由于 $t_{计} > t_{表}$,故该测量方法或操作过程存在系统误差。

2. **两组平均值的比较**　具体用于:①同一试样由不同分析人员或同一分析人员采用不同方法分析、不同分析仪器、不同时间所得不同结果的平均值;②两个试样含有同一成分,用相同方法测得两组数据的平均值。

两组平均值的比较用下式计算 $t_{计}$:

$$t_{计} = \frac{|\bar{x}_1 - \bar{x}_2|}{S_R}\sqrt{\frac{n_1 \cdot n_2}{n_1 + n_2}} \qquad\qquad 式(2\text{-}18)$$

式中,$\bar{x}_1$、$\bar{x}_2$ 分别为两组数据的平均值;n_1、n_2 分别为两组数据的测量次数;S_R 为合并标准偏差或组合标准偏差。若已知 S_1 和 S_2 之间无显著性差异(F 检验无差异),可由下式计算 S_R:

$$S_R = \sqrt{\frac{S_1^2(n_1-1) + S_2^2(n_2-1)}{(n_1-1) + (n_2-1)}} \qquad\qquad 式(2\text{-}19)$$

例 2-5　由 2 名分析工作者分析某试样中 $MgSO_4$ 的含量。所得分析结果为:

工作者一:$n_1 = 5$　　$\bar{x}_1 = 98.48\%$　　$S_1 = 0.047\%$

工作者二:$n_2 = 4$　　$\bar{x}_2 = 98.44\%$　　$S_2 = 0.035\%$

试问 2 名分析工作者分析结果之间是否存在显著性差异(置信度为95%)?

解:

(1)F 检验:$F_{计} = \dfrac{S_1^2}{S_2^2} = \dfrac{(0.047\%)^2}{(0.035\%)^2} = 1.80$

查表 2-6,$P = 95\%$,$f_1 = 5 - 1 = 4$,$f_2 = 4 - 1 = 3$ 时,$F_{表} = 9.12$,故 $F_{计} < F_{表}$,表明 2 人分析结果的精密度之间无显著性差异。可以求合并标准偏差 S_R,进行 t 检验。

(2)t 检验:$S_R = \sqrt{\dfrac{(5-1) \times (0.047\%)^2 + (4-1) \times (0.035\%)^2}{(5-1) + (4-1)}} = 0.042\%$

$$t_{计} = \frac{|98.48\% - 98.44\%|}{0.042\%}\sqrt{\frac{5 \times 4}{5 + 4}} = 1.42$$

因 $f = 5 + 4 - 2 = 7$,查表 2-5 得:$t_{(0.95,7)表} = 2.36$。由于 $t_{计} < t_{表}$,所以 2 名分析工作者的分析结果无显著性差异。

注意:若要判断两组数据之间是否存在系统误差,通常是先进行 F 检验并确定它们的精密度无显著性差异后,再进行 t 检验,否则会得出错误的结论。

▶▶ **课堂活动**

请您分析以下情况,用何种显著性检验说明其分析结果的差异。

1. 对同一试样,在相同条件下进行分析,两个分析人员得到两组不同的分析结果。

2. 用同一方法对两批相同样品进行分析,得到两组不同的分析结果。

点滴积累 ∨

1. 可疑值的取舍 在对试样进行平行测量获得的一组数据中，若某个数据与其他数据相差较大，除能确定数据是过失造成可舍去外，必须用 Q 检验法或 G 检验法检验后确定取舍。

2. 分析结果的表示方法 在定量分析中，一般对于常规或验证性试验每种试样平行测定 3 次，若 $R\bar{d} \leqslant 0.2\%$，则符合要求，用其平均值表示测定结果。对于涉及制定分析标准、开展科研工作等分析工作需要的精确数据，则需要对试样进行多次平行测定，用统计方法处理测定结果后方可报告结果。

3. 显著性检验 在比较两组测量数据中是否存在着显著性的偶然误差和系统误差，可采用 F 检验和 t 检验进行相应的显著性检验。

复习导图

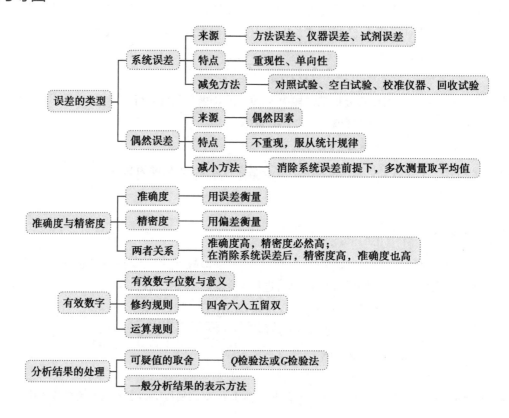

目标检测

一、选择题

（一）单项选择题

1. 砝码被腐蚀引起的误差属于（ ）

    A. 方法误差   B. 试剂误差   C. 仪器误差   D. 操作误差

2. 托盘天平两臂不等长引起的误差属于（ ）

  A. 方法误差   B. 试剂误差   C. 仪器误差   D. 操作误差

3. 由于滴定终点与化学计量点不吻合引起的误差属于(　　)

  A. 方法误差   B. 试剂误差   C. 仪器误差   D. 操作误差

4. 由于蒸馏水中含有少量被测物质引起的误差属于(　　)

  A. 方法误差   B. 试剂误差   C. 仪器误差   D. 操作误差

5. 由于天平零点稍有变动引起的误差属于(　　)

  A. 方法误差   B. 试剂误差   C. 仪器误差   D. 偶然误差

6. 减小偶然误差的方法(　　)

  A. 回收试验   B. 多次测定取平均值 C. 空白试验   D. 对照试验

7. 减小系统误差的方法(　　)

  A. 回收试验   B. 对照试验   C. 空白试验   D. 以上都是

8. 下列叙述中,错误的是(　　)

  A. 系统误差具有单向性、重现性

  B. 仪器分析准确度高于滴定分析

  C. 偶然误差的分布规律呈正态分布

  D. 误差和偏差分别表示准确度与精密度的高低

9. 在标定某溶液浓度时,某同学的四次测定结果分别为 0.1018mol/L、0.1017mol/L、0.1018mol/L、0.1019mol/L,而准确浓度为 0.1036mol/L,该同学的测量结果(　　)

  A. 准确度较好,但精密度较差   B. 准确度较好,精密度也好

  C. 准确度较差,但精密度较好   D. 准确度较差,精密度也较差

10. 精密度表示方法不包括(　　)

  A. 平均偏差   B. 标准偏差   C. 相对平均偏差   D. 相对误差

11. 对定量分析结果的相对平均偏差的要求,通常是(　　)

  A. $R\bar{d} \geqslant 0.2\%$ B. $R\bar{d} \geqslant 0.02\%$ C. $R\bar{d} \leqslant 0.2\%$ D. $R\bar{d} \leqslant 0.02\%$

12. 下列是四位有效数字的是(　　)

  A. 3.125   B. 3.1000   C. pH = 10.00   D. 3.1250

13. 用 20ml 移液管移出的溶液体积应记录为(　　)

  A. 20ml   B. 20.0ml   C. 20.00ml   D. 20.000ml

14. 2.0L 溶液用毫升表示,正确的表示方法是(　　)

  A. 2000ml B. 200×10^{1}ml C. 20×10^{2}ml D. 2.0×10^{3}ml

15. 用万分之一电子天平称量某试样质量,应记录为(　　)

  A. 2.0g   B. 2.00g   C. 2.000g   D. 2.0000g

16. 用有效数字规则计算 $\dfrac{51.38}{8.709 \times 0.012\,00} \times \dfrac{1}{2}$,其结果为(　　)

  A. 245.80   B. 2×10^{2} C. 2.5×10^{2} D. 2.458×10^{2}

17. 用两种方法分析某试样中 NaOH 的含量,得到两组分析数据,欲判断两种方法之间是否存在显著性差异,应该选择下列哪种方法(　　)

    A. t 检验法

    B. F 检验法和 t 检验法

    C. F 检验法

    D. Q 检验法

18. 下列有关置信区间的定义,正确的是(　　)

    A. 以真值为中心的某一区间包括测定结果的平均值的概率

    B. 在一定置信度时,以测量值的平均值为中心包括总体平均值的范围

    C. 真值落在某一可靠区间的概率

    D. 以测量值的平均值为中心的区间范围

19. 某试样中 Ca^{2+} 含量平均值的置信区间为 42.26%±0.10%(置信度为 95%),对此结果应理解为(　　)

    A. 在 95% 的置信度下,试样中 Ca^{2+} 的含量在 42.16%~42.36% 之间

    B. 有 95% 的把握试样中 Ca^{2+} 的含量为 42.16%

    C. 有 95% 的把握试样中 Ca^{2+} 的含量为 42.26%

    D. 有 95% 的把握试样中 Ca^{2+} 的含量为 42.36%

20. 按 Q 检验法($n=4$ 时,$Q_{0.90}=0.76$)舍弃可疑值,下列数据中有可疑值并应予以舍弃的是(　　)

    A. 4.03、4.04、4.05、4.13

    B. 97.50%、98.50%、99.00%、99.50%

    C. 0.1002、0.1010、0.1018、0.1020

    D. 0.2204、0.2206、0.2212、0.2216

(二)多项选择题

1. 下列可造成系统误差的是(　　)

    A. 温度突变

    B. 砝码生锈

    C. 湿度改变

    D. 滴定管刻度不准

    E. 蒸馏水中含的被测物质

2. 提高分析结果准确度的主要方法(　　)

    A. 更改试样

    B. 选择适当的分析方法

    C. 减小测量误差

    D. 消除系统误差

    E. 增加平行测定次数

3. 系统误差产生的原因包括(　　)

    A. 过失误差

    B. 方法误差

    C. 试剂误差

    D. 仪器误差

    E. 温度改变

4. 准确度和精密度之间的关系是(　　)

    A. 准确度与精密度无关

    B. 精密度好准确度就一定高

    C. 精密度高是保证准确度高的前提

D. 消除系统误差之后,精密度好,准确度才高

E. 消除偶然误差之后,精密度好,准确度才高

5. 下列属于四位有效数字的数据是(　　)

A. 100.0　　　　　　　　B. 10.00　　　　　　　　C. 0.100

D. pH = 1.000　　　　　　E. 1.000×10^2

6. 决定测量数据中可疑值取舍的方法有(　　)

A. Q 检验法　　　　　　B. G 检验法　　　　　　C. F 检验法

D. t 检验法　　　　　　E. 显著性检验

7. 在进行定量分析的数据处理时,常用的检验显著性差异的方法有(　　)

A. Q 检验法　　　　　　B. G 检验法　　　　　　C. F 检验法

D. t 检验法　　　　　　E. D 检验

8. 将下列数据修约成四位有效数字,符合有效数字修约规则的是(　　)

A. 6.3254—6.325　　　　B. 6.3256—6.326　　　　C. 6.3255—6.326

D. 6.32651—6.326　　　　E. 6.3265—6.326

9. 减小测量中系统误差的方法有(　　)

A. 对照试验　　　　　　B. 空白试验　　　　　　C. 校正仪器

D. 回收试验　　　　　　E. 增加测量次数

10. 下列叙述正确的有(　　)

A. 移液管、容量瓶使用时未经校正引起的误差属于系统误差

B. 湿度、温度的改变所引起的误差属于偶然误差

C. 偶然误差是定量分析中的主要误差来源,它影响分析结果的准确度

D. t 值不仅与置信度有关,还与自由度有关

E. 用已知溶液代替样品溶液,在同样的条件下进行测定为对照试验

二、简答题

1. 简述误差与偏差、准确度与精密度区别和联系。

2. 分析实践中常用何种方法表示精密度? 与平均偏差相比,标准偏差能更好地表示一组数据的离散程度,为什么? 如何提高分析结果的准确度?

3. 何谓有效数字? 有效数字在分析工作中的应用有何意义?

4. 表示分析结果的方法有哪些?

5. 举例说明置信度和置信区间的含义。

6. 在下例情况下分别可能会引起什么误差? 如果是系统误差,应该如何消除?

①砝码被腐蚀;②天平两臂不等长;③称量过程中天平受震动;④滴定管读数最后一位估计不准;⑤天平零点稍有变动;⑥纯化水不纯,含有少量被测物质;⑦用含量为99%的碳酸钠作为基准物标定盐酸溶液。

三、综合计算题

1. 将下列数据修约成四位有效数字。

①39.225　②0.359 350　③32.0451　④17.475　⑤$1.8351 \times 10^{-3}$　⑥548.359　⑦532.87
⑧9.865 50

2. 根据有效数字运算规则,计算下列结果:

①$2.187 \times 0.864 + 9.6 \times 10^{-4} - 0.0326 \times 0.008\ 00 =$

②$0.0325 \times 5.103 \times 60.06 \div 139.8 =$

③$312.64 + 3.4 + 0.3234 =$

④$c_{\text{NaOH}} = 0.065 \text{mol/L}, \text{pH} = ?$

⑤$\text{pH} = 2.35 \quad [\text{H}^+] = ?$

3. 某分析天平的称量误差为±0.1mg,如果称取试样重0.05g,相对误差是多少? 如果称量1g,相对误差又是多少? 说明了什么问题?

4. 标定盐酸溶液的浓度(mol/L),五次平行操作结果分别为0.3745、0.3725、0.3750、0.3730、0.3720。计算平均浓度、平均偏差、相对平均偏差、标准偏差和相对标准偏差。根据计算结果试分析标定结果的精密度是否符合滴定分析的要求。

5. 分析某试样中氯的含量,五次结果分别为0.7327、0.7319、0.7303、0.7320、0.7324,用Q检验法判断数据中有无舍弃值(用$Q_{95\%}$计算),并计算平均值在95%置信度、99%置信度的置信区间。

6. 某同学分别用草酸钠和邻苯二甲酸氢钾做基准物质标定NaOH溶液,得到以下两组数据:
$\bar{c}_{\text{NaOH}}$(草酸钠)= 0.1058(mol/L)、$\bar{c}_{\text{NaOH}}$(邻苯二甲酸氢钾)= 0.1062(mol/L)

$n_{\text{草酸钠}} = 7$　　　　　　$S_{\text{草酸钠}} = 0.0004$

$n_{\text{邻苯二甲酸氢钾}} = 5$　　　　$S_{\text{邻苯二甲酸氢钾}} = 0.0002$

(1)试判断两组数据精密度是否有显著性差异($P = 95\%$)?

(2)两组数据的平均值是否有显著性差异($P = 95\%$)?

（蔺首睿）

第三章

滴定分析法基础知识

导言 ∨
> 20世纪初，随着酸碱、氧化-还原、沉淀及配位反应的"四大平衡"理论建立，分析化学的检测技术一跃成为分析化学学科，这是分析化学发展史上的第一次革命。法国物理学家兼化学家盖吕萨克（Gay-Lussac，1778—1850）是滴定分析的创始人，他继承前人的分析成果对滴定分析进行了深入研究，推进了滴定分析法的进一步发展。目前滴定分析法仍然是化学定量分析法中最重要的一种分析方法，应用十分广泛。

第一节　滴定分析法概述

滴定分析法主要用于常量分析，具有快速、准确，操作简便，应用广泛等特点。

一、滴定分析法的基本概念及基本条件

（一）滴定分析法的基本概念

滴定分析法：是将一种已知准确浓度的试剂溶液（即滴定液），滴加到被测物质的溶液中，直到所加的滴定液与被测物质按化学计量关系定量反应完全为止，根据所滴加的滴定液的浓度和体积，计算出被测物质含量的方法。

滴定液：是指已知准确浓度的试剂溶液，又称标准溶液。

滴定：是指滴定液从滴定管滴加到被测物质中的过程。

化学计量点：当滴加的滴定液与被测物质的量之间正好符合化学反应式所表示的计量关系时，称反应到达化学计量点（简称计量点，以sp表示）。

指示剂：在滴定过程中，通常在被测溶液中加入一种辅助试剂，利用它的颜色变化指示化学计量点的到达，这种辅助试剂称为指示剂。

滴定终点：是指滴定过程中，指示剂恰好发生颜色变化的转变点，称作滴定终点（以ep表示）。

终点误差：滴定终点是实验测量值，而化学计量点是理论值，两者往往不一致，它们之间存在很小的差别，由此造成的误差称为终点误差（或称滴定误差）。

> **案例分析**
>
> 　　化学计量点是理论终点，滴定终点是指示剂恰好发生颜色变化的转变点。
>
> 　　例如：氢氧化钠滴定液滴定盐酸溶液，当恰好到达化学计量点时，理论终点到了，此时 pH 应为 7，如果采用酚酞为指示剂，酚酞在 pH 为 7 时是无色的，在 pH 为 9 ~10 时才能变为红色，因此，理论终点到达之后，应继续滴加氢氧化钠滴定液使被测溶液的 pH 由 7 变至 10，此时溶液使酚酞变红，即滴定终点到了。继续滴加的少量氢氧化钠滴定液，就是理论终点与滴定终点之间的误差。
>
> 　　不同的反应类型和指示剂，终点误差大小不同，误差较小时，忽略不计，误差较大时必须做空白试验校正。

（二）滴定分析法的基本条件

滴定分析法虽然是以化学反应为基础的一种定量分析方法，但不是所有的化学反应都适合于滴定分析，能适用于滴定分析的化学反应必须符合下列条件：

1. 反应必须按化学反应式定量完成，完成程度要求达到 99.9% 以上，不能有副反应发生。

2. 反应速率要快，反应要求在瞬间完成，对于反应速率较慢的反应，必须有适当的方法加快反应速率，如采取加热或加催化剂等措施来加快反应速率。

3. 必须有适宜的指示剂或简便可靠的方法确定终点。

二、滴定分析法的分类与滴定方式

（一）滴定分析法的分类

依据化学反应类型不同，可将滴定分析法分为下列四大类：

1. 酸碱滴定法　是以酸碱中和反应为基础的分析方法。其滴定反应的特点是无外观变化，反应实质可用下式表示：

$$H^+ + OH^- \rightleftharpoons H_2O$$

2. 氧化还原滴定法　是以氧化还原反应为基础的分析方法。氧化还原反应是基于电子转移的反应，反应机制及过程较为复杂，主要有碘量法、高锰酸钾法、亚硝酸钠法等。如高锰酸钾法：

$$2MnO_4^- + 5C_2O_4^{2-} + 16H^+ \rightleftharpoons 2Mn^{2+} + 10CO_2 \uparrow + 8H_2O$$

3. 配位滴定法　是以配位反应为基础的分析方法。主要是利用氨羧配位剂（常用 EDTA）与金属离子生成稳定的配合物，其基本反应可用下式表示：

$$M + Y \rightleftharpoons MY$$

M 代表金属离子，Y 代表 EDTA 配位剂。

4. 沉淀滴定法　是以沉淀反应为基础的分析方法。其滴定反应的特点是生成难溶性的沉淀，如银量法：

$$Ag^+ + X^- \rightleftharpoons AgX \downarrow$$

X^-代表Cl^-、Br^-、I^-及SCN^-等离子。

（二）滴定分析法的滴定方式

滴定分析法的滴定方式主要有下列四种。

1. **直接滴定法** 是指滴定液直接滴加到被测物质溶液中的一种滴定方法。只要符合滴定分析法的基本条件的化学反应，都可应用直接滴定法进行滴定。例如，以 HCl 滴定液滴定 NaOH 溶液，以 $AgNO_3$ 滴定液滴定 NaCl 等均属于直接滴定法。

$$NaOH+HCl \rightleftharpoons NaCl+H_2O$$

$$NaCl+AgNO_3 \rightleftharpoons AgCl\downarrow+NaNO_3$$

2. **返滴定法** 如果被测物质是不易溶解的固体或滴定反应的速率慢，则可以先加入准确、过量的滴定液至被测物质中，待反应完全后，用另一种滴定液滴定剩余的滴定液，这种滴定方式为返滴定法（或称剩余滴定法）。如固体碳酸钙的测定，可先加入准确、过量的盐酸滴定液，待反应完全后，再用氢氧化钠滴定液滴定剩余的盐酸滴定液。反应如下：

$$CaCO_3+2HCl(准确、过量) \rightleftharpoons CaCl_2+CO_2\uparrow+H_2O$$

$$HCl(剩余)+NaOH \rightleftharpoons NaCl+H_2O$$

3. **置换滴定法** 如果被测物质与滴定液的化学反应没有确定的计量关系或伴有副反应发生，则可先用某种试剂与被测物质发生反应，置换出与被测物质有一定计量关系的另一种物质，再用滴定液滴定置换出的物质，这种滴定方式为置换滴定法。例如，$Na_2S_2O_3$ 与 $K_2Cr_2O_7$ 之间发生反应时反应无确定的计量关系，因此，不能用直接滴定法滴定，可改用置换滴定法。利用 $K_2Cr_2O_7$ 在酸性条件下氧化 KI 定量置换出 I_2，再用 $Na_2S_2O_3$ 滴定液滴定置换出的 I_2，即可根据消耗的 $Na_2S_2O_3$ 的量，确定置换出的 I_2 的量，从而计算 $K_2Cr_2O_7$ 的量。其反应如下：

$$Cr_2O_7^{2-}+6I^-+14H^+ \rightleftharpoons 2Cr^{3+}+3I_2+7H_2O$$

$$I_2+2S_2O_3^{2-} \rightleftharpoons 2I^-+S_4O_6^{2-}$$

4. **间接滴定法** 如被测物质不能与滴定液直接反应，则可以先加入某种试剂与被测物质发生反应，再用适当的滴定液滴定其中的一种生成物，间接测定出被测物质的含量，这种滴定方式为间接滴定法。例如，测定 $CaCl_2$ 的含量时，由于钙盐不能直接与 $KMnO_4$ 滴定液反应，可先加过量$(NH_4)_2C_2O_4$，使 Ca^{2+} 定量沉淀为 CaC_2O_4，CaC_2O_4 经过滤洗涤后用 H_2SO_4 溶解，生成具有还原性的 $H_2C_2O_4$，再用 $KMnO_4$ 滴定液滴定生成的 $H_2C_2O_4$，间接算出 $CaCl_2$ 的含量。其主要反应式如下：

$$Ca^{2+}+C_2O_4^{2-} \rightleftharpoons CaC_2O_4\downarrow$$

$$CaC_2O_4+2H^+ \rightleftharpoons H_2C_2O_4+Ca^{2+}$$

$$2MnO_4^-+5H_2C_2O_4+6H^+ \rightleftharpoons 2Mn^{2+}+10CO_2\uparrow+8H_2O$$

▶▶ **课堂活动**

说出置换滴定法与间接滴定法的区别，试各举一例。

由于符合直接滴定分析法的化学反应有限,因此,常采用返滴定、置换滴定、间接滴定等滴定方式,以此扩大滴定分析的应用范围。

点滴积累 $\bigvee$ ....

1. 滴定分析法的重要术语　滴定分析法:是将一种已知准确浓度的试剂溶液,滴加到被测物质的溶液中,直到所加的滴定液与被测物质按化学计量关系定量反应完全为止,根据所滴加的滴定液的浓度和体积,计算出被测物质含量的方法;滴定液:是指已知准确浓度的试剂溶液;化学计量点:当滴加的滴定液与被测物质的量之间正好符合化学反应式所表示的计量关系时,即到达化学计量点;滴定终点:是指滴定过程中,指示剂恰好发生颜色变化的转变点,称作滴定终点;终点误差:滴定终点是实验测量值,而化学计量点是理论值,两者往往不一致,它们之间存在很小的差别,由此造成的误差称为终点误差。

2. 滴定反应必须符合的基本条件　①反应必须按化学反应式定量完成;②反应速率要快,要求在瞬间完成;③必须有适宜的指示剂或简便可靠的方法确定终点。

第二节　基准物质与滴定液

一、基准物质

基准物质是一种高纯度的、组成与化学式高度一致的、化学性质稳定的物质,能用于直接配制滴定液或标定滴定液。基准物质必须符合下列要求:

1. 物质的组成要与化学式完全符合,若含结晶水,其数目也应与化学式符合,如硼砂 $Na_2B_4O_7 \cdot 10H_2O$ 等。

2. 物质纯度要高,质量分数不低于 0.999。

3. 物质性质要稳定,应不分解、不潮解、不风化、不吸收空气中的二氧化碳和水、不被空气中的氧氧化等。

4. 物质摩尔质量要尽可能大,以减小称量误差。

▶▶ 课堂活动

为什么说物质摩尔质量大可以减小称量误差,试举例说明。

二、滴定液

（一）滴定液浓度的表示方法

1. 物质的量浓度　滴定液的浓度常用物质的量浓度表示,物质的量浓度是指单位体积滴定液中所含溶质 B 的物质的量,简称浓度,以符号 c_B 表示,即

$$c_B = \frac{n_B}{V}$$

式(3-1)

式中，c_B 为 B 物质的量浓度，单位是 mol/L；n_B 为物质 B 的物质的量，单位为 mol；V 为溶液的体积，单位为 L。

物质的量，是表示以一特定数目的基本单元粒子为集体的，与基本单元的粒子数成正比的物理量。

$$n_B = \frac{m_B}{M_B} \qquad\qquad 式(3-2)$$

式中，n_B 为 B 物质的物质的量，单位为 mol；m_B 为 B 物质的质量，单位为 g；M_B 为 B 物质的摩尔质量，单位是 g/mol。

例 3-1　1L 氢氧化钠溶液中含氢氧化钠 4g，计算氢氧化钠溶液的物质的量浓度。

解：NaOH 的摩尔质量是 40.00g/mol，根据式(3-2)，则

$$n_{NaOH} = \frac{m_{NaOH}}{M_{NaOH}} = \frac{4}{40.00} = 0.1(mol)$$

根据式(3-1)，则

$$c_{NaOH} = \frac{n_{NaOH}}{V} = \frac{0.1}{1} = 0.1(mol/L)$$

答：该 NaOH 溶液的物质的量浓度为 0.1mol/L。

2. 滴定度　在日常分析工作中，也常用滴定度表示滴定液的浓度。

滴定度是指每毫升滴定液相当于被测物质的质量，以 $T_{T/A}$ 表示，其中右下角斜线上方的 T 表示滴定液的分子式，斜线下方的 A 表示被测物质的分子式。滴定度与被测物质质量的关系式为：

$$m_A = T_{T/A} \cdot V_T \qquad\qquad 式(3-3)$$

式中，m_A 为被测物质 A 的质量，单位为 g；V_T 为滴定液 T 的体积，单位为 ml；$T_{T/A}$ 即为每毫升 T 滴定液相当于被测物质 A 的质量，其单位为 g/ml。

由于用滴定度计算被测物质的含量较为简便，因此，在药物分析中应用较广泛。

例 3-2　已知 $T_{HCl/NaOH} = 0.004\,000$g/ml，用该浓度的盐酸滴定液测定 NaOH 溶液的质量，滴定终点时消耗 HCl 滴定液为 20.00ml，计算被测溶液中 NaOH 的质量。

解：根据式(3-3)

$$m_{NaOH} = T_{HCl/NaOH} \cdot V_{HCl}$$
$$= 0.004\,000 \times 20.00 = 0.080\,00(g)$$

答：被测溶液中 NaOH 的质量为 0.08 000g。

知识链接

滴定度的含义有两种，一是指每毫升滴定液相当于被测物质的质量，以 $T_{T/A}$ 表示，如本书所述；另一种含义是指每毫升滴定液所含溶质的质量，以 T_A 表示，如 $T_{NaOH} = 0.004\,000$g/ml 时，表示 1ml 氢氧化钠溶液中含有 0.004 000g 氢氧化钠。

（二）滴定液的配制与标定

1. 滴定液的配制

（1）**直接配制法**：准确称取一定量的基准物质，用适当的溶剂溶解后，定量转移至容量瓶中，用溶剂稀释至刻线，根据基准物质的质量和溶液的体积，即可计算出滴定液的准确浓度。凡是基准物质都可以采用直接配制法配制滴定液。

（2）**间接配制法**：先将物质配成近似所需浓度的溶液，再用基准物质或另一种滴定液来确定该溶液的准确浓度。凡是不符合基准物质的条件的物质，只能采用间接配制法配制。

▶▶ **课堂活动**

　　请讨论用直接配制法、间接配制法配制滴定液各应选择用什么天平称量和用什么量器测量溶液的体积，为什么？

2. 滴定液的标定

利用基准物质或已知准确浓度的溶液来确定另一种滴定液浓度的过程称为标定。常用的标定方法有下面两种：

（1）**基准物质标定法**：①**多次称量法**：精密称取基准物质若干份，分别置于锥形瓶中，加适量溶剂溶解，然后用待标定的滴定液滴定，根据基准物质的质量和待标定滴定液所消耗的体积，即可计算出待标定滴定液的准确浓度；②**移液管法**：精密称取基准物质一份于烧杯中，加适量溶剂溶解后，定量转移至容量瓶中，加溶剂稀释至刻度，摇匀，用移液管移取该溶液一定量，置于锥形瓶中，用待标定的滴定液滴定，平行测定若干次，计算出待标定滴定液的准确浓度。

如果该测定结果的精密度符合规定范围，则取其平均值作为待标定滴定液的浓度。

（2）**比较法标定**：准确量取一定体积的待标定溶液，用已知浓度的滴定液滴定；或准确量取一定体积的已知浓度滴定液，用待标定的溶液进行滴定。根据两种溶液消耗的体积及已知浓度滴定液的浓度，可计算出待标定溶液的准确浓度。这种用已知浓度滴定液来测定待标定溶液准确浓度的操作过程称为比较法标定。此方法虽然不如基准物质标定法精确，但操作简便。

> **案例分析**
>
> 　　有些滴定液可以同时采用以上两种方法标定。例如：标定氢氧化钠滴定液的浓度，既可以用基准物质标定法，如用基准的邻苯二甲酸氢钾标定；也可以用比较法标定，如用已知浓度的盐酸滴定液标定。

点滴积累 ∨

　　1. 滴定液是滴定分析中用于测定样品含量的一种标准溶液，其浓度的表示方法有两种：①物质的量浓度（国家法定计量单位）；②滴定度（药物分析或生产实际中应用较多），两种浓度可以相互进行换算。

2. 凡是基准物质可以用直接法配制滴定液，如果不是基准物质只能用间接法配制滴定液。

3. 凡是间接法配制的滴定液必须进行标定，标定方法有基准物质标定法和比较法标定。前者准确度比后者高。

第三节　滴定分析的计算

一、滴定分析计算的依据

在滴定分析中设 A 为被测物质，T 为滴定液，其滴定反应可用下式表示：

$$aA \quad + \quad tT \quad \rightleftharpoons \quad cC+dD$$

（被测物）（滴定液）　　　（生成物）

当滴定达到化学计量点时，t mol T 物质恰好与 a mol A 物质完全反应，即被测物质（A）与滴定液（T）的物质的量之比等于各物质的系数之比：

$$\frac{n_A}{n_T}=\frac{a}{t}$$

即：

$$n_A=\frac{a}{t}n_T \qquad\qquad 式（3-4）$$

▶ 课堂活动

　请您找出滴定分析计算的依据 $\frac{n_A}{n_T}=\frac{a}{t}$ 中系数比与 A 和 T 之间的规律。

二、滴定分析计算的基本公式

（一）滴定液配制的计算公式

根据溶质在配制前后的物质的量相等的原则：n（配制前）= n（配制后）

如果配制前物质的状态是固体，则：

$$\frac{m_T}{M_T}=c_T V_T \qquad\qquad 式（3-5）$$

如果配制前物质的状态是液体，则：

$$c_1 V_1 = c_2 V_2 \qquad\qquad 式（3-6）$$

式（3-6）中"1"表示稀释前，"2"表示稀释后。

（二）滴定液标定的计算公式

由式（3-4）、式（3-1）及式（3-2）得：

用基准物质标定滴定液的计算公式：

$$\frac{m_A}{M_A}=\frac{a}{t}c_T V_T \qquad\qquad 式（3-7）$$

用比较法标定滴定液的计算公式：

$$c_A V_A=\frac{a}{t}c_T V_T \qquad\qquad 式（3-8）$$

（三）滴定度与物质的量浓度的相互换算公式

由式（3-7）得 $m_A = \dfrac{a}{t} c_T V_T M_A$，当消耗滴定液为 1ml 时，所计算得到的被测物的质量，即为滴定液对被测物质的滴定度：

$$T_{T/A} = \frac{a}{t} c_T M_A \times 10^{-3} \qquad\qquad 式（3-9）$$

根据式（3-9）可以进行滴定度与物质的量浓度的相互换算。

（四）测定被测物质含量的计算公式

被测物质的含量用质量分数表示。质量分数是指供试品中所含纯物质的质量，用 ω_A 表示，其公式为：

$$\omega_A = \frac{m_A}{m_S} \qquad\qquad 式（3-10）$$

式中，m_A 为供试品中纯物质的质量，单位为 g；m_S 为供试品取样量，单位为 g。

1. 利用被测物质的摩尔质量计算被测物质质量分数

由式（3-7）和式（3-10）得：

$$\omega_A = \frac{a}{t}\frac{c_T V_T M_A}{m_S} \qquad\qquad 式（3-11a）$$

如果体积 V 的单位为 ml，则：

$$\omega_A = \frac{a}{t}\frac{c_T V_T M_A \times 10^3}{m_S} \qquad\qquad 式（3-11b）$$

《中国药典》中药物含量常用含量百分数表示，则：

$$A\% = \frac{a}{t}\frac{c_T V_T M_A \times 10^3}{m_S} \times 100\% \qquad\qquad 式（3-11c）$$

2. 利用滴定度计算被测物质的含量

由式（3-3）和式（3-10）得：

$$\omega_A = \frac{T_{T/A} V_T}{m_S} \qquad\qquad 式（3-12a）$$

或

$$A\% = \frac{T_{T/A} V_T}{m_S} \times 100\% \qquad\qquad 式（3-12b）$$

由于《中国药典》中规定的滴定度均是指滴定液的物质的量浓度在规定值的前提下对某药品的滴定度，但在工作中实际的物质的量浓度往往与规定浓度不完全相同（一般要求实际浓度与规定浓度应该很接近），因此必须用校正因子 F 进行校正。即定义校正因子 F 等于实际浓度除以规定浓度，其表示为

$$F = \frac{c_{实际}}{c_{规定}}$$

则式（3-12a）可表示为：

$$\omega_A = \frac{T_{T/A} V_T F}{m_S} \qquad\qquad 式（3-12c）$$

则式（3-12b）可表示为：

$$A\% = \frac{T_{T/A} V_T F}{m_S} \times 100\% \qquad\qquad 式（3-12d）$$

案例分析

药典采用碘量法测定维生素 C 的含量：每 1ml 碘滴定液（0.1mol/L）相当于 17.613mg 的维生素 C。工作中往往不能把碘滴定液正好配成 0.1000mol/L。 因此，如果实验室提供的碘液浓度是 0.1050mol/L，那么 1ml 0.1050mol/L 的碘滴定液相当于维生素 C 的质量是多少呢？

设 1ml 0.1050mol/L 的碘滴定液相当于维生素 C 的质量应为 m（mg）：

$$\frac{0.1}{17.613} = \frac{0.1050}{m}$$

$$m = 17.613 \times \frac{0.1050}{0.1} = 18.49 \text{（mg）}$$

即由此可以推算得知 1ml 0.1050mol/L 的碘滴定液相当于维生素 C 的质量应为 18.49mg。

（公式中的 17.613 是药典规定碘滴定液对维生素 C 的滴定度，0.1050 是碘液的实际浓度，0.1 是药典规定碘滴定液的浓度）

即公式（3-3）$m_A = T_{T/A} \cdot V_T$，可以写为：

$$m_A = T_{T/A} \cdot V_{I_2} \cdot \frac{c_{实际}}{c_{规定}} = T_{T/A} \cdot V_{I_2} \cdot F$$

其中 $\dfrac{c_{实际}}{c_{规定}}$ 是校正因子 F。

3. 计算被测溶液的质量浓度

被测物质为液体时，其含量常用质量浓度表示，单位为 g/ml。

由式（3-11a）得
$$\rho_A = \frac{a}{t} \frac{c_T V_T M_A}{V_S}$$
式（3-13）

由式（3-12c）得
$$\rho_A = \frac{T_{T/A} V_T F}{V_S}$$
式（3-14）

如果被测物质含量以百分浓度表示，单位为 g/100ml，则

$$\rho_A = \frac{a}{t} \frac{c_T V_T M_A}{V_S} \times 100\% \text{（g/100ml）}$$
式（3-15）

$$\rho_A = \frac{T_{T/A} V_T F}{V_S} \times 100\% \text{（g/100ml）}$$
式（3-16）

▶▶ **课堂活动**

请注意区分滴定分析计算中几个概念：

1. 滴定液配制与滴定液标定

滴定液配制：是同一种物质配制前与配制后，物质的量不变；

滴定液标定：是两种不同物质相互反应，到达化学计量点时两者物质的量之比等于两者系数之比。

2. 滴定液标定与被测物质含量测定

滴定液标定：滴定液浓度未知，用基准物质或已知准确浓度滴定液标定滴定液，以求得滴定液浓度；

被测物质含量测定：被测物质含量未知，用已知准确浓度滴定液滴定被测物质，以求得被测物质含量。

3. 利用被测物质摩尔质量计算被测物质含量与利用滴定度计算被测物质含量

利用被测物质的摩尔质量计算被测物质含量：滴定度未知，则应先写出两种或两种以上反应物之间反应的反应式，可以利用被测物质的摩尔质量计算被测物质含量；

利用滴定度计算被测物质的含量：滴定度已知，则不需要知道反应物之间反应的反应式，可以利用滴定度计算被测物质的含量。

三、滴定分析计算实例

（一）滴定液配制的计算实例

例 3-3 准确称取 120℃ 干燥至恒重的基准重铬酸钾 2.4520g，加适量水溶解后，定量转移到 500ml 容量瓶中，并加水稀释至刻线，摇匀。试求该重铬酸钾滴定液的物质的量浓度。

解：根据式（3-5）即得：

$$c_{K_2Cr_2O_7} = \left(\frac{m}{MV}\right)_{K_2Cr_2O_7} = \frac{2.4520}{294.18 \times 500.0 \times 10^{-3}} = 0.016\ 67(mol/L)$$

答：该重铬酸钾滴定液的物质的量浓度为 0.016 67mol/L。

例 3-4 已知浓盐酸的密度为 1.19g/ml，其中 HCl 含量为 37%（m/m），试求该 HCl 溶液的物质的量浓度。若要配制 0.1mol/L 的 HCl 溶液 500ml，应取浓 HCl 多少毫升？

解：每升浓盐酸中含 HCl 的质量：

$$m_{HCl} = d \times V \times 含量\%(w/w) = 1.19 \times 1000 \times 37\% = 440(g)$$

根据式（3-1）计算浓 HCl 溶液的物质的量浓度为：

$$c_{HCl} = \frac{m_{HCl}}{M_{HCl}V_{HCl}} = \frac{440}{36.45 \times 1} = 12(mol/L)$$

根据式（3-6）$c_1V_1 = c_2V_2$，计算应取浓 HCl 体积：

$$12 \times V_{HCl} = 0.1 \times 500$$

$$V_{HCl} = 4(ml)$$

答：浓 HCl 溶液的物质的量浓度是 12mol/L；应取浓盐酸 4ml。

（二）滴定液标定的计算实例

例 3-5 精密称取基准物质无水碳酸钠 0.1326g，置 250ml 锥形瓶中，加水适量，溶解完全后，用待标定的盐酸溶液滴定，消耗盐酸溶液 24.51ml，试求该盐酸溶液的物质的量浓度。

解： $$Na_2CO_3 + 2HCl \Longrightarrow 2NaCl + CO_2\uparrow + H_2O$$

根据式（3-7）$\frac{m_A}{M_A} = \frac{a}{t}c_T V_T$，则

$$c_{HCl} = \frac{t}{a} \frac{m_{Na_2CO_3}}{M_{Na_2CO_3} V_{HCl}}$$

$$c_{HCl} = \frac{2}{1} \times \frac{0.1326}{105.99 \times 24.51 \times 10^{-3}} = 0.1021(\text{mol/L})$$

答：该盐酸溶液的物质的量浓度为0.1021mol/L。

例3-6　精密量取待标定的盐酸溶液20.00ml，置250ml锥形瓶中，用NaOH滴定液（0.1016mol/L）滴定至终点，消耗NaOH滴定液20.48ml，试求该盐酸溶液的物质的量浓度。

解：
$$NaOH + HCl \rightleftharpoons NaCl + H_2O$$

根据式(3-8) $c_A V_A = \frac{a}{t} c_T V_T$，即：

$$c_{HCl} V_{HCl} = c_{NaOH} V_{NaOH}$$

$$c_{HCl} = \frac{c_{NaOH} V_{NaOH}}{V_{HCl}}$$

$$= \frac{0.1016 \times 20.48 \times 10^{-3}}{20.00 \times 10^{-3}} = 0.1040(\text{mol/L})$$

答：该盐酸溶液的物质的量浓度是0.1040mol/L。

（三）滴定度与物质量浓度相互换算的计算实例

例3-7　用0.1mol/L盐酸滴定液测定氧化钙含量，计算每1ml 0.1mol/L盐酸滴定液相当于被测物质氧化钙的质量（$T_{HCl/CaO}$）。

解：
$$CaO + 2HCl \rightleftharpoons CaCl_2 + H_2O$$

氧化钙（CaO）的摩尔质量是56.08g/mol，根据式(3-9)，得

$$T_{HCl/CaO} = \frac{a}{t} c_{HCl} M_{CaO} \times 10^{-3}$$

$$= \frac{1}{2} \times 0.1 \times 56.08 \times 10^{-3} = 0.002\ 804(\text{g/ml})$$

答：每1ml 0.1mol/L盐酸滴定液相当于2.804mg的CaO。

例3-8　已知某HCl滴定液对CaO的滴定度为0.005 608g/ml，试计算该HCl滴定液的物质的量浓度。

解：
$$CaO + 2HCl \rightleftharpoons CaCl_2 + H_2O$$

根据式(3-9) $T_{T/A} = \frac{a}{t} c_T M_A \times 10^{-3}$，得：

$$c_{HCl} = \frac{t}{a} \frac{T_{HCl/CaO}}{M_{CaO} \times 10^{-3}}$$

$$= 2 \times \frac{0.005\ 608}{56.08 \times 10^{-3}} = 0.2000(\text{mol/L})$$

答：该HCl溶液的物质的量浓度为0.2000mol/L。

（四）被测物质含量的计算实例

1. 利用被测物质的摩尔质量计算被测物质含量实例

例3-9 剩余滴定法测定氧化钙含量：精密称取 CaO 试样 0.1367g，准确加入 0.1050mol/L HCl 滴定液 20.00ml，剩余的 HCl 用 0.1029mol/L 氢氧化钠滴定液滴定，消耗氢氧化钠滴定液 10.43ml，求试样 CaO 的质量分数。

解：

$$\omega_{CaO} = \dfrac{\dfrac{a}{t_1}\left[(cV)_{HCl} - \dfrac{t_1}{t_2}(cV)_{NaOH}\right] \cdot M_{CaO} \times 10^{-3}}{m_S}$$

$$= \dfrac{\dfrac{1}{2}(0.1050 \times 20.00 - 0.1029 \times 10.43) \times 56.08 \times 10^{-3}}{0.1367}$$

$$= 0.2106$$

答： 试样 CaO 的质量分数为 0.2106。

例3-10 精密称取供试品草酸（$H_2C_2O_4$）0.1146g，加水溶解，并加指示剂适量，用 NaOH 滴定液（0.1022mol/L）滴定至终点，消耗 NaOH 滴定液 23.34ml，计算供试品中草酸的含量百分数。

解： $$H_2C_2O_4 + 2NaOH \rightleftharpoons Na_2C_2O_4 + 2H_2O$$

已知 $M_{H_2C_2O_4} = 90.44g/mol$，根据式（3-11c）

$$H_2C_2O_4\% = \frac{1}{2} \times \frac{c_{NaOH}V_{NaOH}M_{H_2C_2O_4} \times 10^3}{m_S} \times 100\%$$

$$= \frac{1}{2} \times \frac{0.1022 \times 23.34 \times 90.44 \times 10^{-3}}{0.1146} \times 100\% = 94.12\%$$

答： 供试品中草酸的含量百分数为 94.12%。

2. 利用滴定度计算被测物质的含量实例

例3-11 精密称取供试品氯化钠 0.1925g，加水溶解，并加指示剂适量，用 $AgNO_3$ 滴定液（0.1000mol/L）滴定至终点，消耗 $AgNO_3$ 溶液 24.00ml，已知每 1ml $AgNO_3$ 滴定液（0.1mol/L）相当于 5.844mg 的氯化钠。计算供试品中氯化钠的质量分数。

解： 根据式（3-12a）

$$\omega_{NaCl} = \frac{T_{AgNO_3/NaCl} \times V_{AgNO_3}}{m_S} = \frac{5.844 \times 10^{-3} \times 24.00}{0.1925} = 0.7286$$

答： 供试品中氯化钠的质量分数为 0.7286。

例3-12 精密称取草酸（$H_2C_2O_4$）0.1233g，加水溶解，并加指示剂适量，用 NaOH 滴定液（0.1022mol/L）滴定至终点，消耗 NaOH 溶液 23.34ml。试计算（1）每 1ml 0.1000mol/L NaOH 滴定液相当于草酸（$H_2C_2O_4$）多少毫克（$T_{NaOH/H_2C_2O_4}$）？（2）计算供试品草酸的质量分数；（3）计算供试品中草酸的含量百分数。

解： $$H_2C_2O_4 + 2NaOH \rightleftharpoons Na_2C_2O_4 + 2H_2O$$

（1）根据式（3-9）

$$T_{\text{NaOH/H}_2\text{C}_2\text{O}_4}=\frac{a}{t}\times c_{\text{NaOH}}M_{\text{H}_2\text{C}_2\text{O}_4}\times 10^3=\frac{1}{2}\times 0.1000\times 90.44\times 10^3=0.004\ 522(\text{g/ml})$$

（2）根据式（3-12c）

$$\omega_{\text{H}_2\text{C}_2\text{O}_4}=\frac{T_{\text{NaOH/H}_2\text{C}_2\text{O}_4}V_{\text{NaOH}}F}{m_{\text{S}}}=\frac{0.004\ 522\times 23.34\times\dfrac{0.1022}{0.1}}{0.1233}=0.8748$$

（3）根据式（3-12d）

$$\text{H}_2\text{C}_2\text{O}_4\%=\frac{T_{\text{NaOH/H}_2\text{C}_2\text{O}_4}V_{\text{NaOH}}F}{m_{\text{S}}}\times 100\%=\frac{0.004\ 522\times 23.34\times\dfrac{0.1022}{0.1}}{0.1233}\times 100\%=87.48\%$$

答：每 1ml 0.1mol/L NaOH 滴定液相当于草酸（$\text{H}_2\text{C}_2\text{O}_4$）4.522mg；该草酸的质量分数为 0.8748；含量百分数为 87.48%。

3. 计算被测溶液的质量浓度实例

例 3-13 量取浓度约为 30% 的 H_2O_2 供试品溶液 1.00ml，置于 250ml 容量瓶中，加水稀释至刻度，充分摇匀后移取 25.00ml，置 250ml 锥形瓶中，加 3mol/L H_2SO_4 5ml 及 1mol/L MnSO_4 溶液 2~3 滴，用 KMnO_4（0.02mol/L）滴定液滴定至溶液显淡红色 30 秒不褪色即为终点。已知：消耗 KMnO_4 滴定液的体积为 18.08ml，KMnO_4 滴定液浓度为 0.020 15mol/L，1ml 0.02mol/L KMnO_4 滴定液相当于 1.701mg 的 H_2O_2。试计算供试品溶液 H_2O_2 的质量浓度和百分浓度。

解：解法一： $5\text{H}_2\text{O}_2+2\text{MnO}_4^-+6\text{H}^+\Longrightarrow 2\text{Mn}^{2+}+5\text{O}_2\uparrow+8\text{H}_2\text{O}$

已知过氧化氢（H_2O_2）摩尔质量为 34.01g/mol，

根据式（3-13）$\rho_{\text{A}}=\dfrac{a}{t}\dfrac{c_{\text{T}}V_{\text{T}}M_{\text{A}}}{V_{\text{S}}}$

$$\rho_{\text{H}_2\text{O}_2}=\frac{a}{t}\times\frac{c_{\text{MnO}_4^-}V_{\text{MnO}_4^-}M_{\text{H}_2\text{O}_2}}{V_{\text{S}}}=\frac{5}{2}\times\frac{0.020\ 15\times 18.08\times 10^3\times 34.01}{1.00\times\dfrac{25.00}{250.00}}=0.3098(\text{g/ml})$$

解法二：根据式（3-16）$\rho_{\text{A}}=\dfrac{T_{\text{T/A}}V_{\text{T}}F}{V_{\text{S}}}\times 100\%$

$$\rho_{\text{H}_2\text{O}_4}=\frac{T_{\text{KMnO}_4/\text{H}_2\text{O}_4}V_{\text{KMnO}_4}F}{V_{\text{S}}}\times 100\%=\frac{1.701\times 10^{-3}\times 18.08\times\dfrac{0.020\ 15}{0.02}}{1.00\times\dfrac{25.00}{250.00}}\times 100\%=30.98\%(\text{g/ml})$$

答：供试品溶液 H_2O_2 的质量浓度 0.3098g/ml；百分浓度为 30.98%。

（五）估算应称物质质量的计算实例

例 3-14 标定盐酸滴定液时，为使 0.1mol/L 盐酸滴定液消耗在 20~24ml 之间，问应称取基准物质无水 Na_2CO_3 多少克？

解： $\text{Na}_2\text{CO}_3+2\text{HCl}\Longrightarrow 2\text{NaCl}+\text{CO}_2\uparrow+\text{H}_2\text{O}$

根据式（3-7）$\dfrac{m_A}{M_A} = \dfrac{a}{t}c_T V_T$

$$m_{Na_2CO_3} = \dfrac{a}{t} \times c_{HCl} V_{HCl} M_{Na_2CO_3}$$

$V_{HCl} = 20ml$ 时：

$$m_{Na_2CO_3} = \dfrac{1}{2} \times 0.1 \times 20 \times 10^{-3} \times 105.99 = 0.11(g)$$

$V_{HCl} = 24ml$ 时：

$$m_{Na_2CO_3} = \dfrac{1}{2} \times 0.1 \times 24 \times 10^{-3} \times 105.99 = 0.13(g)$$

答：应称取基准物质无水 Na_2CO_3 的质量在 $0.11 \sim 0.13g$ 之间。

（六）估算消耗滴定液体积的计算实例

例 3-15　精密称取盐酸普鲁卡因（$C_{13}H_{20}N_2O_2 \cdot HCl$）0.5612g，采用永停滴定法滴定。滴定时，将滴定管尖端插入液面下约 2/3 处，用 0.1mol/L 亚硝酸钠滴定液迅速滴定，随滴随搅拌，至近终点时将滴定管尖端提出液面，用少量水淋洗，继续缓缓滴定至滴定终点。1ml 0.1mol/L 亚硝酸钠滴定液相当于盐酸普鲁卡因（$C_{13}H_{20}N_2O_2 \cdot HCl$）0.027 28g，试估算消耗亚硝酸钠滴定液多少毫升？

解：解法一：盐酸普鲁卡因（$C_{13}H_{20}N_2O_2 \cdot HCl$）摩尔质量为 272.77g/mol，根据式（3-7）

$$V_{NaNO_2} = \dfrac{t}{a} \dfrac{m_A}{M_A c_T} = \dfrac{0.5612}{272.77 \times 0.1 \times 10^{-3}} = 21(ml)$$

解法二：已知 1ml 0.1mol/L 亚硝酸钠滴定液相当于盐酸普鲁卡因（$C_{13}H_{20}N_2O_2 \cdot HCl$）0.027 28g，根据式（3-3）

$$V_{NaNO_2} = \dfrac{m_A}{T_{T/A}} = \dfrac{0.5612}{0.027\,28} = 21(ml)$$

答：消耗亚硝酸钠滴定液约需 21ml。

点滴积累 ∨ ....

1. 滴定分析计算的依据：$\dfrac{n_A}{n_T} = \dfrac{a}{t}$　　即：$n_A = \dfrac{a}{t}n_T$

2. 依据 $n_A = \dfrac{a}{t}n_T$ 及 $c_B = \dfrac{n_B}{V}$、$n_B = \dfrac{m_B}{M_B}$、$m_A = T_{T/A} \cdot V_T$、$\omega_A = \dfrac{m_A}{m_S}$ 等计算公式可推导出以下滴定分析计算的基本公式：

（1）滴定液配制的计算公式：配制前物质是固体：$\dfrac{m_T}{M_T} = c_T V_T$

配制前物质是液体：$c_1 V_1 = c_2 V_2$

（2）滴定液标定计算公式：基准物质标定计算公式：$\dfrac{m_A}{M_A} = \dfrac{a}{t}c_T V_T$

比较法标定计算公式：$c_A V_A = \dfrac{a}{t}c_T V_T$

（3）滴定度与物质的量浓度的计算公式：$T_{T/A} = \dfrac{a}{t} c_T M_A \times 10^{-3}$

（4）被测物质含量的计算公式：

利用摩尔质量计算被测物质质量分数公式：$\omega_A = \dfrac{a}{t} \dfrac{c_T V_T M_A}{m_s}$

利用滴定度计算被测物质质量分数公式：$\omega_A = \dfrac{T_{T/A} V_T F}{m_s}$

计算液体样品中被测组分的质量浓度公式：$\rho_A = \dfrac{a}{t} \dfrac{c_T V_T M_A}{V_S}$

$$\rho_A = \dfrac{T_{T/A} V_T F}{V_S}$$

复习导图

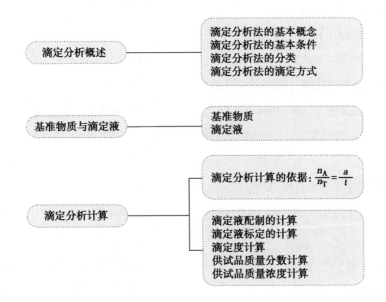

目标检测

一、选择题

（一）单项选择题

1. 滴定分析法是(　　)中的一种分析方法

　　A. 化学分析法　　　　B. 重量分析法　　　C. 仪器分析法　　　D. 气相分析法

2. 对于滴定分析法,下述错误的是(　　)

　　A. 以化学反应为基础的分析方法　　　　B. 是药物分析中常用的一种含量测定方法

　　C. 所有化学反应都可以用于滴定分析　　　D. 要有合适的方法指示滴定终点

3. 在滴定分析中,化学计量点与滴定终点间的关系是(　　)

　　A. 两者含义相同　　　　　　　　　　　B. 两者必须吻合

　　C. 两者互不相干　　　　　　　　　　　D. 两者愈接近,滴定误差愈小

4. 滴定液是指(　　)

A. 浓度永远不变的溶液　　　　　　　　B. 只能用基准物质配制的溶液

C. 已知准确浓度的溶液　　　　　　　　D. 当天配制、当天标定、当天使用的溶液

5. 测定 $CaCO_3$ 的含量时,加入一定量过量的 HCl 滴定液与其完全反应,剩余的 HCl 用 NaOH 溶液滴定,此滴定方式属于(　　　)

A. 直接滴定方式　　　　　　　　　　　B. 返滴定方式

C. 置换滴定方式　　　　　　　　　　　D. 间接滴定方式

6. 下列哪项不是基准物质必须具备的条件(　　　)

A. 物质具有足够的纯度　　　　　　　　B. 物质的组成与化学式完全符合

C. 物质的性质稳定　　　　　　　　　　D. 物质应无色

7. 在滴定分析中,所使用的滴定管中沾有少量纯化水,使用前(　　　)

A. 必须用少量待装溶液荡洗 2~3 次　　　B. 不必作任何处理

C. 必须用烘箱加热除去水分　　　　　　D. 用洗液浸泡处理

8. 下列不能用直接配制法配制滴定液的物质是(　　　)

A. $K_2Cr_2O_7$　　　　B. NaCl　　　　C. HCl　　　　D. $AgNO_3$

9. 用基准物质配制滴定液应选用的方法为(　　　)

A. 多次称量配制法　　B. 移液管配制法　　C. 直接配制法　　D. 间接配制法

10. 用基准物质配制滴定液,应选用的量器是(　　　)

A. 容量瓶　　　　　B. 量杯　　　　　C. 量筒　　　　　D. 滴定管

11. 如果某物质没有基准物质,只能用(　　　)配制滴定液

A. 多次称量配制法　　B. 容量瓶配制法　　C. 直接配制法　　D. 间接配制法

12. $T_{T/A}$ 是指(　　　)

A. 1ml 滴定液中所含溶质 A 的质量　　　B. 1ml 滴定液相当于被测物质 A 的质量

C. 1L 滴定液所含溶质 A 的质量　　　　D. 1L 滴定液相当于被测物质 A 的质量

13. 将 4g 氢氧化钠溶于水中成为 1 升溶液,其溶液浓度为(　　　)

A. 1mol/L　　　　　B. 0.1mol/L　　　　C. 0.1mol　　　　D. 4mol/L

14. 用 0.1000mol/L HCl 溶液滴定 25.00ml NaOH 溶液,终点时消耗 20.00ml,则 NaOH 溶液的浓度为(　　　)

A. 0.1000mol/L　　B. 0.1250mol/L　　C. 0.080 00mol/L　　D. 0.0800mol/L

15. 当滴定管有油污时,可用(　　　)洗涤后,依次用自来水冲洗,蒸馏水洗涤三遍备用(　　　)

A. 去污粉　　　　　B. 铬酸洗液　　　　C. 强碱溶液　　　　D. 盐酸溶液

(二) 多项选择题

1. 用于滴定分析法的化学反应必须符合的基本条件是(　　　)

A. 反应物应易溶水　　　　　　　　　　B. 反应过程中应加催化剂

C. 反应必须按化学反应式定量地完成　　D. 反应速率必须要快

E. 必须有简便可靠的方法确定终点

2. 基准物质必须具备的条件有（　　）

   A. 物质具有足够的纯度　　　　　　　　B. 物质的组成与化学式完全符合

   C. 物质的性质稳定　　　　　　　　　　D. 物质易溶水

   E. 价格便宜

3. 滴定液的标定方法有（　　）

   A. 容量瓶标定法　　　　　B. 基准物质标定法　　　　C. 滴定管标定法

   D. 间接标定法　　　　　　E. 比较标定法

4. 滴定液配制的方法有（　　）

   A. 多次称量配制法　　　　B. 移液管配制法　　　　　C. 直接配制法

   D. 间接配制法　　　　　　E. 量筒配制法

5. 在滴定分析中,对滴定液的要求有（　　）

   A. 准确的浓度　　　　　　B. 无色　　　　　　　　　C. 性质稳定

   D. 无氧化性　　　　　　　E. 无还原性

二、简答题

1. 化学计量点与滴定终点两者有何异同点？怎样理解终点误差？

2. 滴定分析法常用的滴定方式有哪些？说出其各自的适用范围。

3. 滴定度的含义是什么？说出其与物质的量浓度的区别？

4. 滴定液的标定有几种方法？说出每种方法的优缺点。

三、实例分析题

1. 市售浓硫酸的密度为 1.84g/ml,含量为 96%（m/m）,问该浓硫酸的物质的量浓度为多少？若需配制 0.5mol/L 的硫酸溶液 2000ml,试计算应取浓硫酸多少毫升？并说出用什么量器量取浓硫酸,如何配制？（H_2SO_4 的摩尔质量为 98.07g/mol）

2. 准确称取基准物质 $K_2Cr_2O_7$ 1.4710g,溶解后定量转移至 250.0ml 容量瓶中,试计算 $K_2Cr_2O_7$ 溶液的量浓度为多少？并说出用什么精度的天平称取 $K_2Cr_2O_7$？其浓度的有效数字应保留几位？（$K_2Cr_2O_7$ 的摩尔质量为 294.18g/mol）

3. 欲配制 0.1000mol/L Na_2CO_3 溶液 500.0ml,问应称取基准 Na_2CO_3 多少克？并说出是在量筒、量杯还是容量瓶中配制？（Na_2CO_3 的摩尔质量为 105.99g/mol）

4. 精密称取在 270~300℃ 干燥至恒重的基准无水碳酸钠 0.1110g,置锥形瓶中,加水约 40ml,振摇使溶解,加甲基橙指示剂 1~2 滴,用待标定的盐酸溶液滴定至溶液由黄色转变为橙色即为终点,用去 HCl 溶液 20.60ml。试计算 HCl 溶液的物质的量浓度为多少？同时说出碳酸钠应用什么精度的天平称取、加水约 40ml 用什么量器量取？（Na_2CO_3 的摩尔质量为 105.99g/mol）

5. 用 0.1000mol/L 氢氧化钠滴定液测定苯甲酸（$C_7H_6O_2$）,试求 $T_{NaOH/C_7H_6O_2}$ 为多少？请解释 $T_{NaOH/C_7H_6O_2}$ 的意义。（$C_7H_6O_2$ 摩尔质量为 122.12g/mol）

6. 测定供试品中 Na_2CO_3 的含量:称取试样 0.1334g,加水溶解后用 HCl 滴定液（0.1066mol/L）

滴定,终点时消耗该 HCl 滴定液 23.50ml,求供试品中 Na_2CO_3 的质量分数。并回答消耗 HCl 滴定液 23.50ml 中的"0"是否可以去掉,为什么?(Na_2CO_3 的摩尔质量为 105.99g/mol)

7. 用精密称取供试品氯化钠 0.1539g,加水溶解,并加指示剂适量,用 $AgNO_3$ 滴定液(0.1025mol/L)滴定至终点,消耗 $AgNO_3$ 溶液 24.71ml,每 1ml $AgNO_3$ 滴定液(0.1mol/L)相当于 5.844mg 的氯化钠。计算供试品中氯化钠的质量分数。

8. 精密称取 $CaCO_3$ 试样 0.1132g,准确加入 0.1078mol/L HCl 滴定液 25.00ml,剩余的 HCl 用 0.1037mol/L 氢氧化钠滴定液滴定,消耗氢氧化钠滴定液 11.45ml,求试样 $CaCO_3$ 的含量百分数。请回答此方法是属于哪种滴定方式?($CaCO_3$ 的摩尔质量为 100.09g/mol)

（何文涓）

第四章

酸碱滴定法

导言 ⋁ ···

  在医学上，药品在疾病的预防、治疗和诊断等方面发挥着极其重要的作用，药品质量的优劣会直接影响其临床疗效。为了保证药品的高质、安全、有效，在研制、生产、经营以及临床使用过程中，都离不开各种分析方法作为"眼睛"来进行质量控制。很多药物本身显酸性或碱性，而且有些药物生成过程中要加入酸性或碱性试剂处理，因此许多药品在进行质量控制时要用到酸碱滴定分析法进行酸度检查和酸性或碱性杂质含量的测定。

  酸碱滴定法是以酸碱反应为基础的滴定分析方法，也称中和法。一般的酸、碱以及能与酸、碱直接或间接反应的物质，几乎都可以用该法测定，其操作简便、准确度高，是化学分析经典方法之一。在酸碱滴定过程中溶液的 pH 在不断地变化，不同类型的酸碱滴定反应，pH 变化遵循自身的规律，滴定中能否准确确定化学计量点，关系到分析结果的准确度，这由指示剂选用合适与否所决定。因此，本章的重点是滴定过程中溶液 pH 的变化与酸碱指示剂的选择，及滴定操作。

第一节 酸碱指示剂

一、酸碱指示剂的变色原理及变色范围

  酸碱指示剂一般是有机的弱酸或弱碱，在水溶液中发生酸碱离解平衡，同时还发生酸碱指示剂结构的互变异构平衡，生成具有不同颜色的共轭酸碱对。溶液中共轭酸碱对的平衡浓度是随溶液 pH 变化而发生变化，从而引起溶液颜色的变化。以酚酞为例，说明酸碱指示剂的变色原理。

  酚酞是一种有机弱酸，其电离常数（K_a）为 $6.0×10^{-10}$。其酸式结构常用 HIn 表示，呈现的颜色称为酸式色（即无色），与酸对应的共轭碱结构常用 In^- 表示，其呈现的颜色称为碱式色（即红色），其离解平衡式如下：

$$HIn \rightleftharpoons H^+ + In^-$$

酸式色（无色） 碱式色（红色）

  从离解平衡式可知，增大溶液的碱性，平衡向右方移动，即酚酞的酸式结构向碱式结构转变，使其溶液中酸式色浓度降低，碱式色浓度增大，酚酞便从酸式色转变为碱式色，即溶液由无色变为红

色;反之,则相反。

同理,甲基橙是一种有机弱碱,在溶液中显黄色,其共轭酸显红色,电离平衡时,指示剂的共轭酸碱浓度是随着溶液的 pH 变化,由于共轭酸碱浓度的变化,使得指示剂发生颜色变化。

从上所知,酸碱指示剂发生颜色变化,不仅与自身能够离解出具有不同颜色的共轭酸碱对有关,还与共轭酸碱对的浓度变化与溶液的 pH 有关,由此,可根据指示剂的电离平衡式,推导出溶液的 pH 与指示剂共轭酸碱浓度的函数关系:

$$pH = pK_{HIn} - lg\frac{[HIn]}{[In]}$$
式(4-1)

难点释疑

溶液的 pH 与酸碱指示剂共轭酸碱浓度比值的函数式是利用酸碱平衡原理推导出的。 推导过程如下:

平衡时:

$$HIn \rightleftharpoons H^+ + In^-$$

$$K_{HIn} = \frac{[H^+][In^-]}{[HIn]}; \quad [H^+] = K_{HIn} \cdot \frac{[HIn]}{[In^-]}$$

对上式两端同时取负对数, 即得: $pH = pK_{HIn} - lg\frac{[HIn]}{[In^-]}$

此式说明: 在一定温度下 pK_{HIn} 为常数, $[HIn]$ 与 $[In^-]$ 的比值, 仅决定于溶液中 pH。 当溶液 pH 发生改变时, $[HIn]$ 与 $[In^-]$ 的比值也随之改变, 从而使溶液呈现不同的颜色。

一般情况下,指示剂在溶液中应呈现两种互变异构体的混合色,只有当两种颜色的浓度之比在 10 或 10 以上时,人眼才能看到浓度较大的那种结构的颜色。因此,当 $[HIn]/[In^-]$ 的比值在大于或等于 10 时,式(4-1)表示为:$pH \leqslant pK_{HIn}-1$,此时,可看到指示剂酸式结构的颜色;同理,当 $[HIn]/[In^-]$ 的比值小于或等于 1/10 时,式(4-1)表示为:$pH \geqslant pK_{HIn}+1$,此时,可看到指示剂碱式结构的颜色。由此可见,只有当溶液的 pH 在 $pK_{HIn}-1$ 到 $pK_{HIn}+1$ 之间变化时,人眼才能看到指示剂的颜色变化。为此,把此范围称作指示剂的**变色范围**,用 $pH = pK_{HIn} \pm 1$ 表示。如果当溶液中 $\frac{[HIn]}{[In^-]}$ 等于 1 时,式(4-1)表示为:$pH = pK_{HIn}$,此时看到的应是指示剂的酸式色与碱式色的混合色,即称作指示剂的**理论变色点**。由于在同一温度时,不同指示剂的电离常数不同,其负对数(pK_{HIn})也不同,各种指示剂的变色范围也不相同。

从指示剂变色范围可知,指示剂的变色范围仅有两个 pH 单位。但实验测得的指示剂变色范围并不正好是 2 个 pH 单位,而是略有上下,这是因为实验测得的指示剂变色范围是人眼目视确定的,由于人眼对不同颜色的敏感程度不同,即观察到的变色范围也不同。因此,指示剂的变色范围,应由实验测定。常用的酸碱指示剂的变色范围及颜色情况,见表4-1。

表 4-1 常见的酸碱指示剂（室温）

指示剂	变色范围 pH	酸式色	碱式色	pK_{HIn}	用量（滴/10ml 试液）
甲基黄	2.9~4.0	红	黄	3.25	1
甲基橙	3.1~4.4	红	黄	3.45	1
溴酚蓝	3.0~4.6	黄	紫	4.10	1
溴甲酚绿	3.8~5.4	黄	蓝	4.90	1~3
甲基红	4.4~6.2	红	黄	5.10	1
溴百里酚蓝	6.2~7.6	黄	蓝	7.30	1
中性红	6.8~8.0	红	黄橙	7.40	1
酚红	6.7~8.4	黄	红	8.00	1
酚酞	8.0~10.0	无	红	9.10	1~2
百里酚蓝	8.0~9.6	黄	蓝	8.90	1~4
百里酚酞	9.4~10.6	无	蓝	10.0	1~2

二、影响酸碱指示剂变色范围的因素

1. **温度** K_{HIn} 是温度的函数,故酸碱指示剂的变色范围与温度有关。同一指示剂在不同的温度时,其变色范围不同。表 4-1 中所列出的酸碱指示剂的变色范围是在室温下测得的。因此,一般情况下,应将热溶液冷至室温后才能加指示剂。

2. **溶剂** 酸碱指示剂在不同溶剂中的离解平衡常数不同,因此酸碱指示剂的变色范围要受溶剂性质的影响。

3. **指示剂的用量** 酸碱指示剂用量不宜过多或过少,因为过多或过少会使指示剂的颜色过深或过浅,导致指示剂颜色变化不敏锐。另外,指示剂本身是弱酸或弱碱,也消耗酸或碱溶液,而带来一定的误差。因此,加入酸碱指示剂要适量,一般情况下,在 50ml 溶液中加 2~3 滴指示剂即可。

4. **滴定程序** 由于人眼对颜色的判断一般是由浅到深较为敏感,因此应按指示剂颜色由浅到深的变化过程设计滴定程序。例如:用 NaOH 溶液滴定 HCl 溶液时,虽然从理论上讲选择酚酞和甲基橙均可,若选酚酞,终点颜色变化从无色到红色(由浅而深),若选甲基橙,终点的颜色变化从红色变到黄色(由深而浅),显然,用酚酞指示终点比用甲基橙更清晰一些。

三、混合指示剂

有些酸碱滴定在计量点附近的酸度变化非常小,若用变色范围较宽的单一指示剂指示终点,误差较大,需改用变色范围窄、变色敏锐的混合指示剂。

混合指示剂通常有两种配制方法:**一种是在指示剂中加入一种惰性染料混合配制而成。**例如:甲基橙和靛蓝组成的混合指示剂,靛蓝在滴定过程中无颜色改变,只是作为甲基橙的背景色。当溶液的 pH≥4.4 时,该指示剂的颜色为绿色(黄色+蓝色);当溶液的 pH≤3.1 时,该指示剂的颜色为紫色(红色+蓝色);当溶液的 pH=4.10,即变色点时,该指示剂的颜色为浅灰色(橙色+蓝色)。**另一种**

是由两种或两种以上的指示剂按一定比例混合而成。如溴甲酚绿 pH:3.8(黄色)~5.4(蓝色)和甲基红 pH:4.4(红色)~6.2(黄色)按 3∶1 的比例混合组成,当溶液的 pH<5.10 时,为酒红色;pH>5.10 时,为绿色;pH=5.10(变色点)时,为浅灰色。因此,混合指示剂颜色变化不仅明显,而且变色区间也较窄。几种常用的混合指示剂,见表4-2。

表 4-2　几种常用的混合指示剂

指示剂溶液的组成	理论变色点（pH）	颜色变化		备注
		酸式色	碱式色	
1 份 0.1%甲基橙乙醇溶液 1 份 0.1%次甲基蓝乙醇溶液	3.25	蓝紫	绿	pH=3.2,蓝紫色 pH=3.4,绿色
1 份 0.1%甲基橙水溶液 1 份 0.25%靛蓝二磺酸水溶液	4.1	紫	黄绿	pH=4.1,灰色
1 份 0.1%溴甲酚绿钠盐水溶液 1 份 0.2%甲基橙水溶液	4.3	橙	蓝绿	pH=3.5,黄色 pH=4.05,绿色 pH=4.3,浅绿色
3 份 0.1%溴甲酚绿乙醇溶液 1 份 0.2%甲基红乙醇溶液	5.1	酒红	绿	pH=5.1,灰色
1 份 0.1%溴甲酚绿钠盐水溶液 1 份 0.1%氯酚红钠盐水溶液	6.1	黄绿	蓝紫	pH=5.4,蓝绿色 pH=5.8,蓝色 pH=6.0,蓝带紫色 pH=6.2,蓝紫色
1 份 0.1%中性红乙醇溶液 1 份 0.1%次甲基蓝乙醇溶液	7.0	紫蓝	绿	pH=7.0,紫蓝色
1 份 0.1%甲酚红钠盐水溶液 3 份 0.1%百里酚蓝钠盐水溶液	8.3	黄	紫	pH=8.2,玫瑰红 pH=8.4,清晰的紫色
1 份 0.1%百里酚蓝 50%乙醇溶液 3 份 0.1%酚酞 50%乙醇溶液	9.0	黄	紫	从黄到绿色,再到紫色 pH=9.0,绿色
1 份 0.1%酚酞乙醇溶液 1 份 0.1%百里酚酞乙醇溶液	9.9	无	紫	pH=9.6,玫瑰红色 pH=10,紫色
2 份 0.1%百里酚酞乙醇溶液 1 份 0.1%茜素黄 R 乙醇溶液	10.2	黄	紫	颜色由微黄色变至黄色,再到青色

点滴积累 ╲ ....

1. 酸碱指示剂变色原理　利用某些有机弱酸（弱碱）的酸式和共轭碱式具有不同颜色,当溶液 pH 改变时共轭酸碱对发生相互转变而引起颜色变化;

2. 酸碱指示剂的变色范围　$pH = pK_{HIn} \pm 1$。

第二节 酸碱滴定类型与指示剂的选择

常见酸碱滴定类型有强碱强酸的相互滴定、强碱滴定弱酸或强酸滴定弱碱、强碱(酸)滴定多元酸(碱)等类型。由于不同类型的酸碱滴定在化学计量点时溶液的 pH 不同,因此选择的指示剂也不同,或用同一指示剂指示不同类型的滴定终点,其选择的终点颜色也不同。下面以三种类型典型滴定反应为例,讨论如何根据酸碱滴定过程中溶液的 pH 变化规律,选择合适的指示剂。

一、强碱与强酸滴定及指示剂的选择

以 0.1000mol/L 的 NaOH 滴定 20.00ml 0.1000mol/L 的 HCl 溶液为例,讨论强碱滴定强酸溶液的酸度变化规律及指示剂的选择原则。

1. 滴定反应原理及溶液的 pH 变化规律 NaOH 与 HCl 反应如下:

$$H^+ + OH^- = H_2O$$

若把滴定过程分成四个阶段,则每个阶段溶液的组成和酸度的变化,见表 4-3。

表 4-3 0.1000mol/L NaOH 滴定 20.00ml 0.1000mol/L 的 HCl 溶液的酸度变化规律

滴定状态	滴定前	计量点前	计量点时	计量点后
溶液的组成	HCl 溶液	NaCl(生成物) HCl(反应物)	NaCl 溶液	NaCl(生成物) NaOH(过量的滴定液)
$[H^+]$(mol/L)	0.1000(mol/L)	剩余盐酸的物质的量/溶液总体积	1.0×10^{-7}(mol/L)	
$[OH^-]$(mol/L)	—	—	—	过量氢氧化钠的物质的量/溶液总体积
溶液的 pH	1.00	$-lg[H^+]$	7.00	14.00−pOH
溶液的酸碱性	酸性	酸性	中性	碱性

▶▶ **课堂活动**

1. 计算向溶液滴加 NaOH 滴定液 19.98ml 时,溶液的 pH? 此时与计量点的误差是多大?

2. 计算向溶液滴加 NaOH 滴定液 20.02ml 时,溶液的 pH? 此时与计量点的误差是多大?

按照表 4-3 的计算方法,可得出滴定过程中每一阶段的 pH,见表 4-4。

表 4-4　0.1000mol/L 的 NaOH 滴定 0.1000mol/L 20.00ml HCl 溶液的 pH 变化

NaOH 滴定液加入的体积/ml	滴定分数 α	剩余 HCl 体积/ml	过量 NaOH 的体积/ml	剩余 [H⁺]/ mol/L	过量 [OH⁻]/ mol/L	pH	
0.00	0.000	20.00		1.000×10^{-1}		1.00	
18.00	0.900	2.00		5.000×10^{-3}		2.28	
19.80	0.990	0.20		5.000×10^{-4}		3.30	$\Delta pH=3.30$
19.96	0.998	0.04		1.000×10^{-4}		4.00	
19.98	0.999	0.02		5.000×10^{-5}		4.30	
20.00	1.000	0.00	0.00	1.000×10^{-7}	1.000×10^{-7}	7.00	$\Delta pH=5.40$ 突跃范围
此处前 HCl 反应完全,此处后加入的 NaOH 过量							
20.02	1.001		0.02		5.000×10^{-5}	9.70	
20.04	1.002		0.04		1.000×10^{-4}	10.00	
20.20	1.010		0.20		5.000×10^{-4}	10.70	$\Delta pH=2.52$
22.00	1.100		2.00		5.000×10^{-3}	11.70	
40.00	2.000		20.00		1.000×10^{-1}	12.52	

2. 滴定曲线与指示剂的选择　以表 4-4 中加入 NaOH 的体积为横坐标,溶液的 pH 为纵坐标绘图,即可得到 0.1000mol/L 的 NaOH 滴定 0.1000mol/L HCl 溶液的滴定曲线,见图 4-1。

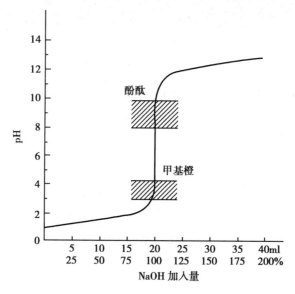

图 4-1　0.1000mol/L NaOH 滴定 0.1000mol/L HCl 的滴定曲线

由表 4-4 和图 4-1 可知,在计量点附近(与计量点相对误差为 ±0.1% 的范围),即 NaOH 滴定液的体积从 19.98ml 变至 20.02ml 时,实际上向溶液加入 NaOH 滴定液的体积仅有 0.04ml(约 1 滴),但此时溶液的 pH 从 4.30 变至 9.70,改变了 5.40 个 pH 单位,滴定曲线斜率变化增大,出现了陡峭的一段,说明溶液的酸度发生了较大的变化。因此,把化学计量点 ±0.1% 范围内由 1 滴碱或酸的加入,引起溶液 pH 的急剧变化称为**滴定突跃**,滴定突跃所在的 pH 范围称为滴定突跃 pH 范围,简称**滴定突跃范围**。

由于滴定突跃范围是在化学计量点 ± 0.1% 的误差范围,因此,酸碱指示剂的变色范围如果落在滴定突跃范围内,滴定终点与计量点之差(终点误差)最大也只有 ± 0.1%,符合滴定分析允许测量误差的要求。因此,滴定分析法选择指示剂的原则应是:**指示剂的变色范围应全部或部分落在滴定突跃范围之内,或理论变色点尽量接近化学计量点。**

案例分析

案例:

某学生在用 NaOH 滴定液(0.1000mol/L)标定盐酸溶液实验中,用甲基橙(pH 3.10 ~ 4.40)作指示剂,滴定至溶液从红色变至橙色为终点,结果导致滴点误差大于 0.2%。

分析:

导致滴定误差大于了 0.2% 的主要原因是:虽然按照指示剂的选择原则强碱滴定强酸可以选择甲基橙作指示剂,但是选择甲基橙变色点橙色(pH=3.45)为滴定终点,却不在突跃范围内(pH 4.3 ~ 9.7),此时溶液中未滴完的盐酸大于 0.04ml,因此导致终点误差大于 0.2%。以此说明,用 NaOH 滴定液(0.1000mol/L)滴定盐酸,若用甲基橙作指示剂,应以甲基橙的碱式色黄色(pH=4.4)为滴定终点,此时溶液 pH 大于 4.3,未滴定完的盐酸是小于 0.02ml,其误差应小于 0.1%,符合滴定分析的测量误差。

由此得出滴定终点并非一定是指示剂的变色点。

3. 影响滴定突跃的因素 突跃范围的大小与酸碱的浓度有关。图 4-2 是三种不同浓度的 NaOH 溶液滴定不同浓度的 HCl 溶液的滴定曲线。由此图可知,浓度越大,滴定突跃范围越大,可供选择的指示剂越多;反之则越少。例如,用 0.010 00mol/L NaOH 溶液滴定 0.010 00mol/L HCl 溶液,滴定突跃范围的 pH 在 5.30 ~ 8.70,可选择甲基红、酚酞作指示剂,而甲基橙就不适用了。因此滴定液与被测溶液浓度不能太小,一般控制在 0.01mol/L ~ 0.2mol/L 为宜。

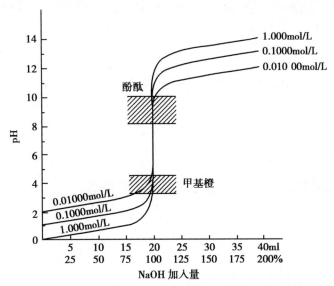

图 4-2 不同浓度的 NaOH 溶液滴定不同浓度的 HCl 溶液的滴定曲线

0.1000mol/L 强碱滴定液滴定强酸试液的滴定曲线与相同浓度的强酸滴定强碱的滴定曲线形

状是对称的,突跃范围前者是从 4.30~9.70,后者是从 9.70~4.30。

二、强碱（酸）滴定弱酸（碱）及指示剂的选择

以 0.1000mol/L 的 NaOH 滴定液滴定 0.1000mol/L 的 HAc 溶液 20.00ml 为例,讨论强碱滴定弱酸溶液的酸度变化规律及指示剂的选择原则。

1. 滴定反应原理与溶液的酸度变化规律　　NaOH 与 HAc 反应原理,可表示为:

$$HAc+OH^- \rightleftharpoons Ac^-+H_2O$$

当反应完全,到达化学计量点时,醋酸全部转变成醋酸盐,醋酸盐水解使溶液显碱性,此时溶液的 pH>7.00。滴定过程溶液的酸度变化规律,见表 4-5。

表 4-5　0.1000mol/L 的 NaOH 滴定 20.00ml 0.10mol/L HAc 溶液的酸度变化规律

滴定状态	滴定前	计量点前	计量点时	计量点后
溶液的组成	HAc 溶液	NaAc（生成物） HAc（反应物）	NaAc 溶液	NaAc（生成物） NaOH（过量的滴定液）
$[H^+]$（mol/L）	$\sqrt{K_a c_0}$	$K_a \dfrac{c_{HAc}}{c_{Ac^-}}$		
$[OH^-]$（mol/L）			$\sqrt{\dfrac{K_W}{K_a} c_{Ac^-}}$	过量氢氧化钠的物质的量/溶液总体积
pH	2.87	$-\lg[H^+]$	8.73	14.00-pOH
酸碱性	弱酸性	弱酸~中性	弱碱性	强碱性

按照表 4-5 可计算出滴定各阶段所对应的溶液 pH,见表 4-6。

表 4-6　0.1000mol/L 的 NaOH 滴定 0.1000mol/L 20.00ml HAc 溶液的 pH 变化

NaOH 滴定液加入的体积/ml	滴定分数 α	剩余 HAc 的体积/ml	过量 NaOH 体积/ml	溶液 $[H^+]$/mol/L	溶液 $[OH^-]$/mol/L	pH	
0.00	0.000	20.00		$1.0\times10^{-2.87}$		2.87	
19.98	0.999	0.02		$1.0\times10^{-7.7}$		7.7	
20.00	1.000	0.00	0.00	$1.0\times10^{-8.7}$		8.7	}ΔpH=2.00 突跃范围
		此处前 HAc 反应完全,此处后加入的 NaOH 过量					
20.02	1.001		0.02	$1.0\times10^{-9.7}$	$1.0\times10^{-4.3}$	9.7	
20.20	1.010		0.20	$1.0\times10^{-10.7}$	$1.0\times10^{-3.3}$	10.7	

2. 滴定曲线与指示剂的选择　　以表 4-6 中 NaOH 溶液的加入量为横坐标,HAc 溶液的 pH 变化为纵坐标,绘制强碱滴定醋酸溶液的滴定曲线,见图 4-3。

▶ **课堂活动**

分析比较用 NaOH 滴定同一浓度的 HAc 和 HCl 的滴定曲线的异同:

1. NaOH 滴定 HAc 曲线的起点比滴定盐酸高, 前者 pH=2.87, 后者 pH=1.00, 其原因为何?

2. 滴定突跃范围前者在 pH=7.74~9.70 的弱碱性范围内, 并且仅有 2 个 pH 单位的改变; 后者在 pH=4.30~9.70 的酸、中、碱性范围内, 有 5.4 个 pH 单位的改变, 为什么两个滴定突跃范围不一样?

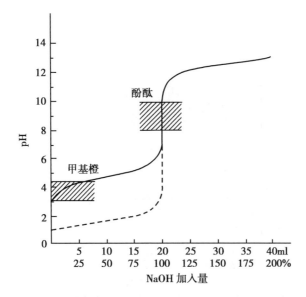

图 4-3 0.1000mol/L NaOH 滴定 0.1000mol/L HAc 20.00ml 的滴定曲线

从表 4-6 和图 4-3 可以看出强碱滴定一元弱酸有如下特点:

(1)滴定曲线的起点是 pH=2.87,比强碱滴定强酸的起点 pH=1.00 要高。这是因为对于相同浓度的酸,强酸的 H^+ 浓度比弱酸的 H^+ 浓度要大的缘故。

(2)滴定开始不久,曲线的斜率加大,说明随着 NaOH 的加入,溶液 pH 升高较快。这是由于生成物有 NaAc,Ac^- 的同离子效应抑制了 HAc 的解离,使[H^+]迅速降低的缘故。

(3)之后,较大的一段曲线较平坦,这是因为随着 NaOH 的不断加入,使生成的 NaAc 增多,NaAc 与溶液中剩余的 HAc 形成了 HAc-NaAc 缓冲体系,故使溶液的 pH 变化较慢。

(4)近化学计量点时,曲线斜率又加大,这是因为 HAc 的浓度已很低,而 NaAc 的水解作用增强,故溶液中的[OH^-]随着 NaOH 溶液的加入增加较快,pH 上升明显。

(5)化学计量点时,由于生成的 NaAc 是强碱弱酸盐,水解呈碱性,故化学计量点落在了碱性区域中(pH=8.72),它的滴定突跃范围为 7.74~9.70,变化约为 2 个 pH 单位,比强碱滴定强酸的突跃范围小了约 3 个 pH 单位。

(6)化学计量点后,由于 NaOH 的存在抑制了 NaAc 的水解,故滴定曲线与强碱滴定强酸的滴定曲线相同。

由 NaOH 滴定 HAc 曲线可知,其滴定突跃的范围的 pH=7.74~9.70,按照指示剂的选择原则,只能选择在碱性区域变色的指示剂,如酚酞,而不能选择在酸性区域变色的指示剂,如甲基橙和甲基红,否则会给滴定造成很大的误差。

3. 影响滴定弱酸突跃范围的因素 由图 4-4 可知,滴定弱酸的突跃范围不仅与弱酸的浓度有关,还与弱酸的强度(K_a)有关,弱酸的浓度一定时,弱酸的 K_a 越大,则突跃范围越大。当弱酸的 $K_a \leqslant 10^{-9}$ 时,已无明显的滴定突跃,因此找不到合适的指示剂确定化学计量点。所以,若用强碱直接滴定弱酸,必须符合一定条件:即**弱酸溶液的 $c_a \cdot K_a \geqslant 10^{-8}$**。反之,必须改换其他方法测定。

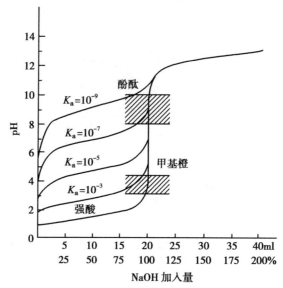

图 4-4　0.1000mol/L NaOH 滴定不同强度酸的滴定曲线

例如,阿司匹林为芳酸酯类结构,在溶液中离解出 H^+,其 $pK_a = 3.49$,故可用 NaOH 滴定液直接滴定,用酚酞作指示剂。为了使阿司匹林易于溶解及防止酯在滴定时水解而使结果偏高,采用了乙醇作溶剂溶解样品。由于乙醇中常含有酸性杂质,因此为消除干扰,《中国药典》(2015 年版)规定使用中性乙醇作溶剂。滴定反应如下:

$$\text{COOH} + \text{NaOH} \rightleftharpoons \text{COONa} + H_2O$$

知识链接

阿司匹林是一种历史悠久的解热镇痛药,诞生于 1899 年 3 月 6 日。阿司匹林已应用百年,最早用于解热镇痛,现多用于预防血栓等疾病,成为医药史上三大经典药物之一,至今它仍是世界上应用最广泛的解热、镇痛和抗炎药,也是作为比较和评价其他药物的标准制剂。在体内具有抗血栓的作用,它能抑制血小板的释放反应,抑制血小板的聚集。阿司匹林有一定的副作用。

若用强酸(0.1000mol/L HCl)滴定同一浓度的弱碱(氨水),其溶液的 pH 变化见表 4-7,滴定曲线

表 4-7　0.1000mol/L HCl 滴定 0.1000mol/L $NH_3 \cdot H_2O$ 溶液 20.00ml 的 pH 变化

HCl 滴定液加入的体积/ml	滴定分数 α	剩余 $NH_3 \cdot H_2O$ 的体积/ml	过量 HCl 的体积/ml	溶液 $[H^+]$ / mol/L	溶液 $[OH^-]$ / mol/L	pH
0.00	0.000	20.00		$1.0 \times 10^{-11.12}$	$1.0 \times 10^{-2.88}$	11.12
19.98	0.999	0.02		$1.0 \times 10^{-6.30}$	$1.0 \times 10^{-7.70}$	6.30
20.00	1.000	0.00	0.00	$1.0 \times 10^{-5.28}$		5.28
此处前 $NH_3 \cdot H_2O$ 反应完全,此处后再加入 HCl 将过量						
20.02	1.001		0.02	$1.0 \times 10^{-4.3}$		4.30
20.20	1.01		0.20	$1.0 \times 10^{-2.3}$		2.30

右侧括注:$\Delta pH = 2.00$ 突跃范围

见图 4-5。计量点时生成铵盐,其水解呈弱酸性(pH = 5.28),即突跃范围是在酸性区域(pH 6.30 ~ 4.30)。因此只能选择酸性区域变色的指示剂,如甲基红、甲基橙等指示终点。

与强碱滴定弱酸的滴定曲线比较,仅 pH 变化方向相反,突跃范围大小确定于弱碱的强度和浓度,同样,只有满足 $c_b \cdot K_b \geqslant 10^{-8}$ 的弱碱,才能用强酸直接滴定。

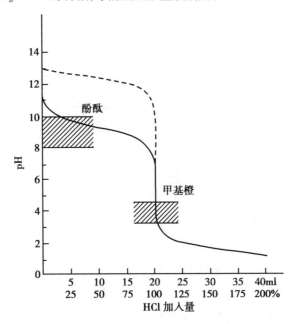

图 4-5　0.1000mol/L HCl 滴定 0.1000mol/L NH$_3$·H$_2$O 溶液 20.00ml 的滴定曲线

三、强碱(酸)滴定多元弱酸(弱碱)及指示剂的选择

1. 强碱滴定多元弱酸与指示剂的选择　以 0.1000mol/L NaOH 滴定液滴定 0.1000mol/L H$_3$PO$_4$ 20.00ml 为例,讨论滴定多元酸的特点及指示剂的选择。

H$_3$PO$_4$ 是三元弱酸,在溶液中分三级解离:

$$H_3PO_4 \Longleftrightarrow H^+ + H_2PO_4^- \qquad K_{a_1} = 7.5 \times 10^{-3}$$

$$H_2PO_4^- \Longleftrightarrow H^+ + HPO_4^{2-} \qquad K_{a_2} = 6.3 \times 10^{-8}$$

$$HPO_4^{2-} \Longleftrightarrow H^+ + PO_4^{3-} \qquad K_{a_3} = 2.2 \times 10^{-13}$$

与碱发生中和反应也是分步进行的,其反应如下:

$$NaOH + H_3PO_4 \Longleftrightarrow NaH_2PO_4 + H_2O$$

$$NaOH + NaH_2PO_4 \Longleftrightarrow Na_2HPO_4 + H_2O$$

$$NaOH + Na_2HPO_4 \Longleftrightarrow Na_3PO_4 + H_2O$$

判断多元酸各级解离的 H$^+$ 能否被准确滴定的依据与一元弱酸相同,即各级酸的电离常数与多元酸溶液浓度的乘积,满足 $c \cdot K_{a_1} \geqslant 10^{-8}$,则可确定该级解离的 H$^+$ 能被准确滴定。判断相邻两级解离的 H$^+$ 能否被分步滴定的依据是:在满足准确滴定的前提下,当相邻两级电离常数的比值,满足 $K_{a_1}/K_{a_2} \geqslant 10^4$ 时,即相邻两级 H$^+$ 能被分步滴定,即有两个滴定突跃。

例如:磷酸的 $c \cdot K_{a_1} > 10^{-8}$,$c \cdot K_{a_2} \approx 10^{-8}$,所以第一级、第二级离解的 H^+ 能与碱发生定量反应,又因 $K_{a_1}/K_{a_2} \geqslant 10^4$,第一、第二级离解的 H^+ 可以被分步滴定,即在第一化学计量点和第二化学计量点时分别出现两个滴定突跃。虽然 $K_{a_2}/K_{a_3} \geqslant 10^4$,但因 $c \cdot K_{a_3} < 10^{-8}$,所以第三级离解的 H^+ 不能被直接滴定。因此,在 NaOH 滴定 H_3PO_4 的曲线上只有两个滴定突跃,如图4-6所示。

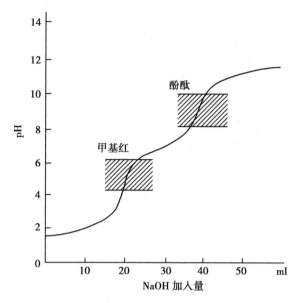

图 4-6 0.1000mol/L NaOH 滴定磷酸的滴定曲线

由于计算多元酸(碱)溶液的酸度较复杂,在滴定多元酸(碱)时,一般是以化学计量点时溶液的 pH 作为选择指示剂的依据。即指示剂的变色点尽量与化学计量点接近。从 NaOH 与 H_3PO_4 反应可知,第一化学计量点时 H_3PO_4 全部转变为 NaH_2PO_4,使溶液显酸性,溶液的 pH 可用下式近似计算:

$$[H^+] = \sqrt{K_{a_1} \cdot K_{a_2}}$$

$$pH = \frac{1}{2}(pK_{a_1} + pK_{a_2}) = \frac{1}{2}(2.12 + 7.21) = 4.66$$

可选择甲基红指示终点。

第二化学计量点时生成物是 Na_2HPO_4,其溶液显碱性,溶液的 pH 可用下式近似计算:

$$[H^+] = \sqrt{K_{a_2} \cdot K_{a_3}}$$

$$pH = \frac{1}{2}(pK_{a_2} + pK_{a_3}) = \frac{1}{2}(7.21 + 12.67) = 9.94$$

可选择酚酞指示终点。

2. 强酸滴定多元碱与指示剂的选择 Na_2CO_3 是碳酸的钠盐,为二元弱碱,水溶液呈碱性。其两级离解平衡常数分别为:

$$CO_3^{2-} + H^+ \Longleftrightarrow HCO_3^- \qquad K_{b_1} = 1.79 \times 10^{-4}$$

$$HCO_3^- + H^+ \Longleftrightarrow H_2CO_3 \qquad K_{b_2} = 2.38 \times 10^{-8}$$

由于 $c \cdot K_{b_1}$ 和 $c \cdot K_{b_2}$ 大于或近似等于 10^{-8},且 $\dfrac{K_{b_1}}{K_{b_2}} \approx 10^4$,因此 Na_2CO_3 两级离解的碱不仅能被盐酸

准确滴定,而且还能分步滴定,滴定曲线上有两个滴定突跃。

难点释疑

如何计算 H_2CO_3 的共轭碱 HCO_3^- 和 HCO_3^- 的共轭碱 CO_3^{2-} 的电离常数。

根据共轭酸碱对电离常数与水离子积的关系:即 CO_3^{2-} 与 HCO_3^- 电离常数与水离子积的关系为: $K_{b_1} \cdot K_{a_2} = K_W$ (K_{a_2} 为 H_2CO_3 的二级电离常数),由此可计算出碳酸盐一级碱 CO_3^{2-} 的电离常数 K_{b_1} ;同理 HCO_3^- 与 H_2CO_3 的电离常数与水离子积的关系为: $K_{b_2} \cdot K_{a_1} = K_W$ (K_{a_1} 为 H_2CO_3 的一级电离常数),由此可以计算出碳酸盐的二级碱 HCO_3^- 的电离常数 K_{b_2} 。

其滴定反应式为:

$$HCl+Na_2CO_3 \Longrightarrow NaHCO_3+NaCl$$

$$HCl+NaHCO_3 \Longrightarrow NaCl+CO_2 \uparrow +H_2O$$

当到达第一化学计量点时,Na_2CO_3 全部反应生成 $NaHCO_3$,其溶液的 pH 为 8.31,可选择碱性区域变色的指示剂,如酚酞,也可选择甲酚红和百里酚蓝混合指示剂指示终点。

当滴定反应到达第二化学计量点时,$NaHCO_3$ 全部反应生成 CO_2 和 H_2O ,其溶液为 H_2CO_3 的饱和液,浓度约为 0.04mol/L,溶液 pH 为 3.89,可选择酸性区域变色的甲基橙指示剂指示终点。滴定曲线如图 4-7 所示。

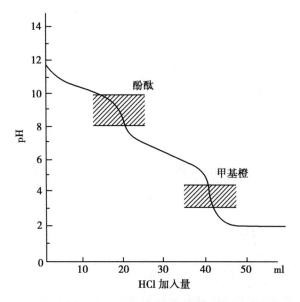

图 4-7　0.1000mol/L HCl 滴定 Na_2CO_3 的滴定曲线

值得注意的是,滴定接近第二个化学计量点时溶液为 H_2CO_3 的饱和液,使计量点附近酸度改变较小,导致指示剂颜色变化不够敏锐。因此,在反应接近终点时,应将溶液煮沸,摇动锥形瓶释放部分 CO_2 ,冷却后再继续滴定至终点。

点滴积累 ∨ ··

1. 滴定曲线　滴定过程中溶液 pH 随滴定液体积或反应完全程度变化的图形。

2. 滴定突跃和滴定突跃范围　化学计量点附近溶液 pH 的突变称为滴定突跃，突跃所在的 pH 范围称为突跃范围。

3. 指示剂的选择原则　凡是变色范围全部或者部分落在滴定突跃范围内的指示剂均可用来指示滴定终点。

4. 弱酸、弱碱、多元酸、多元碱能否被直接滴定的依据

（1）弱酸：$c_a \cdot K_a \geq 10^{-8}$，则可以被强碱直接滴定。

（2）弱碱：$c_b \cdot K_b \geq 10^{-8}$，则可以被强酸直接滴定。

（3）多元酸：①若 $c \cdot K_{a_n} \geq 10^{-8}$，则第 n 个 H^+ 能被准确滴定。②若 $K_{a_n} / K_{a_{n+1}} \geq 10^{-4}$，则相邻的两个氢离子能被准确滴定。

（4）多元碱：判断原则与多元酸的滴定类似，只需将 $c_a \cdot K_a$ 换成参加 $c_b \cdot K_b$ 即可。

第三节　酸碱滴定液的配制与标定和酸碱滴定法应用

酸碱滴定中最常用的滴定液是 HCl 和 NaOH 溶液，也可用 H_2SO_4 和 KOH 溶液。浓度一般为 $0.01 \sim 1mol/L$ 之间，最常用的浓度是 $0.1mol/L$。

一、酸滴定液

酸滴定液一般用 HCl 滴定液。由于浓盐酸具有挥发性，因此采用间接法先配制成近似浓度后，再用无水碳酸钠或硼砂基准物标定。

二、碱滴定液

碱滴定液一般用 NaOH 滴定液。由于固体 NaOH 易吸收空气中的 CO_2 生成 Na_2CO_3，因此只能用间接法配制，用邻苯二甲酸氢钾或草酸基准物标定。

三、酸碱滴定法的应用

酸碱滴定法应用极其广泛，按其滴定方式介绍如下：

1. **直接滴定法**　凡是 $c_a \cdot K_a \geq 10^{-8}$ 的酸性物质和 $c_b \cdot K_b \geq 10^{-8}$ 的碱性物质均可用碱滴定液和酸滴定液直接滴定。如硼砂、苯甲酸的含量测定。

2. **间接滴定法**　有些物质的酸性或碱性很弱，如 H_3BO_3；还有些酸或碱难溶于水，如 ZnO，故都不能用直接滴定法测定其含量，但是可通过一些反应增强其酸性或碱性，或者通过一些反应产生一定量的酸或碱，然后采用间接滴定法测定被测物质含量。例如硼酸的测定：

硼酸的酸性很弱（$K_a = 5.8 \times 10^{-10}$），不能用强碱直接滴定，但它能与甘油配位生成酸性较强甘油

硼酸($K_a = 3.0 \times 10^{-7}$),因此可用 NaOH 间接滴定 H_3BO_3。其滴定反应如下:

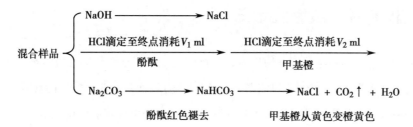

操作步骤:精密称取一定量的样品加入一定量的甘油,待反应完全后,加酚酞指示剂,用 NaOH 标准溶液滴定至溶液出现淡红色,且 30 秒内不褪色,即为终点。记录消耗 NaOH 标准溶液的体积,按下式计算 H_3BO_3 的含量。

$$H_3BO_3(\%) = \frac{c_{NaOH} V_{NaOH} M_{H_3BO_3} \times 10^{-3}}{m_S} \times 100\%$$

又如血浆中 CO_2 结合力的测定。血浆中 CO_2 是以 $NaHCO_3$ 形式存在,由于 $NaHCO_3$ 的碱性较弱,与 HCl 反应速度较慢。因此可采用返滴定法测定其含量。

操作步骤:精密称取一定量的血浆,加入准确过量的 HCl 标准溶液,中和血浆中的 $NaHCO_3$,再用 NaOH 滴定液滴定剩余的 HCl 滴定液,反应为:

$$HCl + NaHCO_3 \rightleftharpoons NaCl + CO_2 \uparrow + H_2O$$

$$NaOH + HCl \rightleftharpoons NaCl + H_2O$$

血浆中 CO_2 的含量计算式为:

$$\rho_{CO_2} = \frac{(c_{HCl} V_{HCl} - c_{NaOH} V_{NaOH}) M_{CO_2}}{V_S}$$

3. 混合碱的含量测定　由于 NaOH 易吸收空气中的 CO_2,使 NaOH 中含有一定量的 Na_2CO_3,形成 NaOH 与 Na_2CO_3 的混合碱。因此,在测定药用氢氧化钠时,欲要测定 NaOH 与 Na_2CO_3 各自的含量,可采用下列两种方法:

(1)双指示剂法:准确称取一定量试样,溶解后,按如下过程测定:

混合样品
{ NaOH ——————→ NaCl
  Na₂CO₃ ——————→ NaHCO₃ ——————→ NaCl + CO₂↑ + H₂O

HCl滴定至终点消耗 V_1 ml　酚酞　酚酞红色褪去
HCl滴定至终点消耗 V_2 ml　甲基橙　甲基橙从黄色变橙黄色

按下式计算各组分的含量:

$$NaOH(\%) = \frac{c \cdot (V_1 - V_2) \cdot M_{NaOH} \times 10^{-3}}{m_S} \times 100\%$$

$$Na_2CO_3(\%) = \frac{\frac{1}{2}c \cdot 2V_2 \cdot M_{Na_2CO_3} \times 10^{-3}}{m_S} \times 100\%$$

（2）氯化钡法：先取一份试样溶液，加甲基橙指示剂用 HCl 滴定液滴至橙色，消耗的 HCl 体积为 V_1 ml（是 NaOH 和 Na_2CO_3 共同消耗的）。

另取一份相同的体积的试样溶液，加入一定量的 $BaCl_2$ 溶液使 Na_2CO_3 变成 $BaCO_3$ 沉淀析出。然后加酚酞指示剂，用 HCl 滴定液滴定至红色褪去，记录 HCl 体积 V_2 ml（是混合物中的 NaOH 所消耗的）。

按下式计算各组分的含量：

$$NaOH(\%) = \frac{c \cdot V_2 \cdot M_{NaOH} \times 10^{-3}}{m_S} \times 100\%$$

$$Na_2CO_3(\%) = \frac{\frac{1}{2}c \cdot (V_1 - V_2) \cdot M_{Na_2CO_3} \times 10^{-3}}{m_S} \times 100\%$$

▶ **课堂活动**

用双指示剂法测定混合碱溶液中 NaOH 和 Na_2CO_3 的含量中，请说明混合碱中 Na_2CO_3 消耗的 HCl 体积为 $2V_2$ ml，NaOH 消耗 HCl 的体积为 $(V_1 - V_2)$ ml 的理由。

点滴积累 ⋁

1. 酸滴定液　一般用 HCl 滴定液，用间接法配制，用无水碳酸钠基准物标定。

2. 碱滴定液　一般用 NaOH 滴定液，用间接法配制，用邻苯二甲酸氢钾基准物标定。

3. 直接滴定法　凡是 $c_a \cdot K_a \geqslant 10^{-8}$ 的酸性物质和 $c_b \cdot K_b \geqslant 10^{-8}$ 的碱性物质均可用碱滴定液和酸滴定液直接滴定。

4. 间接滴定法　有些物质的酸性或碱性很弱，还有些酸或碱难溶于水，不能用直接滴定法测定其含量，但可采用间接滴定法测定被测物质含量。

第四节　非水溶液酸碱滴定法

在非水溶剂中进行的滴定分析方法称为非水滴定法。非水溶剂是指有机溶剂或不含水的无机溶剂。以非水溶剂作为滴定介质，不仅能增大有机物溶解度，而且能改变物质的酸碱性和离解强度，使在水中不能进行完全的滴定反应能够顺利进行，从而扩大滴定分析的应用范围。

非水滴定除溶剂较特殊外，一般具有滴定分析法所具有的优点，如准确、快速、设备简单等。此法可用于酸碱滴定、氧化还原滴定、配位滴定和沉淀滴定，在药物分析中，非水酸碱滴定法应用广泛，常用非水溶液酸碱滴定法测定有机碱及其氢卤酸盐、硫酸盐、有机酸盐和有机酸碱金属盐类药物的含量,同时也用于测定某些有机弱酸药物的含量。

一、基本原理

1. **溶剂的分类**　按质子理论非水溶剂可分为质子溶剂、无质子溶剂两大类。

（1）质子溶剂:凡是能给出或接受质子的溶剂称为**质子溶剂**。根据其接受质子能力的大小,又分为酸性溶剂、碱性溶剂和两性溶剂。①酸性溶剂,指给出质子能力较强的溶剂,如冰醋酸、丙酸等是常用作滴定弱碱性物质的酸性溶剂;②碱性溶剂,指接受质子能力较强的溶剂,如乙二胺、乙醇胺等是常用作滴定弱酸性物质的碱性溶剂;③两性溶剂,指既能接受又能给出质子的溶剂,其酸碱性与水相似,如甲醇、乙醇、异丙醇等,主要用作滴定不太弱的酸或碱的溶剂。

（2）无质子溶剂:相同分子间不能发生质子自递反应的溶剂叫**无质子溶剂**。①显碱性的非质子性溶剂,有较弱的接受质子和形成氢键的能力,如吡啶类、酰胺类、酮类等;②惰性溶剂,指既不能给出又不能接受质子,在滴定过程中不参与反应的溶剂,如苯、氯仿等。

（3）混合溶剂:将质子溶剂和惰性溶剂混合使用,即称为**混合溶剂**。常用的混合溶剂有:二醇类与烃类或卤烃类组成的混合溶剂,用于溶解有机酸盐、生物碱和高分子化合物。如冰醋酸-醋酐、冰醋酸-苯混合溶剂,适于弱碱性物质的滴定;苯-甲醇混合溶剂,适于羧酸类的滴定。

2. **溶剂的性质**　当溶质溶于溶剂中,其酸碱性都将受到溶剂的酸碱性、离解性和极性等因素的影响。因此,了解溶剂的性质有利于选择适当溶剂,达到增大滴定突跃和改变溶液酸碱性的目的。

（1）溶剂的酸碱性:溶剂的酸碱性可以影响溶质的酸碱强度。实践证明:酸在溶剂中的表观酸强度,取决于酸的自身酸度和溶剂的碱度。同理碱在溶剂中的表观碱度,也是取决于碱的自身碱度和溶剂的酸度。例如硝酸在水溶液中给出质子能力较强,即表现出强酸性,醋酸在水溶液中给出质子能力较弱,而表现出弱酸性。若将硝酸溶于冰醋酸中,由于 HAc 的酸性比 H_2O 强,其 Ac^- 接受质子的能力比 OH^- 弱,导致硝酸在醋酸溶液中给出质子的能力比在水中弱,而表现出弱酸性。

由此可见,酸、碱的强弱具有相对性。弱酸溶于碱性溶剂中,可增强其酸性;弱碱溶于酸性溶剂中,可增强其碱性。非水溶液酸碱滴定法就是利用此原理,通过选择不同酸碱性的溶剂,达到增强溶液酸碱强度的目的。例如碱性很弱的胺类,在水中难以进行滴定,若改用冰醋酸做溶剂,由于冰醋酸给出质子能力较强,使胺在冰醋酸中碱性增强,则可用高氯酸的冰醋酸溶液滴定。反应式如下:

滴定液:$HClO_4 + HAc \rightleftharpoons H_2Ac^+ + ClO_4^-$

待测溶液:$RNH_2 + HAc \rightleftharpoons RNH_3^+ + Ac^-$

滴定反应:$H_2Ac^+ + Ac^- \rightleftharpoons 2HAc$

总式:$HClO_4 + RNH_2 \rightleftharpoons RNH_3^+ + ClO_4^-$

（2）溶剂的离解性:常用的非水溶剂只有惰性溶剂不能离解,其他溶剂均有不同程度的离解,如甲醇、乙醇、冰醋酸等,它们与水一样,能发生质子的自递反应,即一分子作酸,另一分子作碱,质子的传递是在同一种溶剂分子之间进行,用下列平衡式表示:

$$SH+SH \Longrightarrow SH_2^+ + S^-$$

$$K = \frac{[SH_2^+][S^-]}{[SH]^2} \qquad\qquad 式(4-2)$$

由于溶剂的自身离解很小,在式(4-2)中[SH]可视为定值,故定义:

$$K_s = [SH_2^+][S^-] \qquad\qquad 式(4-3)$$

式(4-3)中的 K_s 称为溶剂的自身离解常数或称质子自递常数。对于水,其自身离解常数就是水的离子积。

$$H_2O + H_2O \Longrightarrow H_3O^+ + OH^-$$

$$[H_3O^+][OH^-] = K_w = 1.0 \times 10^{-14}(25℃)$$

$$pK_w = 14.00$$

同理其他离解性溶剂与水相似,如乙醇的质子自递反应为:

$$C_2H_5OH + C_2H_5OH \Longrightarrow C_2H_5OH_2^+ + C_2H_5O^-$$

则自身离解常数为:

$$[C_2H_5OH_2^+][C_2H_5O^-] = K_s = 7.9 \times 10^{-20}(25℃)$$

$$pK_s = 19.10$$

冰醋酸的质子自递反应为:

$$HAc + HAc \Longrightarrow H_2Ac^+ + Ac^-$$

则自身离解常数为:

$$[H_2Ac^+][Ac^-] = K_s = 3.6 \times 10^{-15}(25℃)$$

$$pK_s = 14.45$$

在一定温度下,不同溶剂的自身离解常数不同,几种常见溶剂的 pK_s 见表4-8。

表4-8　几种常见溶剂的自身离解常数(pK_s)(25℃)

溶剂	pK_s	溶剂	pK_s
水	14.00	乙腈	28.5
甲醇	16.7	甲基异丁酮	>30
乙醇	19.1	二甲基乙酰胺	—
甲酸	6.22	吡啶	—
冰醋酸	14.45	二氧六环	—
醋酐	14.5	苯	—
乙二胺	15.3	三氯甲烷	—

溶剂 K_s 的大小对酸碱滴定突跃范围的改变有一定影响。现以两种离解常数不相同的水（pK_w = 14.00）和乙醇（pK_s =19.1）分别作为强碱滴定同一弱酸的滴定介质，并进行比较，说明溶剂自身离解常数的大小对酸碱滴定突跃范围的影响。见表4-9。

表 4-9　同一种弱酸在水和乙醇溶剂中的滴定突跃范围的比较

用 0.1000mol/L NaOH 溶液 滴定（水为溶剂：pK_w =14.00）	HA	用 0.1000mol/L C_2H_5ONa 溶液 滴定（乙醇为溶剂：pK_s =19.1）	HA
计量点前、后酸（碱）浓度	pH	计量点前、后酸（碱）的浓度	pH*
计量点前（-0.1%）		计量点前（-0.1%）	
$[H_3O^+]$ = 1.0×10^{-4}mol/L	4.00	$[C_2H_5OH_2^+]$ = 1.0×10^{-4}mol/L	4.00
计量点后（+0.1%）		计量点后（+0.1%）	
$[OH^-]$ = 1.0×10^{-4}mol/L	10.00	$[C_2H_5O^-]$ = 1.0×10^{-4}mol/L	15.10
滴定突跃 pH 范围	4.00～10.00	滴定突跃 pH* 范围	4.00～15.10
滴定突跃的 pH 改变	6 个 pH 单位	滴定突跃的 pH* 改变	11.1 个 pH* 单位

注：表中 pH* 代表 $pC_2H_5OH_2$

从表4-9可知，同一弱酸在以水为介质的溶液中滴定，其滴定突跃只有6个pH单位的变化，而在非水溶剂乙醇为介质的溶液中滴定，其滴定突跃有11.1个pH*单位的变化，比在水为介质的滴定中增加了5.1个pH*单位。由此可见，溶剂的自身离解常数（K_s）越小，pK_s越大，滴定突跃范围就越大，滴定终点就越敏锐。因此在水中不能直接滴定的弱酸，若改用比水自身离解常数（K_s）小的非水溶剂作为滴定介质，就有可能实现直接滴定。

（3）溶剂的均化效应与区分效应：实验证明：$HClO_4$、H_2SO_4、HCl、HNO_3 的自身酸强度是有差别的，其强度顺序为：$HClO_4$>H_2SO_4>HCl>HNO_3。但在水溶液中它们的酸强度几乎相等，均属强酸。这是由于水的碱性原因，导致它们在水溶液中几乎全部电离和离解生成水合质子 H_3O^+，其酸在水中的强度全部被均化到 H_3O^+ 的水平。

$$HClO_4+H_2O \Longrightarrow H_3O^++ClO_4^-$$

$$H_2SO_4+H_2O \Longrightarrow H_3O^++HSO_4^-$$

$$HCl+H_2O \Longrightarrow H_3O^++Cl^-$$

$$HNO_3+H_2O \Longrightarrow H_3O^++NO_3^-$$

这种将各种不同强度的酸均化到溶剂合质子水平，使其酸强度相等的效应，称为均化效应，具有均化效应的溶剂为均化性溶剂。水是这四种酸的均化性溶剂，在水中能够存在的最强酸是 H_3O^+，最强碱是 OH^-。

如果将这四种酸溶解在冰醋酸溶剂中，由于冰醋酸的碱性比水弱，使这四种酸将质子转移给醋酸分子，生成醋酸合质子（H_2Ac^+）的能力有所不同，从它们的 pK 值可看出，这四种酸从上到下酸性不断减弱。

$$HClO_4 + HAc \rightleftharpoons H_2Ac^+ + ClO_4^- \qquad pK = 5.8$$

$$H_2SO_4 + HAc \rightleftharpoons H_2Ac^+ + HSO_4^- \qquad pK = 8.2$$

$$HCl + HAc \rightleftharpoons H_2Ac^+ + Cl^- \qquad pK = 8.8$$

$$HNO_3 + HAc \rightleftharpoons H_2Ac^+ + NO_3^- \qquad pK = 9.4$$

这种能区分酸(碱)强弱的效应称为区分效应,具有区分效应的溶剂为区分性溶剂。所以冰醋酸是这四种酸的区分性溶剂。

溶剂的均化效应和区分效应与溶质和溶剂的酸碱强弱有关。例如水能均化盐酸和高氯酸,但不能均化盐酸和醋酸,这是由于醋酸的酸性较弱,在水中质子的转移反应不完全。若在碱性的液氨中,由于氨的碱性比水强,醋酸在液氨中的质子转移就能进行完全,即表现为强酸,所以液氨是盐酸和醋酸的均化性溶剂,在液氨溶剂中它们的酸强度都被均化到氨合质子(NH_4^+)的水平,从而使这两种酸的强度差异消失。

一般来说,酸性溶剂是碱的均化性溶剂,是酸的区分性溶剂;碱性溶剂是酸的均化性溶剂,是碱的区分性溶剂。在非水滴定中,往往利用均化效应测定混合酸(碱)的总量,利用区分效应测定混合酸(碱)中各组分的含量。

惰性溶剂没有明显的酸碱性,因此没有均化效应。当物质溶于惰性溶剂时,其酸碱性得以保存,因而是一种良好的区分性溶剂。

3. 溶剂的选择　利用改变溶剂性质来提高弱酸、弱碱的强度是本方法的最基本原理,因此,在选择溶剂时应根据相似相溶规则,遵照以下五点原则:①溶剂能完全溶解样品及滴定产物;②溶剂能增强样品的酸碱性;③溶剂不能引起副反应;④溶剂的纯度要高(不含水);⑤溶剂的黏度、挥发性和毒性都应很小,并易于回收和精制。

二、碱的滴定

1. 溶剂　滴定弱碱通常应选用对碱有均化效应的酸性溶剂。冰醋酸提供质子能力较强,是滴定弱碱的理想溶剂。按国家化学试剂标准,常用的一级或二级冰醋酸都含有少量的水分,而水分是非水滴定中的干扰杂质,对滴定有干扰,使用前应加入醋酐除去水分,反应式如下

$$(CH_3CO)_2O + H_2O \rightleftharpoons 2CH_3COOH$$

从反应式可知:醋酐与水是等物质的量反应,可根据等物质的量原则,计算加入醋酐的量。

▶ **课堂活动**

假设用 $\rho_{醋酸}$ 表示冰醋酸的密度,$A_2\%$ 表示冰醋酸中水的含量,$\rho_{醋酐}$ 表示醋酐的密度,$A_1\%$ 表示醋酐的含量,用 $V_{醋酐}$ 和 $V_{醋酸}$ 表示醋酐和冰醋酸的体积,试写出加入醋酐的体积 $V_{醋酐}$ 的计算式。

2. 滴定液　在冰醋酸溶剂中,高氯酸的酸性最强,所以常用高氯酸的冰醋酸溶液作为滴定弱碱的滴定液。常采用间接法配制,用邻苯二甲酸氢钾作为基准物标定高氯酸溶液。

知识链接

配制高氯酸滴定液的注意事项

　　高氯酸的冰醋酸溶液在低于 16℃时会结冰而影响使用，对不易发生乙酰化反应的试样可采用冰醋酸-醋酐（9∶1）的混合溶剂配制高氯酸滴定液，它不仅不会结冰，且吸湿性小，使用一年，浓度的改变也很小。有时也可在冰醋酸中加入含量为 10%~15%的丙酸以防冻。

　　3. 指示剂　确定终点的方法有指示剂法和电位法。用非水溶液酸碱滴定法滴定弱碱性物质时，可用的指示剂有：结晶紫、喹哪啶红及 α-萘酚苯甲醇。其中最常用的是结晶紫，其酸式色为黄色，碱式色为紫色，在不同的酸度下变色较为复杂，由碱区到酸区的颜色变化为：紫、蓝、蓝绿、黄绿、黄。滴定不同强度的碱时终点颜色不同。滴定较强的碱，以蓝色或蓝绿色为终点；滴定较弱碱，以蓝绿或绿色为终点，并做空白试验以减小滴定终点误差。在非水溶液酸碱滴定中，除用指示剂确定终点外，还可用电位滴定法确定终点。因为在非水溶液滴定中，有许多物质的滴定，目前尚未找到合适的指示剂，而且在确定终点颜色时，也常需要用电位滴定法作对照。

　　4. 碱的滴定的应用　《中国药典》（2015 年版）中，采用高氯酸滴定液测定弱碱性药物实例较多，主要有以下几类：

　　（1）有机弱碱类：$K_b>10^{-10}$ 的有机弱碱，如胺类、生物碱类可在冰醋酸溶剂中选择适当指示剂，用高氯酸滴定液直接滴定。若是滴定 $K_b<10^{-12}$ 的极弱碱，则需选择一定比例的冰醋酸-醋酐的混合溶液为溶剂。加入适宜的指示剂，用高氯酸滴定液直接滴定，如咖啡因的测定。

　　（2）有机酸的碱金属盐：由于有机酸的酸性较弱，其共轭碱，有机酸根在冰醋酸中显较强的碱性，故可用高氯酸的冰醋酸溶液滴定。例如邻苯二甲酸氢钾、苯甲酸钠、水杨酸钠、乳酸钠及枸橼酸钠（钾）等属于此类物质。

　　（3）有机碱的氢卤酸盐：因生物碱类药物难溶于水，且不稳定，常以氢卤酸盐的形式存在，由于氢卤酸在冰醋酸酸性较强，反应不能完全，需加入醋酸汞使其生成在醋酸溶剂中难解离的卤化汞，即可用 $HClO_4$ 的冰醋酸溶液滴定。此类型滴定在药物分析中应用较广泛。

▶▶ **课堂活动**

　　《中国药典》（2015 年版）对盐酸麻黄碱的含量测定采用非水酸碱滴定法，除了用冰醋酸作为溶剂外，还加了醋酸汞的冰醋酸溶液，并将滴定结果用空白试验校正。并规定每 1ml 高氯酸滴定液（0.1mol/L）相当于 20.17mg 的盐酸麻黄碱（$C_{10}H_{15}ON \cdot HCl$）。试分析：①加入醋酸汞的冰醋酸溶液的目的；②滴定结果为什么要用空白试验校正；③写出盐酸麻黄碱的含量的计算式。

　　（4）有机碱的有机酸盐：有机碱的有机酸盐在冰醋酸或冰醋酸-醋酐的混合溶剂中碱性增强，因此，可用高氯酸的冰醋酸溶液滴定，以结晶紫为指示剂。如以 B 表示有机碱，HA 表示有机酸，滴定反应可用下式表示：

$$B \cdot HA + HClO_4 \rightleftharpoons B \cdot HClO_4 + HA$$

三、酸的滴定

滴定不太弱的酸时，可用醇类作溶剂，滴定弱酸和极弱酸时，常以碱性溶剂乙二胺或偶极性溶剂二甲基甲酰胺为溶剂；滴定混合酸时常用甲基异丁酮作为区分性溶剂。也常常使用混合溶剂甲醇-苯、甲醇-丙酮。

滴定酸常用的滴定液是甲醇钠溶液。甲醇钠是由甲醇与金属钠反应制得，反应式如下：

$$2CH_3OH + 2Na \rightleftharpoons 2CH_3ONa + H_2 \uparrow$$

标定碱滴定液常用的基准物质为苯甲酸。滴定酸时常用百里酚蓝、偶氮紫和溴酚蓝等作为指示剂。

点滴积累 ⋁

1. 溶剂的酸碱性和极性可以改变溶质的酸碱性。
2. 均化效应和区分效应：将不同强度的酸或碱均化到同一强度水平的效应称为均化效应。具有均化效应的溶剂称为均化性溶剂。 常用均化效应来测定混合酸（碱）的总量。
   能区分酸（碱）强弱的效应称为区分效应，具有区分效应的溶剂称为区分性溶剂，常用区分效应来测定混合酸（碱）中各组分的含量。
3. 非水碱量法的溶剂是冰醋酸，除水剂是醋酐，滴定液是高氯酸，常用指示剂是结晶紫。

复习导图

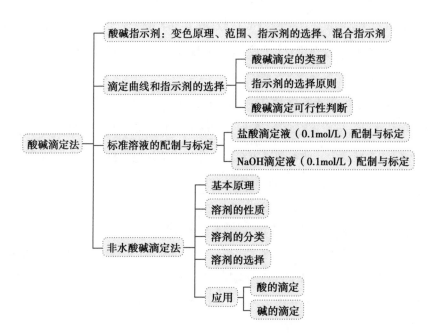

目标检测

一、选择题

1. 酸碱指示剂一般属于（　　）

    A. 有机弱酸或弱碱　　　　　　　　　B. 有机物

    C. 有机酸　　　　　　　　　　　　　D. 有机碱

2. 导致酸碱指示剂发生颜色变化的外因条件是（　　）

    A. 溶液的温度　　　　　　　　　　　B. 溶液的黏度

    C. 溶液的电离度　　　　　　　　　　D. 溶液的酸碱度

3. 标定 HCl 滴定液的基准物质是（　　）

    A. NaOH　　　　　B. Na_2CO_3　　　　　C. HAc　　　　　D. $KHC_8H_4O_4$

4. 标定 NaOH 溶液的基准物质是（　　）

    A. HAc　　　　　B. Na_2CO_3　　　　　C. $KHC_8H_4O_4$　　　　　D. $NH_3 \cdot H_2O$

5. 用氢氧化钠滴定液滴定 HAc 选择的指示剂是（　　）

    A. 石蕊　　　　　B. 甲基橙　　　　　C. 酚酞　　　　　D. 甲基红

6. 以甲基橙为指示剂，用盐酸滴定液滴定 Na_2CO_3，滴至溶液从黄色变到橙色，即为终点，此时 HCl 与 Na_2CO_3 反应的物质的量之比为（　　）

    A. 2:1　　　　　B. 1:2　　　　　C. 1:1　　　　　D. 3:1

7. HCl 滴定液滴定 $NH_3 \cdot H_2O$，应选择的指示剂是（　　）

    A. 甲基橙　　　　　B. 酚酞　　　　　C. 百里酚酞　　　　　D. 中性红

8. 可用碱滴定液直接测定的物质为（　　）

    A. $cK_a \geqslant 10^{-8}$ 的弱酸　　　　　　　B. $cK_b \geqslant 10^{-8}$ 的碱

    C. NaOH　　　　　　　　　　　　　D. $NH_3 \cdot H_2O$

9. 下列多元酸中，用 NaOH 滴定出现两个突跃的是（　　）

    A. $H_2S(K_{a_1} = 8.9 \times 10^{-8}, K_{a_2} = 1.9 \times 10^{-19})$

    B. $H_2C_2O_4(K_{a_1} = 5.6 \times 10^{-2}, K_{a_2} = 1.5 \times 10^{-4})$

    C. $H_3PO_4(K_{a_1} = 6.9 \times 10^{-3}, K_{a_2} = 6.2 \times 10^{-8}, K_{a_3} = 4.8 \times 10^{-13})$

    D. $HOOCCH_2CH_2COOH(K_{a_1} = 1.0 \times 10^{-2}, K_{a_2} = 5.5 \times 10^{-7})$

10. 在下列溶剂中，醋酸、苯甲酸、盐酸及高氯酸的酸强度都相同的是（　　）

    A. 纯水　　　　　B. 甲基异丁酮　　　　　C. 液氨　　　　　D. 冰醋酸

11. 选择指示剂时可以不考虑（　　）

    A. 指示剂相对分子质量大小　　　　　B. 指示剂的变色范围

    C. 指示剂的颜色变化　　　　　　　　D. 滴定突跃范围

12. 化学计量点是指（　　）

    A. 滴定液和被测物质质量完全相等的那一点

B. 指示剂发生颜色变化的转折点

C. 滴定液的物质的量和被测组分的物质的量恰好符合化学反应式所表示的化学计量关系时那一点

D. 被测物质与滴定液体积相等的那一点

13. 滴定分析中,在指示剂变色时停止滴定,该点称为(　　)

    A. 化学计量点　　　　　B. 滴定分析　　　　　C. 滴定误差　　　　　D. 滴定终点

14. 对于滴定分析法,下列叙述错误的是(　　)

    A. 以化学反应为基础的分析方法

    B. 是药物分析中常用的一种含量测定方法

    C. 要有合适的方法指定滴定终点

    D. 所有化学反应都可以用于滴定分析

15. 某指示剂的 $K_{HIn} = 1 \times 10^{-5}$ 则此指示剂变色的 pH 值范围为(　　)

    A. 8~10　　　　　B. 7~9　　　　　C. 5~6　　　　　D. 4~6

16. 滴定分析法多用于(　　)分析

    A. 微量　　　　　B. 常量　　　　　C. 半微量　　　　　D. 痕量

17. $T_{T/A}$ 表示的意义是(　　)

    A. 1ml 滴定液相当于被测物质的质量

    B. 1ml 滴定液中所含溶质的质量

    C. 1升滴定液相当于被测物质的质量

    D. 1升滴定液所含溶质的质量

18. 配制好的 H_2SO_4 需贮存于(　　)中

    A. 棕色橡皮塞试剂瓶　　　　　　　　B. 塑料瓶

    C. 白色磨口塞试剂瓶　　　　　　　　D. 白色橡皮塞试剂瓶

19. 在酸碱滴定中选择强酸强碱作为滴定剂的理由是(　　)

    A. 强酸强碱可以直接配制滴定液　　　　B. 使滴定突跃尽量大

    C. 加快滴定反应速率　　　　　　　　D. 使滴定曲线较完美

20. 酸碱滴定曲线直接描述的内容是(　　)

    A. 指示剂的变色范围　　　　　　　　B. 滴定过程中 pH 变化规律

    C. 滴定过程中酸碱浓度变化规律　　　　D. 滴定过程中酸碱体积变化规律

二、填空题

1. 酸碱指示剂的选择原则是_____。

2. 弱酸与弱碱彼此不能相互滴定,是因为_____。

3. 若用吸潮后的 Na_2CO_3 作为标定盐酸溶液的基准物质,会使标定出的盐酸溶液浓度偏_____。

4. 用强碱滴定弱酸,当酸的浓度一定时,酸越强,其滴定突跃范围越_____;酸越弱,其滴定突跃范围越_____。当 K_a 一定时,浓度越大,滴定突跃范围越_____;浓度越小,滴定突跃范围越_____。

5. 处于指示剂的理论变色点时,溶液的 pH 值为_____,溶液呈现_____;指示剂的理论变色范围是_____。

6. 在滴定分析中,指示剂颜色突变而停止滴定的那一点称为_____。在化学计量点刚近,由于加入一滴酸或碱所引起的溶液 pH 的急剧改变称为_____。

7. 用强碱滴定弱酸时,影响滴定突跃的两个主要因素是_____和_____。

8. 在用 NaOH 滴定液滴定某未知酸时,若碱式滴定管未用 NaOH 滴定液润洗,则测定出的酸的浓度_____,若用移液管移取待测的酸,移液管未用待测酸润洗,则测定出的酸浓度_____。

三、简答题

1. NaOH 为什么要先配成饱和溶液?

2. 请分析 NaH_2PO_4 能否用酸碱滴定法直接测定含量,如能,请选择滴定液和指示剂。

3. 区分效应与均化效应在非水溶液滴定中有什么应用?

4. 有一可能含有 NaOH 或 Na_2CO_3 或 $NaHCO_3$ 或它们的混合物的碱液;若用酸滴定液滴定到酚酞褪色时,用去 V_1ml,继续以甲基橙为指示剂滴至橙色为终点,又用去 V_2ml,由 V_1 与 V_2 的关系判断碱液的组成。

(1) $V_1 > V_2 > 0$

(2) $V_1 = V_2$

(3) $V_2 > V_1 > 0$

(4) $V_1 > 0$　$V_2 = 0$

(5) $V_2 > 0$　$V_1 = 0$

四、计算题

1. 用基准无水 Na_2CO_3,标定近似浓度为 0.1mol/L 的 HCl 溶液,计算:

(1)若消耗 HCl 溶液 20~25ml,应称取基准无水 Na_2CO_3 的质量为多少?

(2)若称取无水 Na_2CO_3 0.1360g,消耗 HCl 24.74ml,求 HCl 物质的量浓度。

(3)计算 $T_{HCl/CaO}$。

(4)若用此 HCl 滴定药用硼砂($Na_2B_4O_7 \cdot 10H_2O$)0.5328g,消耗 HCl 的体积为 21.40ml,求硼砂含量。

2. 称取含 Na_2CO_3、$NaHCO_3$ 和中性杂质的样品 1.2000g 溶于水后,用 HCl 滴定液(0.5000mol/L)滴定至酚酞褪色,消耗 HCl 15.00ml,加入甲基橙指示剂,继续用 HCl 滴定至出现橙色,又消耗 22.00ml,求样品中 Na_2CO_3、$NaHCO_3$ 及杂质含量各为多少?

3. 在 0.1407g 含 $CaCO_3$ 及中性杂质的石灰石里加入 0.1175mol/L HCl 溶液 20.00ml,滴定过量

的酸用了 5.60ml 的 NaOH 溶液,1ml NaOH 溶液相当于 0.98ml 的 HCl,计算石灰石和 CO_2 的含量各是多少?

4. 精密称取苯甲酸钠 0.1230g,溶于冰醋酸中,用 0.1000mol/L 高氯酸滴定液滴定至终点,用去 8.40ml 滴定液,空白试验消耗 0.12ml 滴定液,求苯甲酸钠的含量。

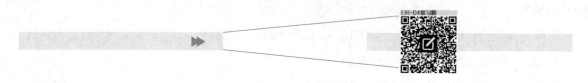

（王玉婷）

第五章

氧化还原滴定法

导言 ∨

　　在生物体内，维生素 C 是一种抗氧化剂，保护身体免于自由基的威胁，维生素 C 同时也是一种辅酶，参与许多重要的生物合成过程，缺乏维生素 C 会造成坏血病。大多数哺乳动物都能靠肝脏来合成维生素 C，因此不存在缺乏的问题。但是，人类、灵长类、土拨鼠等少数动物不能自身合成维生素 C，必须通过食物、药物等途径摄取，维生素 C 广泛的食物来源为各类新鲜水果和蔬菜。维生素 C 具有较强的还原性，可采用碘量法测定其含量，碘量法是氧化还原滴定法中常用的一种方法，在药物分析中应用广泛。

　　氧化还原滴定法是以氧化还原反应为基础的滴定分析法。它应用广泛，不仅能直接测定具有氧化性或还原性的物质，也能间接地测定一些本身无氧化性或还原性但能与氧化剂或还原剂发生定量反应的物质。氧化还原反应比较复杂，有些反应的完全程度很高但反应速率很慢，有的由于发生副反应使反应物间没有明确的计量关系，有的副反应甚至可以改变主反应的方向。因此，氧化还原滴定法中，反应条件的控制非常重要。

第一节　氧化还原滴定法的基本原理

一、氧化还原滴定法的分类

　　通常以滴定剂的名称命名氧化还原滴定法，如高锰酸钾法、碘量法、亚硝酸钠法、重铬酸钾法、铈量法、溴酸钾法等，如表 5-1 所示。

表 5-1　氧化还原滴定法分类

名称	滴定剂	半电池反应式
高锰酸钾法	$KMnO_4$	$MnO_4^- + 8H^+ + 5e^- \rightleftharpoons Mn^{2+} + 4H_2O$
直接碘量法	I_2	$I_3^- + 2e^- \rightleftharpoons 3I^-$
间接碘量法	$Na_2S_2O_3$	$S_4O_6^{2-} + 2e^- \rightleftharpoons 2S_2O_3^{2-}$
亚硝酸钠法	$NaNO_2$	重氮化反应/亚硝基化反应
重铬酸钾法	$K_2Cr_2O_7$	$Cr_2O_7^{2-} + 14H^+ + 6e^- \rightleftharpoons 2Cr^{3+} + 7H_2O$
铈量法	$Ce(SO_4)_2$	$Ce^{4+} + e^- \rightleftharpoons Ce^{3+}$
溴酸钾法	$KBrO_3 + KBr$	$BrO_3^- + 6H^+ + 6e^- \rightleftharpoons Br^- + 3H_2O$

本章主要介绍高锰酸钾法、碘量法和亚硝酸钠法。

二、氧化还原反应进行的程度

氧化剂和还原剂氧化还原能力的强弱,可以用有关电对的电极电位(简称电位)的高低来衡量。电对的电位越高,其氧化态的氧化能力越强;电对的电位越低,其还原态的还原能力越强。所以可根据有关电对的电位判断氧化还原反应进行的方向和程度。氧化还原反应进行的方向,总是高电位电对中的氧化态物质氧化低电位电对中的还原态物质,生成相应的氧化产物和还原产物。一个氧化还原反应进行的完全程度由相关物质电对的电位差决定。

(一)条件电位及其影响因素

1. 条件电位

对一个可逆的氧化还原电对的半反应可表示如下:

$$Ox + ne^- \rightleftharpoons Red$$

其电对的电位满足能斯特方程式:

$$\varphi_{Ox/Red} = \varphi^{\ominus}_{Ox/Red} + \frac{0.059}{n} \lg \frac{a_{Ox}}{a_{Red}} \qquad \text{式}(5\text{-}1)$$

式中,$\varphi^{\ominus}_{Ox/Red}$ 为标准电位;a_{Ox}、a_{Red} 分别为氧化态和还原态的活度。

实际工作中,通常知道的是氧化态和还原态的浓度而不是活度,并且,氧化态和还原态在溶液中常发生副反应,如酸效应、配位效应和沉淀的生成等,这些副反应也会引起电极电位的改变。为了简便,常用分析浓度代替活度,同时考虑上述副反应的影响,引入相应的活度系数(γ)和副反应系数(α)对式(5-1)进行校正。则:

$$\varphi_{Ox/Red} = \varphi^{\ominus}_{Ox/Red} + \frac{0.059}{n} \lg \frac{\gamma_{Ox} \alpha_{Red} c_{Ox}}{\gamma_{Red} \alpha_{Ox} c_{Red}} \qquad \text{式}(5\text{-}2)$$

即:

$$\varphi_{Ox/Red} = \varphi^{\ominus}_{Ox/Red} + \frac{0.059}{n} \lg \frac{\gamma_{Ox} \alpha_{Red}}{\gamma_{Red} \alpha_{Ox}} + \frac{0.059}{n} \lg \frac{c_{Ox}}{c_{Red}}$$

令:

$$\varphi^{\ominus'}_{Ox/Red} = \varphi^{\ominus}_{Ox/Red} + \frac{0.059}{n} \lg \frac{\gamma_{Ox} \alpha_{Red}}{\gamma_{Red} \alpha_{Ox}}$$

则:

$$\varphi_{Ox/Red} = \varphi^{\ominus'}_{Ox/Red} + \frac{0.059}{n} \lg \frac{c_{Ox}}{c_{Red}} \qquad \text{式}(5\text{-}3)$$

式(5-3)中,$\varphi^{\ominus'}_{Ox/Red}$ 称为**条件电位**。它是指在一定介质条件下,当氧化态和还原态的总浓度都为1mol/L或两者浓度比值为1时,校正了各种外界因素影响后的实际电位。条件电位反映了离子强度与各种副反应影响的总结果,在条件不变时为一常数。因活度系数不易求得,求副反应系数也很麻烦,所以电对的条件电位均由实验测得。

条件电位随介质的种类和浓度的变化而变化。例如,Fe^{3+}/Fe^{2+} 电对的条件电位,在 0.5mol/L 的盐酸溶液中，$\varphi^{\ominus'} = 0.71V$；在 5mol/L 的盐酸溶液中，$\varphi^{\ominus'} = 0.64V$；在 2mol/L 的磷酸溶液中，$\varphi^{\ominus'} = 0.46V$。

用条件电位处理问题，既简便又与实际情况比较相符。因此，在进行有关氧化还原反应的电位计算时，应尽量采用条件电位。若没有相同条件下的条件电位值时，可借用该电对在相同介质、相近浓度下的条件电位值，否则应用实验方法测定。

2. 影响条件电位的因素　凡是影响电对物质的活度系数和副反应系数的各种因素都会影响条件电位，这些因素主要包括：盐效应、生成沉淀或配合物、酸效应等几个方面。

（1）盐效应：**盐效应**是指溶液中电解质浓度对条件电位的影响作用。电解质浓度的变化可以改变溶液中的离子强度，从而改变氧化态和还原态的活度系数。在通常的氧化还原滴定体系中，电解质浓度较大，盐效应较为显著。但是，氧化还原体系中的反应电对常参与各种副反应，而副反应对条件电位的影响远大于盐效应的影响，所以估算条件电位时通常可将盐效应的影响忽略。

（2）生成沉淀：在溶液体系中，若加入一种能与电对的氧化态或还原态生成沉淀的物质时，将会改变电对的条件电位。若氧化态生成沉淀，条件电位将降低；若还原态生成沉淀，条件电位将增高。例如，用间接碘量法测定 Cu^{2+} 的含量，有关反应的电对为：

$$Cu^{2+} + e^- \rightleftharpoons Cu^+ \qquad\qquad \varphi^{\ominus} = 0.16V$$

$$I_2 + 2e^- \rightleftharpoons 2I^- \qquad\qquad \varphi^{\ominus} = 0.54V$$

如果单纯从电对的标准电位来判断，Cu^{2+} 不能自发地与 I^- 进行反应。但实际上，反应按下式进行得很完全。

$$2Cu^{2+} + 4I^- \rightleftharpoons 2CuI\downarrow + I_2$$

主要原因是由于 CuI 沉淀的生成，导致 Cu^{2+}/Cu^+ 电对条件电位升高的结果。

（3）生成配合物：若电对中的金属离子氧化态或还原态与溶液中的配位剂发生配位反应，也会影响条件电位的大小。若生成的氧化态配合物比还原态配合物稳定性高，条件电位降低；反之，条件电位升高。

在氧化还原滴定中，常向溶液中加入能与干扰离子生成稳定配合物的辅助配位剂，以消除干扰离子对测定的干扰。例如，间接碘量法测定 Cu^{2+} 时，如果有 Fe^{3+} 存在，Fe^{3+} 可将溶液中的 I^- 氧化成 I_2（$2Fe^{3+} + 2I^- \rightleftharpoons 2Fe^{2+} + I_2$），从而干扰 Cu^{2+} 的测定。可以向溶液中加入 F^-（NaF、NH_4HF_2），由于生成 FeF_3 配合物，从而降低了 Fe^{3+}/Fe^{2+} 电对的电位，使 $\varphi^{\ominus'}_{Fe^{3+}/Fe^{2+}}$ 小于 $\varphi^{\ominus'}_{I_2/I^-}$，$Fe^{3+}$ 便失去氧化 I^- 的能力，消除了对 Cu^{2+} 测定的干扰。

（4）酸效应：电对的半电池反应中若有 H^+ 或 OH^- 参加，溶液酸度的改变将直接引起条件电位的改变。电对的氧化态或还原态若是弱酸或弱碱，溶液酸度改变还会影响其存在形式，从而引起条件电位的变化。

（二）氧化还原反应进行的程度

1. 氧化还原反应的平衡常数　氧化还原反应进行的程度可以用反应平衡常数（K）衡量。K 值越大，反应进行得越完全，K 值的大小与平衡时反应物与生成物的活度有关。在滴定分析中为了简化起见,常用分析浓度代替活度计算平衡常数,称之为**条件平衡常数**,用 K' 表示。K' 越大,反应实际的完全程度越高。

对于任意氧化还原反应:

$$n_2 \mathrm{Ox}_1 + n_1 \mathrm{Red}_2 \Longleftrightarrow n_1 \mathrm{Ox}_2 + n_2 \mathrm{Red}_1$$

两电对的半反应及相应的能斯特方程式是:

$$\mathrm{Ox}_1 + n_1 \mathrm{e}^- \Longleftrightarrow \mathrm{Red}_1$$

$$\varphi_1 = \varphi_1^{\ominus'} + \frac{0.059}{n_1} \lg \frac{c_{\mathrm{Ox}_1}}{c_{\mathrm{Red}_1}}$$

$$\mathrm{Ox}_2 + n_2 \mathrm{e}^- \Longleftrightarrow \mathrm{Red}_2$$

$$\varphi_2 = \varphi_2^{\ominus'} + \frac{0.059}{n_2} \lg \frac{c_{\mathrm{Ox}_2}}{c_{\mathrm{Red}_2}}$$

反应达到平衡时, $\varphi_1 = \varphi_2$,则有:

$$\varphi_1^{\ominus'} + \frac{0.059}{n_1} \lg \frac{c_{\mathrm{Ox}_1}}{c_{\mathrm{Red}_1}} = \varphi_2^{\ominus'} + \frac{0.059}{n_2} \lg \frac{c_{\mathrm{Ox}_2}}{c_{\mathrm{Red}_2}}$$

两边同乘以 $n_1 n_2$,整理后得:

$$\lg \frac{c_{\mathrm{Red}_1}^{n_2} c_{\mathrm{Ox}_2}^{n_1}}{c_{\mathrm{Ox}_1}^{n_2} c_{\mathrm{Red}_2}^{n_1}} = \lg K' = \frac{n_1 n_2 (\varphi_1^{\ominus'} - \varphi_2^{\ominus'})}{0.059} \qquad \text{式}(5\text{-}4)$$

式中,K' 即为反应的条件平衡常数,它是以反应物的分析浓度表示的平衡常数。显然,两电对的条件电位差($\Delta \varphi^{\ominus}$)越大,反应过程中得失电子数越多,K' 或 $\lg K'$ 的值就越大,反应向右进行就越完全。

2. 氧化还原反应完全进行的条件 对于任一氧化还原反应:$n_2 \mathrm{Ox}_1 + n_1 \mathrm{Red}_2 \Longleftrightarrow n_1 \mathrm{Ox}_2 + n_2 \mathrm{Red}_1$,要使化学计量点时反应的完全程度达到 99.9% 以上,$\Delta \varphi^{\ominus}$ 至少应为多少?

要使反应程度达到 99.9% 以上,即:

$$\frac{c_{\mathrm{Red}_1}}{c_{\mathrm{Ox}_1}} \geqslant 10^3 \qquad\qquad \frac{c_{\mathrm{Ox}_2}}{c_{\mathrm{Red}_2}} \geqslant 10^3$$

$$\lg K' = \lg \frac{c_{\mathrm{Red}_1}^{n_2} c_{\mathrm{Ox}_2}^{n_1}}{c_{\mathrm{Ox}_1}^{n_2} c_{\mathrm{Red}_2}^{n_1}} \approx \lg 10^{3n_1} 10^{3n_2} = 3(n_1 + n_2) \qquad \text{式}(5\text{-}5)$$

$$\Delta \varphi^{\ominus'} = \frac{0.059}{n_1 n_2} \lg K' = \frac{0.059 \times 3(n_1 + n_2)}{n_1 n_2} \qquad \text{式}(5\text{-}6)$$

(1)当 $n_1 = n_2 = 1$ 时,

$$\Delta \varphi^{\ominus'} = \frac{0.059 \times 3(n_1 + n_2)}{n_1 n_2} = 0.35 \mathrm{V}$$

(2)当 $n_1 = n_2 = 2$ 时,

$$\Delta \varphi^{\ominus'} = \frac{0.059 \times 3(n_1 + n_2)}{n_1 n_2} = 0.18 \mathrm{V}$$

(3)当 $n_1 = 2, n_2 = 1$ 时,

$$\Delta\varphi^{\ominus'} = \frac{0.059 \times 3(n_1 + n_2)}{n_1 n_2} = 0.27V$$

在氧化还原滴定中，一般而言，不论什么类型的反应，若反应电对的条件电位差 $\Delta\varphi^{\ominus'} > 0.3 \sim 0.4V$，可以认为该反应的完全程度能满足滴定分析的要求。

例 5-1　在 1mol/L H_2SO_4 溶液中，用 Ce^{4+} 溶液滴定 Fe^{2+} 溶液，判断反应能否进行完全？（已知：$\varphi_{Ce^{4+}/Ce^{3+}}^{\ominus'} = 1.44V$；$\varphi_{Fe^{3+}/Fe^{2+}}^{\ominus'} = 0.68V$）

解：滴定反应 $Ce^{4+} + Fe^{2+} \rightleftharpoons Ce^{3+} + Fe^{3+}$ 属于 $n_1 = n_2 = 1$ 型的氧化还原反应，

$$\Delta\varphi^{\ominus'} = 1.44V - 0.68V = 0.76V > 0.35V$$

$$\lg K' = \frac{n_1 n_2 \Delta\varphi^{\ominus'}}{0.059} = \frac{1 \times 0.76}{0.059} = 12.88$$

$$K' = 7.6 \times 10^{12}$$

仅仅从条件平衡常数判断，反应能进行完全，能够用于氧化还原滴定分析。

应该指出，某些氧化还原反应，虽然 $\Delta\varphi^{\ominus'} > 0.40V$，只能说明该氧化还原反应有进行完全的可能，但不一定能定量反应，也不一定能迅速完成，也就是说，这样的氧化还原反应还不一定能用于滴定分析。例如 $K_2Cr_2O_7$ 与 $Na_2S_2O_3$ 的反应，仅从 $\Delta\varphi^{\ominus'}$ 来看，反应能进行完全，但是，$Na_2S_2O_3$ 除了被 $K_2Cr_2O_7$ 氧化成 $Na_2S_4O_6$ 外，还可以部分地被氧化为 Na_2SO_4，导致两者的化学计量关系不能确定。

三、氧化还原反应进行的速率

在氧化还原反应中，根据氧化还原电对的标准电位或条件电位，可以判断反应进行的方向和程度。但这只能表明反应进行的可能性，并不能确定反应进行的速率。

氧化还原反应的速率首先决定于反应物本身的性质，此外，还与反应时外界的条件如反应物浓度、温度和催化剂等有关。

1. 反应物浓度　一般来说，反应物浓度越大，反应的速率越快。

例如，在酸性溶液中，$K_2Cr_2O_7$ 与 KI 的反应：

$$Cr_2O_7^{2-} + 6I^- + 14H^+ \rightleftharpoons 2Cr^{3+} + 3I_2 + 7H_2O$$

增大 I^- 或提高溶液的酸度，都可以加快反应速率。

2. 温度　对大多数反应来说，升高溶液的温度，可以提高反应速率。这是由于升高溶液温度不仅增加了反应物分子之间的碰撞概率，而且也增加了活化分子或活化离子的数目，从而提高反应速率。实验表明，溶液温度每升高 $10℃$，化学反应速率约增大 $2 \sim 4$ 倍。例如，在酸性溶液中 MnO_4^- 与 $C_2O_4^{2-}$ 的反应：

$$2MnO_4^- + 5C_2O_4^{2-} + 16H^+ \rightleftharpoons 2Mn^{2+} + 10CO_2 \uparrow + 8H_2O$$

在室温下，反应速率缓慢，若将溶液加热至 $80℃$ 左右，反应速率则显著加快。所以用 $KMnO_4$ 滴定 $H_2C_2O_4$ 时，通常将溶液加热至 $75 \sim 85℃$。

需要注意的是，不是在所有情况下都允许用升高溶液温度的方法来加快反应速率的。有些物质（如 I_2）具有挥发性，如将溶液加热，则会引起挥发损失；有些物质（如 Sn^{2+}、Fe^{2+}）很容易被空气中的氧所氧化,如将溶液加热,就会促进它们的氧化,从而引起误差。性质不稳定的物质,也不宜通过加热来加快反应速率。因此,在分析工作中,要根据具体情况确定适宜的温度条件。

▶▶ **课堂活动**

请您思考,用 $KMnO_4$ 法测定双氧水的浓度能否采用加热的方法加快反应速率?

3. 催化剂　催化剂对反应速率的影响很大,使用催化剂是改变反应速率的有效方法。氧化还原反应中由于催化剂的存在,可能产生了一些中间价态离子、游离基或活泼的中间配合物,使反应速率发生变化。

例如,在酸性溶液中,MnO_4^- 与 $C_2O_4^{2-}$ 的反应:

$$2MnO_4^- + 5C_2O_4^{2-} + 16H^+ \rightleftharpoons 2Mn^{2+} + 10CO_2 \uparrow + 8H_2O$$

这一反应的速率较慢,若加入 Mn^{2+},便能催化反应迅速进行。若不加入 Mn^{2+} 而利用 MnO_4^- 与 $C_2O_4^{2-}$ 反应所生成的微量 Mn^{2+} 作催化剂,反应也可以进行。这种生成物本身就起催化作用的反应称为**自动催化反应**。自动催化反应有一个特点,即开始时反应速率较慢(称为诱导期),随着生成物(催化剂)的逐渐增多,反应速率越来越快,经过最高点后,随着反应物浓度的减小,反应速率又逐渐降低。

知识链接

诱导反应

$KMnO_4$ 氧化 Cl^- 的速率很慢,但是,当溶液中同时存在 Fe^{2+} 时,$KMnO_4$ 与 Fe^{2+} 的反应可以加速 $KMnO_4$ 与 Cl^- 的反应。这种由于一个反应的发生,促进另一个反应进行的现象,称为诱导反应。

$$MnO_4^- + 5Fe^{2+} + 8H^+ \rightleftharpoons Mn^{2+} + 5Fe^{3+} + 4H_2O \qquad (诱导反应)$$

$$2MnO_4^- + 10Cl^- + 16H^+ \rightleftharpoons 2Mn^{2+} + 5Cl_2 + 8H_2O \qquad (受诱反应)$$

其中,MnO_4^- 称为作用体,Fe^{2+} 称为诱导体,Cl^- 称为受诱体。

诱导反应和催化反应是不相同的。在催化反应中,催化剂参加反应后,又变回原来的物质;在诱导反应中,诱导体参加反应后,变为了其他物质。

诱导反应在滴定分析中往往是有害的。但是利用一些诱导效应很大的反应,也可以进行选择性的分离和鉴定。例如,Pb(Ⅱ)被 SnO_2^{2-} 还原为金属 Pb 的反应很慢,但只要有少量 Bi^{3+} 存在,便可立即被还原。利用这一诱导反应来鉴定 Bi^{3+},较之直接用 Na_2SnO_2 还原法鉴定 Bi^{3+},灵敏度提高约 250 倍。

在分析化学中,还经常用到负催化剂。例如,加入多元醇可以减慢 $SnCl_2$ 与溶液中的氧的作用;加入 AsO_3^{3-} 可以防止 SO_3^{2-} 与溶液中的氧起作用等。

总之,在氧化还原滴定中,为了使反应能按所需的方向定量、迅速地进行,选择和控制适宜的反应条件是非常重要的。

四、氧化还原滴定曲线与指示剂

（一）滴定曲线

在氧化还原滴定过程中，随着滴定液的加入，溶液中氧化剂或还原剂浓度也在发生改变，将引起被滴定溶液电位的改变。电位值随滴定液加入的变化情况，可以用相应的滴定曲线表示。滴定曲线可以根据实验测得的数据进行绘制，也可以用能斯特方程式求出相应的电位值来绘制，其形状与酸碱滴定曲线类似，只是纵坐标由 pH 变成了电位，见图5-1。

同理，在化学计量点附近，溶液的电位值出现突跃性改变，称之为电位突跃（滴定突跃）。即：在某一氧化还原反应中，以滴定液加入量相当于理论值的 99.9%～100.1% 之间所对应电位值的变化范围。突跃范围的大小与氧化剂、还原剂两电对的电位差值大小有关，两电对的电位相差越大，突跃范围越大，选择指示剂的余地越大，滴定结果就越准确。

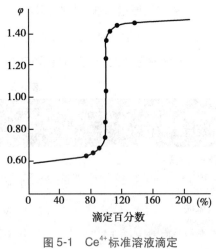

图5-1 Ce^{4+}标准溶液滴定 Fe^{2+}液的滴定曲线

（二）指示剂

在氧化还原滴定中，除了用电位法确定终点外，还可以利用某些物质在化学计量点附近颜色的改变来指示滴定终点。常用的指示剂有以下几种类型。

1. 自身指示剂 在氧化还原滴定中，有些滴定液或待测组分本身氧化态和还原态颜色明显不同，滴定时无须另加指示剂，可以利用其两种颜色的变化指示滴定终点，这类指示剂称为自身指示剂。例如，在酸性介质中用紫红色的 $KMnO_4$ 滴定无色或浅色的还原剂（如 H_2O_2、$H_2C_2O_4$）溶液时，$KMnO_4$ 在反应中被还原为近似于无色的Mn^{2+}，在化学计量点后微过量的 $KMnO_4$ 可使溶液呈现粉红色，表示已经到达了滴定终点。实验表明，$KMnO_4$ 的浓度约为 $2 \times 10^{-6} mol/L$ 时，就可以见到溶液呈粉红色。

碘液亦可作自身指示剂，碘液浓度达到 $10^{-5} mol/L$ 时，即能呈明显的浅黄色。有时为了使终点观察更明显，可在被滴定溶液中加入亚甲蓝等蓝色惰性染料，终点时，溶液由蓝色变为绿色或由绿色变为蓝色。还可以在被滴定溶液中加入氯仿或四氯化碳等有机溶剂，根据有机溶剂层紫红色的产生或消失来指示终点。

2. 特殊指示剂 本身不具有氧化还原性质，不参与氧化还原反应，但可以与滴定液或被测物质的氧化态或还原态作用产生特殊的颜色，从而指示滴定终点，这类指示剂称为特殊指示剂，如淀粉指示剂。淀粉指示剂在碘量法中应用最多，当碘液浓度达到 $10^{-5} mol/L$ 时，能被淀粉指示剂吸附显特殊的蓝色。再如，无色的 KSCN 可作为Fe^{3+}滴定Sn^{2+}的指示剂，在计量点附近，稍过量的Fe^{3+}即可结合SCN^-生成红色的配合物来指示终点。

3. 外指示剂 指示剂不直接加入被滴定的溶液中，而在化学计量点附近用玻璃棒蘸取少许溶液在外面与指示剂接触来判断终点，称为外指示剂。外指示剂可制成糊状，也可制成试纸使用。例如,亚硝酸钠法中的外指示剂多用含锌碘化钾-淀粉指示液。当滴定达到化学计量点后,微过量的亚硝酸钠在酸性环境中与碘化钾反应,生成的 I_2 遇淀粉即显蓝色。

4. 不可逆指示剂　有些物质在过量氧化剂存在时会发生不可逆的颜色变化以指示终点,这类物质称为不可逆指示剂。例如,在溴酸钾法中,过量的溴酸钾在酸性溶液中能析出溴,而溴能破坏甲基红或甲基橙的呈色结构,以红色消失来指示终点。

5. 氧化还原指示剂　氧化还原指示剂本身是弱氧化剂或弱还原剂,其氧化态与还原态具有不同的颜色。在化学计量点附近,通过指示剂被氧化或还原,指示剂的氧化态与还原态发生相互转变,而引起溶液颜色的改变,从而指示滴定终点。常用的氧化还原指示剂如表 5-2 所示。

表 5-2　一些常用的氧化还原指示剂

指示剂	$\varphi_{In}^{\ominus'}/V$, pH=0	颜色变化	
		还原态色	氧化态色
靛蓝-磺酸盐	0.25	无色	蓝色
亚甲蓝	0.36	无色	绿蓝
二苯胺	0.76	无色	紫色
二苯胺磺酸钠	0.84	无色	紫红
邻苯氨基苯甲酸	0.89	无色	紫红
羊毛罌红	1.00	绿色	红色
邻二氮菲亚铁	1.06	红色	淡蓝
硝基邻二氮菲亚铁	1.25	紫红	淡蓝

氧化还原指示剂是氧化还原滴定法的通用指示剂,选择指示剂的原则是指示剂的变色电位范围应在滴定的电位突跃范围之内。氧化还原滴定中,滴定剂和被滴定的物质常常是有色的,反应前后观察到的颜色变化是离子的颜色和指示剂所显示颜色的混合色,故选择指示剂时应注意终点前后颜色的变化是否明显。例如,用 $K_2Cr_2O_7$ 滴定 Fe^{2+} 时,常选用二苯胺磺酸钠作指示剂,滴定至终点时,溶液由亮绿色(Cr^{3+})变为紫红色,颜色变化十分明显。

此外,由于氧化还原指示剂本身具有氧化还原作用,也要消耗一定量的滴定液。当滴定液的浓度较大时,其影响可以忽略不计,但在精确测定或滴定液的浓度小于 0.01mol/L 时,则需要做空白试验以校正指示剂误差。

点滴积累 ∨ ⋯⋯⋯⋯⋯⋯⋯⋯⋯⋯⋯⋯⋯⋯⋯⋯⋯⋯⋯⋯⋯⋯⋯⋯⋯⋯⋯⋯⋯⋯⋯⋯⋯⋯⋯⋯⋯⋯

1. 氧化还原反应按滴定液来分类。

2. 氧化还原反应进行的程度可用参与反应的氧化剂和还原剂的条件电位来计算。

3. 氧化还原反应的速率首先决定于反应物本身的性质,此外,还与反应时外界的条件如反应物浓度、温度和催化剂等有关。

4. 电位值随滴定液加入的变化情况,可以用相应的滴定曲线表示。 氧化还原滴定指示剂种类较多,应根据具体的滴定来选择。

第二节　碘量法

一、基本原理

碘量法是利用 I_2 的氧化性或 I^- 的还原性来进行滴定的方法。

由于固体 I_2 在水中溶解度很小（25℃ 时为 0.00133mol/L），为增大其溶解度，通常将 I_2 溶解在 KI 溶液中形成 I_3^-（$I_2 + I^- \Longleftrightarrow I_3^-$），其半反应为：

$$I_3^- + 2e^- \Longleftrightarrow 3I^- \qquad \varphi_{I_3^-/I^-}^{\ominus} = 0.5355V$$

碘的氧化还原特性用上式表示更为确切，但由于标准电位值相差很小，为了简便，习惯上仍用下式表示。

$$I_2 + 2e^- \Longleftrightarrow 2I^- \qquad \varphi_{I_2/I^-}^{\ominus} = 0.5345V$$

由于 $\varphi_{I_2/I^-}^{\ominus}$ 值适中，I_2 是较弱的氧化剂，可与较强的还原剂作用；而 I^- 是中等强度的还原剂，能与许多氧化剂作用。因此，碘量法可用直接或间接两种滴定方式进行，既可测定还原剂，也可测定氧化剂。

1. 直接碘量法　凡是电位比 $\varphi_{I_2/I^-}^{\ominus}$ 低的还原性物质可以直接用 I_2 滴定液滴定，这种滴定方式称为直接碘量法，又称为碘滴定法。

直接碘量法只能在酸性、中性或弱碱性溶液中进行。如果溶液的 pH>9，则会发生如下副反应：

$$3I_2 + 6OH^- \Longleftrightarrow IO_3^- + 5I^- + 3H_2O$$

凡能被 I_2 直接快速氧化的强还原性物质，就可以采用直接碘量法进行测定，例如硫化物、亚硫酸盐、亚砷酸盐、亚锑酸盐、亚锡酸盐、维生素 C 等。

知识链接

直接碘量法的酸碱条件选择

直接碘量法可以在弱碱性或弱酸性环境中进行。被测物质还原能力的不同，所需要控制的酸度条件也不相同。例如，测定 As_2O_3 时须在 $NaHCO_3$ 弱碱性溶液中进行，而测定维生素 C 时则要求在 HAc 酸性溶液中进行。

---

2. 间接碘量法　间接碘量法，又称滴定碘法，包括置换滴定法和剩余碘量法。

（1）置换滴定法：电位高于 $\varphi_{I_2/I^-}^{\ominus}$ 的氧化性物质，其氧化态可将 I^- 氧化成 I_2，定量析出的 I_2 可以用 $Na_2S_2O_3$ 滴定液滴定，这种滴定方式称为置换滴定法。用置换碘量法可以测定许多氧化性物质的含量，如高锰酸钾、重铬酸钾、溴酸盐、过氧化氢、二氧化锰、铜盐、漂白粉、葡萄糖酸锑钠等。

（2）剩余碘量法：电位低于 $\varphi_{I_2/I^-}^{\ominus}$ 的还原性物质，其还原态可与定量过量的 I_2 滴定液作用，待反应完全后，再用 $Na_2S_2O_3$ 滴定液滴定剩余的 I_2，这种滴定方式称为剩余滴定法或返滴定法。用剩余碘量法可以测定一些还原性物质的含量,如焦亚硫酸钠、无水亚硫酸钠、亚硫酸氢钠、葡萄糖等。

间接碘量法的滴定反应为:

$$2S_2O_3^{2-}+I_2 \Longleftrightarrow S_4O_6^{2-}+2I^-$$

间接碘量法的滴定应在中性或弱酸性溶液中进行。若在碱性溶液中,可发生如下副反应:

$$3I_2+6OH^- \Longleftrightarrow IO_3^-+5I^-+3H_2O$$

$$S_2O_3^{2-}+4I_2+10OH^- \Longleftrightarrow 2SO_4^{2-}+8I^-+5H_2O$$

若在强酸性溶液中,$S_2O_3^{2-}$ 易分解,I^- 也易被空气中的 O_2 缓慢氧化。

$$S_2O_3^{2-}+2H^+ \Longleftrightarrow H_2S_2O_3 \Longleftrightarrow SO_2 \uparrow +S \downarrow +H_2O$$

$$4I^-+O_2+4H^+ \Longleftrightarrow 2I_2+2H_2O$$

二、指示剂

碘液可以作为自身指示剂,用于指示直接碘量法的滴定终点。实验证明在 100ml 水中加 1 滴碘液(0.05mol/L),即能观察到溶液呈黄色。

碘量法中最常用淀粉作指示剂。有 I^- 存在时,淀粉遇碘显深蓝色,反应可逆且灵敏,即使碘的浓度为 $10^{-6} \sim 10^{-5}$ mol/L,亦能观察到溶液中的蓝色。

使用淀粉指示液注意事项:①应取可溶性直链淀粉临用新制。淀粉指示液久置易腐败、失效,支链淀粉只能较松地吸附 I_2 形成一种紫红色产物,不能用作指示剂。②应注意淀粉指示剂的加入时机。在酸度不高的情况下,直接碘量法可于滴定前加入,滴定至蓝色出现为终点。间接碘量法需在临近终点时加入,滴定至蓝色消失为终点。因为,当溶液中有大量 I_2 存在时,I_2 会被淀粉表面牢牢吸附,不易与 $Na_2S_2O_3$ 立即作用,使滴定终点延迟。③应在常温下使用。高温会使灵敏度下降。④应在弱酸性溶液中使用。在此条件下碘与淀粉的反应最灵敏。若 pH<2,则淀粉易水解成糊精,遇 I_2 显红色;若 pH>9,则 I_2 生成 IO_3^-,淀粉不显蓝色。

三、滴定液的配制与标定

(一)$Na_2S_2O_3$ 滴定液的配制与标定

1. 配制方法　硫代硫酸钠结晶($Na_2S_2O_3 \cdot 5H_2O$)常含有少量 S、S^{2-}、SO_3^{2-}、Cl^-、CO_3^{2-} 等杂质,易风化或潮解。常采用间接法配制。由于刚配制好的 $Na_2S_2O_3$ 溶液不稳定易分解,其原因为:

①水中溶解 CO_2 的作用:$S_2O_3^{2-}+CO_2+H_2O \Longleftrightarrow HSO_3^-+HCO_3^-+S \downarrow$

②水中存在的嗜硫细菌等微生物的作用:$S_2O_3^{2-} \Longleftrightarrow SO_3^{2-}+S \downarrow$

③水中溶解 O_2 的作用:$2S_2O_3^{2-}+O_2 \Longleftrightarrow 2SO_4^{2-}+2S \downarrow$

因此,配制 $Na_2S_2O_3$ 滴定液时须注意:①使用新煮沸放冷的蒸馏水,以除去水中的 CO_2、O_2 和杀死嗜硫细菌等微生物;②加入少许 Na_2CO_3 使溶液呈弱碱性(pH 9~10),起到抑制嗜硫细菌生长和防止 $Na_2S_2O_3$ 分解的作用;③溶液贮于棕色瓶中,在暗处放置一段时间(7~10 天),待浓度稳定后,再进行标定。若发现 $Na_2S_2O_3$ 溶液变浑浊,说明有 S 析出,应滤除后再标定或重新配制。

2. 标定方法　标定 $Na_2S_2O_3$ 溶液常用的基准物质有 $K_2Cr_2O_7$、KIO_3 等，其中以 $K_2Cr_2O_7$ 最为常用。方法是精密称取一定量的 $K_2Cr_2O_7$ 基准物质，在酸性溶液中与过量的 KI 作用，以淀粉作指示剂，用待标定的 $Na_2S_2O_3$ 溶液滴定析出的 I_2，根据消耗 $Na_2S_2O_3$ 的体积和 $K_2Cr_2O_7$ 质量，求出 $Na_2S_2O_3$ 的准确浓度。

$$Cr_2O_7^{2-}+6I^-+14H^+ \Longleftrightarrow 2Cr^{3+}+3I_2+7H_2O$$

$$2S_2O_3^{2-}+I_2 \Longleftrightarrow S_4O_6^{2-}+2I^-$$

则有：

$$1mol\ Cr_2O_7^{2-} \backsim 6mol\ S_2O_3^{2-}$$

可得：

$$c_{Na_2S_2O_3}=\frac{6\times m_{K_2Cr_2O_7}}{V_{Na_2S_2O_3}\times 10^{-3}\times M_{K_2Cr_2O_7}}$$

（二）I_2 滴定液的配制与标定

1. 配制方法　用升华法制得的纯 I_2，理论上可以用直接法配制滴定液，但考虑到 I_2 的挥发性及其对分析天平有一定的腐蚀作用，故常采用间接法配制。加入适量的 KI，使 I_2 生成 I_3^-，既能助溶，又能降低其挥发性。加入少量盐酸，一是为了消除碘中微量碘酸盐杂质的影响，二是为了中和配制 $Na_2S_2O_3$ 滴定液时加入少量稳定剂 Na_2CO_3 的影响。用垂熔玻璃滤器滤过，以防止未溶解的碘影响浓度。贮于棕色瓶中，密塞，凉暗处保存，以免碘溶液见光、受热改变浓度。

2. 标定方法　《中国药典》（2015 年版）规定，采用比较法标定 I_2 溶液的准确浓度。方法是精密量取一定量的 I_2 溶液置碘瓶中，用 $Na_2S_2O_3$ 滴定液在酸性条件下滴定至近终点时，加淀粉指示剂，继续滴定至蓝色消失。根据消耗 $Na_2S_2O_3$ 和 I_2 溶液的体积，求出 I_2 溶液的准确浓度。

$$2S_2O_3^{2-}+I_2 \Longleftrightarrow S_4O_6^{2-}+2I^-$$

$$c_{I_2}=\frac{c_{Na_2S_2O_3}\times V_{Na_2S_2O_3}}{2\times V_{I_2}}$$

知识链接

用 As_2O_3 作基准物质来标定 I_2 溶液的浓度

As_2O_3 难溶于水，易溶于碱性溶液生成亚砷酸盐，常用 NaOH 溶解 As_2O_3：

$$As_2O_3+6NaOH \Longleftrightarrow 2Na_3AsO_3+3H_2O$$

标定常在 $NaHCO_3$ 溶液中进行，溶液的 pH 值约为 8，滴定反应是：

$$I_2+AsO_3^{3-}+2HCO_3^- \Longleftrightarrow 2I^-+AsO_4^{3-}+2CO_2\uparrow+H_2O$$

由以上反应可知，1mol 的 As_2O_3 生成 2mol Na_3AsO_3，1mol AsO_3^{3-} 与 1mol 的 I_2 完全反应，所以，1mol $As_2O_3 \backsim 2mol\ I_2$。因此，

$$c_{I_2}=\frac{2\times m_{As_2O_3}}{M_{As_2O_3}\times V_{I_2}\times 10^{-3}}$$

四、应用示例

例 5-2 葡萄糖的含量测定（间接碘量法）

葡萄糖分子 $[C_6H_{12}O_6]$ 中含有醛基,能在碱性条件下被过量的 I_2 氧化成羧基,然后用 $Na_2S_2O_3$ 回滴剩余的 I_2,反应过程为:

I_2 遇 NaOH 产生 NaIO:

$$2NaOH+I_2 \Longrightarrow NaIO+NaI+H_2O$$

NaIO 在碱性溶液中将葡萄糖氧化成葡萄糖酸盐:

$$CH_2OH(CHOH)_4CHO+NaIO+NaOH \Longrightarrow CH_2OH(CHOH)_4COONa+NaI+H_2O$$

剩余的 NaIO 在碱性溶液中转变成 $NaIO_3$ 及 NaI:

$$3NaIO \Longrightarrow NaIO_3+2NaI$$

溶液经酸化后,又析出 I_2:

$$NaIO_3+5NaI+3H_2SO_4 \Longrightarrow 3I_2+3Na_2SO_4+3H_2O$$

最后用 $Na_2S_2O_3$ 滴定液滴定析出的 I_2:

$$2S_2O_3^{2-}+I_2 \Longrightarrow S_4O_6^{2-}+2I^-$$

应用剩余碘量法时,一般都要做空白试验,既可减小一些仪器误差,又可以从空白滴定与返滴的差数求出被测物质的含量,而无须知道 I_2 滴定液的浓度。

计算过程如下:

$$1mol\ C_6H_{12}O_6 \backsimeq 2mol\ Na_2S_2O_3$$

$$(C_6H_{12}O_6)\% = \frac{\frac{1}{2}\times c_{Na_2S_2O_3}\times(V_空-V_用)_{Na_2S_2O_3}\times10^{-3}\times M_{C_6H_{12}O_6}}{m_s}\times100\%$$

点滴积累 ∨

1. 直接用 I_2 滴定液滴定,这种滴定方式称为直接碘量法,又称为碘滴定法。

2. 间接碘量法,又称滴定碘法,包括置换滴定法和剩余碘量法。

3. 碘量法中最常用淀粉作指示剂。直接碘量法可于滴定前加入,滴定至蓝色出现为终点。

   间接碘量法需在临近终点时加入,滴定至蓝色消失为终点。

4. $Na_2S_2O_3$ 滴定液、I_2 滴定液均常用间接法配制。

第三节　高锰酸钾法

一、基本原理

$KMnO_4$ 是一种强氧化剂,其氧化能力与溶液的酸度有关。

在强酸性溶液中表现为强氧化剂,其电对反应:

$$MnO_4^- + 8H^+ + 5e^- \rightleftharpoons Mn^{2+} + 4H_2O \qquad \varphi^{\ominus} = 1.51V$$

在中性或弱酸性溶液中表现为较弱的氧化剂:

$$MnO_4^- + 4H^+ + 3e^- \rightleftharpoons MnO_2 \downarrow + 2H_2O \qquad \varphi^{\ominus} = 0.59V$$

在强碱性溶液中表现为较弱的氧化剂:

$$MnO_4^- + e^- \rightleftharpoons MnO_4^{2-} \qquad \varphi^{\ominus} = 0.56V$$

由于 $KMnO_4$ 在微酸性、中性及弱碱性溶液中被还原成棕色的 MnO_2,影响滴定终点的观察。因此,$KMnO_4$ 法是在强酸性溶液中进行,一般是用硫酸调节其溶液的酸度,不用盐酸和硝酸。

▶ **课堂活动**

请分析 $KMnO_4$ 法中调节溶液酸度常选用硫酸而不选用盐酸或硝酸的原因。

有些物质和高锰酸钾在常温下反应慢,为加快反应速度,可在滴定前将溶液加热,趁热滴定,或加入 Mn^{2+} 作催化剂以加快反应速度。但对于在空气中易氧化或加热易分解的还原性物质如亚铁盐、过氧化氢等则不能加热。

高锰酸钾法应用范围较广,可采用不同方式测定还原性物质、氧化性物质或非氧化还原性物质。

(1)直接滴定法:许多还原性物质可用 $KMnO_4$ 滴定液直接滴定,如亚铁盐、草酸盐、双氧水、亚硝酸盐、亚锡酸盐、亚砷酸盐等和具有还原性的有机物。

(2)剩余滴定法:有些氧化性物质,如不能用 $KMnO_4$ 滴定液直接滴定,可在硫酸溶液存在下,加入定量过量的草酸钠基准物质或滴定液,加热使完全反应后,再用 $KMnO_4$ 滴定液滴定剩余的草酸钠,从而求出被测物质的含量。

(3)间接滴定法:有些不具有氧化性或还原性的物质,不能用直接滴定法或剩余滴定法测定,可采用间接滴定法进行测定。如测定 Ca^{2+} 含量时,首先将 Ca^{2+} 沉淀为 CaC_2O_4,过滤后,再用稀硫酸将 CaC_2O_4 溶解,然后用 $KMnO_4$ 滴定液滴定溶液中的 $H_2C_2O_4$,从而间接求得 Ca^{2+} 的含量。

高锰酸钾法的优点是 $KMnO_4$ 氧化能力强,可直接或间接地测定许多无机物和有机物,滴定时自身可作指示剂。但是也存在 $KMnO_4$ 滴定液不够稳定,滴定选择性差等缺点。

二、滴定液的配制与标定

1. 配制方法　在制备和贮存高锰酸钾溶液的过程中,常混入少量的 MnO_2 和其他杂质;蒸馏水中也常含有少量还原性杂质,可与 $KMnO_4$ 反应生成 $MnO(OH)_2$ 或 MnO_2,而 MnO_2 又可以促使 $KMnO_4$ 进一步分解,因此不能用直接法配制 $KMnO_4$ 滴定液。为制得较稳定的 $KMnO_4$ 溶液,配制时称取稍多于理论用量的 $KMnO_4$ 溶于一定体积的蒸馏水中,将配制好的溶液加热至沸,并保持微沸 1 小时,以保证还原性杂质与其完全反应,避免贮存过程中溶液浓度改变;配制好的溶液贮存于棕色瓶中,密闭放置 7~10 天,用垂熔玻璃滤器滤过以除去 MnO_2 等杂质,待浓度稳定后方可进行标定。

2. 标定方法　可用来标定 $KMnO_4$ 的基准物质有:$Na_2C_2O_4$、As_2O_3、$Fe(NH_4)_2(SO_4)_2 \cdot 6H_2O$ 等。

其中常用 $Na_2C_2O_4$，因其具有易于提纯、性质稳定、不含结晶水等优点。标定反应式为：

$$2MnO_4^- + 5C_2O_4^{2-} + 16H^+ \rightleftharpoons 2Mn^{2+} + 10CO_2\uparrow + 8H_2O$$

计算公式为：

$$c_{KMnO_4} = \frac{2 \times m_{Na_2C_2O_4}}{5 \times M_{Na_2C_2O_4} \times V_{KMnO_4} \times 10^{-3}}$$

标定时应注意控制下列条件：

（1）温度：在室温下此反应速率缓慢，常将 $Na_2C_2O_4$ 溶液加热至 $75 \sim 85℃$ 并在滴定过程中保持溶液的温度不低于 $60℃$。若高于 $90℃$，会使部分 $H_2C_2O_4$ 分解。

（2）酸度：酸度过低 $KMnO_4$ 易分解为 MnO_2，酸度过高又会促使 $H_2C_2O_4$ 分解。一般用 H_2SO_4 调节酸度，滴定开始时的酸度应为 $0.5 \sim 1mol/L$，滴定结束时约为 $0.2 \sim 0.5mol/L$。

（3）指示剂：$KMnO_4$ 自身作指示剂，终点以保持粉红色 30 秒不褪为宜。使用二苯胺磺酸钠等指示剂时，注意尽量使溶液酸度与指示剂变色的 φ'_{In}/V 值对应的酸度相符合。

（4）滴定速度：开始滴定时，应慢滴，随着反应生成的 Mn^{2+} 增多，滴定速度可随之加快。滴定前若加入少量 Mn^{2+} 作催化剂，可加快开始时的滴定速度。

三、应用示例

例 5-3 用高锰酸钾法测定硫酸亚铁的含量　精密称取样品 $0.5956g$，加稀硫酸与新沸过的冷水各 15ml 溶解后，立即用 $0.020\ 05mol/L$ 的 $KMnO_4$ 滴定液滴定至溶液显持续的粉红色，消耗 $KMnO_4$ 滴定液 21.12ml，已知每 1ml $KMnO_4$ 滴定液（0.02mol/L）相当于 27.80mg 的 $FeSO_4 \cdot 7H_2O$，计算样品中硫酸亚铁（$FeSO_4 \cdot 7H_2O$）的含量。

解：亚铁盐具有还原性，高锰酸钾在酸性溶液中，可将亚铁盐氧化成铁盐，反应方程式为：

$$MnO_4^- + 5Fe^{2+} + 8H^+ \rightleftharpoons Mn^{2+} + 5Fe^{3+} + 4H_2O$$

$$(FeSO_4 \cdot 7H_2O)\% = \frac{V_{KMnO_4} \times 27.80 \times 10^{-3} \times \dfrac{c_{KMnO_4}}{0.020\ 00}}{m_s} \times 100\%$$

$$= \frac{21.12 \times 27.80 \times 10^{-3} \times \dfrac{0.020\ 05}{0.020\ 00}}{0.5956} \times 100\%$$

$$= 98.83\%$$

答：样品中含 $FeSO_4 \cdot 7H_2O$ 的含量为 98.83%。

点滴积累 ∨ ∙∙

1. $KMnO_4$ 法在强酸性溶液中进行，一般是用硫酸调节其溶液的酸度。

2. 高锰酸钾法的优点是 $KMnO_4$ 氧化能力强，可直接或间接地测定许多无机物和有机物，滴定时自身可作指示剂。

3. $KMnO_4$ 滴定液采用间接法配制，用 $Na_2C_2O_4$ 标定。

第四节　亚硝酸钠法

一、基本原理

亚硝酸钠法是以 $NaNO_2$ 为滴定液的氧化还原滴定法。亚硝酸钠法主要用来测定芳香族伯胺和芳香族仲胺的含量,测定在盐酸酸性条件下进行。芳香族伯胺和亚硝酸钠作用发生重氮化反应:

$$NaNO_2+2HCl+Ar-NH_2 \rightleftharpoons [Ar-N^+ \equiv N]Cl^- +NaCl+2H_2O$$

芳香族仲胺和亚硝酸钠作用发生亚硝基化反应:

$$NaNO_2+HCl+Ar-NHR \rightleftharpoons Ar-N(R)-NO+NaCl+H_2O$$

在上述反应中,芳伯胺、芳仲胺与亚硝酸钠的化学计量关系均为 1∶1。通常把用亚硝酸钠滴定芳伯胺类化合物的方法称为**重氮化滴定法**,用亚硝酸钠滴定芳仲胺类化合物的方法称为**亚硝基化滴定法**,两者总称为亚硝酸钠法。重氮化法主要用于测定芳伯胺类化合物,如盐酸普鲁卡因、苯佐卡因、氨苯砜和磺胺类药物等,还可测定经化学处理后能生成芳伯胺结构的化合物,如对乙酰氨基酚(扑热息痛)等。亚硝基化法可用于测定芳仲胺类化合物,如盐酸丁卡因等。

重氮化滴定法最为常用,进行重氮化滴定时,必须注意选择与控制反应条件。

1. 酸的种类和浓度　亚硝酸钠法的反应速率与酸的种类有关。在 HBr 中最快,HCl 中次之,H_2SO_4 或 HNO_3 中最慢。因 HBr 较贵,芳伯胺盐酸盐较硫酸盐溶解度大,所以常用盐酸。适宜的酸度不仅可以加快化学反应速率,还可以提高重氮盐的稳定性,一般控制酸度在 $1\sim2mol/L$ 为宜。酸度过高会阻碍芳伯胺的游离,影响重氮化反应的速率;酸度过低,不但生成的重氮盐易分解,且易与尚未被重氮化的芳伯胺偶合生成重氮氨基化合物,使测定结果偏低。

$$[Ar-N^+ \equiv N]Cl^- +Ar-NH_2 \rightleftharpoons Ar-N=N-NHAr+HCl$$

2. 滴定速度与温度　重氮化反应的速率随温度的升高而加快,但温度高时重氮盐易分解且亚硝酸也易分解和逸失。

$$3HNO_2 \rightleftharpoons HNO_3+2NO\uparrow+H_2O$$

实验证明,温度在 5℃ 以下,测定结果较为准确。

重氮化反应的速率较慢,在滴定过程中要缓缓滴加,尤其在接近终点时,需逐滴加入,并不断搅拌。在刚开始滴定时将滴定管尖插入液面下约 2/3 处,迅速加入大部分滴定液,随滴随搅拌,接近终点时,再将管尖提出液面,再缓缓滴定至终点。这样,开始生成的 HNO_2 在剧烈搅拌下向四周扩散并立即与芳伯胺反应,来不及分解和逸失即可反应完全。这种"快速滴定法"可有效缩短滴定时间,在 30℃ 以下可保证分析结果准确。

3. 取代基团的影响　苯胺环上,特别是在氨基的对位上,有吸电子基团时,如—NO_2、—SO_3H、—COOH、—X 等,使重氮化反应加快;有斥电子基团时,如—CH_3、—OH、—OR 等,使反应减慢。如,磺胺类药物的重氮化反应快,而非那西丁的水解产物重氮化反应较慢。对于反应较慢的重氮化反应,通常加入适量的 KBr 作催化剂,提高反应速率。

难点释疑

为什么加入适量 HBr 可以加快重氮化反应速率？

由重氮化反应的历程可知：

（1）$NaNO_2 + HCl \Longleftrightarrow HNO_2 + NaCl$

（2）$HNO_2 + HCl \Longleftrightarrow NOCl + H_2O$

（3）$Ar-NH_2 \xrightarrow[\text{慢}]{NO^+Cl^-} Ar-NHNO \xrightarrow{\text{快}} Ar-N=NOH \xrightarrow{\text{快}} Ar-N_2^+Cl^-$（重氮化反应）

整个反应的速率取决于第一步。

若供试液中仅有盐酸，则生成 NOCl：

$$HNO_2 + HCl \Longleftrightarrow NOCl + H_2O\quad（Ⅰ）$$

而加入 KBr 后，KBr 与盐酸反应产生 HBr，HBr 与 HNO_2 反应产生 NOBr：

$$HNO_2 + HBr \Longleftrightarrow NOBr + H_2O\quad（Ⅱ）$$

由于（Ⅱ）反应的平衡常数比（Ⅰ）反应的约大 300 倍，即生成 NOBr 的量要大得多，使试液中 NO^+ 的浓度增大，从而加速了重氮化反应。

二、指示终点的方法

除采用永停法外，亚硝酸钠法中通常也可以选用合适的指示剂指示终点。

1. **外指示剂**　通常用淀粉-KI 糊状物或淀粉-KI 试纸来指示滴定终点。当被测物质和 $NaNO_2$ 滴定液作用完全时（即滴定达到化学计量点时），微过量的 $NaNO_2$ 在酸性环境中可将 KI 氧化成 I_2，生成的 I_2 遇淀粉即显蓝色，其反应如下：

$$2NO_2^- + 2I^- + 4H^+ \Longleftrightarrow I_2 + 2NO\uparrow + 2H_2O$$

如果把淀粉-KI 指示剂直接加到被滴定的溶液中，滴入的 $NaNO_2$ 滴定液优先与 KI 作用而呈现深蓝色，使终点无法观察，所以只能在化学计量点附近用玻璃棒蘸取少许溶液，与涂于白瓷板上的淀粉-KI 指示剂相接触，如立即出现蓝色条痕，即表示终点到达。如所测定的重氮盐呈较深的黄色，则以出现绿色条痕为终点。

使用外指示剂时需多次蘸取溶液确定终点，不仅操作麻烦，造成样品溶液损耗，使结果不甚准确，而且终点前溶液中的强酸也促使 KI 被空气中 O_2 氧化成 I_2 而使指示剂变色，使其终点难以掌握。

2. **内指示剂**　亚硝酸钠法也可选用内指示剂来指示终点，其中以橙黄Ⅳ、中性红、二苯胺和亮甲酚蓝应用最多。使用内指示剂虽然操作简单，但变色不够敏锐，尤其是当重氮盐有颜色时更难以判断，而各种芳伯胺类化合物的重氮化反应速率慢且各不相同，也使终点难以掌握。

由于内、外指示剂均有许多缺点，《中国药典》从 2005 年版起已采用永停滴定法确定终点。

三、滴定液的配制与标定

1. **配制方法**　取亚硝酸钠适量，加无水 Na_2CO_3 少许，加水适量使溶解，摇匀即得。

亚硝酸钠水溶液不稳定,放置过程中浓度会逐渐下降,配制时需加入少量稳定剂Na_2CO_3,使溶液呈弱碱性($pH=10$),3个月内浓度几乎不变。亚硝酸钠溶液遇光易分解,应贮于棕色瓶中,密闭保存。

2. 标定方法 称取适量基准物质对氨基苯磺酸,精密称定,加适量水与浓氨试液溶解后,加盐酸($1\rightarrow2$)适量,搅拌,在30℃以下用待测的$NaNO_2$溶液迅速滴定至近终点时,将滴定管尖端提出液面,用少量水洗涤尖端,洗液并入溶液中,继续缓缓滴定至终点。每1ml $NaNO_2$滴定液(0.1mol/L)相当于17.32mg的$C_6H_7NO_3S$。根据本液的消耗量和对氨基苯磺酸的用量,即可求出其准确浓度。反应式为:

$$HO_3S-\langle \rangle-NH_2 + NaNO_2 + 2HCl = \left[HO_3S-\langle \rangle-\overset{+}{N}\equiv N\right]Cl^- + NaCl + 2H_2O$$

浓度计算公式为:

$$c_{NaNO_2}=\frac{m_{C_6H_7NO_3S}\times0.1000}{V_{NaNO_2}\times17.32\times10^{-3}}$$

如需用$NaNO_2$滴定液(0.05mol/L)时,可取$NaNO_2$滴定液(0.1mol/L)加水稀释制成。必要时标定浓度。

四、应用示例

例5-4 扑热息痛的测定(重氮化法)

扑热息痛分子$[C_8H_9NO_2]$结构中含芳酰氨基,经水解后可得到游离的芳伯胺,因此可以用重氮化法测定其含量。反应式为:

$$HO-\langle \rangle-NH-COCH_3 + H_2O \xrightarrow[\triangle]{H_2SO_4} HO-\langle \rangle-NH_2 + CH_3COOH$$

$$HO-\langle \rangle-NH_2 + NaNO_2 + 2HCl \xrightarrow{KBr} \left[HO-\langle \rangle-\overset{+}{N}\equiv N\right]Cl^- + NaCl + 2H_2O$$

$$(C_8H_9NO_2)\%=\frac{c_{NaNO_2}\times V_{NaNO_2}\times10^{-3}\times M_{C_8H_9NO_2}}{m_s}\times100\%$$

点滴积累 ∨

氧化还原滴定法包括高锰酸钾法、碘量法、亚硝酸钠法、重铬酸钾法等,每种方法都有其特点和应用范围,根据具体情况选用适宜的方法。比较如下:

碘量法、亚硝酸钠法和高锰酸钾法比较

方法	直接碘量法	间接碘量法	$NaNO_2$法	$KMnO_4$法
滴定液	I_2	$Na_2S_2O_3$	$NaNO_2$	$KMnO_4$
反应介质	酸性、中性、弱碱性	中性或弱酸性	HCl	H_2SO_4
指示剂	淀粉	淀粉	淀粉-KI	$KMnO_4$

续表

方法	直接碘量法	间接碘量法	NaNO$_2$ 法	KMnO$_4$ 法
加入时机	滴定前加入	近终点加入	外指示剂	——
终点判断	蓝色出现	蓝色消失	蓝色线条	粉红色出现
基准物质	As$_2$O$_3$	K$_2$Cr$_2$O$_7$	C$_6$H$_7$NO$_3$S	Na$_2$C$_2$O$_4$

复习导图

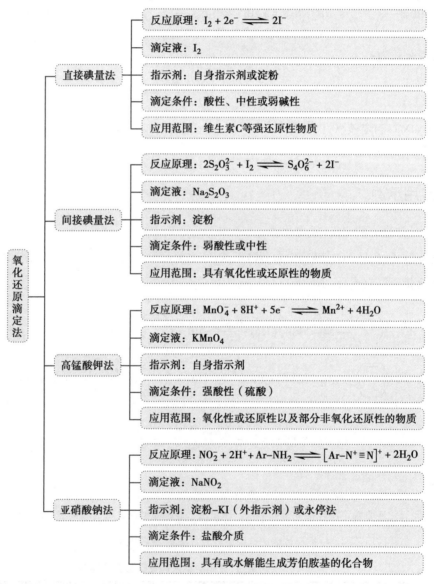

直接碘量法
- 反应原理：$I_2 + 2e^- \rightleftharpoons 2I^-$
- 滴定液：I_2
- 指示剂：自身指示剂或淀粉
- 滴定条件：酸性、中性或弱碱性
- 应用范围：维生素C等强还原性物质

间接碘量法
- 反应原理：$2S_2O_3^{2-} + I_2 \rightleftharpoons S_4O_6^{2-} + 2I^-$
- 滴定液：$Na_2S_2O_3$
- 指示剂：淀粉
- 滴定条件：弱酸性或中性
- 应用范围：具有氧化性或还原性的物质

高锰酸钾法
- 反应原理：$MnO_4^- + 8H^+ + 5e^- \rightleftharpoons Mn^{2+} + 4H_2O$
- 滴定液：$KMnO_4$
- 指示剂：自身指示剂
- 滴定条件：强酸性（硫酸）
- 应用范围：氧化性或还原性以及部分非氧化还原性的物质

亚硝酸钠法
- 反应原理：$NO_2^- + 2H^+ + Ar-NH_2 \rightleftharpoons [Ar-N^+\equiv N]^+ + 2H_2O$
- 滴定液：$NaNO_2$
- 指示剂：淀粉-KI（外指示剂）或永停法
- 滴定条件：盐酸介质
- 应用范围：具有或水解能生成芳伯胺基的化合物

（氧化还原滴定法）

目标检测

一、选择题

1. 电极电位对判断氧化还原反应的性质很有用,但它不能判断(   )

A. 氧化还原的次序   B. 氧化还原反应的方向

C. 氧化还原反应的速率   D. 氧化还原的完全程度

2. 滴定反应$Cr_2O_7^{2-}+6Fe^{2+}+14H^+ \rightleftharpoons 2Cr^{3+}+6Fe^{3+}+7H_2O$达到化学计量点时,下列各种说法正确的是( )

  A. 溶液中的$c(Fe^{3+})=c(Cr^{3+})$

  B. 溶液中不存在Fe^{2+}和$Cr_2O_7^{2-}$

  C. 溶液中Fe^{3+}/Fe^{2+}和$Cr_2O_7^{2-}/Cr^{3+}$两个电对的电位相等

  D. 溶液中Fe^{3+}/Fe^{2+}和$Cr_2O_7^{2-}/Cr^{3+}$两个电对的电位不等

3. 用$0.1mol/L$ $K_2Cr_2O_7$溶液滴定$0.1mol/L$ Fe^{2+}溶液时,已知化学计量点的电位是$0.86V$,最合适的指示剂为( )

  A. 亚甲基蓝$(\varphi^\ominus=0.36V)$ B. 二苯胺磺酸钠$(\varphi^\ominus=0.84V)$

  C. 二苯胺$(\varphi^\ominus=0.76V)$ D. 邻二氮菲亚铁$(\varphi^\ominus=1.06V)$

4. 直接碘量法应控制的条件是( )

  A. 强酸性条件   B. 强碱性条件

  C. 中性或弱酸性条件   D. 什么条件都可以

5. $Na_2S_2O_3$与I_2的反应必须在中性或弱酸性条件下进行的原因是( )

  A. 在强酸性溶液中不但$Na_2S_2O_3$会分解,而且I_2也容易被空气中的O_2氧化

  B. 强碱性溶液中会吸收CO_2引起$Na_2S_2O_3$分解

  C. 在碱性溶液中指示剂变色不明显

  D. 在酸性溶液中指示剂变色不明显

6. $Na_2S_2O_3$滴定液在保存中吸收了CO_2而发生下述反应:

$$S_2O_3^{2-}+CO_2+H_2O \rightleftharpoons HSO_3^-+HCO_3^-+S\downarrow$$

若用该溶液滴定I_2时,所消耗的体积将( )

  A. 偏高   B. 偏低   C. 无影响   D. 无法判断

7. 为了使$Na_2S_2O_3$滴定液稳定,正确的配制方法是( )

  A. 将$Na_2S_2O_3$溶液煮沸$1h$,过滤,冷却后再标定

  B. 将$Na_2S_2O_3$溶液煮沸$1h$,放置7天,过滤后再标定

  C. 用煮沸放冷后的纯化水配制$Na_2S_2O_3$溶液后,加入少量Na_2CO_3,放置7天后再标定

  D. 用煮沸放冷后的纯化水配制$Na_2S_2O_3$溶液后,放置7天后再标定

8. 配制$Na_2S_2O_3$溶液时,应当用新煮沸并冷却后的纯水的原因是( )

  A. 使水中的杂质都被破坏   B. 杀死细菌

  C. 除去CO_2和O_2 D. B+C

9. 标定$Na_2S_2O_3$时,由于KI与$K_2Cr_2O_7$反应较慢,为了使反应能进行完全,下列哪种措施是不正确的( )

  A. 增加KI的量   B. 适当增加酸度

C. 让溶液在暗处放置 10 分钟　　　　　　　　D. 加热

10. 下列有关淀粉指示剂的应用,不正确的是(　　)

    A. 配制指示剂以选用直链淀粉为好

    B. 为了使终点颜色变化明显,溶液要加热

    C. 可加入少量碘化汞,使淀粉溶液保存较长时间

    D. 在间接碘量法中,淀粉必须在近终点时加入

11. 在间接碘量法中,加入淀粉指示剂的适宜时机是(　　)

    A. 滴定开始时　　　　　　　　　　　　　B. 滴定近终点时

    C. 滴入滴定液近 30% 时　　　　　　　　　D. 滴入滴定液近 50% 时

12. 在碘量法中为了减少 I_2 的挥发,常采用的措施有(　　)

    A. 使用碘量瓶　　　　　　　　　　　　　B. 滴定时不能摇动,滴定结束时再摇

    C. 加入过量 KI　　　　　　　　　　　　　D. A+C

13. 使用碘量瓶的目的是(　　)

    A. 防止碘的挥发　　　　　　　　　　　　B. 防止溶液与空气接触

    C. 防止溶液溅出　　　　　　　　　　　　D. A+B

14. 碘量法测定铜含量时,加 KSCN 的作用是(　　)

    A. 消除 Fe^{3+} 的干扰　　　　　　　　　　　B. 催化剂

    C. 使 CuI 转化为 CuSCN　　　　　　　　　D. 防止 I^- 被空气氧化

15. 标定 $KMnO_4$ 滴定液时,常用的基准物质是(　　)

    A. $K_2Cr_2O_7$　　　　　　B. $Na_2C_2O_4$　　　　　　C. $Na_2S_2O_3$　　　　　　D. KIO_3

16. $KMnO_4$ 法滴定溶液的常用酸碱条件是(　　)

    A. 强碱　　　　　　　B. 弱碱　　　　　　　C. 强酸　　　　　　　D. 弱酸

17. 在酸性介质中,用 $KMnO_4$ 溶液滴定草酸盐溶液时,滴定速度应(　　)

    A. 在开始时缓慢,以后逐步加快,近终点时又减慢

    B. 像酸碱滴定一样快速进行

    C. 始终缓慢进行

    D. 开始时快,然后减慢

18. 下列物质中,可以用氧化还原滴定法测定的是(　　)

    A. 草酸　　　　　　　B. 醋酸　　　　　　　C. 盐酸　　　　　　　D. 硫酸

19. 用 $Na_2C_2O_4$ 标定 $KMnO_4$ 时,由于反应速率不够快,因此滴定时溶液要维持足够的酸度和温度,但酸度和温度过高时,又会发生(　　)

    A. $H_2C_2O_4$ 挥发　　　　　　　　　　　　B. $H_2C_2O_4$ 与空气中的 O_2 反应

    C. $H_2C_2O_4$ 分解　　　　　　　　　　　　D. $H_2C_2O_4$ 脱水成酸酐

20. 下列哪种滴定液能用直接法配制(　　)

    A. $K_2Cr_2O_7$　　　　　　B. $KMnO_4$　　　　　　C. $Na_2S_2O_3$　　　　　　D. $NaNO_2$

二、简答题

1. 说明碘量法的误差来源及减小措施？

2. $Na_2S_2O_3$ 滴定液在保存过程中吸收 CO_2 而发生分解作用，若用此滴定液滴定 I_2 液，测定结果会怎样？可以采取哪些措施防止此分解作用？

3. 指出标定下列滴定液常用的基准物质，写出有关化学反应式及物质的量浓度计算公式。

（1）$Na_2S_2O_3$　　　　（2）$KMnO_4$　　　　（3）$NaNO_2$

三、计算题

1. 称取在 120℃ 干燥至恒重的基准 $K_2Cr_2O_7$ 0.1436g 置碘瓶中，加水 50ml 使溶解，加 KI 2.0g、稀硫酸 40ml，摇匀、密塞、水封，在暗处放置 10 分钟后，加水 250ml，用待测的 $Na_2S_2O_3$ 溶液滴定终点，消耗 27.73ml，空白试验消耗 0.56ml。计算 $Na_2S_2O_3$ 的准确浓度。

［已知：每 1ml $Na_2S_2O_3$（0.1mol/L）滴定液相当于 4.903mg 的 $K_2Cr_2O_7$；$K_2Cr_2O_7$ 的式量为 294.18。］

2. 精密称取维生素 C 样品 0.2025g，加新沸过的冷水 100ml 与稀醋酸 10ml 使溶解，加淀粉指示液 1ml，立即用碘滴定液（0.05016mol/L）滴定至终点，消耗 22.36ml。求维生素 C 样品的纯度？

［已知：每 1ml 碘滴定液（0.05mol/L）相当于 8.806mg 的 $C_6H_8O_6$；$C_6H_8O_6$ 的式量为 176.12。］

3. 精密称取药用硫酸亚铁（$FeSO_4 \cdot 7H_2O$）样品 0.5023g，加稀硫酸与新沸过的冷水各 15ml 溶解后，立即用 $KMnO_4$ 滴定液（0.019 80mol/L）滴定至溶液显持续的粉红色，用去 18.16ml，求药用硫酸亚铁（$FeSO_4 \cdot 7H_2O$）的含量。

［已知：每 1ml $KMnO_4$ 滴定液（0.02mol/L）相当于 27.80mg 的 $FeSO_4 \cdot 7H_2O$；$FeSO_4 \cdot 7H_2O$ 的式量为 278.01。］

ER-05章习题

（王　锋）

第六章

配位滴定法

导言 ∨

　　配位滴定法是应用最广泛的滴定分析方法之一，主要用于金属离子的测定。配位反应具有极大的普遍性，多数金属离子在溶液中以配位离子形式存在。例如在种植业和养殖业，钙、镁含量的测定常采用配位滴定法；食品中微量元素钙含量的测定及食品辅料镁的含量也可采用该种方法；药品中复方氢氧化铝片、葡萄糖酸钙的含量测定都采用了配位滴定法。

第一节　配位滴定法概述

一、配位滴定的概念及条件

　　配位滴定法是以配位反应为基础的滴定分析法。配位反应中的配位剂分为无机配位剂和有机配位剂两种。其中无机配位剂与金属离子生成的配合物稳定常数普遍较小，并且配位反应是逐级进行的，难以确定反应的计量关系，因此很难应用于滴定分析。

　　能应用于滴定分析的配位反应必须具备以下条件：

　　1. 生成的配合物必须稳定且可溶于水；

　　2. 配位反应必须按一定的计量关系进行，这是定量计算的基础；

　　3. 配位反应迅速，反应瞬间完成；

　　4. 有适当的方法指示化学计量点；

　　大多数有机配位剂与金属离子发生配位反应时能满足上述条件。

二、EDTA 的结构、性质及在水溶液中的电离平衡

（一）EDTA 的结构与性质

　　有机配位剂常含有两个以上的配位原子，与金属离子配位时形成具有环状结构且稳定性高的螯合物，其稳定常数大，且大多数溶于水，配位比固定，反应完成程度高，因此在配位滴定中得到广泛应用，目前应用最多的有机配位剂是氨羧配位剂。

　　氨羧配位剂是以氨基二乙酸[$—N(CH_2COOH)_2$]为基体的一类有机配位剂的总称，其中含有配位能力很强的氨基氮和羧基氧两种配位原子，能与多数金属离子形成稳定的可溶性配位物。由于这类有机配位剂的出现，克服了无机配位剂的缺点，使配位滴定法得到迅速的发展。

配位滴定法使用的最多的氨羧配位剂是乙二胺四乙酸,简称 EDTA,因此配位滴定法,又称 EDTA 滴定法。其结构式为:

$$\text{HOOCH}_2\text{C} \diagdown \underset{\text{HOOCH}_2\text{C}}{\overset{}{N}} - \text{CH}_2 - \text{CH}_2 - \underset{\text{CH}_2\text{COOH}}{\overset{\text{CH}_2\text{COOH}}{N}}$$

从结构式所知,EDTA 为四元有机弱酸。为书写方便,用 H_4Y 表示其化学式。EDTA 为白色粉末状结晶,微溶于水,22℃时溶解度为 0.02g/100ml,饱和水溶液的浓度约为 7×10^{-4} mol/L,由于溶解度太小,不宜作滴定液。利用 EDTA 难溶于酸和一般有机溶剂、易溶于氨水和氢氧化钠等碱性溶液等性质,常制备成相应的钠盐,其化学名称为乙二胺四乙酸的二钠盐,用 $Na_2H_2Y \cdot 2H_2O$ 表示,也简称 EDTA。EDTA 钠盐为白色粉末状结晶,有较好的水溶性,22℃时溶解度为 11.1g/100ml,此溶液浓度约为 0.3mol/L,pH 约为 4.7。

（二）乙二胺四乙酸在水溶液中的电离平衡

在水溶液中,EDTA 分子中互为对角线的两个羧基上的 H^+ 会转移到氮原子上,形成双偶极离子。在强酸性溶液中,两个羧酸根可再接受 H^+ 而形成 H_6Y^{2+},因此 EDTA 可看作是六元酸,在溶液中有六级离解平衡:

$$H_6Y^{2+} \rightleftharpoons H_5Y^+ + H^+ \qquad pK_{a_1} = 0.90$$

$$H_5Y^+ \rightleftharpoons H_4Y + H^+ \qquad pK_{a_2} = 1.60$$

$$H_4Y \rightleftharpoons H_3Y^- + H^+ \qquad pK_{a_3} = 2.00$$

$$H_3Y^- \rightleftharpoons H_2Y^{2-} + H^+ \qquad pK_{a_4} = 2.67$$

$$H_2Y^{2-} \rightleftharpoons HY^{3-} + H^+ \qquad pK_{a_5} = 6.16$$

$$HY^{3-} \rightleftharpoons Y^{4-} + H^+ \qquad pK_{a_6} = 10.26$$

在水溶液中,EDTA 同时以 H_6Y^{2+}、H_5Y^+、H_4Y、H_3Y^-、H_2Y^{2-}、HY^{3-}、Y^{4-} 七种形式存在,各形式的分布受溶液酸度影响,在不同的酸度下,溶液中 EDTA 存在的形式不同,如表 6-1 所示。

表 6-1　不同溶液中 EDTA 主要存在形式

pH 范围	<0.90	0.90~1.60	1.60~2.00	2.00~2.67	2.67~6.16	6.16~10.26	>10.26
EDTA 形式	H_6Y^{2+}	H_5Y^+	H_4Y	H_3Y^-	H_2Y^{2-}	HY^{3-}	Y^{4-}

在 EDTA 七种形式中,只有 Y^{4-} 才能与金属离子直接生成稳定的配合物,即称为 EDTA 的有效离子。从上表中得知,溶液的 pH>10.26 时,EDTA 主要是以有效离子 Y^{4-} 形式存在,因此 EDTA 在碱性溶液中与金属离子配位能力较强。

▶▶ 课堂活动

请总结 EDTA 在溶液中的电离性质是如何受溶液的酸度影响的?

三、EDTA 与金属离子配位反应的特点

1. 配合物稳定 在 EDTA 的结构中有 6 个可与金属离子形成配位的原子,因此,EDTA 能与许多金属离子形成环状结构的螯合物。这种螯合物的稳定性很高,除一价碱金属离子外,能与大多数金属离子形成非常稳定的配合物,而且大多数配合物可溶于水。这为 EDTA 在配位滴定中的广泛应用提供了可能。

2. 计量关系简单 一般情况下,EDTA 与大多数金属离子反应的配位比都为 1∶1,而与金属离子的价态无关。因此,EDTA 与金属离子发生等物质的量的反应是配位滴定计算的依据。

3. 配位反应速率快 除与少数金属离子反应外,一般与大多数金属离子反应都能迅速完成。

4. 配合物的颜色 EDTA 与无色金属离子形成的配合物仍为无色,如 ZnY^{2-}、CaY^{2-}、MgY^{2-} 等;而与有色金属离子形式的配合物则颜色加深,如 CuY^{2-} 为深蓝色、FeY^- 为黄色等。

点滴积累 ╲

1. 配位滴定法是以配位反应为基础的滴定分析法。 配位滴定法使用的最多的氨羧配位剂是乙二胺四乙酸,简称 EDTA,因此配位滴定法,又称 EDTA 滴定法。

2. 在水溶液中,EDTA 同时以 H_6Y^{2+}、H_5Y^+、H_4Y、H_3Y^-、H_2Y^{2-}、HY^{3-}、Y^{4-} 七种形式存在。当溶液的 pH >10.26 时,EDTA 主要是以有效离子 Y^{4-} 形式存在,因此 EDTA 在碱性溶液中与金属离子配位能力较强。

第二节 配位滴定基本原理

一、EDTA 配合物的稳定常数

EDTA 与金属离子生成 1∶1 的配合物,以 M 表示金属离子,以 Y 表示 EDTA 的 Y^{4-} 离子,其反应为:

$$M+Y \rightleftharpoons MY$$

反应的平衡常数为:

$$K_{MY} = \frac{[MY]}{[M][Y]} \qquad \text{式}(6\text{-}1)$$

K_{MY} 为金属与 EDTA 生成的配合物的稳定常数,各种配合物都有其一定的稳定常数,K_{MY} 又称绝对稳定常数,不同金属离子与 EDTA 的配合物的稳定常数见表6-2。

表 6-2 EDTA 与金属离子的配合物的稳定常数(20℃)

金属离子	lg $K_稳$	金属离子	lg $K_稳$	金属离子	lg $K_稳$
Na^+	1.66	Fe^{2+}	14.33	Ni^{2+}	18.56
Li^+	2.79	Ce^{3+}	15.98	Cu^{2+}	18.70

续表

金属离子	lg $K_稳$	金属离子	lg $K_稳$	金属离子	lg $K_稳$
Ag^+	7.32	Al^{3+}	16.11	Hg^{2+}	21.80
Ba^{2+}	7.86	Co^{2+}	16.31	Sn^{2+}	22.11
Mg^{2+}	8.64	Pt^{3+}	16.40	Cr^{3+}	23.40
Be^{2+}	9.20	Cd^{2+}	16.40	Fe^{3+}	25.10
Ca^{2+}	10.69	Zn^{2+}	16.50	Bi^{3+}	27.94
Mn^{2+}	13.87	Pb^{2+}	18.30	Co^{3+}	36.00

从表 6-2 可见,大多数金属离子与 EDTA 形成稳定的配合物。在无外界因素影响时,可用 K_{MY} 大小来判断配位反应完成的程度和是否用于滴定分析。但是在配位滴定中 M 和 Y 的反应常受到其他因素的影响。

二、副反应与副反应系数

在配位滴定中,被测金属离子 M 与滴定液 Y 生成 MY 的反应为主反应,除主反应外还存在其他反应,如溶液中的 H^+、OH^-,共存的其他离子或加入的其他试剂与 M、Y、MY 的反应称为副反应。

副反应存在将影响主反应进行的程度和配合物 MY 的稳定性。其中与反应物 M 或 Y 发生的副反应,将不利于主反应的进行。影响配位主反应的因素很多,下面着重讨论两种副反应,为了定量表示副反应对主反应的影响程度,引入副反应系数 α。

1. 酸效应及酸效应系数　当金属离子 M 与滴定液 Y 进行主反应时,如有 H^+ 存在,会与 Y 结合,生成其各种形式的酸,使游离 Y 的浓度降低,而使 Y 参加主反应的能力降低,导致 MY 的稳定性降低。这种由于溶液中 H^+ 与 Y 发生副反应,使配位剂 Y 参加的主反应能力降低的现象称为**酸效应**。

由 H^+ 所引起的酸效应程度用酸效应系数 $\alpha_{Y(H)}$ 表示。酸效应系数是指在一定 pH 时,未参加配位反应的 EDTA 各种形式总浓度 $[Y']$ 与平衡时游离 EDTA 的有效离子浓度 $[Y]$ 之比:

$$\alpha_{Y(H)} = \frac{[Y']}{[Y]} \tag{式(6-2)}$$

$\alpha_{Y(H)}$ 越大,表示参加配位反应的有效离子浓度 $[Y]$ 越小,即酸效应引起的副反应越严重。$\alpha_{Y(H)}$ 是 EDTA 滴定中常用的重要副反应系数,EDTA 在不同 pH 时的酸效应系数,见表 6-3。

表 6-3　EDTA 在不同 pH 时的酸效应系数(lg $\alpha_{Y(H)}$)

pH	lg$\alpha_{Y(H)}$	pH	lg$\alpha_{Y(H)}$	pH	lg$\alpha_{Y(H)}$
0.0	23.64	4.5	7.44	9.0	1.28
0.5	20.75	5.0	6.45	9.5	0.83
1.0	17.10	5.5	5.51	10.0	0.45
1.5	15.55	6.0	4.65	10.5	0.20
2.0	13.79	6.5	3.92	11.0	0.07

pH	$lg\alpha_{Y(H)}$	pH	$lg\alpha_{Y(H)}$	pH	$lg\alpha_{Y(H)}$
2.5	11.90	7.0	3.32	11.5	0.02
3.0	10.63	7.5	2.78	12.0	0.01
3.5	9.48	8.0	2.27	13.0	0.0008
4.0	8.44	8.5	1.77	13.9	0.0001

从表6-3中可以查出不同pH时的酸效应系数。酸效应系数随溶液pH减小而增大,反之亦然。

2. 金属离子的配位效应和配位效应系数 当金属离子M与滴定液Y发生配位反应时,为了控制滴定条件加入缓冲溶液和排除干扰加入的掩蔽剂,这些试剂有可能成为与M配位的其他配位剂L,当L与M发生配位反应形成其他配合物时,使M的浓度减少,导致M参加主反应的能力降低,从而使MY的稳定性下降。

这种由于其他配位剂存在,使金属离子参加主反应能力降低的现象,称为**配位效应**。量度配位效应程度的副反应系数称为配位效应系数,用$\alpha_{M(L)}$表示。配位效应系数是指未与Y参加反应的各种金属离子总浓度[M′]与平衡时游离金属离子浓度[M]之比:

$$\alpha_{M(L)} = \frac{[M']}{[M]} \qquad 式(6-3)$$

$\alpha_{M(L)}$的大小与溶液中其他配位剂L的浓度及配位能力有关,若配位剂L浓度越大,对M的配位能力越强,则$\alpha_{M(L)}$越大,即配位效应引起的副反应程度越严重。

3. 配合物条件稳定常数 金属离子与EDTA的反应,在没有副反应发生时,K_{MY}作为金属离子与EDTA生成的配合物稳定常数,可用它来判断配位反应完成的程度。但是在实际滴定条件下,由于受到副反应的影响,K_{MY}已不能完全反映主反应进行的程度,因此考虑到副反应所带来的影响,引入条件稳定常数K'_{MY}表示配位反应进行的实际程度。其表示为:

$$K'_{MY} = \frac{[MY']}{[M'][Y']} \qquad 式(6-4)$$

条件稳定常数K'_{MY}也称作表观稳定常数或有效稳定常数,表示在一定条件下有副反应发生时主反应进行的程度。由式(6-2)及式(6-3)可知:

$$[Y'] = \alpha_{Y(H)} \cdot [Y]$$

$$[M'] = \alpha_{M(L)} \cdot [M]$$

$$[MY'] = \alpha_{MY} \cdot [MY]$$

代入式(6-4),则得

$$K'_{MY} = \frac{[MY]\alpha_{MY}}{\alpha_{M(L)}[M]\alpha_{Y(H)}[Y]}$$

由于α_{MY}对主反应是有利的,故不考虑,因此上式可表示为:

$$K'_{MY} = \frac{K_{MY}}{\alpha_{M(L)}\alpha_{Y(H)}} \qquad 式(6-5)$$

在一定条件下,副反应系数 α 均为定值,K'_{MY} 为常数,故称条件稳定常数,其数值较稳定常数 K_{MY} 小(因为 $\alpha \geqslant 1$),当 $\alpha = 1$ 时 $K'_{MY} = K_{MY}$。因此 K'_{MY} 是用副反应系数进行校正后的实际稳定常数,用它更能准确地判断实验条件下 MY 的稳定性及主反应进行的程度。

将式(6-5)取对数,可得:

$$\lg K'_{MY} = \lg K_{MY} - \lg \alpha_{Y(H)} - \lg \alpha_{M(L)} \qquad \text{式(6-6)}$$

这是计算常用配合物条件稳定常数的重要公式。若体系中无其他配合剂或其他配位剂产生的配位效应较小,可忽略配位效应的影响,仅考虑酸效应对 MY 的稳定性的影响,因此式(6-6)可简化为:

$$\lg K'_{MY} = \lg K_{MY} - \lg \alpha_{Y(H)} \qquad \text{式(6-7)}$$

例 6-1　计算在 pH = 2.0 和 pH = 5.0 时 ZnY 的 $\lg K'_{ZnY}$,并说明其意义。(由表 6-2 查得 $\lg K_{ZnY} = 16.50$)

解:(1)pH = 2.0 时,查表 6-3,求得 $\lg \alpha_{Y(H)} = 13.79$

代入式(6-7),求得 $K'_{ZnY} = \lg K_{ZnY} - \lg \alpha_{Y(H)} = 16.50 - 13.79 = 2.71$

(2)pH = 5.0 时,查表 6-3,求得 $\lg \alpha_{Y(H)} = 6.45$

代入式(6-7),求得 $K'_{ZnY} = \lg K_{ZnY} - \lg \alpha_{Y(H)} = 16.50 - 6.45 = 10.05$

由例题可知,在 pH = 2.0 时滴定 Zn^{2+},由于酸效应严重,$\lg K'_{ZnY}$ 仅为 2.71,ZnY 配合物在此条件下很不稳定,配位反应进行不完全,不符合滴定分析条件。

而在 pH = 5.0 时滴定 Zn^{2+},酸效应影响程度大幅度下降,$\lg K'_{ZnY}$ 达到 10.05,表明 ZnY 配合物在此条件下相当稳定,配位反应进行完全。

此例说明在配位滴定中,选择和控制酸度有着重要的意义。

三、配位滴定条件的选择

配位滴定法与其他滴定法相同,随着滴定液的不断加入,被测的金属离子浓度不断减小,在化学计量点附近金属离子浓度发生突变,形成配位滴定突跃。配位滴定突跃范围受金属离子浓度和配合物条件稳定常数影响,金属离子浓度和配合物条件稳定常数越大,配位滴定突跃范围也越大,反之就越小。

知识链接

与酸碱滴定的情况相似, 在配位滴定中, 若被滴定的是金属离子, 则随着 EDTA 的加入, 金属离子浓度不断减小, 在化学计量点附近时, 溶液的 pM 值($-\lg [M]$)发生突变, 产生滴定突跃。

在 EDTA 滴定中,若要求滴定误差 $\leqslant 0.1\%$,则 c_M 与 K'_{MY} 乘积的对数应满足 $\lg c_M K'_{MY} \geqslant 6$,而在配位滴定中金属离子或 EDTA 浓度一般为 10^{-2} 数量级,所以 $\lg K'_{MY} \geqslant 8$。通常将 $\lg c_M K'_{MY} \geqslant 6$ 或 $\lg K'_{MY} \geqslant 8$ 作为判断能否进行准确滴定的条件。

　　EDTA 配位剂具有很强的配位能力,能与很多的金属离子形成稳定的配合物,能够直接或间接测定几乎所有的金属离子,应用范围广泛。但在实际分析中,由于分析试样往往比较复杂,被测溶液中可能存在多种离子,在滴定时产生干扰。为使 EDTA 能够准确滴定,必须控制一定条件,减小各类副反应的影响,同时提高方法的选择性。下面从两方面探讨如何控制选择适当的条件,以便提高测定的准确性。

(一) 酸度的选择

　　在配位滴定中,如果不考虑溶液中其他的副反应,K'_{MY} 的大小主要取决于溶液的酸度。当酸度较低时,$\alpha_{Y(H)}$ 较小,K'_{MY} 较大,有利于滴定,但注意当酸度过低时,金属离子易发生水解生成氢氧化物沉淀,使 M 参加主反应能力降低,也使 K'_{MY} 减小,不利于滴定。当酸度较高时,$\alpha_{Y(H)}$ 较大,K'_{MY} 较小,同样不利于滴定,因此酸度是配位滴定的重要条件。

　　1. 最高酸度(最低 pH)　在配位滴定中,当溶液酸度达到某一限度时,由于酸效应的影响,导致 MY 的 $\lg K'_{MY} < 8$,不能满足准确滴定的条件,因此,当 MY 的 $\lg K'_{MY}$ 刚好等于 8 时,此时溶液的酸度称为“最高酸度”(或最低 pH)。

　　某一金属离子能被滴定的最低 pH,可根据式(6-7)和准确滴定的条件计算。

$$\lg K'_{MY} = \lg K_{MY} - \lg \alpha_{Y(H)} \geqslant 8$$

$$\lg \alpha_{Y(H)} = \lg K_{MY} - 8 \qquad\qquad 式(6\text{-}8)$$

由上式求得 $\lg \alpha_{Y(H)}$ 值,再从表 6-3 查出其对应的 pH,此 pH 就是金属离子的最低 pH。

　　例 6-2　分析 EDTA 滴定液(0.01mol/L)滴定同浓度的 Zn^{2+} 溶液的最低 pH。(查表 6-2,可知 $\lg K_{ZnY} = 16.50$)

　　解:由式(6-8)可得 $\lg \alpha_{Y(H)} = \lg K_{ZnY} - 8 = 16.50 - 8 = 8.5$

　　再由表 6-3,查得 $\lg \alpha_{Y(H)} = 8.5$ 时,所对应的 pH 约为 4。

　　答:滴定 Zn^{2+} 的最低 pH = 4。

　　用上述例题的方法,可计算出 EDTA 滴定各种金属离子时的最高酸度或最低 pH。

　　由表 6-4 可知,不同金属离子的 K_{MY} 不同,则滴定时最低 pH 不同。当溶液中有几种金属离子共存时,若它们的最低 pH 相差较大,则有可能通过控制溶液的酸度进行选择滴定或分别滴定。

表 6-4　EDTA 滴定一些金属离子的最低 pH

金属离子	pH	金属离子	pH	金属离子	pH
Mg^{2+}	9.8	Co^{2+}	4.0	Cu^{2+}	2.9
Ca^{2+}	7.5	Cd^{2+}	3.9	Hg^{2+}	1.9
Mn^{2+}	5.2	Zn^{2+}	3.9	Sn^{2+}	1.7
Fe^{2+}	5.0	Pb^{2+}	3.2	Fe^{3+}	1.0
Al^{3+}	4.2	Ni^{2+}	3.0	Bi^{3+}	0.6

　　2. 最低酸度(最高 pH)　当溶液酸度控制在最高酸度以下时,随着酸度的降低,酸效应逐步减

小,这对滴定有利。如果酸度过低,金属离子会产生水解效应析出氢氧化物沉淀而影响滴定,因此将金属离子的"水解酸度",称为配位滴定的最低酸度(或最高pH)。水解酸度可用氢氧化物溶度积常数计算。

3. 最适宜(最佳)酸度条件　酸度条件是EDTA滴定金属离子的重要条件。在配位滴定中滴定金属离子最适宜(最佳)酸度条件应是高于最低pH,低于最高pH。因此,在配位滴定中为了维持适宜酸度范围,常常需要加入缓冲溶液。NH_3-NH_4Cl常作为控制弱碱性条件的缓冲溶液,HAc-NaAc常作为控制弱酸性条件的缓冲溶液。

例6-3　用EDTA(0.01mol/L)滴定液滴定相同浓度Fe^{3+}溶液时的酸度条件控制分析。(查表6-2,查得$lgK_{FeY}=25.1$)

解:根据式(6-8)可得$lg\alpha_{Y(H)}=lgK_{FeY}-8=25.1-8=17.1$

查表6-3,$lg\alpha_{Y(H)}=17.1$,所对应的pH约为1.1,即得最高酸度或最低pH≈1.1。

由氢氧化铁的溶度积计算公式求得溶液的$[OH^-]$和pOH,

$$K_{sp}=[Fe^{3+}]\cdot[OH^-]^3=10^{-37.4}$$

$$[OH^-]=\sqrt[3]{\frac{K_{sp}}{c_{Fe^{3+}}}}=10^{-11.8}$$

即pOH=11.8,故可得最低酸度或最高pH=2.2。

所以用EDTA(0.01mol/L)滴定相同浓度Fe^{3+}溶液的酸度条件应控制在1.1<pH<2.2。

由此结果说明用EDTA滴定Fe^{3+},当溶液的pH<1.1时,因酸效应的影响,EDTA与Fe^{3+}的配位反应不能进行完全,不能准确滴定。当溶液的pH>2.2时,Fe^{3+}又因发生水解反应生成$Fe(OH)_3$沉淀,同样也不能准确滴定。若要保证Fe^{3+}能被EDTA准确滴定,溶液的pH必须控制在1.1至2.2之间。这一pH范围即为EDTA滴定Fe^{3+}的适宜酸度范围(或最佳酸度范围)。

(二)掩蔽及解蔽作用

EDTA能与大多数金属离子配位,当被测溶液中含有其他金属离子时,不仅能与被测离子配位,还能与其他金属离子配位,对主反应产生干扰。

如果被测离子的配合物MY的稳定常数与干扰离子的配合物NY的稳定常数的差别较大时,可通过控制酸度,使M离子形成稳定的配合物,而N离子无法形成稳定的配合物,以消除N离子的干扰。

若被测离子的配合物MY与干扰离子的配合物NY的稳定常数相差不大,则不能利用控制酸度的方法消除干扰。此时,可加入一种试剂与干扰离子N反应,使溶液中的N的浓度降低至很小,以致不能与Y发生配位反应,从而消除共存离子N的干扰。这种方法称为**掩蔽**,所用试剂称为**掩蔽剂**。

掩蔽方法根据反应类型不同可分为配位掩蔽法、沉淀掩蔽法、及氧化还原掩蔽法等。

1. 配位掩蔽法　是利用配位反应降低干扰离子浓度以消除干扰,所用的掩蔽剂称为配位掩蔽剂。这是滴定分析中最常用的方法。常用的配位掩蔽剂及使用的范围如表6-5所示。

表 6-5　常用的配位掩蔽剂

掩蔽剂	pH 范围	被掩蔽的离子
KCN	>8	Co^{2+}、Ni^{2+}、Cu^{2+}、Zn^{2+}、Hg^{2+}、Cd^{2+}、Ag^+、Ti^+ 及铂族元素
柠檬酸	中性	Bi^{3+}、Cr^{3+}、Fe^{3+}、Sn^{4+}、Th^{4+}、Ti^{4+}、Zr^{4+} 等
NH_4F	4~6	Al^{3+}、Ti^{4+}、Sn^{4+}、Zr^{4+}、W^{6+} 等
	10	Al^{3+}、Mg^{2+}、Ca^{2+}、Sr^{2+}、Ba^{2+} 及稀土元素
硫脲	弱酸性	Cu^{2+}、Hg^{2+}、Ti^+
草酸	氨性溶液	Fe^{3+}、Al^{3+}、Th^{4+}、Mn^{2+}
三乙醇胺	碱性溶液	Fe^{3+}、Al^{3+}、Ti^{4+}、Sn^{4+} 及少量 Mn^{2+}
邻二氮菲	5~6	Cu^{2+}、Ni^{2+}、Zn^{2+}、Cd^{2+}、Hg^{2+}、Co^{2+}、Mn^{2+}
酒石酸	1.5~2	Sb^{3+}、Sn^{4+}、Fe^{3+}、Mn^{2+}
	5.5	Fe^{3+}、Al^{3+}、Sn^{4+}
	6~7.5	Mg^{2+}、Cu^{2+}、Fe^{3+}、Al^{3+}、Mo^{4+}、Sb^{3+}
	10	Al^{3+}、Sn^{4+}

2. 沉淀掩蔽法　是在溶液中加入一种沉淀剂与干扰离子生成一种难溶性的物质来降低干扰离子浓度以消除干扰。

3. 氧化还原掩蔽法　是利用氧化还原反应来改变干扰离子的价态以消除干扰。

采用掩蔽法对某一离子进行滴定后,再加入一种试剂,将已被掩蔽的离子释放出来,这种方法称为**解蔽**,具有解蔽作用的试剂称为**解蔽剂**。将掩蔽和解蔽方法联合使用,混合物不需分离可连续分别进行滴定。

点滴积累 $\bigvee$

条件稳定常数 K'_{MY} 表示在存在副反应的情况下的实际稳定常数,能反映在此情况下 MY 的实际稳定性和主反应进行的实际程度。 即条件稳定常数的大小,表示 MY 在受副反应影响的情况下的稳定性,及主反应在受副反应影响的情况下所能进行到的程度。

而稳定常数 K_{MY} 的大小仅仅能表示在忽略副反应的情况下,理论上 MY 的稳定性和主反应在理论上进行到的程度。

第三节　金属指示剂

配位滴定与其他滴定分析一样,要有适当的方法确定终点。在配位滴定中,常用一种能与金属离子生成有色配合物的显色剂,以它的颜色改变来确定滴定过程中金属离子浓度的变化,这种显色剂称为金属离子指示剂,简称金属指示剂。

一、金属指示剂的作用原理及条件

金属指示剂一般为有机染料 In,与被测金属离子 M 反应,生成一种与指示剂本身颜色不同的配合物 MIn。

滴定前先加入少量的指示剂于被测溶液中,指示剂 In 与一部分 M 反应生成 MIn 配合物。

$$M+In(甲色) \Longleftrightarrow MIn(乙色)$$

滴定加入 EDTA 后,EDTA 与大部分游离的 M 配位结合,当滴定至计量点附近时,游离的 M 浓度已降至很低。此时加入少许 EDTA 就可以夺取 MIn 中的 M,而使 In 游离出来,引起溶液的颜色突变,指示滴定终点。

滴定时:$M+Y \Longleftrightarrow MY$

终点:$MIn(乙色)+Y \Longleftrightarrow MY+In(甲色)$

虽然金属离子的显色剂很多,但用做金属指示剂时,必须具备下列条件:

1. 金属指示剂配合物 MIn 与指示剂 In 的颜色应显著区别,这样才能保证终点时颜色变化明显。

2. 对金属指示剂与金属离子的显色反应要求,显色反应要迅速灵敏,且有良好的可逆性,同时还应有一定的选择性。

3. 金属指示剂配合物 MIn 要有一定的稳定性,一般要求 MIn 的 $K'_{MIn} \geq 10^4$,并且其稳定性小于 MY 配合物的稳定性,即 $K'_{MY}/K'_{MIn} \geq 10^2$。这样可减小终点误差。

若指示剂与金属离子生成的配合物很稳定,在化学计量点时,即使过量的 EDTA,也不能把 In 从 MIn 中置换出来,使指示剂在化学计量点附近不发生颜色变化,这种现象称为指示剂的**封闭现象**。消除封闭现象采用以下两种方法:

(1)被测离子引起的封闭现象,采用返滴定法给予消除。

(2)干扰离子引起的封闭现象,采用加入掩蔽剂,掩蔽具有封闭作用的干扰离子。

4. 金属指示剂 In 和与金属离子形成的配合物 MIn 应可溶于水,指示剂性质稳定,便于储存和使用。

二、常用金属指示剂

配位滴定中常用金属指示剂的有关情况,见表 6-6。

表 6-6 常用金属指示剂

指示剂名称	适用 pH 范围	颜色变化 In	颜色变化 MIn	直接滴定的离子	指示剂配制方法
铬黑 T (简称 EBT)	8~10	蓝	红	Mg^{2+}、Zn^{2+}、Cd^{2+}、Pb^{2+}、Mn^{2+},稀土元素离子	EBT:NaCl 为 1:100(配制成固体合剂)或将 EBT 制成 0.5% 三乙醇胺的乙醇溶液

续表

指示剂名称	适用 pH 范围	颜色变化 In	颜色变化 MIn	直接滴定的离子	指示剂配制方法
钙指示剂（简称 NN）	12~13	蓝	红	Ca^{2+}	钙指示剂与 NaCl 按 1∶100 比例配成固体合剂
二甲酚橙（简称 XO）	<6	黄	红	pH<1:ZrO^{2+} pH 1~3:Bi^{3+}、Th^{4+} pH 5~6:Zn^{2+}、Pb^{2+}、Cd^{2+}、 Hg^{2+}、Ti^{3+}稀土元素	0.5%乙醇溶液或水溶液

1. 铬黑 T（EBT）　铬黑 T 是一种偶氮萘染料简称 EBT，为黑褐色固体粉末，固体相当稳定，水溶液容易产生聚合，聚合后不能与金属离子显色。

铬黑 T 溶于水后以阴离子的形式存在于水溶液中，可电离出两个 H^+，是二元弱酸，通常简写为 H_2In^- 离子形式。随着溶液的 pH 值不同，分两步电离，呈现三种颜色。在水溶液中，H_2In^- 离子存在下列平衡：

$$H_2In^- \rightleftharpoons HIn^{2-} \rightleftharpoons In^{3-}$$

pH<6.3　　pH=6.3~11.6　　pH>11.6

紫红　　　　　蓝　　　　　橙

当 pH<6.3 时，显紫红色，pH>11.6 时，显橙色，均与铬黑 T-金属离子配合物的红色相近，因此使用铬黑 T 时，需控制在 pH=6.3~11.6，最适宜的 pH 范围为 8~10。铬黑 T 常用于 EDTA 直接滴定 Mg^{2+}、Zn^{2+}、Pb^{2+}、Hg^{2+} 等离子及水的硬度测定的指示剂，终点时溶液由红色变为蓝色。

2. 钙指示剂（NN）　钙指示剂简称 NN，又称钙红，为紫色固体粉末。钙指示剂与 Ca^{2+} 形成酒红色配合物，常在 pH=12~13 时，作为滴定 Ca^{2+} 的指示剂，终点时溶液由酒红色变为蓝色。

3. 二甲酚橙（XO）　二甲酚橙简称 XO，紫红色固体粉末，易溶于水。二甲酚橙与金属离子形成的配合物呈红色，在 pH<6.3 的酸性溶液中，可作为 EDTA 直接滴定 Bi^{3+}、Pb^{2+}、Zn^{2+}、Cd^{2+}、Hg^{2+} 等离子时的指示剂，终点时溶液由红色变为亮黄色。

点滴积累 ∨ ....

1. 在配位滴定中，常用一种能与金属离子生成有色配合物的显色剂，以它的颜色改变来确定滴定过程中金属离子浓度的变化，这种显色剂称为金属离子指示剂，简称金属指示剂。

2. 金属指示剂一般为有机染料 In，与被测金属离子 M 反应，生成一种与指示剂本身颜色不同的配合物 MIn。

3. 金属指示剂配合物 MIn 要有一定的稳定性，一般要求 MIn 的 $K'_{MIn} \geq 10^4$，并且其稳定性又小于 MY 配合物的稳定性，即 $K'_{MY}/K'_{MIn} \geq 10^2$。

第四节　滴定液的配制与标定和配位滴定法的应用

一、滴定液的配制与标定

（一）EDTA 滴定液的配制与标定

1. 配制　EDTA 滴定液常用其二钠盐（$Na_2H_2Y \cdot 2H_2O$）配制。纯的 EDTA 二钠盐常含有少量的吸湿水，所以常用间接法配制。如配制 0.05mol/L 的 EDTA 滴定液 1000ml，可称取 19g $Na_2H_2Y \cdot 2H_2O$ 溶于 300ml 温纯化水中，冷却后稀释至 1000ml，摇匀即得。贮存于硬质玻璃瓶中，待准确标定。

2. 标定　EDTA 的标定常用 ZnO 或金属 Zn 为基准物，用 EBT 或二甲酚橙作指示剂。

精密称取在 800℃灼烧至恒重的基准物质 ZnO 约 0.2g，加稀盐酸 3ml 使之溶解，加纯化水 25ml，甲基红指示剂 1 滴，滴加稀氨水至溶液呈微黄色，再加纯化水 25ml，NH_3-NH_4Cl 缓冲溶液 10ml，铬黑 T 指示剂少许。用待标定的 EDTA 滴定至溶液由红色转为蓝色即为终点。

（二）$ZnSO_4$ 滴定液的配制与标定

1. 配制　间接法配制浓度为 0.05mol/L 的 $ZnSO_4$ 滴定液。称取 $ZnSO_4$ 约 8g，加稀盐酸 10ml 与适量纯化水溶解，稀释至 1000ml，摇匀，待标定。

2. 标定　吸取待标定的 $ZnSO_4$ 溶液 25.00ml，加甲基红指示剂 1 滴，滴定稀氨水至溶液呈微黄色，再加纯化水 25ml，NH_3-NH_4Cl 缓冲溶液 10ml，铬黑 T 指示剂少许，用 EDTA 滴定液滴定至溶液由红色转为蓝色即为终点。

二、配位滴定法的应用

配位滴定法应用非常广泛。主要应用于测定各种金属离子及与金属离子生成的各类盐的含量。在水质分析中，测定水的硬度。在食品分析中测定钙的含量。在药物分析中测定含金属离子各类药物的含量。如含钙离子的药物：氯化钙、乳酸钙、葡萄糖酸钙、枸橼酸钙等；含锌离子的药物：硫酸锌、枸橼酸锌、葡萄糖酸锌；含镁离子的药物，硫酸镁；含铝离子的药物，硫酸铝、氢氧化铝、复方氢氧化铝、氢氧化铝凝胶等；含铋的药物，枸橼酸铋钾、碱式碳酸铋、铝酸铋等。

配位滴定方式有直接滴定和返滴定法等类型。

1. 直接滴定法　直接滴定法是配位滴定法中基本方式。在一定条件下，金属离子与 EDTA 的配位反应能够满足滴定法的条件，就可直接用 EDTA 进行滴定。事实上，大多数金属离子都可以直接用 EDTA 滴定。

直接滴定法方便、简单、快速，引入误差机会少，测定结果的准确度较高，通常只要条件允许，应尽可能采用直接滴定法。只有在直接滴定法遇到困难时，才采用其他滴定法。

例如：在水中溶解了一定量的金属盐类，如钙盐和镁盐，常把溶解于水中的钙、镁离子的总量称为**水的硬度**。水的硬度是水质的一项重要指标。水的硬度表示方法通常是用每升水中钙、镁离子总量折算成 $CaCO_3$ 的毫克数表示。

用移液管准确量取水样 100.0ml,置 250ml 锥形瓶中,加 NH_3-NH_4Cl 缓冲液(pH≈10)10ml,铬黑 T 指示剂少许,用 EDTA 滴定液(0.01mol/L)滴定至溶液由紫红色变为纯蓝色。记录所消耗的 EDTA 滴定液的体积。按下式计算硬度:

$$硬度(CaCO_3\,mg/L) = \frac{c_{EDTA} \times V_{EDTA} \times M_{CaCO_3}}{V_{水}} \times 10^3$$

国家《生活饮用水卫生标准》中规定,生活饮用水的总硬度以 $CaCO_3$ 计,应不超过450mg/L。

2. 返滴定法　当被测金属离子有下列情况时,不宜用直接滴定法,可采用返滴定法。

(1)被测金属离子与 EDTA 的反应速率慢;

(2)直接滴定时,无适当的指示剂,或被测金属离子对指示剂有封闭作用;

(3)被测金属离子发生水解等副反应干扰测定。

铝盐因与 EDTA 的反应速率慢不能用 EDTA 直接滴定,只能采用返滴定法进行测定,滴定过程中的反应为:

$$滴定前:Al^{3+}+Y(过量)\Longleftrightarrow AlY$$

$$滴定:Y(剩余量)+Zn^{2+}\Longleftrightarrow ZnY$$

$$终点:Zn^{2+}+In(黄)\Longleftrightarrow ZnIn(紫红)$$

点滴积累 ╲╱

1. 配位滴定法常用的滴定液有 EDTA 滴定液及 $ZnSO_4$ 滴定液。

2. 配位滴定法应用非常广泛。 配位滴定方式有直接滴定和返滴定法等类型。

复习导图

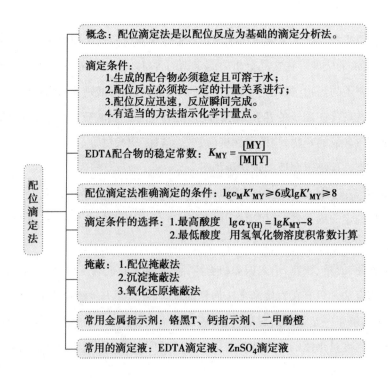

目标检测

一、选择题

1. EDTA 各型体中,直接与金属离子配位的是(　　　)

　　A. Y^{4-}　　　　　　　　B. H_6Y^{2+}　　　　　　　　C. H_4Y　　　　　　　　D. H_3Y^-

2. 配位滴定中为维持溶液的 pH 在一定范围内需加入(　　　)

　　A. 酸　　　　　　　　B. 碱　　　　　　　　C. 盐　　　　　　　　D. 缓冲溶液

3. 在 pH＝10 的溶液中,用 EDTA 滴定液测定 Mg^{2+},可选用的指示剂是(　　　)

　　A. 铬黑 T　　　　　　B. 二甲酚橙　　　　　C. 酚酞　　　　　　　D. 甲基橙

4. 在 Ca^{2+}、Mg^{2+} 混合溶液中,用 EDTA 滴定 Ca^{2+},要消除 Mg^{2+} 的干扰,宜采用(　　　)

　　A. 控制酸度法　　　　　　　　　　　B. 沉淀掩蔽法

　　C. 配位掩蔽法　　　　　　　　　　　D. 氧化还原掩蔽法

5. 在配位滴定的直接滴定法中,终点时,一般情况下溶液显示的颜色是(　　　)

　　A. 被测金属离子与 EDTA 形成的配合物 M-EDTA 的颜色

　　B. 被测金属离子与指示剂形成的配合物 M-In 的颜色

　　C. 游离金属指示剂 In 的颜色

　　D. 配合物 M-EDTA 和配合物 M-In 的混合色

6. 可标定 EDTA 溶液的基准物质是(　　　)

　　A. Mg　　　　　　　　B. Cu　　　　　　　　C. MgO　　　　　　　D. ZnO

7. 在 EDTA 配位滴定中,下列有关酸效应系数的叙述,正确的是(　　　)

　　A. 酸效应系数越大,配合物的稳定性愈大

　　B. 酸效应系数越小,配合物的稳定性愈大

　　C. pH 值愈大,酸效应系数愈大

　　D. 酸效应系数愈大,配位滴定曲线的 pM 突跃范围愈大

8. EDTA 的有效浓度［Y］与酸度有关,它随着溶液 pH 值增大而(　　　)

　　A. 增大　　　　　　　B. 减小　　　　　　　C. 不变　　　　　　　D. 先增大后减小

9. 用 EDTA 滴定液滴定金属离子 M,若要求相对误差小于 0.1%,则要求(　　　)

　　A. $c_M K'_{MY} \geqslant 10^6$　　　B. $c_M K'_{MY} \leqslant 10^6$　　　C. $K'_{MY} \geqslant 10^6$　　　D. $K'_{MY}\alpha_{Y(H)} \geqslant 10^6$

10. 产生金属指示剂的封闭现象是因为(　　　)

　　A. 指示剂不稳定　　　B. MIn 溶解度小　　　C. $K'_{MIn} < K'_{MY}$　　　D. $K'_{MIn} > K'_{MY}$

二、简答题

1. 为什么 EDTA 在碱性溶液中配位能力强?

2. 判断配位滴定的可行性为什么要用条件稳定常数?

3. EDTA 与金属离子的配位反应有什么特点?

4. 配位滴定的主反应式什么？有哪些副反应？

5. 金属离子指示剂为什么会发生封闭现象？

6. 配位滴定的酸度条件如何选择？

三、综合计算题

1. 吸取水样 100.0ml，以铬黑 T 为指示剂，用 0.010 25mol/L 的 EDTA 滴定，用去 22.02ml，求以 $CaCO_3(mg/L)$ 表示时水的总硬度。（M_{CaCO_3} = 100.1g/mol）

2. 称取葡萄糖酸钙（$C_{12}H_{22}CaO_{14} \cdot H_2O$）样品 0.5416g，溶解后，在 pH = 10 的 NH_3-NH_4Cl 缓冲溶液中，用 0.050 02mol/L 的 EDTA 滴定液滴定，用去 24.01ml，求样品中葡萄糖酸钙的含量。（$M_{葡萄糖酸钙}$ = 448.40g/mol）

3. 精密称取 Na_2SO_4 试样 0.2032g，溶解后加 0.050 00mol/L 的 $BaCl_2$ 滴定液 25.00ml，再用 0.050 00mol/L 的 EDTA 滴定液返滴剩余的 Ba^{2+}，用去 6.30ml，求试样中 Na_2SO_4 的含量。（$M_{Na_2SO_4}$ = 142.1g/mol）

（孙　倩）

第七章

沉淀滴定法

导言 ∨

　　氯化钠注射液，用于各种原因所致的失水，包括低渗性、等渗性和高渗性失水；高渗性非酮症糖尿病昏迷，应用等渗或低渗氯化钠可纠正失水和高渗状态；低氯性代谢性碱中毒；外用生理盐水冲洗眼部、洗涤伤口等；还用于产科的水囊引产。《中国药典》规定氯化钠注射液的含量采用银量法测定。人们根据卤素离子一个明显的特征反应，能与Ag^+迅速生成难溶性银盐沉淀，利用此沉淀反应建立了沉淀滴定法中常用的分析方法——银量法。

第一节　沉淀滴定法概述

　　沉淀滴定法是以沉淀反应为基础的滴定分析法。能生成沉淀的反应虽然很多，但能用于滴定分析的反应并不多，能用于沉淀滴定的反应必须符合下列条件：

1. 沉淀的溶解度必须很小（一般小于$10^{-6}g/ml$）。

2. 沉淀反应必须迅速、定量地完成。

3. 沉淀的吸附现象不能影响滴定终点的确定。

4. 有适当的方法确定滴定终点。

由于受上述条件的限制，目前应用较为广泛的是生成难溶性银盐的反应，例如：

$$Ag^+ + Cl^- \rightleftharpoons AgCl \downarrow$$

$$Ag^+ + SCN^- \rightleftharpoons AgSCN \downarrow$$

这种利用生成难溶性银盐反应的沉淀滴定法称为**银量法**。该方法常用于测定含Cl^-、Br^-、I^-和SCN^-、Ag^+等离子的化合物含量，在药物分析中也常用来测定能生成难溶性银盐的有机化合物的含量。除银量法以外，还有其他沉淀滴定法，本章只讨论银量法。根据指示剂的不同，银量法可分为铬酸钾指示剂法、吸附指示指示剂法和铁铵矾指示剂法。

点滴积累 ∨

　　1. 银量法分类　根据指示剂不同可分为铬酸钾指示剂法、吸附指示剂法、铁铵矾指示剂法。

　　2. 应用范围　测定含Cl^-、Br^-、I^-和SCN^-、Ag^+等离子的化合物含量。

第二节　银量法

一、铬酸钾指示剂法

（一）测定原理

铬酸钾指示剂法（又称莫尔法）是以 K_2CrO_4 为指示剂，$AgNO_3$ 溶液为滴定液，在中性或弱碱性溶液中，直接测定可溶性氯化物和溴化物含量的银量法。

以测定 NaCl 为例讨论其测定原理。滴定过程中，滴定体系内存在 Cl^- 和 CrO_4^{2-} 离子，由于 AgCl 的溶解度（1.25×10^{-5} mol/L）小于 Ag_2CrO_4 的溶解度（1.03×10^{-4} mol/L），根据分步沉淀的原理，首先析出的是 AgCl 沉淀。随着 $AgNO_3$ 滴定液的不断加入，AgCl 沉淀不断生成，溶液中 Cl^- 浓度越来越小，当溶液中的 Cl^- 沉淀完全时，稍过量的 $AgNO_3$ 即可使溶液中 $[Ag^+]^2[CrO_4^{2-}] \geqslant K_{sp}(Ag_2CrO_4)$，立即生成砖红色的 Ag_2CrO_4 沉淀，以指示滴定终点的到达。其反应式为：

终点前：$Ag^+ + Cl^- \Longrightarrow AgCl \downarrow$（白色）

终点时：$2Ag^+ + CrO_4^{2-} \Longrightarrow Ag_2CrO_4 \downarrow$（砖红色）

> **知识链接**
>
> 分 步 沉 淀
>
> 当溶液中同时存在几种离子（如 Cl^-、Br^-、I^-）均可与所加的试剂（$AgNO_3$）发生沉淀反应时，若它们的起始浓度接近，则沉淀溶解度小的离子先沉淀（AgI），沉淀溶解度大的离子后沉淀（AgCl），这种先后沉淀的现象称为分步沉淀。

▶ **课堂活动**

使用铬酸钾指示剂法测定 Br^- 或 Cl^- 时，滴定终点前，加入的滴定液 Ag^+ 为何不会与加入的指示剂 CrO_4^{2-} 生成 Ag_2CrO_4 沉淀？

（二）滴定条件

1. 指示剂的用量　指示剂的加入量应当控制在化学计量点附近恰好生成 Ag_2CrO_4 沉淀为宜。若指示剂用量过多，则使溶液中的卤素离子尚未沉淀完全时，就生成 Ag_2CrO_4 的砖红色沉淀，导致终点提前，产生负误差；若用量过小，即使在计量点时，稍过量的 $AgNO_3$ 也不能生成 Ag_2CrO_4 沉淀，使终点推迟，产生正误差。计量点时 K_2CrO_4 指示剂的理论用量可根据溶度积常数计算如下：

$$[Ag^+][Cl^-] = K_{sp}(AgCl) = 1.56 \times 10^{-10} \qquad \text{式（7-1）}$$

$$[Ag^+]^2[CrO_4^{2-}]=K_{sp}(Ag_2CrO_4)=1.1\times10^{-12} \qquad 式(7\text{-}2)$$

反应到达计量点时溶液中$[Ag^+]$由式(7-1)计算如下：

$$[Ag^+]=[Cl^-]=\sqrt{K_{sp}(AgCl)}=\sqrt{1.56\times10^{-10}}=1.25\times10^{-5}(mol/L)$$

再根据式(7-2)计算计量点时溶液中$[CrO_4^{2-}]$：

$$[CrO_4^{2-}]=\frac{K_{sp}(Ag_2CrO_4)}{[Ag^+]^2}=\frac{1.1\times10^{-12}}{(1.25\times10^{-5})^2}=7.1\times10^{-3}(mol/L)$$

在实际测定中，由于CrO_4^{2-}显黄色，浓度较高时会掩盖Ag_2CrO_4的砖红色沉淀，影响终点的确定，故指示剂的实际用量应比理论计算量略低一些。实践证明，一般$[CrO_4^{2-}]$约为$5\times10^{-3}mol/L$较为合适。通常反应液体积为50~100ml，则加入5%(g/ml)铬酸钾指示剂1~2ml即可。

2. 溶液的酸度 K_2CrO_4指示剂法只能在中性或弱碱性(pH为6.5~10.5)溶液中进行。

若溶液为酸性(pH≤6.5)时，则CrO_4^{2-}与H^+结合，使下列平衡向右移动，导致$[CrO_4^{2-}]$减小，化学计量点时$[Ag]^2[CrO_4^{2-}]<K_{sp}(Ag_2CrO_4)$，不能形成$Ag_2CrO_4$沉淀。

$$2CrO_4^{2-}+2H^+\Longleftrightarrow2HCrO_4^-\Longleftrightarrow Cr_2O_7^{2-}+H_2O$$

若溶液为强碱性(pH≥10.5)，则会发生副反应，生成Ag_2O褐色沉淀。其反应为：

$$2Ag^++2OH^-\Longleftrightarrow2AgOH\downarrow$$

$$2AgOH\Longleftrightarrow Ag_2O\downarrow+H_2O$$

当溶液的碱性太强时，可用稀HNO_3调整pH；当溶液的酸性太强时，可用$NaHCO_3$、$CaCO_3$或$Na_2B_4O_7\cdot10H_2O$等调整pH。

3. 滴定不能在氨碱性溶液中进行 因为$AgCl$和Ag_2CrO_4均能与NH_3反应生成$[Ag(NH_3)_2]^+$而使沉淀溶解。

▶▶ **课堂活动**

请问能否用铬酸钾指示剂法测定NH_4Cl的含量，若能，该如何控制酸度条件？

4. 排除干扰离子 对铬酸钾指示剂法产生干扰的离子较多，若溶液中存在能与CrO_4^{2-}生成沉淀的阳离子如Ba^{2+}、Pb^{2+}、Bi^{3+}；能与Ag^+生成沉淀的阴离子如PO_4^{3-}、AsO_4^{3-}、CO_3^{2-}、S^{2-}、$C_2O_4^{2-}$；有色离子如Cu^{2+}、Co^{2+}、Ni^{2+}或在中性、弱碱性溶液中易水解的离子如Fe^{3+}、Al^{3+}等，对滴定测定均有干扰，必须预先将其掩蔽或分离。

滴定时应充分振摇，以释放出被$AgCl$和$AgBr$沉淀吸附的Cl^-和Br^-，防止终点提前。

另外，铬酸钾指示剂法不宜用于直接测定I^-、SCN^-，因为AgI、$AgSCN$沉淀对其离子具有较强的吸附作用，从而产生较大的测定误差。

二、吸附指示剂法

吸附指示剂法(又称法扬司法)是用吸附指示剂确定滴定终点，以$AgNO_3$溶液为滴定液测定卤化物的银量法。

（一）测定原理

吸附指示剂是一种有机染料，在溶液中电离出的离子呈现出某种颜色，当其被带电的沉淀胶粒吸附时，结构发生改变而导致其颜色发生变化，以指示滴定终点的到达。例如，以荧光黄为指示剂，用 $AgNO_3$ 滴定液测定 Cl^- 时的作用原理如下。

吸附指示剂
变色原理

荧光黄本身是一种有机弱酸，可用 HFIn 来表示，在水溶液中可离解为 H^+ 和 FIn^-，即：

$$HFIn \Longleftrightarrow H^+ + FIn^-（黄绿色）$$

FIn^- 阴离子为黄绿色，在计量点前，溶液中的 Cl^- 较多，AgCl 胶粒优先吸附 Cl^- 使胶粒带负电荷（$AgCl \cdot Cl^-$），因排斥而不吸附 FIn^-，溶液仍呈黄绿色。当滴定至稍过计量点时，溶液中的 Ag^+ 过量，AgCl 胶粒则优先吸附 Ag^+ 使胶粒带正电荷（$AgCl \cdot Ag^+$），带正电荷的胶粒通过静电引力吸附指示剂的 FIn^-，生成了吸附化合物（$AgCl \cdot Ag^+ \cdot FIn^-$），导致指示剂的结构发生变化，而使沉淀的表面呈现微红色，以指示滴定到达终点。吸附反应过程可用下列式子表示：

终点前：$AgCl + Cl^- + FIn^- \Longleftrightarrow AgCl \cdot Cl^- + FIn^-$（黄绿色）

终点时：$AgCl \cdot Ag^+ + FIn^-$（黄绿色）$\Longleftrightarrow AgCl \cdot Ag^+ \cdot FIn^-$（粉红色）

> **知识链接**
>
> ### 表 面 吸 附
>
> 表面吸附是由于沉淀表面的离子电荷未达到平衡，它们的残余电荷吸引了溶液中带相反电荷的离子。这种吸附是有选择性的：沉淀物首先吸附与自身相同或相近，电荷相等的离子；其次，能与沉淀中的离子生成溶解度较小的物质的离子；价数越高、浓度越大的离子则容易被吸附。

（二）滴定条件

1. 保持沉淀呈胶体状态　滴定前应加入糊精或淀粉等亲水性的高分子化合物，防止胶粒的凝聚，使 AgX 沉淀保持溶胶状态，以增大吸附表面积，使终点颜色变化敏锐。

2. 控制溶液的酸度在适当的范围　吸附指示剂大多是有机弱酸，而起指示作用的主要是阴离子，为了使指示剂主要以阴离子形态存在，必须控制溶液的酸度在一定的范围内，使其有利于指示剂的电离。对于 K_a 值较小（酸性较弱）的吸附指示剂，溶液的酸度要低些；对于 K_a 值较大的吸附指示剂，溶液的酸度可适当高些。常用吸附指示剂使用的适宜酸度见表 7-1。

表 7-1　常用的吸附指示剂

指示剂	待测离子	滴定液	适用 pH 范围	颜色变化
荧光黄	Cl^-	Ag^+	7~10	黄绿色→微红色
二氯荧光黄	Cl^-	Ag^+	4~10	黄绿色→红色
曙红	Br^-、I^-、SCN^-	Ag^+	2~10	橙色→紫红色

续表

指示剂	待测离子	滴定液	适用 pH 范围	颜色变化
二甲基二碘荧光黄	I^-	Ag^+	中性	橙红色→蓝红色
酚藏红	Cl^-、Br^-	Ag^+	酸性	红色→蓝色

▶▶ **课堂活动**

请您解释为什么对于 K_a 值较小（酸性较弱）的吸附指示剂，滴定时要求溶液的酸度要低些；对于 K_a 值较大的吸附指示剂，要求溶液的酸度可适当高一些的理由吗？

3. 避免在强光照射下滴定　因为卤化银遇光照射会分解析出金属银，使沉淀变成灰黑色，影响滴定终点的观察。

4. 选择吸附力适当的指示剂　卤化银胶体微粒对待测离子的吸附力应略大于对指示剂的吸附力。这样可使计量点前胶体微粒吸附待测离子，当滴定稍过计量点时，胶体粒子就能立刻吸附指示剂离子而变色。若沉淀对指示剂阴离子的吸附力大于对待测离子的吸附力，则在计量点前即吸附指示剂而发生颜色的改变，使终点提前。但胶体微粒对指示剂的吸附力也不能太小，否则计量点后不能立即变色，使终点拖后。卤化银胶粒对卤素离子和几种常见的吸附指示剂的吸附能力的大小顺序如下：

$$I^->二甲基二碘荧光黄>Br^->曙红>Cl^->荧光黄$$

例如，测定 Br^- 时不能用二甲基二碘荧光黄（应选用曙红），因为 AgBr 沉淀对二甲基二碘荧光黄的吸附力大于对 Br^- 的吸附力，这样就会导致终点提前而产生误差。所以对不同的被测离子，选用不同的吸附指示剂。吸附指示剂的种类很多，常用的几种吸附指示剂见表 7-1。

▶▶ **课堂活动**

使用吸附指示剂法测定 I^- 或 Cl^- 时，分别最适合使用哪种指示剂？ 为什么？

三、铁铵矾指示剂法

铁铵矾指示剂法（又称佛尔哈德法）是以铁铵矾 $[NH_4Fe(SO_4)_2 \cdot 12H_2O]$ 为指示剂，用 NH_4SCN 或 KSCN 溶液为滴定液，在酸性溶液中测定可溶性银盐和卤素化合物的银量法，根据测定对象的不同，该方法可分为直接滴定法和返滴定法。

（一）测定原理

1. 直接滴定法　是以铁铵矾 $[NH_4Fe(SO_4)_2 \cdot 12H_2O]$ 为指示剂，NH_4SCN 或 KSCN 溶液为滴定液，在酸性溶液中直接测定可溶性银盐的方法。其反应式为：

终点前：$Ag^+ + SCN^- \rightleftharpoons AgSCN \downarrow$（白色）

终点时：$Fe^{3+} + SCN^- \rightleftharpoons [FeSCN]^{2+}$（红色）

2. 返滴定法　用于测定卤素离子,方法是首先向溶液中加入定量过量的 $AgNO_3$ 滴定液,过量的 Ag^+ 与 X^- 作用全部生成 AgX 沉淀。然后再以 $NH_4Fe(SO_4)_2 \cdot 12H_2O$ 为指示剂,用 NH_4SCN 或 KSCN 溶液为滴定液,滴定剩余的 Ag^+,其反应如下:

ER-7-2

滴定前:Ag^+(过量)$+X^- \Longrightarrow AgX \downarrow$

滴定时:Ag^+(剩余)$+SCN^- \Longrightarrow AgSCN \downarrow$(白色)

终点时:$Fe^{3+}+SCN^- \Longrightarrow [Fe(SCN)]^{2+}$(红色)

铁铵矾指示
剂 法——返
滴定法

(二) 测定条件

1. 适量指示剂　从滴定原理分析知道,增加铁铵矾指示剂中 Fe^{3+} 的浓度可以减小终点时 SCN^- 的浓度,减小误差。在实际工作中,在 50~100ml 溶液中常加入 10%铁铵矾指示剂 2ml,所产生的误差不超过滴定分析对误差的要求。

2. 控制溶液酸度　铁铵矾指示剂法应在酸性($[HNO_3]$ 为 0.1~1mol/L)溶液中进行,否则指示剂中的 Fe^{3+} 在中性及碱性(pH≥6)溶液中易水解形成棕红色的 $[Fe(H_2O)_5OH]^{2+}$,影响终点观察,甚至产生 $Fe(OH)_3$ 沉淀,失去指示剂作用。

3. 充分振摇　滴定过程中,始终要充分振摇锥形瓶,以防止生成的 AgSCN 沉淀吸附 Ag^+,使溶液中 Ag^+ 浓度降低,致使滴定终点提前。

4. 返滴定法测定 Cl^- 时,应防止沉淀转化　由于 AgCl 的溶解度($1.25×10^{-5}$mol/L)大于 AgSCN 的溶解度($1.0×10^{-6}$mol/L),终点时,当溶液中剩余的 Ag^+ 被滴定完全,过量的 SCN^- 会夺取 AgCl 中的 Ag^+,发生沉淀的转化:

$$AgCl+SCN^- \Longrightarrow AgSCN \downarrow +Cl^-$$

使终点本应产生或已经产生的 $[Fe(SCN)]^{2+}$(红色)逐渐消失,增加 SCN^- 滴定液的消耗量,导致滴定终点推迟,测定结果偏低。

防止沉淀转化应采取的措施:①滴定前将 AgCl 沉淀从溶液中过滤除去,再用 SCN^- 滴定液滴定滤液。②生成 AgCl 沉淀后,向反应液中加入 1~3ml 硝基苯或异戊醇,并强烈振摇,使 AgCl 沉淀表面形成一层保护膜,减少 AgCl 沉淀和 SCN^- 的接触,防止沉淀转化。

5. 分离干扰离子　强氧化剂、Cu^{2+}、Hg^{2+} 等能与 SCN^- 起反应,干扰测定,应预先除去。

另外,滴定 I^- 时应先加入过量的 $AgNO_3$ 滴定液,待 I^- 沉淀完全后,再加铁铵矾指示剂,防止 I^- 被 Fe^{3+} 氧化为 I_2($2Fe^{3+}+2I^- \Longrightarrow 2Fe^{2+}+I_2$)影响测定结果。

点滴积累 ∨

1. 铬酸钾指示剂法的酸度条件为中性或弱碱性(pH 为 6.5~10.5),终点生成 Ag_2CrO_4 砖红色沉淀,用于 Cl^- 和 Br^- 的测定。

2. 铁铵矾指示剂法的酸度条件为酸性(HNO_3),终点生成 $[Fe(SCN)]^{2+}$ 淡红色溶液,用于 Ag^+ 和 X^- 的测定。

3. 吸附指示剂法的酸度条件由吸附指示剂确定,终点呈指示剂阴离子被沉淀胶粒吸附时的颜色,用于 X^- 的测定。

第三节　滴定液的配制与标定和银量法的应用

一、滴定液的配制与标定

银量法所用的滴定液是硝酸银和硫氰酸铵(或硫氰酸钾)溶液。

（一）$AgNO_3$ 滴定液的配制与标定

$AgNO_3$ 滴定液的配制既可以用直接配制法也可以用间接配制法。

1. 直接配制法　精密称取一定量的 $AgNO_3$ 基准物质(经过 110℃ 干燥至恒重)，用纯化水配制成一定体积的溶液，计算其准确浓度，并储存于棕色试剂瓶中，贴上标签备用。

2. 间接配制法　称取一定量的分析纯 $AgNO_3$，先配制成近似浓度的溶液，再用基准物质 NaCl(经过 110℃ 干燥至恒重)标定，计算其准确浓度。

知识链接

恒　重

恒重系指供试品连续两次干燥或炽灼后称重的差异在 0.3mg（《中国药典》规定）以下的重量。 恒重的目的是检查在一定温度条件下试样经过加热后其中挥发性成分是否挥发完全。

（二）NH_4SCN 滴定液的配制与标定

由于 NH_4SCN 易吸湿，并常含有杂质，很难达到基准试剂所要求的纯度，故配制 NH_4SCN 滴定液只能用间接配制法。先配制成近似浓度的溶液，然后以铁铵矾为指示剂，用基准 $AgNO_3$(经过 110℃ 干燥至恒重)标定，或者用 $AgNO_3$ 滴定液比较法标定。

二、银量法的应用

（一）无机卤素化合物和有机氢卤酸盐的测定

许多可溶性的无机卤化物如 $NaCl$、$CaCl_2$、NH_4Cl、KBr、NH_4Br、KI、NaI、CaI_2 等及某些有机碱的氢卤酸盐如盐酸麻黄碱，均可用银量法测定。

（二）有机卤化物的测定

银量法不仅可以测定无机卤化物，也可以测定有机卤化物。但由于有机卤化物中的卤素原子与碳原子结合较牢固，一般不能直接采用银量法进行测定，必须经过适当的处理，使有机卤化物中的卤素以卤离子的形式进入溶液后，再用银量法测定。下面介绍常用的氢氧化钠水解法和氧瓶燃烧法。

1. 氢氧化钠水解法　该法是将样品(如脂肪族卤化物或卤素结合在苯环侧链上类似脂肪族卤化物)与氢氧化钠水溶液加热回流煮沸，使有机卤素原子以卤离子(X^-)的形式进入溶液中，待溶液冷却后，再用稀 HNO_3 酸化，然后用铁铵矾指示剂法测定释放出来的卤离子。水解反应如下：

$$RCH_2 - X + NaOH \xrightarrow{\Delta} RCH_2 - OH + NaX$$

例如溴米索伐的测定：精密称取本品约 0.3g，置入 250ml 的锥形瓶中，加 1mol/L 的 NaOH 溶液 40ml，沸石 2～3 粒，用小火慢慢加热至沸腾维持约 20 分钟。冷却至室温后，加入 6mol/L 的 HNO_3 10ml，$AgNO_3$ 滴定液（0.1mol/L）25.00ml，振摇使 Br^- 反应完全后，加入铁铵矾指示剂 2ml，用 NH_4SCN 滴定液（0.1mol/L）滴定至溶液为淡棕红色即为终点。

溴米索伐的结构式为：

$$\omega_{C_6H_{11}BrN_2O_2}=\frac{\left[(cV)_{AgNO_3}-(cV)_{NH_4SCN}\right]M_{C_6H_{11}BrN_2O_2}\times10^{-3}}{m_S}$$

2. 氧瓶燃烧法　将样品用无灰滤纸包好，放入燃烧瓶中，夹在燃烧瓶的铂金丝下部，瓶内加入适当的吸收液（如 NaOH、H_2O_2 或两者的混合液），然后充入氧气，点燃，待燃烧完全后，充分振摇至燃烧瓶内白色烟雾完全被吸收为止。然后用银量法测定其含量。本法是分解有机化合物比较通用的方法。

例如二氯酚的含量测定：精密称取本品 20mg，用氧瓶燃烧法破坏，用 10ml 0.1mol/L 的 NaOH 溶液与 2ml H_2O_2 组成的混合液作为吸收液，待反应完全后，微微煮沸 10 分钟，除去多余的 H_2O_2，冷却至室温后，再加稀 HNO_3 5ml，$AgNO_3$ 滴定液（0.02mol/L）25.00ml，振摇使 Cl^- 沉淀完全后过滤，用纯化水洗涤沉淀，合并滤液，以铁铵矾为指示剂，用 NH_4SCN 滴定液（0.02mol/L）滴定滤液。每 1 分子二氯酚经氧瓶燃烧法破坏后能产生 2 个 Cl^-，按上法计算。

（三）形成难溶性银盐的有机化合物的测定

银量法可用于测定生成难溶性银盐的有机化合物，如巴比妥类药物的含量。巴比妥类药物为巴比妥酸（丙二酰脲）的衍生物，由于本类药物都具有 1,3-二酰亚胺基团（-CO-NH-CO-），其分子形成烯醇式结构，在水溶液中发生二级电离呈弱酸性，所以其能与碳酸钠或氢氧化钠反应形成水溶性钠盐，其钠盐与 $AgNO_3$ 反应，首先生成可溶性的一银盐，当 $AgNO_3$ 溶液稍过量时，便可生成难溶性的二银盐白色沉淀，以此指示滴定终点的到达。

例如：银量法测定巴比妥类药物的含量，就是利用生成难溶性的二银盐白色沉淀，并以此指示滴定终点。此法虽然操作简便，专属性强，但不易观察出现浑浊的终点，为了减小目测带来的误差和温度变化的影响，经试验采用甲醇和 3% 的无水碳酸钠作为滴定溶剂，采用银-玻璃电极系统，以电位法指示终点，可提高测定结果的准确度。

点滴积累 ∨ ⋯⋯⋯

1. $AgNO_3$ 滴定液配制方法为直接法或间接法，标定基准物质为 NaCl，《中国药典》（2015 年版）规定的标定方法是吸附指示剂法。

2. NH_4SCN 滴定液配制方法为间接法，基准物质为 $AgNO_3$。也常采用以 $AgNO_3$ 滴定液比较标定。

3. 银量法常用于测定含 Cl^-、Br^-、I^- 和 SCN^-、Ag^+ 等离子无机化合物含量，也可以测定经处理后能定量产生这些离子的有机化合物的含量，在药物分析中也常用来测定能生成难溶性银盐的有机化合物的含量。

复习导图

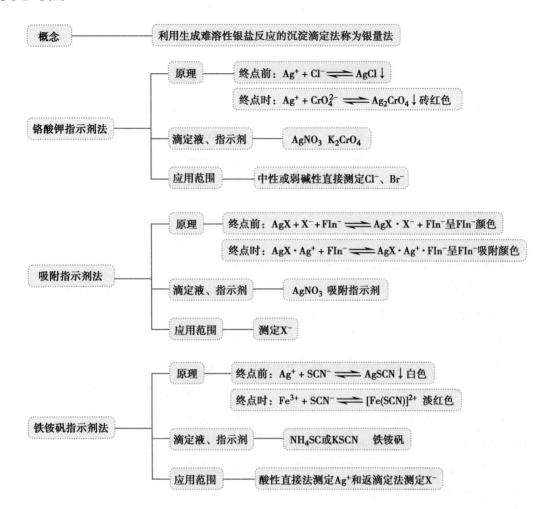

概念 —— 利用生成难溶性银盐反应的沉淀滴定法称为银量法

铬酸钾指示剂法
- 原理
  - 终点前：$Ag^+ + Cl^- \rightleftharpoons AgCl\downarrow$
  - 终点时：$Ag^+ + CrO_4^{2-} \rightleftharpoons Ag_2CrO_4\downarrow$ 砖红色
- 滴定液、指示剂 —— $AgNO_3$　K_2CrO_4
- 应用范围 —— 中性或弱碱性直接测定Cl^-、Br^-

吸附指示剂法
- 原理
  - 终点前：$AgX + X^- + FIn^- \rightleftharpoons AgX \cdot X^- + FIn^-$呈$FIn^-$颜色
  - 终点时：$AgX \cdot Ag^+ + FIn^- \rightleftharpoons AgX \cdot Ag^+ \cdot FIn^-$呈$FIn^-$吸附颜色
- 滴定液、指示剂 —— $AgNO_3$ 吸附指示剂
- 应用范围 —— 测定X^-

铁铵矾指示剂法
- 原理
  - 终点前：$Ag^+ + SCN^- \rightleftharpoons AgSCN\downarrow$ 白色
  - 终点时：$Fe^{3+} + SCN^- \rightleftharpoons [Fe(SCN)]^{2+}$ 淡红色
- 滴定液、指示剂 —— NH_4SC或$KSCN$　铁铵矾
- 应用范围 —— 酸性直接法测定Ag^+和返滴定法测定X^-

目标检测

一、选择题

（一）单项选择题

1. 用吸附指示剂法测定氯化物应选用的指示剂为(　　)

　　A. 二甲基二碘荧光黄　　B. 曙红　　　　C. 荧光黄　　　　D. 甲基紫

2. 下列离子能用铬酸钾指示剂法测定的是(　　)

　　A. Cl^-　　　　　　　　B. Ag^+　　　　　C. SCN^-　　　　D. I^-

3. 用吸附指示剂法测定 NaCl 含量时,在终点前 AgCl 沉淀优先吸附(　　)

　　A. Ag^+　　　　　　　　　　　　　　　B. Cl^-

　　C. 荧光黄指示剂阴离子　　　　　　　　　D. Na^+

4. 铬酸钾指示剂法,若按理论量加入指示剂造成(　　)

　　A. 滴定终点提前　　　　　　　　　　　　B. 黄色太深,终点推迟

　　C. 滴定误差最小　　　　　　　　　　　　D. 无法确定终点

5. 银量法分类的依据是(　　)不同

　　A. 滴定液　　　　　　　B. 生成的沉淀　　　　　C. 指示剂　　　　　　D. 分析对象

6. 铁铵矾指示剂法测定下列哪一种离子时,应防止沉淀转化(　　)

　　A. Ag^+　　　　　　　B. Cl^-　　　　　　　C. I^-　　　　　　　D. Br^-

7. AgCl 比 Ag_2CrO_4 先沉淀的原因是(　　)

　　A. AgCl 颗粒比 Ag_2CrO_4 小　　　　　　　B. AgCl 溶度积比 Ag_2CrO_4 小

　　C. AgCl 溶解度比 Ag_2CrO_4 小　　　　　　D. AgCl 溶解度比 Ag_2CrO_4 大

8. 铬酸钾指示剂法只能在 pH=6.5~10.5 的溶液中进行,碱性过强会造成(　　)

　　A. Ag_2CrO_4 沉淀溶解　　B. 生成 Ag_2O　　　C. 不能生成沉淀　　　D. 无法确定终点

9. 铁铵矾指示剂法滴定终点时生成(　　)

　　A. AgCl　　　　　　　B. AgSCN　　　　　　C. $[Fe(SCN)]^{2+}$　　D. Ag_2CrO_4

10. 吸附指示剂法为保持沉淀呈胶体状态,滴定前应加入(　　)

　　A. 硝基苯　　　　　　B. 糊精　　　　　　　C. HNO_3　　　　　　D. AgCl

11. 铁铵矾指示剂法的返滴法常用于测定(　　)

　　A. Ba^{2+}　　　　　　B. Ag^+　　　　　　　C. X^-　　　　　　　D. NO_3^-

12. 用铬酸钾指示剂法测定 NaBr 时,指示剂用量过多会使(　　)

　　A. 终点推迟,测定结果偏高　　　　　　　　B. 终点推迟,测定结果偏低

　　C. 终点提前,测定结果偏高　　　　　　　　D. 终点提前,测定结果偏低

13. 铁铵矾指示剂法测定 Ag^+ 时,滴定方式为(　　)

　　A. 置换滴定法　　　　B. 间接滴定法　　　　C. 返滴定法　　　　　D. 直接滴定法

14. 吸附指示剂法使用的滴定液为(　　)

　　A. NH_4SCN　　　　　B. KSCN　　　　　　C. K_2CrO_4　　　　　D. $AgNO_3$

15. 铁铵矾指示剂法测定 X^- 时,滴定方式为(　　)

　　A. 直接滴定法　　　　B. 间接滴定法　　　　C. 返滴定法　　　　　D. 置换滴定法

(二)多项选择题

1. 能用于沉淀滴定法的化学反应必须具备的条件是(　　)

　　A. 沉淀的溶解度必须很小　　　　　　B. 有适当方法确定滴定终点

　　C. 沉淀反应必须迅速定量完成　　　　D. 必须在酸性条件下

　　E. 沉淀的吸附现象不能影响滴定终点的确定

2. 铬酸钾指示剂法中,K_2CrO_4 指示剂用量过多则(　　)

　　A. 对终点没有影响　　　　B. 终点推迟　　　　　　C. 测定结果偏低

　　D. 终点提前　　　　　　　E. 测定结果偏高

3. 下列物质可用银量法测定的是(　　)

　　A. 无机卤化物　　　　　　B. 有机卤化物　　　　　　C. 有机碱的氢卤酸盐

　　D. 硫氰酸盐　　　　　　　E. 银盐

4. 银量法测定有机卤化物时,常用的处理方法有(　　)

　　A. 氢氧化钠水解法　　　　B. 高锰酸钾氧化法　　　　C. 氧瓶燃烧法

　　D. 硝酸氧化法　　　　　　E. H_2O_2 氧化法

5. 银量法按照指示终点的方法不同可分为(　　)

　　A. 铬酸钾指示剂法　　　　B. 高锰酸钾法　　　　　　C. 碘量法

　　D. 吸附指示剂法　　　　　E. 铁铵矾指示剂法

二、简答题

1. 沉淀滴定法滴定反应必须具备的条件? 银量法的类型和用途?

2. 吸附指示剂法在滴定前,为什么要加入糊精或淀粉等亲水性的高分子化合物?

3. 铁铵矾指示剂法测定 Cl^- 时,防止沉淀转化应采取什么措施?

4. 简述吸附指示剂的作用原理和选择原则。

5. 简述铬酸钾指示剂法指示剂用量对终点的影响和实际测定中的用量。

三、综合计算题

1. 精密称取食盐 0.2015g 溶于水,以铬酸钾为指示剂,用 0.1002mol/L $AgNO_3$ 滴定液滴定,终点时消耗 24.60ml,做空白实验用去 $AgNO_3$ 滴定液 0.06ml,计算食盐中 NaCl 的含量为多少? 请回答用什么仪器盛装 $AgNO_3$ 溶液? 该仪器应如何处理? ($M_{NaCl}=58.44g/mol$)

2. 精密称取 NaCl 基准物质 0.1202g 溶解后,加入适量的糊精溶液和荧光黄指示剂,用待标定的 $AgNO_3$ 滴定液滴定,终点时消耗 $AgNO_3$ 滴定液 21.10ml,计算 $AgNO_3$ 滴定液的浓度。请回答加入适量糊精的作用? 能否改用曙红为指示剂? 为什么? ($M_{NaCl}=58.44g/mol$)

3. 精密称取 KBr 试样 0.2000g,加水溶解后,加入 0.1205mol/L $AgNO_3$ 滴定液 20.00ml,以铁铵矾为指示剂,用 0.1125mol/L 的 NH_4SCN 滴定液返滴剩余的 $AgNO_3$ 滴定液,终点时消耗 6.80ml,计算 KBr 试样的质量分数。请回答该实验采用的滴定方式是什么? 用什么仪器加入 $AgNO_3$ 滴定液? ($M_{KBr}=119.00g/mol$)

4. 精密量取 0.1005mol/L 的 $AgNO_3$ 滴定液 20.00ml 置于锥形瓶中,加 6mol/L 的硝酸 2ml 酸化,加铁铵矾指示剂 1ml,用待标定 NH_4SCN 滴定液滴定至上清液出现淡红色为终点,用去 19.80ml,计算 NH_4SCN 滴定液的浓度。请回答此法属于什么标定法?

5. 精密称取银合金 0.3265g 溶于硝酸中,用 0.1032mol/L 的 NH_4SCN 滴定液滴定,终点时消耗 NH_4SCN 溶液 23.56ml,计算合金中银的含量。

6. 取尿样 5.00ml,加入 0.1001mol/L 的 $AgNO_3$ 滴定液 20.00ml,过剩的 $AgNO_3$ 滴定液用 0.1016mol/L 的 NH_4SCN 滴定液滴定,用去 8.20ml,计算 1L 尿液中含 NaCl 的克数。

(朱　疆)

第八章

电位法和永停滴定法

ER-08章PPT

导言 ⋁

　　血糖仪,是一种测量血糖水平的电子仪器。 对大多数糖尿病患者来说,血糖仪因其操作方便,只要经济条件许可,一般家中都会备有一台。 那血糖仪又是如何快速测量血糖的呢?

　　目前国内主流血糖仪测量血糖多采用的是电化学法,即电极型血糖仪,糖测量通常采用电化学分析中的三电极体系。

第一节　电化学分析法概述

电化学分析是根据物质在溶液中的电化学性质及其变化规律,建立在以电位、电导、电流和电量等电化学参数与被测物质之间计量关系的基础之上,对组分进行定性和定量分析的一类仪器分析方法。它具有灵敏度和准确度高,手段多样,测量范围宽,仪器设备较简单,容易实现自动化等特点,在生产、科研和医药卫生等各个领域有着广泛的应用。

一、电化学分析法的分类

电化学分析方法的种类很多,根据测量的电化学参数不同,可分为:电导法、电位法、电解法和伏安法等。

1. **电导法**　是通过测量溶液的电导性质,来确定物质含量的分析方法。

2. **电位法**　是根据测定原电池的电动势,以确定物质含量的分析方法。其中根据溶液电动势的测量值,直接确定物质含量的方法,称为直接电位法;根据滴定过程中电动势发生突变来确定化学计量点的方法,称为电位滴定法。

3. **电解法**　根据通电时物质在电极上发生定量作用,来确定物质含量的分析方法,称为电解法。

4. **伏安法**　是以电解过程中所得到的电流-电位曲线为基础进行分析的方法。包括极谱法、溶出伏安法和电流滴定法。

本章将重点介绍电位分析法和永停滴定法。

二、指示电极与参比电极

在电位分析法中,通常用两种不同的电极与电解质溶液构成原电池。一种是电极的电位值随溶液中待测离子浓度的变化而变化的电极,称为**指示电极**;另一种是电极的电位值不随溶液中待测离子浓度的变化而变化,在一定条件下具有恒定电位值的电极,称为**参比电极**。

（一）指示电极

电位法所用的指示电极有多种,一般分为以下两大类:

1. 金属基电极　是以金属为基体的电极,这类电极的共同特点为电极电位是建立在电子转移的基础上。包括金属-金属离子电极、金属-金属难溶盐电极、惰性金属电极三种类型。

2. 离子选择性电极　是20世纪60年代发展起来的一类新型电化学传感器,是利用选择性的电极膜对溶液中的待测离子产生选择性的响应,而指示待测离子浓度变化的一类电极,也称膜电极。其特点是:电极电位的形成是基于离子的扩散和交换,而无电子的转移。是一类选择性好,灵敏度高,发展较快和应用较广的指示电极。

知识链接

生　物　电　极

生物膜主要是由具有分子识别能力的生物活性物质（如酶、微生物、生物组织、核酸、抗原或抗体等）构成,具有很高的选择性。用这些物质识别器件制成的电极为生物膜电极或称生物电极,如酶电极、生物组织电极等,是将生物化学与电化学结合而研制的电极。

（二）参比电极

参比电极是指电位值已知且较恒定的电极,目前在实验室里多用微溶盐电极作为参比电极,如甘汞电极、银-氯化银电极。以下重点介绍这两种参比电极。

1. 甘汞电极　甘汞电极是由金属汞、甘汞（Hg_2Cl_2）和KCl溶液组成的电极,其构造如图8-1所示。

甘汞电极表示为:

$$Hg \mid Hg_2Cl_2(s) \mid KCl(c)$$

电极反应为:

$$Hg_2Cl_2 + 2e \Longleftrightarrow 2Hg + 2Cl^-$$

25℃时,其电极电位表示为:

$$\varphi_{Hg_2Cl_2/Hg} = \varphi'_{Hg_2Cl_2/Hg} - 0.059 \lg c_{Cl^-} \qquad 式(8-1)$$

由此可见,甘汞电极电位的变化随氯离子浓度的变化而变化,当氯离子浓度一定时,则甘汞电极的电位就为一定值。在25℃时,三种不同浓度的KCl溶液的甘汞电极的电位分别为:

KCl溶液浓度	0.1mol/L	1mol/L	饱和
电极电位 φ(V)	0.3337	0.2801	0.2412

在电位分析法中常用的参比电极是饱和甘汞电极（SCE）,其电位稳定,构造简单,保存和使用都很方便。

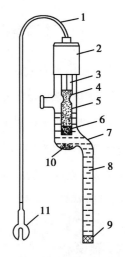

图 8-1　饱和甘汞电极
1. 导线;2. 电极帽;3. 铂丝;
4. 汞;5. 汞与甘汞糊;
6. 棉絮塞;7. 外玻璃管;
8. KCl饱和液;9. 石棉丝
或素瓷芯;10. KCl晶体;
11. 接头

▶ **课堂活动**

讨论为什么选用饱和甘汞电极作为参比电极。

2. 银-氯化银电极是由银丝镀上一薄层氯化银,浸入到一定浓度的氯化钾溶液中所构成。由于银-氯化银电极结构简单,可以制成很小的体积,因此,常作为内参比电极。

甘汞电极和银-氯化银电极虽然通常是作为参比电极,但它们又可以作为测定氯离子的指示电极。因此,某一电极是指示电极还是参比电极,不是绝对的。

点滴积累 $\bigvee$

1. 电化学分析法是根据物质在溶液中的电化学性质及其变化来进行分析的方法,可分为:电导法、电位法、电解法和伏安法等。

2. 指示电极是电极的电位值随溶液中待测离子浓度的变化而变化的电极,一般分为金属基电极和离子选择性电极两大类。

3. 参比电极在一定条件下具有恒定电位值,常见的参比电极有甘汞电极和银-氯化银电极。

第二节 直接电位法测定溶液的 pH

直接电位法是根据电池电动势与待测组分浓度之间的函数关系,通过测定电池电动势而直接求得试样中待测组分的浓度的一种电位法。通常用于溶液的 pH 测定和其他离子浓度的测定,这里主要介绍溶液的 pH 测定。

一、pH 玻璃电极

直接电位法测定溶液 pH,常用 pH 玻璃电极作指示电极,饱和甘汞电极作参比电极。

(一) pH 玻璃电极的构造

玻璃电极的主要部分是电极下端有一个玻璃泡,泡的下半部是对 H^+ 有选择性响应的玻璃薄膜,泡内装有 pH 一定的 0.1mol/L 的 HCl 内参比溶液,其中插入一支 Ag-AgCl 电极作为内参比电极,这样就构成了玻璃电极。由于玻璃电极的内阻很高(50~100MΩ),因此导线和电极的引出端都需高度绝缘,并装有屏蔽隔离罩以防漏电和静电干扰。其构造如图 8-2 所示。

知识链接

玻 璃 电 极

pH 玻璃电极对 H^+ 有选择性的响应,即称为 pH 玻璃电极。 若改变玻璃膜的组成,就成为对其他离子产生选择性响应的玻璃电极。 因此,除有 pH 玻璃电极外,还有可测定 Na^+、K^+、Ag^+ 和 Ca^{2+} 等离子浓度的玻璃电极,其结构与 pH 玻璃电极相似。

（二）pH玻璃电极电位的产生

玻璃电极中内参比电极的电位是恒定的,与待测溶液的pH无关。玻璃电极之所以能测定溶液pH,是由于玻璃膜产生的膜电位与待测溶液pH有关。玻璃电极在使用前必须在水溶液中浸泡一定时间,使其膜上的Na^+与溶液中的H^+发生交换反应,在酸性或中性溶液中,膜表面上的Na^+点位几乎全被H^+所占据,使玻璃膜的外表面形成了水化凝胶层。由于内参比溶液的作用,玻璃的内表面同样也形成了内水化凝胶层。当浸泡好的玻璃电极浸入待测溶液时,外水化凝胶层与待测溶液接触,由于水化凝胶层表面和溶液H^+活度不同,形成活度差,H^+将从活度大的一方向活度小的一方扩散,产生一定的相界电位。同理,在玻璃膜内侧水化凝胶层—内部溶液界面也存在一定的相界电位。如图8-3所示。

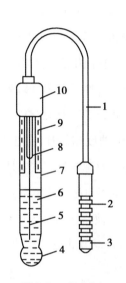

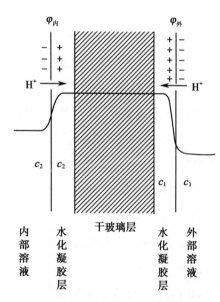

图8-2　玻璃电极
1. 绝缘屏蔽电缆;2. 绝缘电极插头;3. 金属插头;4. 玻璃薄膜;5. 内参比电极;6. 内参比溶液;7. 玻璃管;8. 支管圈;9. 屏蔽层;10. 塑料电极帽

图8-3　膜电位产生示意图

在膜内外的固-液界面上由于溶液的H^+活度不同,而形成二界面电位不同,这样就使跨越膜的两侧具有一定的电位差,这个电位差就称为膜电位($\varphi_{膜}=\varphi_{外}-\varphi_{内}$)。

由于玻璃膜内外表面性质基本相同,膜内盛装的内参比溶液的H^+活度也是一定的,因此影响$\varphi_{膜}$的大小,主要是由待测溶液中的H^+活度(稀溶液时浓度可近似为活度)决定,即:

$$\varphi_{膜}=K+0.059\lg[H^+]_{外} \qquad\qquad 式(8\text{-}2)$$

式(8-2)说明,在一定的温度下,玻璃电极的膜电位与试液的H^+浓度呈直线关系。其中K表示膜电位的性质常数,与膜物理性能和内参比溶液的H^+浓度有关。

玻璃电极的电位是由膜电位与内参比电极的电位决定,在一定条件下内参比电极的电位是一定值,而膜电位是待测溶液H^+浓度的函数,因此在25℃时玻璃电极的电位可表示为:

$$\varphi_{GE} = K' + 0.059 \lg [H^+]_{\text{外}} = K' - 0.059 pH_{\text{外}} \qquad \text{式(8-3)}$$

式中 K' 表示玻璃电极的性质常数,其值与膜电位的性质常数和内参比电极的电位有关。

上式说明,玻璃电极的电位与待测溶液的 H^+ 浓度或 pH 的关系符合能斯特方程式,因此,可用作测定溶液 pH 的指示电极。

(三) pH 玻璃电极的性能

1. 电极斜率 当溶液的 pH 改变一个单位时,引起玻璃电极电位的变化值称为**电极斜率**,此斜率为玻璃电极的实际斜率,用 S 表示。即:

$$S = -\frac{\Delta\varphi}{\Delta pH} \qquad \text{式(8-4)}$$

S 的理论值为 $2.303RT/F$,称为能斯特斜率。由于玻璃电极长期使用会老化,因此玻璃电极的实际斜率都略小于其理论值。在 25℃时,玻璃电极的实际斜率若低于 52mV/pH 时就不宜使用。

2. 碱差和酸差 pH 玻璃电极的 φ-pH 关系曲线只有在一定的 pH 范围内呈线性关系。在较强酸、碱溶液中,会偏离线性关系。普通玻璃电极在 pH 大于 9 的溶液中测定时,对 Na^+ 也有响应,因此求得 H^+ 浓度高于真实值,则使 pH 读数低于真实值,产生负误差,这种误差称为**碱差**;若用 pH 玻璃电极测定 pH 小于 1 的酸性溶液时,pH 读数大于真实值,则产生正误差,即称**酸差**。

3. 不对称电位 从理论上讲,当玻璃膜内、外两侧溶液的 H^+ 浓度相等时,膜电位($\varphi_{\text{膜}}$)应为零。但实际上并不为零,仍有 1~30mV 的电位差存在,此电位差称为**不对称电位**。主要是由于玻璃膜内、外两表面的结构和性能不完全一致所造成。而每一支玻璃电极的不对称电位也不完全相同,但同一支玻璃电极,在一定条件下的不对称电位却是一个常数。因此,在使用前将玻璃电极放入水或酸性溶液中充分浸泡(一般浸泡 24 小时左右),可以使不对称电位值降至最低,并趋于恒定,同时也使玻璃膜表面充分活化,有利于对 H^+ 产生响应。

▶▶ **课堂活动**

请说出玻璃电极在使用前应在水中浸泡 24 小时以上的理由。

4. 温度 一般玻璃电极只能在 5~60℃范围内使用,因为温度过低,玻璃电极的内阻增大;温度过高,电极的寿命下降。并且在测定标准溶液和待测溶液的 pH 时,温度必须相同。

知识链接

复合 pH 电极

目前,在实际测定中常以复合 pH 电极代替指示电极和参比电极。复合 pH 电极,通常是由玻璃电极与银-氯化银电极或玻璃电极与甘汞电极组合而成。它是由两个同心玻璃管构成,内管为常规的玻璃电极,外管为一参比电极。电极外套将玻璃电极和参比电极包裹在一起,并把敏感的玻璃泡固定在外套的保护栅栅,参比电极的补充液由外套上端的小孔加入。把复合 pH 电极插入试样溶液中,就组成了一个完整的电池系统。复合 pH 电极的优点在于使用方便,并且测定值较稳定。

二、测定原理和方法

电位法测定溶液 pH,常以 pH 玻璃电极为指示电极,饱和甘汞电极为参比电极,插入待测溶液中组成原电池。其原电池符号表示为:

$$(-)GE \mid 待测溶液 \parallel SCE(+)$$

25℃时,该电池的电动势 E 为:

$$E = \varphi_{SCE} - \varphi_{GE}$$
$$= 0.2412 - (K' - 0.059pH)$$
$$= 0.2412 - K' + 0.059pH \qquad 式(8-5)$$

由于 K' 为玻璃电极的性质常数,因此将 0.2412 和 K' 合并得一新常数,故有:

$$E = 常数 + 0.059pH \qquad 式(8-6)$$

由式(8-6)可知,该常数包括饱和甘汞电极的电位、玻璃电极的性质常数 K'。且在玻璃电极的 K' 已知并固定不变时,测得电动势 E,便可求得待测溶液的 pH。但实际上 K' 值常随不同的玻璃电极和组成不同的溶液而发生变化,甚至随电极使用时间的长短而发生微小变动,其变动值又不易准确测定,并且每一支玻璃电极的不对称电位也不相同。为了消除上述因素的影响,在测定溶液的 pH 时,需用标准的 pH 缓冲溶液进行对照。即采用两次测量法。

两次测定法,可以消除玻璃电极的不对称电位和公式中的常数值。其方法为:先测量已知 pH_S 的标准溶液的电池电动势 E_S,然后再测量未知 pH_X 的待测液的电池电动势 E_X。在 25℃时,电池电动势与 pH 之间的关系满足下式:

$$E_X = 常数 + 0.059pH_X$$
$$E_S = 常数 + 0.059pH_S$$

将两式相减并整理,得:

$$pH_X = pH_s - \frac{E_s - E_X}{0.059} \qquad 式(8-7)$$

由式(8-7)所知,用两次测定法测定溶液 pH 时,只要使用同一对玻璃电极和饱和甘汞电极,在温度相同的条件下,无须知道公式中的"常数"和玻璃电极的不对称电位,就可求出待测溶液的 pH。因此,两次测量法可以消除玻璃电极的不对称电位和公式中"常数"的不确定因素所产生的误差。注意,由于饱和甘汞电极在标准缓冲溶液和待测溶液中产生的液接电位不相同,由此会引起测定误差。若两者的 pH 极为接近($\Delta pH < 3$),则液接电位不同而引起的误差可忽略。所以,测量时选用的标准缓冲溶液与样品溶液的 pH 应尽量接近。

▶▶ **课堂活动**

请您阐述为什么用电位法测定溶液的 pH,需采用两次测定法。

在实际工作中,pH 计可直接显示出溶液的 pH,而不必通过上述两次测定法计算供试品溶液的 pH。测定溶液 pH 的方法,《中国药典》(2015 年版)规定选择两种 pH 约相差 3 个 pH 单位的标准缓冲溶液,并要求供试品溶液的 pH 应处于两种标准缓冲溶液的 pH 之间。用与供试品溶液的 pH 较接近的第一种标准缓冲溶液作校准液,对仪器进行校正(定位),使仪器示值与该标准缓冲溶液的 pH 保持一致;仪器定位后,再用第二种标准缓冲溶液核对仪器示值,误差应不大于±0.02 个 pH 单位,若大于此偏差,应小心调整仪器上的斜率,使仪器示值与第二种标准缓冲溶液的 pH 相符,重复上述定位与斜率调节操作,至仪器示值与标准缓冲溶液的规定数值相差不大于 0.02 个 pH 单位,否则,需检查仪器或更换电极后,再行校正至符合要求。

知识链接

pH 计

pH 计(酸度计)是一种专为使用玻璃电极测量溶液 pH 而设计的电子电位计。 一般由测量电池和主机两部分构成, 玻璃电极、饱和甘汞电极和被测溶液组成测量电池, 将被测溶液的 pH 转换为电动势, 然后主机将电动势转换为 pH, 直接标示出来。 pH 计因测量的精度不同而有多种类型, 它们的测定原理基本相同, 测定精度和结构略有差别。

三、其他离子浓度的测定

直接电位法除用于测定溶液 pH 外,还可用于测定其他离子浓度。在后者的应用中,目前多采用离子选择性电极(ISE)作指示电极。

（一）测定方法

由于液接电位、不对称电位的存在,以及活度因子难于计算,故在直接电位法中一般不采用能斯特方程式直接计算待测离子浓度,而采用以下几种方法:

1. 标准曲线法 在离子选择性电极的线性范围内,分别测定浓度从小到大的标准溶液的电动势,并作 $E\text{-lg}c_i$ 或 $E\text{-p}c_i$ 的标准曲线,然后在相同条件下测量待测样品溶液的电池电动势(E_x),再在标准曲线上查出对应待测样品溶液的 $\text{lg}c_x$。这种方法称为标准曲线法。

2. 两次测定法 与测定溶液的 pH 的方法相似,在此不再讨论。除上述两种方法外,还有标准加入法等其他方法。

（二）应用

离子选择性电极的发展,大大扩展了直接电位的应用范围,使一些阴、阳离子的测定,能像 pH 测定一样简单快速,对低浓度物质的测定十分有利。因此,该方法在实际中也得到了广泛的应用。

点滴积累 ∨

1. 测定溶液 pH 时, 玻璃电极作指示电极, 饱和甘汞电极作参比电极, 采用两次测定法。

2. 直接电位法除用于测定溶液 pH 外, 还可用于测定其他离子浓度。 一般采用标准曲线法与两次测定法。

第三节　电位滴定法

一、电位滴定法的基本原理

电位滴定法是依据滴定过程中电池电动势的变化确定滴定终点的电位分析法。进行电位滴定时,在待测液中插入指示电极和参比电极,组成一个化学电池。随着滴定剂的加入,滴定液与待测液发生化学反应,使待测组分或与其有计量关系的离子的浓度不断变化,指示电极的电位也相应地发生变化。在计量点附近产生滴定突跃,指示电极的电位也相应地发生突变。因此,测量电池电动势的变化就能确定滴定终点。电位滴定法与滴定分析法的主要区别是指示终点的方法不一样,前者是通过电池电动势的突变来指示,而后者是通过指示剂的颜色转变来指示。进行电位滴定的装置如图8-4所示。

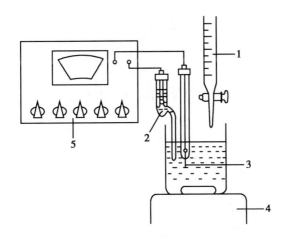

图 8-4　电位滴定装置
1. 滴定管;2. 参比电极;3. 指示电极;4. 电极搅拌器;5. 电子电位计

▶▶ **课堂活动**

请比较电位滴定法与滴定法的异同。

二、确定终点的方法

测量在滴定过程中化学电池电动势(指示电极的电位)的变化来确定滴定终点,关键是测得每加入一定量滴定剂后,当反应达到平衡时所对应的电池电动势的数值。由于目的是为确定滴定终点,与一般滴定方法相似,在滴定开始时可加入 5.00ml 的滴定剂记录一次数据;在滴定过程中,可逐渐减少加入滴定液的量,使测定数据点逐渐增多。在计量点附近,每次加入滴定剂的量应减少至 0.05~0.10ml,使测定点比较密集,以便更准确地确定终点。电位滴定数据的处理方法,如表 8-1 所示。

表 8-1　电位滴定部分数据

滴定液体积 V（ml）	电位计读数 E（mV）	ΔE	ΔV	$\Delta E/\Delta V$（mV/ml）	平均体积 $\bar{V}$（ml）	$\Delta(\Delta E/\Delta V)$	$\Delta^2 E/\Delta V^2$
23.80	161						
		13	0.20	65	23.90		
24.00	174						
		9	0.10	90	24.05		
24.10	183					20	200
		11	0.10	110	24.15		
24.20	194					280	2800
		39	0.10	390	24.25		
24.30	233					440	4400
		83	0.10	830	24.35		
24.40	316					−590	−5900
		24	0.10	240	24.45		
24.50	340					−130	−1300
		11	0.10	110	24.55		
24.60	351					−40	−400
		7	0.10	70	24.65		
24.70	358					−20	
		15	0.30	50	24.85		
25.00	373						

（一）$E\text{-}V$ 曲线法

以表 8-1 中滴定剂体积 V 为横坐标，电位计读数值（电池电动势）为纵坐标作图，得到一条 $E\text{-}V$ 曲线，如图 8-5（a）所示。

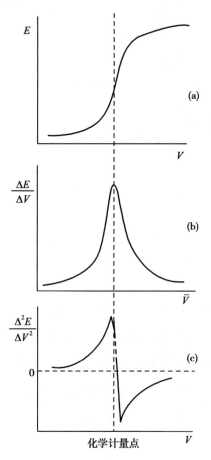

图 8-5　电位滴定曲线
（a）$E\text{-}V$ 曲线；（b）一阶导数曲线；（c）二阶导数曲线

此曲线的转折点(拐点)所对应的体积即为化学计量点的体积。此法应用方便,适用于滴定突跃内电动势变化明显的滴定曲线,否则应采取以下方法确定化学计量点。

(二) $\Delta E/\Delta V$-$\bar{V}$曲线法

以表8-1中的$\Delta E/\Delta V$为纵坐标,平均体积$\bar{V}$(计算ΔE值时,前、后两体积的平均值)为横坐标作图,得到一条峰状曲线。如图8-5(b)所示。该曲线可看作E-V曲线的一阶导数曲线,所以该法又称为一级微商法。峰状曲线的最高点(极大值)所对应的体积即为化学计量点的体积。

(三) $\Delta^2 E/\Delta V^2$-V曲线法

用表8-1中的$\Delta^2 E/\Delta V^2$对滴定剂体积V作图,得到一条具有两个极值的曲线,如图8-5(c)所示。该曲线可看作E-V曲线的近似二阶导数曲线,所以该法又称为二级微商法。曲线上$\Delta^2 E/\Delta V^2$为零时所对应的体积,即为化学计量点的体积。

除以上方法外,还可以用二阶导数内插法计算滴定终点体积。在实际的电位滴定中传统的操作方法正逐渐被自动电位滴定所取代,自动电位滴定能自动判断滴定终点,并能自动绘制出E-V曲线或$\Delta E/\Delta V$-$\bar{V}$曲线,在很大程度上提高了测定的灵敏度和准确度。

三、电位滴定仪

自动电位滴定仪是将计量电磁阀、滴定装置、搅拌装置、自动清洗装置等部件通过自动控制程序复合在一起的电位滴定装置,有半自动与全自动两种。全自动电位滴定仪至少包括两个单元,即更换试样系统(取样系统)和测量系统,测量系统中包括自动加试剂部分(量液计)以及数据处理部分。仪器的结构框图如图8-6所示。

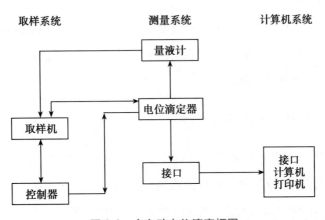

图8-6 全自动电位滴定框图

随着科技的发展,自动电位滴定仪正越来越多地用于多种滴定分析中。自动电位滴定仪的应用省去了复杂的计算,并提高了滴定终点的准确度。

点滴积累 $\bigvee$

1. 电位滴定法与滴定分析法的主要区别是指示终点的方法不一样,前者是通过电池电动势的突变来指示,而后者是通过指示剂的颜色转变来指示。

2. 电位滴定法确定化学计量点的方法包括 E-V 曲线法、$\Delta E/\Delta V$-$\bar{V}$ 曲线法、$\Delta^2 E/\Delta V^2$-V 曲线法和二阶导数计算法。

第四节　永停滴定法

一、永停滴定法的基本原理

永停滴定法又称双电流滴定法。测量时,把两个相同的铂电极插入待滴定的溶液中,在两个铂电极间外加一小电压(10~100mV),然后进行滴定,通过观察滴定过程中电流计指针的变化与电流变化的特性,确定滴定终点。该方法属于电流滴定法,《中国药典》(2015 年版)将其作为重氮化(亚硝酸钠)滴定和卡氏水分测定确定终点的法定方法,主要应用于大多数抗生素及其制剂的水分限量检查和磺胺类药物的含量测定。

在氧化还原电对中同时存在氧化型及与其对应的还原型物质,如在 I_2/I^- 溶液中含有 I_2 和 I^-。此时同时插入两支相同的铂电极,因两个电极的电位相等,电极间不发生反应,则没有电流通过。若在两个电极间外加一小电压,在两支铂电极上即发生如下电解反应:

在阳极　　　　$2I^- \rightleftharpoons I_2 + 2e^-$

在阴极　　　　$I_2 + 2e^- \rightleftharpoons 2I^-$

因此电极间就会有电流通过。像 I_2/I^- 这样的电对,在溶液中与双铂电极组成电池,当外加一个很小的电压时,一支电极发生氧化反应,另一支电极则发生还原反应,同时产生电解,并有电流通过。这样的电对称为**可逆电对**。

若溶液中的电对是 $S_4O_6^{2-}/S_2O_3^{2-}$,则在该电对溶液中同时插入两支相同的铂电极,同样外加一小电压,则在阳极上 $S_2O_3^{2-}$ 能发生氧化反应,而在阴极上 $S_4O_6^{2-}$ 不能发生还原反应,不能产生电解,无电流通过,这样的电对称为**不可逆电对**。

二、几种类型滴定终点的确定方法

根据滴定过程中电流的变化情况,永停滴定法常分为三种不同类型。

1. 滴定剂为可逆电对,待测物为不可逆电对　用碘滴定液滴定硫代硫酸钠溶液即属于这种类型。硫代硫酸钠溶液中插入两支铂电极,外加一小电压,用灵敏电流计测定通过两电极间的电流。终点前,溶液中只有 I^- 和不可逆电对 $S_4O_6^{2-}/S_2O_3^{2-}$,电极间无电流通过,电流计指针停在零点。终点后,碘液略有过剩,溶液中出现了可逆电对 I_2/I^-,在两支铂电极上发生上述的电解反应。

此时电极间有电流通过,电流计指针突然偏转,从而指示终点的到达。随着过量碘液的加入,电流计指针偏转角度增大。其滴定过程中电流变化曲线如图 8-7 所示。

2. 滴定剂为不可逆电对,待测物为可逆电对　用硫代硫酸钠滴定含有 KI 的 I_2 溶液即属于这种类型。在滴定刚开始时,溶液中存在 I_2/I^- 可逆电对,且 $[I^-]<[I_2]$,此时电解电流由 $[I^-]$ 决定,并随 $[I^-]$ 的增大而增大。当反应进行到一半时,$[I^-]=[I_2]$,电解电流达到最大。反应进行到一半后,溶液中 $[I^-]>[I_2]$,电解电流由 $[I_2]$ 决定,滴定至终点时降至最低。终点后溶液中只有 $S_4O_6^{2-}/S_2O_3^{2-}$ 不可逆电对及 I^-,故电解反应基本停止,此时电流计指针将停留在零电流附近并保持不动。滴定过程中电流变化曲线如图 8-8 所示。

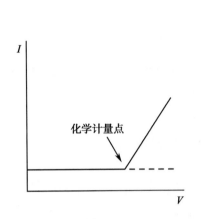

图 8-7　碘滴定硫代硫酸钠的滴定曲线　　　　图 8-8　硫代硫酸钠滴定碘的滴定曲线

此类型滴定法是根据滴定过程,电解电流突然下降至不再变动的现象确定终点,永停滴定法因此而得名。

3. 滴定剂与被滴定剂均为可逆电对　用硫酸铈溶液滴定硫酸亚铁溶液即属于这种类型。终点前,溶液中有 Ce^{3+} 和可逆电对 Fe^{3+}/Fe^{2+},电极间有电流通过,滴定曲线类似于上述第二种类型,终点时,溶液中只有 Ce^{3+} 和 Fe^{3+},无可逆电对,电流计指针停在零点附近。终点后,硫酸铈略有过剩,溶液中有 Fe^{3+} 和可逆电对 Ce^{4+}/Ce^{3+},电流计指针又远离零点,随着 Ce^{4+} 的增大而电流也逐渐增大。滴定过程中电流变化曲线如图 8-9 所示。

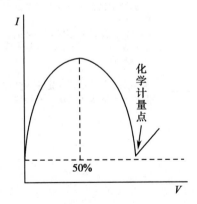

图 8-9　硫酸铈滴定硫酸亚铁的滴定曲线

▶▶ **课堂活动**

请说出永停滴定法主要用于哪些药物的含量分析。

三、永停滴定仪

永停滴定仪是滴定分析实验中必不可少的测定仪器。具有精度高、测定准确、使用方便、小巧轻便、性能稳定等优点。

目前,商品化的永停滴定仪种类繁多,自动化程度也各不相同。它们的测定原理基本相同,结构略有差别。

点滴积累 ∨

1. 永停滴定法是通过电流的变化来指示终点,电位滴定法是通过电位的变化来指示终点。
2. 永停滴定法的三种类型:可逆电对滴定不可逆电对、不可逆电对滴定可逆电对、可逆电对滴定可逆电对。
3. 永停滴定法主要用于芳伯胺和方仲胺类药物的含量测定。

复习导图

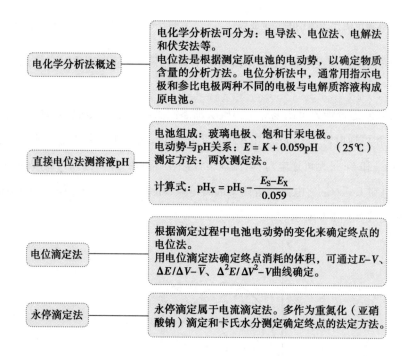

电化学分析法概述 — 电化学分析法可分为:电导法、电位法、电解法和伏安法等。
电位法是根据测定原电池的电动势,以确定物质含量的分析方法。电位分析法中,通常用指示电极和参比电极两种不同的电极与电解质溶液构成原电池。

直接电位法测溶液pH — 电池组成:玻璃电极、饱和甘汞电极。
电动势与pH关系:$E = K + 0.059pH$ （25℃）
测定方法:两次测定法。
计算式:$pH_X = pH_S - \dfrac{E_S - E_X}{0.059}$

电位滴定法 — 根据滴定过程中电池电动势的变化来确定终点的电位法。
用电位滴定法确定终点消耗的体积,可通过$E-V$、$\Delta E/\Delta V-\overline{V}$、$\Delta^2 E/\Delta V^2-V$曲线确定。

永停滴定法 — 永停滴定属于电流滴定法。多作为重氮化（亚硝酸钠）滴定和卡氏水分测定确定终点的法定方法。

目标检测

一、选择题

（一）单项选择题

1. 电位法测定溶液的 pH 常选用的指示电极是

A. 氢电极　　　　B. 甘汞电极　　　　C. 玻璃电极　　　　D. 银-氯化银电极

2. 玻璃电极的内参比电极是

A. 银电极　　　　B. 银-氯化银电极　　　　C. 甘汞电极　　　　D. 标准氢电极

3. 在 25℃时,SCE 的电极电位值为

　　A. 0.288V　　　　　B. 0.222V　　　　　C. 0.2801V　　　　　D. 0.2412V

4. 离子选择性电极电位产生的机制为

　　A. 离子之间的交换　　　B. 离子的扩散　　　C. A、B 均是　　　D. A、B 均不是

5. 进行酸碱电位滴定时应选择的指示电极是

　　A. 玻璃电极　　　　　B. 铅电极　　　　　C. 铂电极　　　　　D. 银电极

6. 用电位法测定溶液的 pH 应选择的方法是

　　A. 永停滴定法　　　B. 电位滴定法　　　C. 直接电位法　　　D. 电导法

7. 在电位法中离子选择性电极的电位应与待测离子的浓度

　　A. 成正比　　　　　　　　　　　　　B. 对数成正比

　　C. 成反比　　　　　　　　　　　　　D. 符合能斯特方程式

8. 下列可作为基准参比电极的是

　　A. SHE　　　　　　B. SCE　　　　　C. 玻璃电极　　　　D. 惰性电极

9. 下列属惰性金属电极的是

　　A. 锌电极　　　　　B. 铅电极　　　　　C. 玻璃电极　　　　D. 铂电极

10. 甘汞电极的电极电位与下列哪些因素有关

　　A. $[Cl^-]$　　　　　　　　　　　B. $[H^+]$

　　C. $[AgCl]$　　　　　　　　　　　D. P_{Cl_2}(氯气分压)

11. 玻璃电极在使用前应预先在纯化水中浸泡

　　A. 2 小时　　　　　B. 12 小时　　　　C. 24 小时　　　　D. 42 小时

12. 当 pH 计上的电表指针所指示的 pH 与标准缓冲溶液的 pH 不相符合时,可通过调节下列哪
　　种部件使之相符

　　A. 温度补偿器　　　B. 定位调节器　　　C. 零点调节器　　　D. pH-mV 转换器

13. 滴定分析与电位滴定法的主要区别是

　　A. 滴定对象不同　　　　　　　　　　B. 滴定液不同

　　C. 指示剂不同　　　　　　　　　　　D. 指示终点的方法不同

14. 电位滴定法中电极组成为

　　A. 两支不相同的参比电极　　　　　　B. 两支相同的指示电极

　　C. 两支不相同的指示电极　　　　　　D. 一支参比电极,一支指示电极

15. 以下电极属于膜电极的是

　　A. 银-氯化银电极　　　B. 铂电极　　　C. 玻璃电极　　　D. 氢电极

16. 用直接电位法测定溶液的 pH,为了消除液接电位对测定的影响,要求标准溶液的 pH 与待
　　测溶液的 pH 之差为

　　A. 3　　　　　　　　B. <3　　　　　　C. >3　　　　　　D. 4

17. 消除玻璃电极的不对称电位常采用的方法是

　　A. 用水浸泡玻璃电极　　　　　　　　B. 用碱浸泡玻璃电极

C. 用酸浸泡玻璃电极   D. 用两次测定法

18. 玻璃电极在使用前应在纯化水中充分浸泡,其目的是

    A. 除去杂质   B. 减小并稳定不对称电位

    C. 在膜表面形成水化凝胶层   D. B、C 均是

（二）多项选择题

1. 电位法测定溶液的 pH 常选择的电极是

    A. 玻璃电极   B. 银-氯化银电极   C. 饱和甘汞电极

    D. 汞电极   E. 银电极

2. 下列关于永停滴定法的叙述正确的是

    A. 永停滴定法又称双电流滴定法

    B. 永停滴定法是用两支相同的铂电极作为指示电极

    C. 永停滴定法的电池属于原电池

    D. 永停滴定法是根据电流变化来确定化学计量点

    E. 永停滴定法的电池属于电解电池

二、简答题

1. 电位滴定法与永停滴定法有何区别?

2. 用 pH 计测定溶液 pH 时,为什么用两次测定法?

三、综合计算题

用下面电池测量溶液的 pH

$(-)$玻璃电极$|H^+(x mol/L)\parallel$饱和甘汞电极$(+)$

在 25℃时,对 pH 等于 4.00 的缓冲溶液,测得电池的电动势为 0.209V。当缓冲液由未知液代替时,测得电池的电动势为 0.088V,计算未知液的 pH 值。

（曲中堂）

第九章

紫外-可见分光光度法

【导言】 ∨

夏天参加户外活动时，如果天气晴朗，就应该注意保护皮肤，否则，暴露在火辣辣太阳之下的皮肤，数小时后就会出现红肿、瘙痒、发热、刺痛症状，数日后出现蜕皮现象，这表明太阳光中有一种光线能伤害生物细胞。科学家研究证实，这种光线是紫外线。

人们根据可见光、紫外光与物质分子的相互作用建立了紫外-可见分光光度法，目前已经广泛应用于药品分析、食品检验、医疗卫生、环境保护和生命科学等领域。

第一节　光谱分析概述

一、电磁辐射与电磁波谱

（一）电磁辐射

光是一种电磁辐射（又称电磁波），是一种在空间不需任何物质作为传播媒介而高速传播的粒子流，具有**波动性**与**粒子性**。光的波动性主要体现在光的反射、折射、干涉、衍射以及偏振等现象，常用波长 λ、波数 σ 和频率 ν 来表征。波长、波数和频率的关系为：

$$\nu = \frac{c}{\lambda} \qquad\qquad 式（9\text{-}1）$$

$$\sigma = \frac{1}{\lambda} = \frac{\nu}{c} \qquad\qquad 式（9\text{-}2）$$

式中，c 为光在真空中的传播速度，$c = 2.997\ 925 \times 10^{8}\,\text{m/s}$。

光的粒子性主要体现在热辐射、光的吸收和发射、光电效应以及光的化学作用等方面。光是不连续的粒子流，这种粒子称为光子（或光量子），光的粒子性用每个光子具有的能量 E 作为表征。光子的能量与波长成反比，与频率成正比，波长愈长，光子能量愈小；波长愈短，光子能量愈大。它们的关系如下：

$$E = h\nu = h\frac{c}{\lambda} = hc\sigma \qquad\qquad 式（9\text{-}3）$$

式中，h 是普朗克（Planck）常数，$h = 6.6262 \times 10^{-34}\,\text{J·s}$；$E$ 为光子能量，单位常用电子伏特（eV）或焦耳（J）（$1\text{eV} = 1.6022 \times 10^{-19}\text{J}$）。

(二)电磁波谱

从 γ 射线到无线电波均是电磁辐射,光是电磁辐射的一部分,不同波长的电磁辐射的频率不同,其光子具有的能量也不同。将电磁辐射按波长或频率的顺序排列起来即是电磁波谱(表9-1)。

表 9-1　电磁波谱分区表

辐射区段	波长范围	跃迁能级类型
γ 射线	$10^{-3} \sim 0.1nm$	核能级
X 射线	$0.1 \sim 10nm$	内层电子能级
远紫外区	$10 \sim 200nm$	内层电子能级
近紫外区	$200 \sim 400nm$	原子及分子价电子或成键电子
可见光区	$400 \sim 760nm$	原子及分子价电子或成键电子
近红外区	$0.76 \sim 2.5\mu m$	分子振动能级
中红外区	$2.5 \sim 50\mu m$	分子振动能级
远红外区	$50 \sim 1000\mu m$	分子转动能级
微波区	$0.1 \sim 100cm$	电子自旋及核自旋
无线电波区	$1 \sim 1000m$	电子自旋及核自旋

二、光学分析法的分类

在现代仪器分析法中,根据待测物质(原子或分子)发射或吸收的电磁辐射,以及待测物质与电磁辐射的相互作用而建立起来的定性、定量和结构分析方法,统称为**光学分析法**。根据物质与辐射能之间作用的性质不同,光学分析法又可分为非光谱法和光谱法。

非光谱法是指那些不涉及物质内部能级的跃迁,仅通过测量电磁辐射的某些基本性质(如反射、折射、干涉、衍射和偏振等)变化的分析方法。

当物质与电磁辐相互作用时,物质内部发生能级跃迁,根据能级跃迁所产生的电磁辐射强度随波长变化所得到的图谱称为光谱。利用光谱进行定性、定量和结构分析的方法称为**光谱分析法**,简称光谱法。

光谱分析法是以原子和分子的光谱学为基础的一大类分析方法。根据测量信号的特征,常用的光谱法主要有两大类。一是发射光谱法:根据物质的原子、分子或离子受电磁辐射之后,由低能态跃迁至高能态,再由高能态跃迁至低能态所发射的电磁辐射而建立的分析方法;二是吸收光谱法:利用物质对电磁辐射的选择性吸收而建立的分析方法。各类光谱法还可以再细分,见表9-2。

表 9-2　光谱分析法的分类

测量信号的特征	仪器检验方法
发射光谱法	原子发射光谱法、原子荧光光谱法、荧光光谱法、化学发光法等
吸收光谱法	原子吸收光谱法、紫外-可见分光光度法、红外光谱法、X 射线吸收光谱法、核磁共振波谱法等

本章主要介绍紫外-可见分光光度法(UV-Vis),这种分析方法是根据待测物质对紫外可见光区电磁辐射的吸收程度不同而建立起来的。

三、紫外-可见吸收光谱法的特点

1. 灵敏度高　待测物质的浓度下限一般可达 $10^{-7} \sim 10^{-4} \mathrm{g/ml}$,常用于微量或痕量组分的分析。

2. 准确度和精密度较高　在定量分析中相对误差一般为 $1\% \sim 3\%$。

3. 选择性较好　在多组分共存的溶液中,依据待测物质对电磁辐射的选择性吸收,可以对某一组分进行单独分析。在一定条件下,利用吸光度的加和性,可以同时测定溶液中两种或两种以上的组分。

4. 仪器设备简单　仪器价格低廉,易于普及,操作简便,测定快速。

5. 应用范围广泛　绝大多数无机离子或有机化合物,都可以直接或间接地用紫外-可见分光光度法进行测定。

四、物质对光的选择性吸收

光是一种电磁辐射,其波长越长,频率越低,能量越小;反之,波长越短,频率越高,能量越大。物质的结构不同,与电磁辐射发生相互作用所需要的能量也不同,只有当电磁辐射的能量与物质结构发生改变所需要的能量相等时,电磁辐射与物质之间才能发生相互作用而被吸收。也就是说,物质对光的吸收具有选择性。

在可见光区,不同波长的光具有不同的颜色,但波长相近的光,其颜色并没有明显的差别,不同颜色之间是逐渐过渡的。各种颜色光的近似波长范围如表 9-3 所示。

表9-3　各种颜色光的近似波长范围

光的颜色	波长范围（nm）	光的颜色	波长范围（nm）
红色	760~650	青色	500~480
橙色	650~610	蓝色	480~450
黄色	610~560	紫色	450~400
绿色	560~500		

单一波长的光称为单色光;由不同波长的光混合而成的光称为**复合光**。例如白光(日光、白炽灯光)就是由各种不同颜色的光按照一定比例混合而成的。如果让一束复合光通过棱镜或光栅,就能散射出多种颜色的光,这种现象称为**光的色散**。

如果两种适当颜色的单色光按一定强度比例混合,可以得到白光,则这两种单色光称为**互补色光**。例如紫色光和绿色光为互补色光;蓝色光和黄色光为互补色光;日光和白炽灯光都是由很多互补色光按一定强度比例混合而成的(图9-1)。

溶液呈现不同的颜色,是由于溶液中的溶质(分子或离子)选择性地吸收了白光中某种颜色的光而引起的。当一束白光通过某溶液时,如果该溶液对任何颜色的光都不吸收,则溶液无色透明;如

图 9-1 补色光示意图

果该溶液对任何颜色的光的吸收程度相同,则溶液灰暗透明;如果溶液吸收了其中某一颜色的光,则溶液呈现透过光的颜色,即呈现溶液所吸收色光的补色光的颜色。例如高锰酸钾溶液能够吸收白光中的青绿色光而呈现紫红色。

▶▶ 课堂活动

请您想一想:一束白光透过硫酸铜溶液后,何种颜色的光被吸收了? 何种颜色的光几乎不被吸收?

点滴积累 ∨

1. 光的本质是电磁波;物质对光的吸收具有选择性。
2. 紫外-可见分光光度法是吸收光谱分析法的一种。
3. 紫外-可见分光光度法具有灵敏度高、准确度和精密度较高、选择性好、仪器设备简单、应用范围广等特点。

第二节 紫外-可见分光光度法的基本原理

一、透光率与吸光度

当一束平行的单色光照射溶液时,若入射光强度为 I_0,吸收光强度为 I_a,透射光强度为 I_t,如图 9-2 所示。

则入射光强度、吸收光强度和透射光强度之间的关系为:

$$I_0 = I_a + I_t \qquad \text{式(9-4)}$$

透射光强度 I_t 与入射光强度 I_0 的比值称为透光率或透光度,常用 T 表示,即:

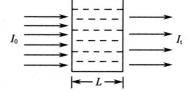

图 9-2 光束照射溶液意图

$$T = \frac{I_t}{I_0} \times 100\% \qquad \text{式(9-5)}$$

透光率越大,表示溶液对光的吸收程度越小;透光率越小,表示溶液对光的吸收程度越大。透光

率 T 的倒数能够反映溶液对光的吸收程度。在实际应用时,对透光率的倒数取对数,称为吸光度,常用 A 表示。透光率和吸光度之间的关系为:

$$A = \lg \frac{1}{T} = \lg \frac{I_0}{I_t} = -\lg T \qquad\qquad 式(9\text{-}6)$$

$$T = 10^{-A}$$

二、吸收光谱曲线

在溶液浓度和液层厚度一定的条件下,分别测定溶液对不同波长入射光的吸光度,以波长 λ 为横坐标,以对应的吸光度 A 为纵坐标绘制曲线,这条曲线称为吸收光谱曲线,简称吸收曲线,有时也称为 A-λ 曲线或吸收光谱。曲线上吸光度最大的地方称为吸收峰,它所对应的波长称为最大吸收波长(λ_{max});峰与峰之间吸光度最小的部位称为谷,此处的波长称为最小吸收波长(λ_{min});在一个吸收峰旁边产生的一个曲折称为肩峰。只在图谱短波一端呈现强吸收而不成峰形的部分称为末端吸收。如图 9-3 所示。

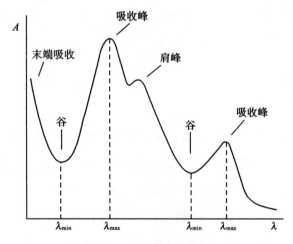

图 9-3　吸收光谱曲线示意图

▶▶ **课堂活动**

在相同条件下,用 3 种不同浓度的 $KMnO_4$ 溶液绘制出 3 条吸收光谱曲线。 请回答:

(1)这 3 条吸收曲线的形状、λ_{max}、吸收峰的高低是否相同? 为什么?

(2)在一定波长处,$KMnO_4$ 溶液浓度的大小与其吸光度有何关系?

同一物质在一定条件下的吸收光谱是一定的,因此吸收光谱可以作为定性分析的依据,还可以从中选择 λ_{max} 作为定量分析的最佳测定波长。

三、光的吸收定律

在 18 世纪和 19 世纪,朗伯(Lambert)和比尔(Beer)分别研究了有色溶液对光的吸光度 A 与液层厚度 L 及溶液浓度 c 的定量关系,共同奠定了分光光度法的理论基础,被称为朗伯-比尔定律或光的吸收定律。该定律可以表述为当一束平行的单色光通过均匀、无散射的含有吸光性物质的溶液时，在入射光的波长、强度及溶液的温度等条件不变的情况下，溶液的吸光度 A 与溶液的浓度 c 及液层厚度 L 的乘积成正比，即：

$$A = KcL \qquad\qquad 式(9\text{-}7)$$

式(9-7)中的比例常数 K 在一定条件下为常数，称为吸光系数。

朗伯-比尔定律不仅适用于可见光，也适用于紫外光和红外光；不仅适用于均匀、无散射的溶液，也适用于均匀、无散射的固体和气体。它是各类分光光度法进行定量分析的理论依据。

吸光度具有加和性。如果溶液中含有多种吸光物质时，则测得的吸光度等于各吸光物质吸光度之和，可表示为：

$$A_{(a+b+c)} = A_a + A_b + A_c \qquad\qquad 式(9\text{-}8)$$

这是分光光度法对多组分溶液进行定量分析的理论基础。

▶▶ **课堂活动**

两支相同规格、相同材质的试管，分别盛有颜色深浅不同的 $CuSO_4$ 溶液，如何快速判断哪个试管中溶液的浓度大？为什么？

四、吸光系数

吸光系数的物理意义和表达方式是随待测溶液的浓度单位不同而不同，通常有 3 种描述方法。

1. 摩尔吸光系数　在入射光波长一定时，溶液浓度为 $1mol/L$，液层厚度为 $1cm$ 时所测得的吸光度称为摩尔吸光系数，常用 ε 表示，其量纲为 $L/(mol \cdot cm)$。通常将 $\varepsilon \geq 10^4$ 时称为强吸收，$\varepsilon < 10^2$ 时称为弱吸收，ε 介于两者之间时称为中强吸收。

2. 比吸光系数　在入射光波长一定时，溶液浓度为 $1g/L$，液层厚度为 $1cm$ 时的吸光度称为比吸光系数，常用 α 表示，其量纲为 $L/(g \cdot cm)$。

3. 百分吸光系数　在入射光波长一定时，溶液浓度为 $1\%(g/100ml)$，液层厚度为 $1cm$ 时所测得的吸光度称为百分吸光系数，常用 $E_{1cm}^{1\%}$ 表示，其量纲为 $100ml/(g \cdot cm)$。

E、α 和 $E_{1cm}^{1\%}$ 通常不能直接测定，而是通过测定已知准确浓度的稀溶液的吸光度，根据朗伯-比尔定律数学表达式计算求得。

根据上述定义，摩尔吸光系数和吸收系数、百分吸光系数之间的换算关系是：

$$\varepsilon = E_{1cm}^{1\%} \times \frac{M}{10}, \varepsilon = \alpha \cdot M, E_{1cm}^{1\%} = 10\alpha$$

上述式中的 M 是吸光性物质的摩尔质量。当入射光的波长、溶剂的种类、溶液的温度和仪器的质量等因素确定时，ε、α、$E_{1cm}^{1\%}$ 只与吸光性物质的性质有关，是物质的特征常数之一，可以表示物质对某一特定波长光的吸收能力。ε、α 或 $E_{1cm}^{1\%}$ 愈大，表明相同浓度的溶液对某一波长的入射光愈容易吸收，测定的灵敏度愈高。不同物质对同一波长的单色光可以有不同的吸光系数；同一物质对不同波长的单色光也会有不同的吸光系数。一般用物质的最大吸收波长 $\lambda_{\max}$ 处的吸光系数,作为一定条件下衡量灵敏度的特征常数。

一般 ε 值在 10^3 以上时,就可以进行分光光度法定量测定。

知识链接

影响摩尔吸光系数的因素

摩尔吸光系数的大小与待测物质、溶剂的性质及光的波长有关。 待测物不同,摩尔吸光系数也不同,所以摩尔吸光系数可作为物质的特征常数。 溶剂不同时,同一物质的摩尔吸光系数也不同。 在说明摩尔吸光系数时,应注明溶剂。 光的波长不同,其吸光系数也不同。 单色光的纯度越高,摩尔吸光系数越大。

例 9-1 某化合物的相对分子质量 $M=125$,摩尔吸光系数 $\varepsilon=2.5\times10^5\mathrm{L/(mol\cdot cm)}$。今欲准确配制该化合物溶液 1L,使其在稀释 200 倍后,于 1.00cm 吸收池中测得的吸光度 $A=0.600$,问应称取该化合物多少克?

解:已知 $M=125\mathrm{g/mol}$,$\varepsilon=2.5\times10^5\mathrm{L/(mol\cdot cm)}$,$L=1.00\mathrm{cm}$,$A=0.600$。

求应称取多少克该化合物制成溶液后,其浓度满足题设条件。

设应称取该化合物 x 克

$$\because A=\varepsilon cL$$

$$\therefore \ 0.600=2.50\times10^5\times\frac{\dfrac{x}{125}}{1.00\times200}\times1.00$$

$$解得:x=0.0600\mathrm{g}$$

答:应称取该化合物 0.0600g。

例 9-2 用氯霉素(分子量为 323.15)纯品配制 100ml 含 2.00mg 的溶液,以 1.00cm 厚的吸收池在 278nm 波长处测得其透光率为 24.3%,试计算氯霉素在 278nm 波长处的摩尔吸光系数和百分吸光系数。

解:已知 $M=323.15\mathrm{g/mol}$,$\rho=2.00\times10^{-3}\%$,$T=24.3\%$。

求氯霉素在 278nm 波长处的摩尔吸光系数 ε 和百分吸光系数 $E_{1cm}^{1\%}$。

$$\because A=-\lg T=E_{1cm}^{1\%}\rho L$$

$$\therefore E_{1cm}^{1\%}=\frac{-\lg T}{\rho L}=\frac{-\lg0.243}{2.00\times10^{-3}}=\frac{0.641}{2.00\times10^{-3}}=307\left[100\mathrm{ml/(g\cdot cm)}\right]$$

$$\varepsilon=E_{1cm}^{1\%}\frac{M}{10}=307\times\frac{323.15}{10}=9920\mathrm{L/(mol\cdot cm)}$$

答:氯霉素在 278nm 波长处的摩尔吸光系数和百分吸光系数分别为 9920L/(mol·cm) 和 307 [100ml/(g·cm)]。

五、偏离光的吸收定律的主要因素

用某一波长的单色光测定溶液的吸光度时,若固定吸收池厚度,则朗伯-比尔定律的数学表达式为 $A=Kc$。在 A-c 坐标系中,它是一条通过坐标原点的直线,称为标准曲线,也称为工作曲线或 A-c 曲线。在实际工作中,很多因素可能导致标准曲线发生弯曲,如图 9-4 所示,即偏离光的吸收定律,造成测量误差。

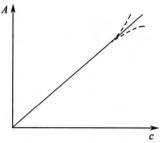

图 9-4　偏离光的吸收
定律示意图

导致偏离光的吸收定律的因素主要有两个:

（一）化学因素

1. 吸光性物质溶液的浓度　朗伯-比尔定律通常只适用于稀溶液,因为浓度较大时,吸光质点间的平均距离缩小,邻近质点彼此的电荷分布会相互影响,使每个质点吸收特定波长光波的能力有所改变,吸光系数随之改变。同时,高浓度溶液对光的折射率发生改变,使测得的吸光度产生偏离;浓度过低时,待测溶液和参比溶液的吸光性差别过小,测定的吸光度也会发生偏离。

2. 吸光性物质的化学变化　溶液中的吸光性物质常因离解、缔合、形成新化合物或互变异构等化学变化而发生浓度改变,导致偏离光的吸收定律。

3. 溶剂的影响　不同种类的溶剂,不仅会对吸光性物质的吸收峰强度、最大吸收波长产生影响,还会对待测物质的物理性质和化学组成产生影响,导致偏离光的吸收定律。

（二）光学因素

1. 非单色光　朗伯-比尔定律通常只适用于单色光。在实际工作中,由分光光度计的单色器所获得的入射光并非纯粹的单色光,而是具有一定波长范围的"复合光"。由于同一物质对不同波长光的吸收程度不同,所以导致偏离光的吸收定律。

2. 杂散光　由分光光度计的单色器所获得的单色光中,还混杂一些与所需的光波长不符的光,称为杂散光,会导致偏离光的吸收定律。

3. 非平行光　朗伯-比尔定律通常只适用于平行光。在实际测定中,通过吸收池的入射光并非真正的平行光,而是稍有倾斜的光束。倾斜光通过吸收池的实际光程(液层厚度)比垂直照射的平行光的光程要长,使吸光度的测定值偏大,导致偏离光的吸收定律。

4. 反射现象　入射光通过折射率不同的两种介质的界面时,有一部分光被反射而损失,使吸光度的测定值偏大,导致偏离光的吸收定律。

5. 散射现象　当光波通过溶液时,溶液中的质点对其有散射作用,有一部分光会因散射而损失,使吸光度的测定值偏大,导致偏离光的吸收定律。

点滴积累 ∨

1. 光的吸收定律表明了吸光度与液层厚度和浓度之间的关系,它是吸收光谱法定量分析的依据。

2. 吸光系数的表示方法有多种,随待测溶液浓度单位的不同而不同。

3. 导致偏离光吸收定律的因素主要有化学因素和光学因素。

第三节　紫外-可见分光光度计

一、紫外-可见分光光度计的主要部件

在紫外-可见光区,能够任意选择不同波长的光进行溶液吸光度测定(或透光率)的仪器称为紫外-可见分光光度计。这类仪器的型号繁多,外形和质量差别很大,但其工作原理和基本结构相似,均由下列 5 个主要部件所组成。

1. **光源**　光源能够发射出强度足够且稳定的连续光谱,不同的光源可以提供不同波长范围的光。常用的光源有如下两类:

(1)钨灯或卤钨灯:钨灯又称白炽灯,可以发射波长范围为 350~800nm 的连续光谱,用于可见光区的测定。卤钨灯是灯泡内填充碘或溴的低压蒸气的钨灯。由于灯内卤元素的存在,减少了钨原子的蒸发,所以能够延长灯的使用寿命,且发光效率明显提高。钨灯的发光强度与灯的工作电压的 3~4 次方成正比,工作电压的微小波动就会引起发光强度的很大变化,故要用稳压器保证光源的发光强度稳定。

(2)氢灯或氘灯:两者都是气体放电发光体,可以发射波长范围为 150~400nm 的连续光谱,用于紫外光区的测定。由于玻璃对紫外光有较强的吸收,所以灯泡应用石英窗或用石英灯管制成。氘灯的价格比氢灯高,但氘灯的发光强度和使用寿命比氢灯长 2~3 倍,故现在的仪器大多用氘灯,配置有专用的电源装置,确保工作电流的稳定。

2. **单色器**　单色器是将光源发射的复合光分解成单色光,并可从中选出所需波长的单色光的光学系统。单色器的性能直接影响入射光的单色性,从而影响测定的灵敏度、准确度、选择性及标准曲线的线性关系等。单色器由进光狭缝、准直镜、色散元件和出光狭缝 4 个部件组成,其光路原理如图 9-5 所示。

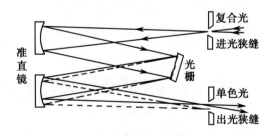

图 9-5　单色器的光路原理示意图

光源发出的复合光经聚光后进入进光狭缝,经准直镜变成平行光,投射于色散元件,再经准直镜变成平行的单色光,射出出光狭缝。转动色散元件的方向,可获得所需波长的单色光。

(1)色散元件:色散元件是单色器的关键部件,起分光的作用。色散元件有棱镜和光栅两种。

棱镜用玻璃或石英材料制成。玻璃棱镜对可见光的色散率比石英大,但会吸收紫外光,故只适用于可见光区域;石英棱镜不吸收紫外光,并对紫外光的色散好。棱镜对光的色散率随波长的不同而改变,按波长排列,疏密不均,短波长区域疏,长波长区域密。

光栅是一种在高度抛光的玻璃或合金表面上刻有许多等宽、等距的平行条痕的色散元件。在紫外-可见光区所用的光栅一般每毫米刻有大约 1200 个条痕。它是利用复合光通过条痕狭缝反射后,产生光的衍射和干涉作用来对光进行色散的。光栅的分辨率比棱镜高,使用波长范围宽,色散率基本上不随波长而改变,可用于紫外、可见、近红外光等光谱区域。

(2)准直镜:是准光系统的简称,由凹面反射镜和凸透镜组成,能将进、出单色器狭缝的非平行光转变成平行光。

(3)狭缝:是光的进、出口,是单色器的重要组成部分之一,关系到分辨率的优劣,直接影响分光质量。狭缝是由具有很锐刀口的两个金属片精密加工制成的,两个刀口之间必须严格平行,并且处在相同的平面上。进光狭缝的作用是限制杂散光进入单色器,出光狭缝的作用是允许所需要的单色光射出单色器。狭缝过宽,获得的单色光不纯,影响吸光度的测定;狭缝越窄,获得的单色光就越纯,但光通量和光的强度同时变小,会降低测定的灵敏度。因此,测定时要调节适当的狭缝宽度。

3. 吸收池　用来盛放溶液的容器称为吸收池,也叫比色皿或比色杯。在可见光区测定时,使用光学玻璃或石英材质的吸收池;在紫外光区测定时,必须使用石英材质的吸收池。用于盛放参比溶液和待测溶液的吸收池应该相互匹配,即测定条件不变,盛放同一溶液测定透光率,其相对误差应小于 0.5%。吸收池有两个透光面,其内壁和外壁都要特别注意保护,避免摩擦、留下指纹、痕迹、油腻和污物。如果外壁沾有残液,只能用滤纸或绢布吸干。

4. 检测器　检测器是将通过吸收池的光信号转换为电信号的光电元件,常用的有光电管和光电倍增管。近年来,有些分光光度计采用了多道检测器。

光电管是由一个丝状阳极和一个光敏阴极组成的真空(或充少量惰性气体)二极管。光敏阴极的凹面镀有一层碱金属或碱金属氧化物等光敏材料,受光照射时能够发射电子,流向阳极而形成电流,称为光电流。尽管光电流很小,但很容易被放大。照射光的强度越大,形成的光电流也越大。如图 9-6 所示。

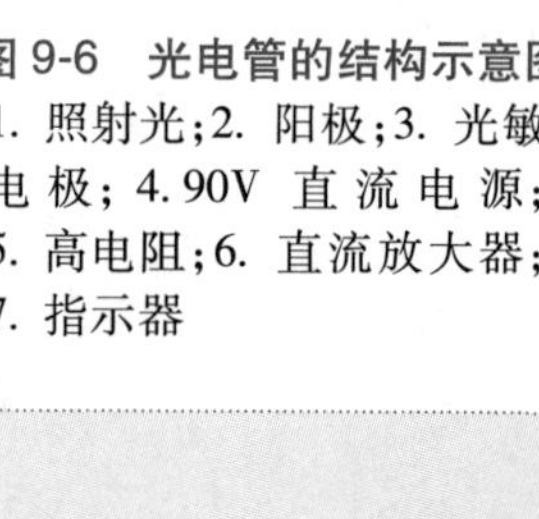

图 9-6　光电管的结构示意图
1. 照射光;2. 阳极;3. 光敏电极;4.90V 直流电源;5. 高电阻;6. 直流放大器;7. 指示器

知识链接

常用的光电管

常用的光电管有两种,一是紫敏光电管,用于检测波长为 200~625nm 的光;二是红敏光电管,用于检测波长为 625~1000nm 的光。

光电倍增管的工作原理与光电管相似,其差别是在光敏阴极和阳极之间多了几个倍增级(一般是9个),各倍增级之间的电压依次增高90V。

阴极被光照射后发射电子,电子被第一倍增级的高电压加速并撞击其表面时,能够发射出更多的电子。如此经过多个倍增级后,发射的电子大大增加,被阳极收集后,能够产生较强的光电流。此电流还可以进一步被放大,从而增加检测的灵敏度。光电倍增管可以检测弱光,但不能用于检测强光。

5. 讯号处理与显示器　光电流经过放大后输入显示器,以某种方式将测量结果显示出来。常用的显示器有电表指示、数字显示、荧光屏显示、曲线描绘和打印输出等。显示的数据测定结果有透光率和吸光度,有的还显示浓度、吸光系数等。

二、紫外-可见分光光度计的光学性能

紫外-可见分光光度计的性能可以从以下几个方面进行考察和比较。

1. 测光方式　指仪器显示的数据测定结果,如透过率、吸光度、浓度、吸光系数等。

2. 波长范围　指仪器可以提供测量光波的波长范围。可见分光光度计的波长范围一般为400~1000nm,紫外-可见分光光度计的波长范围一般为190~1100nm。

3. 狭缝或光谱带宽　是仪器单色光纯度指标之一,中档仪器的最小谱带宽度一般小于1nm。棱镜仪器的狭缝连续可调,光栅仪器的狭缝常常固定或分档调节。

4. 杂散光　通常以光强度较弱处(如220或340nm处)所含杂散光强度的百分比作为指标。中档仪器一般不超过0.5%。

5. 波长准确度　指仪器显示的波长数值与单色光实际波长之间的误差。高档仪器可低于±0.2nm,中档仪器大约为±0.5nm,低档仪器可达±5nm。

6. 吸光度范围　指吸光度的测量范围。中档仪器一般为-0.1730~2.00。

7. 波长重复性　指重复使用同一波长时,单色光实际波长的变动值。此值大约为波长准确度的1/2。

8. 测光准确度　常以透光率误差范围表示。高档仪器可低于±0.1%,中档仪器不超过±0.5%,低档仪器可达±1%。

9. 光度重复性　指在相同的测量条件下,重复测量吸光度值的变动性。此值大约为测光准确度的1/2。

10. 分辨率　指仪器能够分辨出最靠近的两条谱线间距的能力。高档仪器可低于0.1nm,中档仪器一般小于0.5nm。

三、紫外-可见分光光度计的仪器类型

(一)可见分光光度计

在实际工作中,常用722型可见分光光度计。

1. 仪器的外形　国产722型分光光度计的外形如图9-7所示。

2. 仪器的部件　722型可见分光光度计的光源为12V、25W的钨灯,电磁辐射的波长范围为360~800nm;色散元件为光栅;吸收池由光学玻璃制成,每台仪器配有一套厚度分别为0.5、1.0、2.0、3.0和5.0cm等规格的吸收池供选用;检测器为真空光电管;显示器为数字显示。这种仪器的构造简单,但单色性较差,常用于可见光区的一般定量分析。

（二）紫外-可见分光光度计

根据光学系统的不同,紫外-可见分光光度计可分为单波长分光光度计和双波长分光光度计两大类;单波长分光光度计又可分为单光束分光光度计和双光束分光光度计两类。因为各类仪器的基本结构相似,所以都配有卤钨灯和氘灯两种光源。卤钨灯的使用波长为330~1000nm,氘灯的使用波长为190~330nm,卤钨灯和氘灯的转换用手柄控制;单色光器的色散元件是一个平面光栅;吸收池由石英制成;检测器是PD硅光电池或光电倍增管;终端输出用数字显示浓度c、吸光度A和透光率T,有的显示吸收曲线和标准曲线,同时可以打印测量结果。

1. 单光束分光光度计　这类分光光度计的特点是从光源到检测器只有一束单色光,常用的有国产7530型、UV 755B型和TU-1810型,日产岛津QR-50型等。以UV 755B型仪器为例,其外形及光路原理分别如图9-8所示。

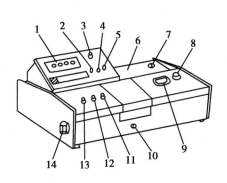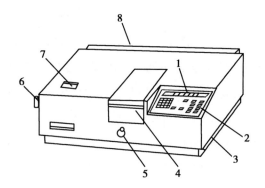

图9-7　722型分光光度计外形
1. 数字显示器;2. 吸光度调零钮;3.A/C选择开关;4. 吸光度斜率钮;5. 浓度旋钮;6. 光源室;7. 电源开关;8. 波长旋钮;9. 波长读数窗;10. 试样架拉手;11. 100%T旋钮;12. 0%T旋钮;13. 灵敏度调节钮;14. 干燥室

图9-8　UV 755B型分光光度计外形图
1. 数字显示屏;2. 功能键盘;3. 打印机接口;4. 吸收池暗盒盖;5. 试样架拉手;6. 波长旋钮;7. 波长读数窗;8. 光源灯转换手柄

2. 双光束分光光度计　这类分光光度计的特点是从单色器发射一束单色光,经过一个旋转的扇面镜将其分成波长相同的两束单色光,交替通过参比溶液和试样溶液后,再用一个同步旋转的扇面镜将两束透过光交替地照射到光电倍增管上,使光电倍增管产生一个交变的脉冲信号,经过比较放大后,由显示器显示出透光率、吸光度和浓度等。此类仪器如国产740型、TU-1901型等;国外产品如英产Unicam SP 700型、美产UV-6100型、日产岛津UV-200型和UV-240型等。这类仪器的光路原理如图9-9所示。

3. 双波长分光光度计　这类分光光度计的特点是仪器采用两个并列的单色器,分别产生波长不同的两束单色光,交替照射同一试样溶液,得到同一试样溶液对不同波长单色光的吸光度差值。

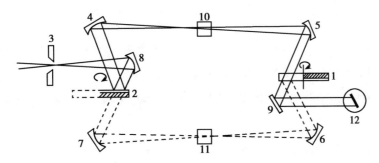

图 9-9　单波长双光束分光光度计光路原理示意图
1、2. 同步斩光器；3. 单色器出光狭缝；4、5、6、7、8. 凹面镜；
9. 平面镜；10、11. 参比、试样吸收池；12. 光电倍增管

其优点有两个：一是测定时不需要参比池，可以避免吸收池不匹配、参比溶液与试样溶液的折射率和散射作用不同而产生的误差，特别适用于有背景吸收或有干扰情况的定量测定；二是可以用双波长的方式工作，也可以用单波长双光束的方式工作。此类仪器如国产 WFZ800-S 型、日产岛津 UV-300型等。这类仪器的光路原理如图 9-10 所示。

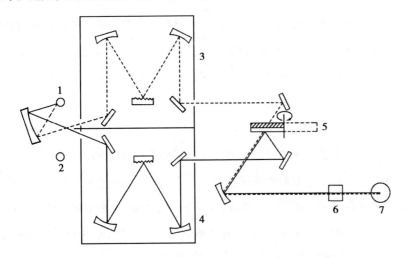

图 9-10　双波长双光束分光光度计光路原理示意图
1、2. 光源；3、4. 单色器；5. 斩光器；
6. 试样吸收池；7. 光电倍增管

紫外-可见光光度计的光度测量操作

知识链接

紫外-可见分光光度计在医学检验中的应用

临床理化检验室测定血糖、血脂、磷酸激酶、血清蛋白质和血清总胆固醇的含量，以及测定血清丙氨酸氨基转移酶和天冬氨酸氨基转移酶的活性等，都是用自动生化分析仪通过测定样品溶液的吸光度而完成的。

酶标仪（酶联免疫检测仪）是酶联免疫吸附试验的专用仪器，其主要结构、工作原理与紫外-可见分光光度计基本相同，广泛用于临床免疫学检验和食品安全药物残留的快速检测。

点滴积累 ╲

> 1. 紫外-可见分光光度计是在近紫外区（200~400nm）或可见光区（400~760nm）范围内选择不同波长的单色光来测定溶液的吸光度或透光率的仪器。
>
> 2. 紫外-可见分光光度计的主要部件有光源、单色光器、吸收池、检测器、讯号处理与显示器。
>
> 3. 紫外-可见分光光度计分为单波长分光光度计和双波长分光光度计两大类。

第四节　分析条件的选择

一、仪器测量条件的选择

（一）测定波长的选择

测定波长对分光光度法的灵敏度、准确度和选择性有很大的影响。通常是选择被测组分的最大吸收波长 λ_{max} 作为分析波长。若被测组分有几个吸收峰时,选择不易出现干扰吸收、吸光度较大而且峰顶比较平坦的吸收波长,避免采用尖锐的吸收峰进行定量分析;若最大吸收波长处存在干扰吸收时,也可选择灵敏度较低并能避免干扰吸收的波长作为测定波长。

（二）读数范围的选择

在分光光度法中,仪器误差主要是透光率的测量误差。在不同的吸光度范围内读数,可带入不同程度的误差,这种误差通常以百分透光率带来的浓度相对误差来表示,称为光度误差。为了减少光度误差,应控制适当的吸光度读数范围。通过计算可知,透光率太大或太小,测得浓度的相对误差均较大;只有透光率 T 在 65%~20% 或吸光度 A 在 0.2~0.7 范围内时,测定结果的相对误差较小。为达到以上要求,可以通过控制溶液浓度或吸收池厚度的方法来实现。

案例分析

> 案例
>
> 某样品溶液的吸光组分浓度太低,另一样品溶液的吸光组分浓度太高,用 1cm 厚度的吸收池直接测定时,其吸光度不在 0.2~0.7 范围内,可采用哪些方法处理呢?
>
> 分析
>
> 如果溶液浓度太低,则可以使用 2 或 3cm 的吸收池;如果溶液浓度太高,则可以使用 0.5cm 的吸收池或将待测溶液进行适当的稀释,然后测定其吸光度。

二、显色反应条件的选择

由于许多无机元素和有机化合物的吸收系数小,测定灵敏度低,不能直接用光度法测定,因此需将试样中的被测组分定量地转变为吸光能力强的有色化合物后进行测定。在光度分析法中将被测组分转变为有色化合物的反应称为**显色反应**。与被测组分生成有色化合物的试剂称为**显色剂**。

（一）对显色剂和显色反应的要求

1. 被测物质与所生成的有色物质之间必须有确定的定量关系，保证反应产物的吸光度能准确地反映被测物质的含量。

2. 反应产物必须有足够的稳定性，以保证测定有一定的重现性。

3. 若试剂本身有色，则反应产物的颜色与试剂的颜色须有明显的差别，即产物与试剂对光的最大吸收波长应有较大的差异。

4. 反应产物的摩尔吸光系数足够大，一般情况下 ε 值应大于 $1.0 \times 10^4 \text{L/(mol·cm)}$，以保证测定的灵敏度较高。

5. 显色反应须有较好的选择性，以避免其他因素的干扰。

（二）显色反应的条件

1. **显色剂的用量**　为使显色反应进行完全，一般需加入略过量的显色剂。实际工作中，显色剂的用量应通过实验根据 A-c 曲线确定。

2. **酸度**　溶液的酸度对显色反应的影响是多个方面的，如影响显色剂的平衡浓度和颜色变化、有机弱酸的配位反应和被测组分及形成配合物的存在形式等。显色反应最适宜的 pH 范围（酸度）通常是通过实验由 A-pH 曲线确定的。

3. **显色时间**　有些显色反应在实验条件下可瞬间完成，颜色很快达到稳定，并在较长的时间范围内稳定。但多数显色反应速度较慢，需一段时间溶液的颜色才能达到稳定。有些有色化合物放置一段时间后，因空气的氧化、光照、试剂的挥发或产物的分解等原因，使溶液颜色减退。故实际工作中，显色时间应通过实验由 A-t 曲线确定。

4. **温度**　显色反应的进行与温度有关，许多显色反应在室温下即可完成，但有的显色反应需在加热条件下才能完成，也有一些有色化合物在较高的温度下容易分解。显色反应适宜的温度可通过实验方法从 A-T 曲线确定。

三、参比溶液的选择

参比溶液亦称空白溶液，用于校正仪器透光率为 100% 或吸光度为 0。在中药及制剂分析中，除了作为测量的相对标准外，参比溶液还可用于消除干扰吸收。正确选用参比溶液，对消除干扰、提高测量的准确度具有重要作用。常见的参比溶液如下：

（一）溶剂参比溶液

在测定入射光波长下，溶液中只有被测组分对光有吸收，而显色剂和其他组分对光无吸收，或虽有少许吸收，但所引起的测定误差在允许范围内，在此情况下可用溶剂作为参比溶液，可消除溶剂、吸收池等因素的影响。

（二）试剂参比溶液

相同条件下只是不加试样溶液，依次加入各种试剂和溶剂所得到的溶液作为参比溶液。

适用于在测定条件下,显色剂或其他试剂、溶剂等对待测组分的测定有干扰的情况。例如标准曲线的绘制中,标准溶液用量为 0 的溶液即为试剂参比溶液,可消除试剂中有组分产生吸收的影响。

(三) 试样参比溶液

按照与显色反应相同的条件取等量试样溶液,只是不加显色剂所制备的溶液作为参比溶液。适用于试样基体有色并在测定条件下有吸收,而显色剂溶液无干扰吸收,也不与试样基体显色的情况。

(四) 平行操作参比溶液

用不含被测组分的试样,在完全相同的条件下与被测试样同时进行处理,由此得到平行操作参比溶液。如在进行某种药物浓度监测时,取正常人的血样与被测血药浓度的血样进行平行操作处理,前者得到的溶液即为平行操作参比溶液。这种参比可当作一个试样来处理,测得的结果称为参比值,应从试样测得结果中去除。

此外,试样溶液的浓度必须控制在标准曲线的线性范围内;选择不影响待测物质吸光性质的溶剂等。

点滴积累 ∨

1. 选择吸光性物质的最大吸收波长 λ_{max} 作为测定波长。

2. 使用紫外-可见分光光度计时,读数范围应控制在吸光度为 0.2~0.7、透光率为65%~20%。

3. 待测物质在紫外-可见光区无吸收时,应加显色剂,且显色剂不得有干扰。

4. 选择合适的参比溶液。

第五节 定性定量分析方法

一、定性分析方法

(一) 比较光谱的一致性

在相同条件下,分别测定未知物和标准品的吸收光谱曲线,对比两者是否一致。当没有标准化合物时,可以将未知药物的吸收光谱与《中国药典》中收录的该药物的标准图谱进行严格的对照比较。

如果两个吸收光谱曲线的形状和光谱特征如肩峰、吸收峰的数目、峰位和强度(吸光系数)等完全一致,则可以初步认为两者是同一化合物。值得强调的是,吸收光谱曲线相同,不一定是同一种化合物。只有在用其他光谱方法进一步证实后,才能得出较为肯定的定性结论。原因是主要官能团相同的物质,可能会产生非常相似甚至雷同的紫外-可见吸收光谱曲线。但如果两个吸收光谱曲线的形状和光谱特征有差异,则可以肯定两者不是同一种化合物。例如醋酸可的松、醋酸氢化可的松和醋酸泼尼松 3 种药品的吸收光谱曲线仅有微小差别,它们的最大吸收波长、摩尔吸光系数和百分吸光系数几乎完全相同。

（二）比较吸收光谱的特征数据

紫外吸收光谱是由分子中的生色团所决定的。若两种不同的化合物存在相同的生色团,往往会产生相似的紫外吸收光谱,使定性困难。在不同化合物的吸收光谱中,最大吸收波长 λ_{max} 虽然可能相同,但因不同化合物的摩尔质量不同,使得它们的吸光系数有明显差异。因此在比较 λ_{max} 的同时,再比较 ε_{max} 或 $E_{1cm}^{1\%}$ 则可加以区分。

如甲基麻黄碱和去甲基麻黄碱的 λ_{max} 均为 251、257 和 264nm,但可从两者的摩尔吸光系数加以区别。甲基麻黄碱的 λ_{max} 为 251nm(lgε 2. 20)、257nm(lgε 2. 27)和 264nm(lgε 2. 19);去甲基麻黄碱的 λ_{max} 为 251nm(lgε 2. 11)、257nm(lgε 2. 11)和 264nm(lgε 2. 20)。

（三）对比吸光度（或吸光系数）的比值

有些化合物的吸收峰较多,但各吸收峰对应的吸光度或吸光系数的比值是一定的,可以作为定性鉴别的依据。因此,不同的最大吸收波长处的吸光度(与标准品在相同条件下测定)的比值是鉴别化合物的特性。

如维生素 B_{12} 的吸收光谱有 3 个吸收峰,分别为 278、361 和 550nm。《中国药典》规定,作为鉴别的依据,361 与 278nm 的吸光度比值应为 1. 70~1. 88,361 与 550nm 的吸光度比值应为3. 15~3. 45。

目前,已有多种以实验结果为基础的各种有机化合物的紫外-可见标准图谱,《中国药典》中收录的各种药物的标准图谱也可作为药物定性鉴别的依据。

二、杂质检查

使用紫外-可见分光光度法进行药品纯度检查时,将待检药品光谱与药品标准光谱相对照,如果杂质在药品无吸收的光区有吸收,或待检药品的吸收峰在药品标准光谱杂质的吸收峰处有变化,则杂质很容易被检查出来(杂质检查)。利用杂质的特征吸收,可以很灵敏地检测出微量杂质(10^{-5}g)的存在或控制主成分的纯度(杂质限量检查)。

三、定量分析方法

根据朗伯-比尔定律,在一定条件下,待测溶液的吸光度与其浓度呈线性关系。因此,可以选择适当的工作波长进行定量分析。

（一）单组分溶液的定量方法

1. 标准曲线法　标准曲线法是紫外-可见分光光度法中最经典的定量方法,特别适用于大批量试样的定量测定。其方法是首先配制一系列浓度不同的标准溶液,然后以不含被测组分的空白溶液作为参比,分别测定标准溶液的吸光度和样品的吸光度,以吸光度为纵坐标、浓度为横坐标绘制 A-c 关系曲线,如图 9-11 所示。此曲线应是一条通过原点的直线。在相同条件下测定样品的吸光度,根据标准曲线即可查出样品溶液的浓度。根据配制试样溶液时对待测溶液的稀释情况,可计算待测溶液的浓度 $c_{原样}$ 为:

$$c_{原样} = c_{样} \times 稀释倍数 \qquad 式(9\text{-}9)$$

绘制标准曲线时须注意以下几点：

（1）按选定浓度，配制一系列不同浓度的标准溶液，浓度范围应包括未知样品溶液浓度的可能变化范围，一般至少应做 5 个点。

（2）测定时每一浓度至少应同时做两管（平行管），同一浓度平行测到的吸光度值相差不大时，取其平均值。

（3）可用坐标纸绘制标准曲线，也可用直线回归的方法计算出样品溶液浓度。

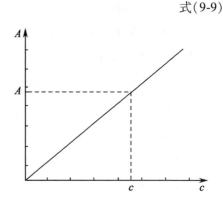

图 9-11 标准曲线（$A\text{-}c$ 曲线）

（4）标准曲线绘制完成后，应注明测试内容和条件，如测定波长、吸收池厚度、操作时间等。如遇更换标准溶液、修理仪器、更换灯泡等工作条件变动时，应重新测绘标准曲线。

▶▶ **课堂活动**

工作曲线不呈直线的主要原因有哪些？

2. 标准对比法　在相同的条件下，配制浓度为 c_s 的标准溶液和浓度为 c_x 的试样溶液，在最大吸收波长 λ_{max} 处，分别测定两者的吸光度值为 A_s 和 A_x，依据朗伯-比尔定律得：

$$A_S = \varepsilon c_S L \qquad 式(9\text{-}10)$$

$$A_X = \varepsilon c_X L \qquad 式(9\text{-}11)$$

因为标准溶液与试样溶液中的吸光性物质是同一化合物，故相同条件下，液层厚度 L 和摩尔吸光系数 ε 的数值相等，由式（9-10）和式（9-11）得：

$$\frac{A_S}{A_X} = \frac{c_S}{c_X}$$

$$\therefore c_X = \frac{A_X c_S}{A_S} \qquad 式(9\text{-}12)$$

根据式（9-9）可以计算出原试样溶液的浓度 $c_{原样}$。

当测定待测试样中某组分的含量时，可同时配制相同浓度的待测试样溶液 $\rho_{样}$ 和标准品溶液 $\rho_{标}$，即 $\rho_{样} = \rho_{标}$，在最大吸收波长 λ_{max} 处分别测定两者的吸光度 $A_{样}$ 和 $A_{标}$，设 $\rho_{纯}$ 为待测试样溶液中某组分的浓度，则：

$$\rho_{纯} = \frac{A_{样}}{A_{标}} \times \rho_{标}$$

根据下式可以计算出试样中待测组分的质量分数 ω。

$$\omega = \frac{\rho_{纯}}{\rho_{样}} = \frac{\rho_{标} \dfrac{A_{样}}{A_{标}}}{\rho_{样}} = \frac{A_{样}}{A_{标}} \qquad 式(9\text{-}13)$$

例 9-3　分别取 $KMnO_4$ 试样与标准品 $KMnO_4$ 各 0.1000g，分别用 1000ml 量瓶定容。各取

10.0ml 稀释至 50.00ml,在 $\lambda_{\max}=525nm$ 时,测得 $A_{样}=0.220$、$A_{标}=0.260$,求试样中纯 $KMnO_4$ 的含量。

解:已知 $\rho_{样}=\rho_{标}=0.1000\times\dfrac{10.00}{50.00}=0.020\ 00g/L$

$$A_{样}=0.220, A_{标}=0.260$$

求 $\omega=?$

根据式(9-13)得:

$$\omega=\frac{\rho_{纯}}{\rho_{样}}=\frac{\rho_{标}\dfrac{A_{样}}{A_{标}}}{\rho_{样}}=\frac{A_{样}}{A_{标}}=\frac{A_X}{A_S}=\frac{0.220}{0.260}=0.8462$$

答:试样中纯 $KMnO_4$ 的质量分数为 0.8462。

3. 吸光系数法　吸光系数法又称绝对法,是直接利用朗伯-比尔定律进行计算的定量分析方法。在手册中查出待测物质在最大吸收波长 $\lambda_{\max}$ 处的吸光系数或 $E_{1cm}^{1\%}$,并在相同条件下测量试样溶液的吸光度 A,则其浓度为:

$$c=\frac{A}{\varepsilon L}\quad 或\quad \rho=\frac{A}{E_{1cm}^{1\%}L}$$

有时也可以将待测试样溶液的吸光度换算成试样组分的吸光系数,计算与标准品的吸光系数的比值,求出试样中待测组分的质量分数。

$$\omega=\frac{\omega_{样}}{\omega_{标}}\quad 或\quad \omega=\frac{E_{1cm样}^{1\%}}{E_{1cm标}^{1\%}}$$

例9-4　维生素 B_{12} 水溶液在 $\lambda_{\max}=361nm$ 处的百分吸光系数 $E_{1cm}^{1\%}=207$。取维生素 B_{12} 试样 30.0mg,加纯化水溶解,用 1L 量瓶定容。将溶液盛于 1cm 的吸收池,测得 361nm 波长处的吸光度 $A=0.600$,试求试样中维生素 B_{12} 的质量分数。

解:已知标准品的 $E_{1cm}^{1\%}=207$,试样的 $\rho=\dfrac{30.0\times10^{-3}}{1000}\times100\%=0.003\ 00\%$,$A=0.600$

求 $\omega=?$

根据光的吸收定律,换算得试样的百分吸光系数为:

$$E_{1cm}^{1\%}=\frac{A}{\rho L}=\frac{0.600}{0.003\ 00\times1.00}=200$$

$$\omega=\frac{E_{1cm样}^{1\%}}{E_{1cm标}^{1\%}}=\frac{200}{207}=0.966$$

答:试样中维生素 B_{12} 的质量分数为 0.966。

▶▶ **课堂活动**

请您比较标准对比法与吸光系数法的区别。

(二) 二元组分溶液的定量方法

当两种或多种组分共存时,可根据各组分吸收光谱相互重叠的程度分别拟定测定方法。比较理想的情况是各组分的吸收峰所在波长处($\lambda_{\max}$)其他组分没有吸收,如图 9-12(Ⅰ)所示,则可按单组分的测定方法分别在 λ_1 处测定 a 组分的浓度,在 λ_2 处测定 b 组分的浓度,这样测定 a、b 两个组分的结果互不干扰。

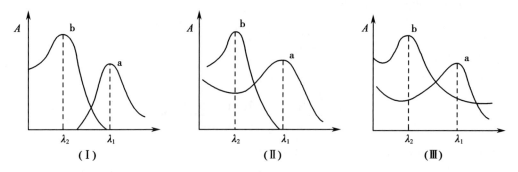

图 9-12　二元组分吸收光谱相互重叠的 3 种情况示意图

如果 a、b 两个组分的吸收光谱有部分重叠,如图 9-12(Ⅱ)所示,这时可先在 λ_1 处按单组分的测定方法测定 a 组分的浓度 c_a,b 组分在此处没有吸收,故不干扰;然后在 λ_2 处测得混合物溶液的总吸光度 A_2^{a+b},可根据吸光度的加和性计算 b 组分的浓度 c_b。设液层厚度为 1cm,则:

$$A_2^{a+b} = A_2^a + A_2^b = \varepsilon_2^a L c_a + \varepsilon_2^b L c_b \qquad 式(9\text{-}14)$$

测定时,用 1cm 的比色皿,即 $L = 1$,c_a 已经测得,从而可以求出 c_b。

在实际测定的混合组分中,更多遇到的情况往往是各个组分的吸收光谱相互干扰,两个组分在最大吸收波长处相互有吸收,如图 9-12(Ⅲ)所示。

原则上,只要组分的吸收光谱有一定的差异,就可根据吸光度的加和性原理设法测定。根据测定的目的要求和光谱重叠的不同情况,可以采取解联立方程组法、等吸收双波长消除法、差示分光光度法、导数光谱法、系数倍率法等多种方法测定多组分样品的含量,以下介绍前 3 种方法。

1. 解联立方程组法　图 9-12(Ⅲ)表明,两个待测组分彼此相互干扰,此时,在波长 λ_1 和 λ_2 处分别测定试样溶液的总吸光度 A_1^{a+b} 及 A_2^{a+b},同时测定 a、b 纯物质的 ε_1^a、ε_1^b 及 ε_2^a、ε_2^b,根据吸光度的加和性,则有下式:

$$A_1^{a+b} = \varepsilon_1^a L c_a + \varepsilon_1^b L c_b \qquad 式(9\text{-}15)$$

$$A_2^{a+b} = \varepsilon_2^a L c_a + \varepsilon_2^b L c_b \qquad 式(9\text{-}16)$$

测定时,用 1cm 的比色皿,即 $L = 1$,从而可以解得 c_a、c_b。

显然,如果有 n 个组分的光谱互相干扰,就必须在 n 个波长处分别测定试样溶液吸光度的加和值,以及各波长处 n 个纯物质的摩尔吸光系数,然后解 n 元一次方程组,进而求出各组分的浓度。应该指出,在实际测定时,试样中的组分越多,测定结果的误差就越大。

2. 等吸收波长消去法(双波长分光光度法)　当试样中两个待测组分的相互干扰比较严重时,用解联立方程组的方法进行定量分析会产生较大的误差,这时可以用等吸收波长消去法进行测定。

在试样中含有两个待测组分 a 和 b 时,若要测定组分 b,组分 a 有干扰,应设法消除组分 a 的吸收干扰。首先选择待测组分 b 的最大吸收波长 λ_2 作为测量波长,然后用作图的方法选择参比波长 λ_1,使组分 a 在这两个波长处的吸光度相等,即 $A_1^a = A_2^a$,且使待测组分 b 在这两个波长处的吸光度有尽可能大的差别,如图 9-13(Ⅰ)所示。

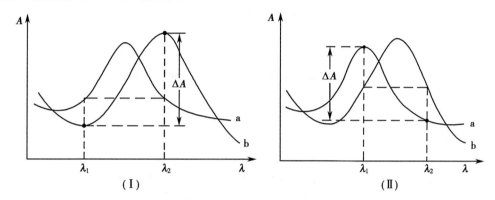

图 9-13　等吸收波长消去法示意图

根据吸光度的加和性,试样溶液在 λ_2 和 λ_1 波长处的吸光度分别为:

$$A_2^{a+b} = A_2^a + A_2^b \qquad\qquad 式(9-17)$$

$$A_1^{a+b} = A_1^a + A_1^b \qquad\qquad 式(9-18)$$

因组分 a 在 λ_2 和 λ_1 两个波长处的吸光度相等,故根据朗伯-比尔定律可得:

$$\Delta A = A_2^{a+b} - A_1^{a+b} = (\varepsilon_2^b - \varepsilon_1^b) L c_b \qquad\qquad 式(9-19)$$

式(9-19)表明,试样溶液在 λ_2 和 λ_1 两个波长处的吸光度之差,只与待测组分 b 的浓度成正比,而与组分 a 的浓度无关。

双波长分光光度计的输出信号是 ΔA,而 ΔA 与干扰组分 a 无关,只与待测组分 b 的浓度成正比,即消除了组分 a 的干扰,可以求得待测组分 b 的浓度。

若要测定组分 a,而组分 b 有干扰时,如图 9-13(Ⅱ)所示,可用上述类似的方法,选择待测组分 a 的最大吸收波长 λ_1 作为测量波长,用作图的方法选择参比波长 λ_2,使组分 b 在这两个波长处的吸光度相等,用双波长分光光度计测定试样溶液在 λ_1 和 λ_2 波长处的吸光度之差,从而求得待测组分 a 的浓度。

3. 差示分光光度法　当待测组分的含量过高时,吸光度超出了准确测量的读数范围,会造成较大的误差,可以采用差示分光光度法,弥补这一缺点。差示分光光度法是用一个比试样溶液浓度稍低的标准溶液作参比溶液,将分光光度计调零(透光率为 100%),测得的吸光度就是被测试样溶液与参比溶液的吸光度差值(相对吸光度)。根据光的吸收定律得:

$$\Delta A = A_x - A_s = EL(c_x - c_s) \qquad\qquad 式(9-20)$$

式(9-20)表明,待测溶液与参比溶液的吸光度差值与两个溶液的浓度之差成正比,这就是差示分光光度法的基本原理。

点滴积累 ∨ ···

紫外-可见分光光度法的各种定量方法各有特点,标准曲线法用于测定大批量试样时,操作简单、准确、快速；但不同人处理相同的测量数据，得到的结果不易完全相同。标准对比法测量数据相同，任何人都能得到完全一致的结果；但随机误差较大。吸光系数法测定大批量试样时，操作简单、准确、快速；但测定条件不易与文献完全一致，从而引入误差。

解联立方程组法和等吸收波长消去法可用于测定二元组分溶液。

第六节　紫外-可见吸收光谱在有机化合物结构分析中的应用简介

一、有机化合物的紫外-可见吸收光谱

有机化合物的紫外-可见吸收光谱主要是由分子中价电子的能级跃迁而产生的，因此紫外-可见吸收光谱在研究有机化合物的结构分析中，可以推断分子的骨架、判断发色基团之间的共轭关系和估计共轭体系中的取代基种类、位置、数目以及构型和构象。但由于紫外可见光谱较为简单、光谱信息少、特征性不强，而且不少简单官能团在近紫外及可见光区没有吸收或吸收很弱，因此它主要配合红外光谱法、核磁共振波谱法和质谱法等常用的结构分析法对未知物进行定性鉴定和结构分析。

分子中价电子的能级跃迁方式与化合物的结构有关，即与化学键的性质有关。根据分子轨道理论，有机化合物中的原子在形成化学键时，应该形成分子轨道，即成键 σ 轨道和成键 π 轨道。处于 σ 轨道的电子称 σ 电子，处于 π 轨道的电子称 π 电子。分子中没有参加成键（仍处于原子轨道）的孤对电子为非键电子，也称为 n 电子或 p 电子，这些电子都被称为价电子。电子所处的轨道不同，其具有的能量也不同。有机化合物分子吸收紫外-可见光后，处于较低能级轨道的价电子将跃迁到较高能级轨道，即跃迁到反键轨道 σ^* 和 π^*。

价电子的能级跃迁主要有 4 种类型：$\sigma \rightarrow \sigma^*$ 跃迁、$\pi \rightarrow \pi^*$ 跃迁、$n \rightarrow \pi^*$ 跃迁和 $n \rightarrow \sigma^*$ 跃迁，如图 9-14 所示。

由图 9-14 可以看出，不同类型的能级跃迁所需能量 ΔE 的大小顺序是 $\sigma \rightarrow \sigma^* > n \rightarrow \sigma^* \geqslant \pi \rightarrow \pi^* > n \rightarrow \pi^*$。饱和化合物中的 $\sigma \rightarrow \sigma^*$ 跃迁所需要的能量较大，吸收峰在远紫外光区。含有杂原子的不饱和基团如 $=C=O$（羰基）等，其 $n \rightarrow \pi^*$ 跃迁所需要的能量最小，虽然最大吸收波长在近紫外光区，但吸收强度较弱。含有杂原子基团的饱和化合物如卤代烃、醇、伯胺等，其 $n \rightarrow \sigma^*$ 跃迁和孤立双键的 $\pi \rightarrow \pi^*$ 跃迁所需要的能量差不多，前者是中强吸收，后者是强吸收，但在紫外吸收光谱上常常表现为末端吸收（在 200nm 附近有较强吸收的

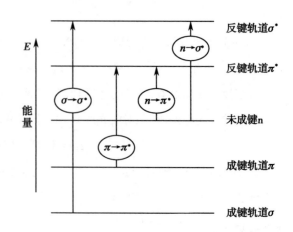

图 9-14　价电子能级跃迁示意图

现象）。因此,在利用紫外光谱鉴定有机化合物的结构时,上述各种跃迁均没有太大的实际应用价值。

如果分子结构中有共轭体系,或不饱和键连有非键孤对电子的杂原子饱和基团,如—OH、—OR、—NH$_2$、—NHR、—SH、—X 等,$\pi\rightarrow\pi^*$ 跃迁和 $n\rightarrow\pi^*$ 跃迁所需要的能量就会减小,吸收峰会向长波方向移动,且吸收强度增加,在紫外-可见光区产生吸收光谱。

二、根据紫外-可见吸收光谱推断官能团

待测化合物如果在220~800nm 波长范围内无吸收[$\varepsilon<1$L/(mol·cm)],它可能是脂肪族饱和碳氢化合物、胺、氰醇、羧酸、氯代烃和氟代烃等,不含直链或环状共轭体系,没有醛、酮等基团;如果在210~250nm 波长范围内有强吸收带,它可能含有 2 个共轭单位;如果在 260~300nm 波长范围内有强吸收带,它可能含有 3~5 个共轭单位;如果在 250~300nm 波长范围内有弱吸收带,它可能有羰基存在;如果在 250~300nm 波长范围内有中等强度吸收带,并且含有振动结构,表明有苯环存在;如果化合物有颜色,则分子中含有的共轭基团一般在 5 个以上。

三、根据紫外-可见吸收光谱推断异构体

（一）结构异构体的推断

许多结构异构体之间可利用其双键的位置不同,应用紫外吸收光谱推断异构体的结构。如松香酸（Ⅰ）和左旋松香酸（Ⅱ）的 λ_{max} 分别为 238 和 273nm,相应的 ε_{max} 值分别为 15 100 和 7100L/(mol·cm)。这是因为Ⅰ型没有立体障碍,而Ⅱ型有一定的立体障碍,因此Ⅰ型的 ε_{max} 比Ⅱ型的 ε_{max} 大得多。

（Ⅰ）　　　　　　　　　　（Ⅱ）

（二）顺反异构体的推断

反式异构体因为空间位阻小、共轭程度高,所以其最大吸收波长 λ_{max} 和摩尔吸收系数 ε_{max} 都大于顺式异构体。如 1,2-二苯乙烯的反式异构体的光谱特征为 $\lambda_{max}=295.5$nm,$\varepsilon_{max}=29\ 000$L/(mol·cm),1,2-二苯乙烯的顺式异构体的光谱特征为 $\lambda_{max}=280$nm,$\varepsilon_{max}=10\ 500$L/(mol·cm)。

（三）互变异构体的推断

分子中存在共轭体系时,其 λ_{max}、ε_{max} 一般要大于非共轭体系异构体的光谱特征。例如乙酰乙酸乙酯有酮式和烯醇式两个互变异构体,酮式结构没有共轭双键,其光谱特征为 $\lambda_{max}=204$nm,$\varepsilon_{max}=16$L/(mol·cm),属于弱吸收,说明该吸收是由 $n\rightarrow\pi^*$ 跃迁引起的;烯醇式异构体有共轭双键,其光谱特征为 $\lambda_{max}=245$nm,$\varepsilon_{max}=1.8\times10^4$L/(mol·cm),说明在分子中有共轭双键,甚至形成了分子内氢键。

知识链接

紫外-可见吸收光谱在有机化合物定性和结构分析中的作用

　　有机化合物的紫外-可见吸收光谱属于电子光谱,由待测物质的官能团选择性吸收电磁辐射、发生电子能级跃迁而产生。 具有简单官能团的化合物,在近紫外-可见光区仅有微弱的吸收或无吸收;主要官能团相同的化合物,往往会产生非常相似甚至雷同的光谱。 因此,谱图比较简单,特征性不强,在有机化合物的定性鉴定及结构分析中,紫外-可见吸收光谱用于初步判断化合物的结构,只有与红外光谱、核磁共振谱和质谱等相互印证后,才能得出正确的结论。

点滴积累 V

1. 紫外-可见吸收光谱是化合物的价电子能级跃迁形成的。 紫外-可见分光光度法可用于有机化合物的结构分析。

2. 根据紫外-可见吸收光谱的特征,可以推断待测化合物的官能团、结构异构、顺反异构和互变异构。

复习导图

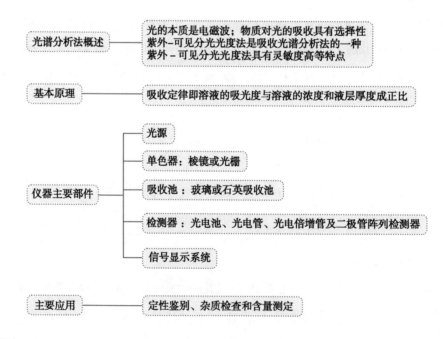

目标检测

一、选择题

（一）单项选择题

1. 紫外-可见光的波长范围是

　　A. 200～400nm　　　　　B. 400～760nm　　　　　C. 200～760nm　　　　　D. 360～800nm

2. 下列叙述错误的是

A. 光的能量与其波长成反比　　　　　　B. 有色溶液越浓,对光的吸收也越强烈

C. 物质对光的吸收有选择性　　　　　　D. 光的能量与其频率成反比

3. 紫外-可见分光光度法属于

    A. 原子发射光谱　　　　B. 原子吸收光谱　　　　C. 分子发射光谱　　　　D. 分子吸收光谱

4. 某有色溶液的摩尔浓度为 c,在一定条件下用 1cm 的吸收池测得吸光度为 A,则摩尔吸光系数为

    A. c_A　　　　　　　B. Cm　　　　　　　C. $\dfrac{A}{c}$　　　　　　　D. $\dfrac{c}{A}$

5. 某吸光物质的摩尔质量为 M,其摩尔吸收系数 ε 与百分吸收系数 $E_{1cm}^{1\%}$ 的换算关系是

    A. $\varepsilon = E_{1cm}^{1\%} \cdot M$　　　　B. $\varepsilon = E_{1cm}^{1\%}/M$　　　　C. $\varepsilon = E_{1cm}^{1\%} \cdot M/10$　　　　D. $\varepsilon = E_{1cm}^{1\%}/M \times 10$

6. 某吸光物质的吸光系数很大,则表明

    A. 该物质溶液的浓度很大　　　　　　B. 测定该物质的灵敏度高

    C. 入射光的波长很大　　　　　　　　D. 该物质的分子量很大

7. 相同条件下,测定甲、乙两份同一有色物质溶液的吸光度。若甲溶液用 1cm 的吸收池、乙溶液用 2cm 的吸收池进行测定,结果吸光度相同,则甲、乙两个溶液的浓度关系是

    A. $c_甲 = c_乙$　　　　　　B. $c_乙 = 4c_甲$　　　　　　C. $c_甲 = 2c_乙$　　　　　　D. $c_乙 = 2c_甲$

8. 在符合朗伯-比尔定律的条件下,有色物质的浓度、最大吸收波长、吸光度三者的关系是

    A. 增加、增加、增加　　　　　　　　B. 增加、减小、不变

    C. 减小、增加、减小　　　　　　　　D. 减小、不变、减小

9. 吸收曲线是在一定条件下以入射光波长为横坐标、吸光度为纵坐标所描绘的曲线,又称为

    A. 工作曲线　　　　　B. A–λ 曲线　　　　C. A–c 曲线　　　　D. 滴定曲线

10. 标准曲线是在一定条件下以吸光度为横坐标、浓度为纵坐标所描绘的曲线,也可称为

    A. A–λ 曲线　　　　B. A–c 曲线　　　　C. 滴定曲线　　　　D. E–V 曲线

11. 722 型分光光度计的比色皿的材料为

    A. 石英　　　　　　　B. 卤族元素　　　　　C. 硬质塑料　　　　　D. 光学玻璃

12. 下列说法正确的是

    A. 吸收曲线与物质的性质无关　　　　B. 吸收曲线的基本形状与溶液浓度无关

    C. 浓度越大,吸光系数越大　　　　　D. 吸收曲线是一条通过原点的直线

13. 测定大批量试样时,常用的定量方法是

    A. 标准曲线法　　　　　　　　　　　B. 标准对比法

    C. 解联立方程组法　　　　　　　　　D. 差视分光光度法

14. 下面有关显色剂的正确叙述是

    A. 本身必须是无色试剂并且不与待测物质发生反应

    B. 本身必须是有颜色的物质并且能吸收测定波长的辐射

    C. 能够与待测物质发生氧化还原反应并生成盐

D. 在一定条件下能与待测物质发生反应并生成稳定的吸收性物质

15. 某种溶液的吸光度

 A. 与比色杯的厚度成正比

 B. 与溶液的浓度成反比

 C. 与溶液的体积成正比

 D. 与入射光的波长成正比

（二）多项选择题

1. 在紫外-可见分光光度法中,影响吸光系数的因素是

 A. 溶剂的种类和性质　　　　　　B. 溶液的物质的量浓度

 C. 物质的本性和光的波长　　　　D. 吸收池大小

 E. 待测物的分子结构

2. 光的吸收定律通常适用于

 A. 散射光　　　　　　B. 单色光　　　　　　C. 平行光

 D. 折射光　　　　　　E. 稀溶液

3. 紫外-可见分光光度法常用的定量分析方法有

 A. 间接滴定法　　　　B. 标准对比法　　　　C. 标准曲线法

 D. 直接电位法　　　　E. 吸光系数法

4. 紫外-可见分光光度计的主要部件是

 A. 光源　　　　　　B. 单色器　　　　　　C. 吸收池

 D. 检测器　　　　　　E. 显示器

5. 紫外-可见分光光度法可用于某些药物的

 A. 定性鉴别　　　　B. 纯度检查　　　　C. 毒理实验

 D. 含量测定　　　　E. 药理检查

二、简答题

1. 朗伯-比尔定律的内容是什么？偏离朗伯-比尔定律的主要因素有哪些？

2. 紫外-可见分光光度法对显色剂及显色反应有哪些基本要求？

3. 试述紫外可见分光光度计的主要部件及其作用。

4. 请说出几种常用的空白溶液。

5. 测定试样时,吸光度的读数应控制在 0.2~0.7 范围内。若吸光度读数不在此范围,可采用哪些方法进行调整？

三、综合计算题

1. 用双硫腙测定 Cd^{2+} 溶液的吸光度 A 时,Cd^{2+}（Cd 的原子量为 112）的浓度为 140μg/L,在 λ_{max} = 525nm 波长处,用 $L = 1cm$ 的吸收池,测得吸光度 $A = 0.220$,试计算摩尔吸光系数。

2. 将已知浓度为 2.00mg/L 的蛋白质溶液用碱性硫酸铜溶液显色后,在 540nm 波长下测得其吸

光度为 0.300。另取试样溶液同样处理后,在同样条件下测得其吸光度为 0.699,求试样中的蛋白质浓度。测定吸光度时应选用何种光源?

3. 维生素 D_2 的摩尔吸收系数 $\varepsilon_{264\,nm} = 18\ 200$。用 2.0cm 吸收池测定,如果要控制吸光度 A 在 0.187~0.699 范围内,应使维生素 D_2 溶液的浓度在什么范围内?

4. 精密称取于 105℃ 干燥至恒重的咖啡酸 10.00mg,加少量乙醇溶液,转移至 200ml 量瓶中,加水定容,取此溶液 5.00ml,置于 50ml 量瓶中,加 6mol/L HCl 4ml,用水定容。取此溶液于 1cm 吸收池中,在 323nm 处测得吸光度为 0.463。已知此波长处的 $E_{1cm}^{1\%} = 927.9$,求咖啡酸的百分含量。

5. 精密称取维生素 C 样品 0.050g,溶于 100ml 0.01mol/L 硫酸溶液中,再准确量取此溶液 2.00ml 稀释至 100.0ml,取稀释液用 0.50cm 的石英比色杯,在 254nm 处测得吸光度值为 0.275,求样品中维生素 C 的百分含量[已知 254nm 处维生素 C 的比吸光系数为 560L/(g·cm)]。

（陈哲洪）

第十章

荧光分析法

【导言】

2017 年 1 月，国家质检总局官网发布了其对肉制品、食用油、炒货坚果食品等 28 类产品质量监督及抽查的情况，结果发现，我们吃的炒货坚果部分黄曲霉毒素超标，部分食用油的苯并芘也超标，提醒人们在食用时一定要注意。

苯并芘和黄曲霉毒素均为致癌物。 前者多因加热时，脂肪链的断裂所导致；后者多是因为坚果原料的霉变引起。 在紫外线照射下，黄曲霉毒素 B_1、B_2 发蓝色荧光，黄曲霉毒素 G_1、G_2 发绿色荧光；苯并芘也是强荧光物质，因而可采用荧光分析法对其进行定性和定量检测，从而加强对食品药品的监管，保证药品和食品质量。

第一节　荧光分析法的基本原理

某些物质受紫外光或可见光照射激发后，能发出比激发光波长更长的光，即荧光。利用物质的荧光光谱进行定性、定量分析的方法称为**荧光分析法**。

荧光分析法最突出的优点是灵敏度高，其检测限可达到 $10^{-12} \sim 10^{-10} g/ml$；其次是选择性好，因为荧光光谱属于发射光谱，一般发射光谱的干扰比吸收光谱小。虽然发射荧光的物质并不多，但许多重要的生化物质、药物及致癌物质都有荧光现象，而且使用荧光衍生剂可使一些非荧光物质转化为荧光物质，所以荧光分析法在药物和食品分析等领域中具有特殊意义。

一、荧光与磷光的产生

在室温时，大多数分子处在电子基态的最低振动能级，当受到紫外-可见光的照射，吸收辐射能后，会从基态跃迁到激发态的各个不同振动-转动能级，生成激发态分子。激发态分子能量较高，不稳定，在与其他分子碰撞时，以放热的形式损失部分能量，回到同一电子激发态的最低振动能级，这一过程叫**振动弛豫**，属于无辐射跃迁。当激发态分子经过振动弛豫回到第一电子激发态的最低振动能级时，电子可跃迁回到基态的任一振动能级，并以辐射形式发射光量子，此时分子发射的光称为**荧光**。显然，荧光的能量小于激发光能量，波长则长于激发光。荧光的平均寿命很短，除去激发光源，荧光立即熄灭。

当分子吸收能量后，在跃迁过程中不发生电子自旋方向的变化，这时分子处于激发的单重态；如果在跃迁过程中还伴随着电子自旋方向的改变，这时分子便有两个自旋不配对的电子，分子处于激发三重态,具有顺磁性。对于磷光物质,当受激发分子经激发单重态向三重态体系间跨越后,很快发生振动弛豫,到达激发三重态的最低振动能级,分子在三重态的寿命较长($10^{-4} \sim 10$ 秒),所以可延迟一段时间,然后以辐射跃迁返回基态的各个振动能级,这个过程所发射的光即为**磷光**。

知识链接

振动弛豫属于无辐射跃迁:振动弛豫是指同一电子能级中,电子由高振动能级转至低振动能级,由于能量不是以光辐射的形式放出,而以热的形式放出,所以不是辐射跃迁,如:内部能量转换、体系间跨越及外部能量转换等过程均属于无辐射跃迁。

荧光和磷光的主要区别在于就发光机制而言,荧光是由激发单重态最低振动能级至基态各振动能层间跃迁产生的,而磷光是由激发三重态最低振动能级至基态各振动能级的跃迁产生的;如用实验现象加以区别,对荧光来说,当激发光停止照射时,发光过程随之消失($10^{-9} \sim 10^{-6}$ 秒);而磷光则将延续一段时间($10^{-3} \sim 10$ 秒)。磷光的能量比荧光小(因三重态的能量比单重态的低),波长较长,发光的时间也较长。如图 10-1 所示。

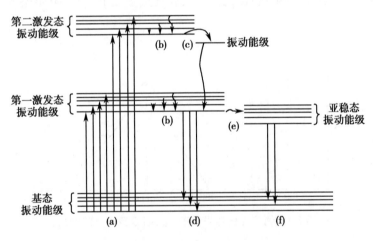

图 10-1　荧光与磷光产生示意图
(a)吸收;(b)振动弛豫;(c)内部能量交换;
(d)荧光;(e)体系间跨越;(f)磷光

二、激发光谱与荧光光谱

记录某一物质溶液在不同波长激发光照射时的发射光强度,可得到该物质的**荧光激发光谱**,使激发光的波长和强度保持不变,记录荧光物质溶液在不同荧光波长时的发射光强度,便得到了该物质的**荧光发射光谱**。不同结构的化合物产生不同的荧光激发光谱和荧光发射光谱,据此可对物质进行定性分析。

当激发光的波长、强度,测定用溶剂、温度等条件一定时,物质在低浓度范围内的荧光强度与溶液中该物质的浓度成正比,这就是荧光分析法用于物质定量分析的依据。

激发光谱是当荧光波长一定时,荧光强度随激发光波长而变化的关系曲线(以激发光波长 λ_{ex} 为横坐标、荧光的发光强度 F 为纵坐标的光谱)。

　　具体测绘方法如如图 10-2 所示,由光源发出的紫外光通过激发分光系统(Ⅰ)分光,使不同波长 λ_{ex} 的入射光照射吸收池中的样品(荧光物质),样品受激发发射荧光,在垂直方向检测荧光信号,以免透射光的干扰。这部分荧光再通过固定在某波长的发射分光系统(Ⅱ)后进入检测器,测定相应的荧光强度 F。

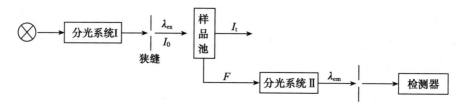

图 10-2　荧光检测示意图

　　荧光光谱是当使激发光的波长和强度不变,而让物质所产生的荧光通过发射分光系统(Ⅱ)分光,测定每一发射波长的荧光强度 F,以发射光波长 λ_{em} 为横坐标、荧光的发光强度 F 为纵坐标作图所得的关系曲线。如图 10-3 所示,图中最强荧光波长 λ_{em} 和最强激发波长 λ_{ex} 既可作为物质的定性依据,又是定量测定时的最适宜波长(此波长处灵敏度最大)。荧光光谱与激发光谱互为镜像关系。

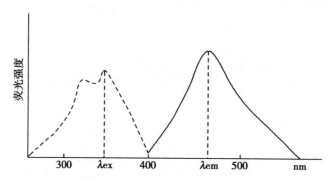

图 10-3　硫酸奎宁的激发光谱(虚线)及荧光光谱(实线)

三、荧光与分子结构

(一) 荧光物质的特征

　　在自然界中仅有小部分物质会发出强的荧光,研究表明凡是能发出荧光的物质都具备两大特征:一是具有强的可见−紫外吸收,即具有 K 带强吸收;二是具有高的荧光效率。

　　荧光效率(荧光量子产率)是指物质发射荧光的量子数与所吸收激发光的量子数之比称,用 φ_F 表示。

$$\varphi_F = \frac{发射荧光的光量子数}{吸收激发光的光量子数} \qquad 式(10\text{-}1)$$

　　通常情况下 φ_F 总小于 1,例如荧光素在水中的 $\varphi_F = 0.65$、蒽在乙醇中的 $\varphi_F = 0.30$ 等,其值越大,荧光越强;若值为 0 或接近于 0,则表明大部分吸收的能量都以无辐射的形式释放。有分析应用价值的荧光物质,φ_F通常处于 0.1~1,其数值越大,荧光效率越高。

(二) 分子结构与荧光的关系

强荧光物质的激发光谱、荧光光谱和荧光强度都与它们的结构密切相关。

1. 具有长的共轭 π 键结构　芳香环、稠环或杂环类物质分子结构的共平面性大,π 电子共轭程度也大,均具有较长的共轭 π 键结构,这类物质有利于荧光的发射,其荧光效率也大。所以共轭系统越长,荧光效率越大,致使激发光波长和荧光波长长移。如表 10-1 所示。

表 10-1　不同分子结构物质的激发光波长和荧光波长

	λ_{ex}（激发）	λ_{em}（激发）	φ_F
苯	205	278	0.11
萘	286	321	0.29
蒽	365	400	0.46
四苯	390	480	0.60

另外,稠芳环分子排列的几何形状对荧光也有影响,比如蒽和菲都是由 3 个苯环组成的,蒽的荧光波长为 400nm,菲的为 350nm,又如苯并蒽为 380nm。

蒽　　　　　　　　菲　　　　　　　　苯并蒽

少数含有长共轭双键的脂肪烃也可能有荧光,例如维生素 A 的 $\lambda_{ex}=327nm$、$\lambda_{em}=510nm$。

维生素A　（结构式）CH_2OCOCH_3

2. 分子的刚性和共平面性　实验发现,多数具有刚性平面结构的有机化合物分子都具有强烈的荧光,因为这种结构可以减少分子的振动,使分子与溶剂或其他溶质分子之间的相互作用减少,即可减少能量外部转移的损失,有利于荧光的发射。而且平面结构可以增大分子的吸光截面,增大摩尔吸光系数,增强荧光强度。如芴与联二苯,由于芴中的亚甲基使两个苯分子不能自由旋转,成为刚性分子,导致两者在荧光性质上的显著性差别,前者的荧光产率接近于 1,后者仅为 0.18。

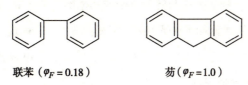

联苯（$\varphi_F=0.18$）　　　　芴（$\varphi_F=1.0$）

对于顺、反结构,顺式共面性差,反式共面性好,如 1,2-二苯乙烯的顺式异构几乎无荧光,反式有强荧光。总之在共轭系统中,分子的刚性和共平面性越大,越有利于荧光发射。

3. 取代基的影响

（1）供电子基：如—NH_2、—OH、—NHR、—NR_2、—CN 等。这些基团的存在使荧光效率增加，荧光强度增强。

（2）吸电子基：如—NO_2、—COOH、—$NHCOCH_3$、—C ═O、—NO、—SH、卤素等。使荧光效率降低，减小跃迁概率，荧光强度减小，甚至熄灭。

（3）—R、—SO_3H、—NH_3^+ 对荧光的影响不明显，因为它们对芳香环 π 电子的影响不大。

（三）影响荧光强度的外界因素

1. **温度**　随着温度降低，荧光强度增加。所以一般尽量在低温下测定，以提高灵敏度。

2. **溶剂**　荧光波长随着溶剂极性的增大而长移，荧光强度也增强。这是因为在极性溶剂中$\pi \to \pi^*$跃迁能量降低，且跃迁概率大，故荧光效率增大，荧光增强，波长长移。

当溶剂黏度减小时，分子间的碰撞概率增加，荧光减弱。含有重原子的溶剂如四溴化碳和碘乙烷等，也可使化合物的荧光大大减弱。另外，溶剂如能与分子形成稳定的氢键，可使处在激发态的分子减少，从而减弱其荧光。

3. **溶液的酸碱性**　当荧光物质本身是弱酸或弱碱时（即结构中有碱性或酸性基团），溶液的 pH 对荧光强度有很大的影响。这是因为在不同的酸度中分子和离子间的平衡改变，荧光强度也有改变，所以要注意控制一定的 pH。

$$\text{〇—}NH_3^+ \xrightleftharpoons[H^+]{OH^-} \text{〇—}NH_2 \xrightleftharpoons[H^+]{OH^-} \text{〇—}NH^-$$

pH < 2　　　　　　pH7 ~ 12 蓝色荧光　　　　　pH > 13

▶▶ **边学边练**

维生素 B_2 的分子结构中有 3 个芳香环，具有平面刚性结构，配成溶液后，在波长为 430 ~ 440nm 的蓝光照射下能发出绿色荧光，因此常使用荧光分析法测量维生素 B_2 的含量。 但测定时，必须注意控制溶液的酸度。

由于维生素 B_2 在酸性或中性溶液中较稳定，并且在 pH 为 6~7 的溶液中荧光强度最大，而在碱性溶液中，维生素 B_2 经光线照射会发生分解转化为另一种物质——光黄素，光黄素也是一个能发荧光的物质，其发射的荧光强度远高于维生素 B_2，故测维生素 B_2 的荧光时溶液要控制在酸性范围内，并且在避光条件下进行。

4. **荧光熄灭剂**　由于荧光物质分子与溶剂分子或其他溶质分子碰撞而引起荧光强度降低或荧光强度与浓度不呈线性关系的现象称为荧光熄灭（荧光猝灭）。这种现象随物质浓度增加而增加。引起荧光熄灭的物质称为荧光熄灭剂，如卤素、重金属离子、氧分子以及硝基化合物、重氮化合物、羰基、羧基化合物均为常见的荧光熄灭剂。

5. **散射光**　对荧光分析产生干扰的散射光主要是溶剂的瑞利光和拉曼光。瑞利光是光子与分子发生弹性碰撞时产生的，不发生能量交换，仅改变光子运动方向，且频率不变；拉曼光是光子与分子发生非弹性碰撞时产生的,同时发生能量交换,光子运动方向和频率均发生改变。

较长的拉曼光与荧光接近,所以对荧光测定有干扰,应设法消除干扰。适当选择激发波长可消除拉曼光的干扰,要尽量选择使产生的拉曼光的波长与荧光波长相距较远。

选择激发波长时要考虑最大的荧光强度,也要考虑其纯度,必要时要牺牲一些荧光强度而保证荧光纯度。

6. 激发光源　荧光物质的稀溶液在激发光照射下很易分解,使荧光强度逐渐下降,因此测定时速度要快,且光闸不能持续开启。

▶ **课堂活动**

请您综合分析影响荧光波长和强度的主要因素。

点滴积累 ∨

1. 荧光和磷光在实验现象上的区别为激发光停止照射时,荧光随之消失,而磷光则将延续一段时间。
2. 最强荧光波长 λ_{em} 和最强激发波长 λ_{ex} 是物质的定性依据,也是定量测定时的最适宜波长。
3. 强荧光物质的分子结构体征:①具有长共轭结构,如芳香环、稠环或杂环;②刚性和共平面性。
4. 影响荧光强度的主要因素是分子结构与外界条件。

第二节　荧光分光光度计

一、荧光分光光度计

荧光分光光度计是用于扫描液相荧光标记物所发出的荧光光谱的一种仪器。能够提供包括激发光谱、发射光谱以及荧光强度、量子产率、荧光寿命、荧光偏振等许多物理参数,从各个角度反映了分子的成键和结构情况。通过对这些参数的测定,不但可以做一般的定量分析,而且还可以推断分子在各种环境下的构象变化,从而阐明分子结构与功能之间的关系。荧光分光光度计的激发波长扫描范围一般是 190~650nm,发射波长扫描范围是 200~800nm。可用于液体、固体样品(如凝胶条)的光谱扫描。

(一)仪器类型

1. 滤光片荧光计　两个分光系统均采用滤光片分光。激发滤光片让激发光(带通型)通过,发射滤光片常用截止滤光片(截止型),截去所有激发光和散射光,只允许试样荧光通过。这种荧光计不能测定光谱,但可用于定量分析。

2. 滤光片-单色器荧光计　将发射滤光片用光栅代替。这种仪器不能测定激发光谱,但可测定荧光光谱及用于定量分析。

3. 荧光分光光度计 两个分光系统均采用光栅分光。可固定荧光波长,以不同激发光波长扫描,记录不同的荧光强度,即得激发光谱;也可固定激发光的最大波长,以发射荧光波长扫描,记录不同的荧光强度,即得荧光光谱。光谱中荧光物质的最大激发波长和最大荧光波长是鉴定物质的依据,也是定量测定时最灵敏的条件。

（二）荧光分光光度计的基本结构

荧光分光光度计的主要部件由光源、单色器、样品池和检测器四部分组成,如图10-4所示。

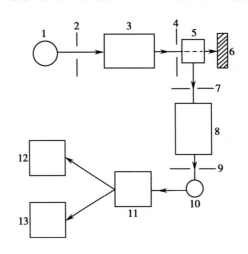

图 10-4　荧光分光光度计结构示意图

1. 光源;2、4、7、9. 狭缝;3. 激发单色器;5. 样品池;6. 表面吸光物质;8. 发射单色器;10. 检验器;11. 放大器;12. 指示器;13. 记录器

1. 光源 目前最常用的是氙灯,其光的波长在200~800nm,比紫外-可见分光光度计的光源强,宜连续使用,避免频繁启动。

2. 单色器(分光系统) 荧光计通常采用两个单色器,光源和样品池之间的为激发单色器,可滤去不需要波长的光;样品池和检测器之间的为发射单色器,可滤去激发光的反射光、散射光和杂质发射的荧光。为了避免透射光的干扰,接收荧光的单色器应与入射光的方向垂直。

在荧光分光光度计中,都用光栅作为单色器,光栅分出的光不随波长有疏密变化,而且光栅分出的谱线强度比棱镜分出的要强,灵敏度较高,但是色散后的光线有数级,须用前置滤光片加以消除。

3. 样品池 测定荧光用的样品池必须用低荧光材料或石英材料,其形状是四面透光的方形(因要在与入射光垂直方向上测荧光),手拿时应拿棱角处。

4. 检测器 紫外-可见荧光为紫外光或可见光,可用光电倍增管检测,其输出信号可用高灵敏度的微电流计测定,或经放大再输入记录器中,自动描绘光谱图(荧光分光光度计)。

（三）仪器校准

1. 灵敏度校准 荧光分光光度计的灵敏度与光源强度、单色器的性能、放大系统的特征和光电倍增管的灵敏度有关,与选用的波长及狭缝有关,还与空白溶剂的拉曼光、激发光、杂质荧光等有关。

一般用被测荧光标准溶液中浓度最大者来校准 $F=100\%$,或用中间浓度校准 $F=50\%$ 。如被测物的荧光不稳定,就须另选稳定的荧光物质配制成浓度一致的对照品溶液来校准仪器。最常用的是硫酸喹啉,用 0.001g 喹啉标准品溶于硫酸液(0.05mol/L)中使成 $1\mu g/ml$ 的浓度,将此溶液进行不同稀释后校准仪器。

2. 波长校准 汞灯标准谱线校准。

3. 激发光谱与荧光光谱校准 目前多为双光束光路,故可用参比光束抵消光学误差。

二、荧光分析新技术

（一）激光荧光分析

主要差别在于使用波长更短、强度更大的激光作为光源,大大提高了灵敏度和专一性。

（二）时间分辨荧光分析

在激发和检测之间延缓一段时间,使具有不同荧光寿命的物质达到分别检测的目的。它采用脉冲激光作为光源,如果选择合适的延缓时间,可测定被测组分的荧光而不受其他组分的干扰,免去了化学处理的麻烦。

（三）同步荧光分析

主要用于多核芳香族化合物的荧光分析。它是在激光光谱和荧光光谱中选择一适合的波长差值 $\Delta\lambda = \lambda_{ex_{max}} - \lambda_{em_{max}}$,同时扫描荧光波长和激发波长,得到同步荧光光谱,利用同步信号与浓度 c 成正比关系来定量。

（四）胶束增敏荧光分析

将荧光物质溶于胶束溶液中,利用胶束溶液的增溶、增稳及增敏作用,可增大荧光物质的溶解度、稳定性和灵敏度。

（五）三维荧光光谱分析

普通荧光分析所得的光谱是二维光谱,即荧光强度随波长(激发波长或发射波长)的变化而变化的曲线。三维荧光光谱是近一二十年中发展起来的一种新的荧光分析技术,常见的表现形式是等角三维投影光谱图和等高线光谱图。

点滴积累 ∨

荧光分光光度计的基本结构相同,都由光源、单色器、样品池、检测器等主要部件构成,但不同型号仪器的外形差别很大、质量和价格相差悬殊、操作方法迥异,使用之前应仔细阅读仪器使用说明书。

随着科学技术的不断发展,荧光分析新技术的灵敏性及选择性将会不断提高。

第三节 定量分析及应用

由于物质的结构不同,其吸收光的波长不同,发射出荧光的波长也不同,这是荧光分析法对荧光物质进行定性分析的依据。实验证明,在稀溶液中,荧光强度与荧光物质的浓度成正比,这是荧光分析法的定量依据。

一、荧光强度与物质浓度的关系

在紫外光谱中,入射光 I_0 与透射光 I 是在同一方向的,即光量子在透过被测溶液前的方向与透过溶液后光量子运动的方向是一致的。但溶液经入射光 I_0 激发后所产生的荧光在溶液的各个方向都可以观察到,因此为了避免透射光对荧光的干扰,是在激发光垂直的方向去测定荧光强度 F。

当溶液中荧光物质的浓度为 c、液层厚度为(吸收池内径)L 时,由于荧光强度 F 与荧光物质吸收光的强度成正比:$F \propto (I_0-I)$,用线性方程表示为:

$$F = K'(I_0-I) \qquad\qquad 式(10\text{-}2)$$

式中,K' 为常数,称为荧光比率,其大小取决于一定条件下的荧光效率,结合比尔定律可得到下式:

$$F = 2.303 \cdot \varphi_F \cdot I_0 \cdot \varepsilon \cdot c \cdot L \qquad\qquad 式(10\text{-}3)$$

入射光强度 I_0 在波长一定、光源稳定时为固定值,因此可以将 $2.303 \cdot \varphi_F \cdot I_0 \cdot \varepsilon \cdot L$ 视为常数 K,故:

$$F = Kc \qquad\qquad 式(10\text{-}4)$$

由式(10-4)可见,当其他条件一定时,荧光物质在稀溶液中的荧光强度与浓度呈线性关系,这是荧光定量分析的依据。但只有当荧光物质的浓度很小时,即 $\varepsilon \cdot c \cdot L \leqslant 0.05$,这种关系才成立。浓度过大,分子间的碰撞机会增加,无辐射跃迁概率增大,荧光效率减小,使荧光强度减小的影响甚至可成为主要方面,如浓度$>0.1\text{g/L}$,荧光物质会发生荧光自熄灭(内部猝灭)现象。

知识链接

荧光分析法的灵敏度比紫外-可见分光光度法高的原因

荧光分析测定的是在很弱的背景上的荧光强度,其测定的灵敏度取决于检测器的灵敏度,所以可通过改进检测系统和放大系统,将荧光信号放大,这样即使很稀的溶液产生的微弱荧光也能被检测,因此荧光分析法的灵敏度很高。而紫外-可见分光光度法测定的是 $A = -\lg(I/I_0)$,当溶液很稀时吸收光强很少,比值 $I_0/I \approx 1$, $A \approx 0$,这样吸光度就无法反映浓度,即使将光强信号放大,I_0 与 I 也同时放大,比值仍然不变,即无法像荧光分析那样通过提高检测灵敏度来改善方法的灵敏度,因此紫外-可见分光光度法的灵敏度受到一定的限制而不如荧光分析高。

二、定量分析方法

1. 标准曲线法　配制一系列浓度为 c_1、c_2、c_3… 的对照品溶液,分别测其 F_1、F_2、F_3… 值,用 F-c 作图绘制标准曲线。然后在同样条件下测定试样溶液的 F_x,在标准曲线上查找对应的浓度 c_x。

在测定标准曲线时,先将空白溶液的荧光强度读数调至 0,再选择系列中的某一标准溶液作基础,一般选择浓度最大的标准溶液,将其荧光强度读数调至 100%,或者选择中间浓度的标准溶液,将其荧光强度读数调至 50%,然后测定系列中其他各个标准溶液的荧光强度。但在实际工作中,空白调零往往降低测定的灵敏度,因此仪器调零后,先测空白的荧光强度(F_0),再测对照品溶液和试样溶液的荧光强度(F_s 和 F_x),所有测定值均须扣除空白后(F_s-F_0、F_x-F_0)再进行计算。

2. 比例法　若荧光分析标准曲线过原点,则可选择其线性范围用比例法测定。即配制一对照品溶液(c_s)测其荧光强度(F_s),再测定试样溶液(c_x)的荧光强度(F_x),然后进行比较。测定时同样要以空白(F_0)校正:

$$\frac{F_s-F_0}{F_x-F_0}=\frac{c_s}{c_x}\Rightarrow c_x=\frac{F_x-F_0}{F_s-F_0}c_s \qquad\qquad 式(10\text{-}5)$$

3. 多组分混合物测定　与吸光度一样,荧光强度也有加和性,因此混合物不需经过分离,就可用解联立方程的方法测定。可选择两种物质不同的激发波长处的荧光强度测定,也可选择不同荧光波长处的荧光强度测定,这样选择范围比紫外-可见分光光度法广泛。

荧光法灵敏度高,样品用量少,已成为医药学、生物学、农业科学等科研工作的一种重要分析方法。例如生物碱中的利血平、喹啉碱等;抗生素如四环素以及维生素 A_1、维生素 B_1、维生素 B_2、维生素 B_6、维生素 B_{12}、维生素 E 等药物分子具有刚性平面共轭体系,都可用荧光法进行分析。

例 10-1　1.00g 谷物制品试样经处理,加入少量 $KMnO_4$,将维生素 B_2 氧化。将此溶液转入 50ml 量瓶中,稀释至刻度。吸取 25ml 样品液放入吸收池,测得氧化液的荧光强度为 6.0(维生素 B_2 中常含有发生荧光的杂质)。加入少量还原剂连二亚硫酸钠($Na_2S_2O_4$),使氧化态维生素 B_2(无荧光)还原为维生素 B_2,这时荧光计的读数为 55。在另一样品池中重新加入 24ml 氧化态维生素 B_2 溶液,以及 1ml 维生素 B_2 标准溶液(0.5μg/ml),这时溶液的读数为 92,计算每克试样中含有维生素 B_2 多少微克?

解:设此每克谷物试样中含维生素 B_2 $m(μg)$,1.00g 该谷物经题要求处理后配成 50ml 氧化维生素 B_2,其浓度为 $m/50$(μg/ml),荧光计用硫酸奎宁调整至刻度 100 处,测得氧化液的读数为 6.0,为杂质荧光黄产生荧光。氧化维生素 B_2 重新还原,这时荧光计的读数为 55,由维生素 B_2 荧光读数与浓度成正比有:

$$(55-6.0)=K\times\frac{m}{50}$$

另一试样中含 24ml 氧化维生素 B_2 溶液与 1ml 维生素 B_2 标准溶液 0.5μg/ml,该体系含维生素 B_2 的浓度为 0.5/25(μg/ml),其荧光计的读数(维生素 B_2 与杂质荧光黄)为 92,故有:

$$(92-6.0\times\frac{24}{25})=K\times\frac{0.5}{25}$$

联解以上两式,得 $m=0.5682μg$。

三、荧光分析法的应用

（一）有机化合物的荧光分析

芳香族及具有芳香结构的化合物因存在共轭体系而容易吸收光能,在紫外光照射下很多能发射荧光。为提高测定的灵敏度和选择性,可使弱荧光物质与某些荧光试剂作用,以得到强荧光性产物。因此,荧光分析法在有机物测定方面的应用很广。此外,中草药及其制剂中胺类、甾体类、维生素、蛋白质、氨基酸和酶等许多有效成分是具有长共轭双键结构或芳香性结构的大分子杂环类,都能产生荧光,可用荧光分析法进行初步鉴别及含量测定。荧光分析法的灵敏度高,选择性较好,取样量少,方法快速,已成为医药学、生物学、农业和工业等领域进行科学研究工作的重要手段之一。

知识链接

荧光分析法在中药分析中的应用

荧光分析法在药物分析中主要用于微量或痕量物质的定性和定量测定, 尤其是中药有效成分的检测, 在这个领域上的探讨也越来越多, 近几年也有报道用于测定脂质体的包封率。 但是荧光分析的干扰因素较多, 测定时对环境因素敏感, 对实验条件要求严格, 因此荧光分析法在药物分析中的应用不够广泛, 但荧光分析法具有灵敏度高、选择性强、试样量少和方法简便等优点, 故荧光分析法在中医药上的应用越来越多。

中药的化学成分复杂, 有效成分难以确定, 仅单方制剂亦为一多种成分的混合物, 因此要求更严格和更先进的分离、分析手段进行鉴别和含量测定。 近年来, 随着科学技术的发展及各种先进仪器的引进和应用, 现代仪器分析技术在中药研究中大量应用, 其中荧光分析法便是中药研究中最为广泛应用的一项技术。

（二）无机化合物的荧光分析

无机化合物的荧光分析有直接荧光法、荧光猝灭法及催化荧光法等。

1. **直接荧光法**　直接能应用无机化合物自身的荧光进行测定的为数不多,无机化合物的荧光测定主要依赖于待测元素与有机试剂所组成的能发荧光的配合物,通过检测配合物的荧光强度以测定该元素的含量。这种方法称为直接荧光法。自从 1868 年发现桑色素与 Al^{3+} 离子反应的产物会发荧光,且可以用于铝含量的测定以来,用于荧光分析的试剂日益增多,现在可以利用有机试剂以进行荧光分析的元素已达到 70 多种。较常用有机试剂进行荧光法测定的元素为铍、铝、硼、镓、硒、镁、锌、镉及某些稀土元素等。

2. **荧光猝灭法**　某些元素虽不与有机试剂组成会发荧光的配合物,但它们可以从其他会发荧光的金属离子-有机试剂配合物中取代金属离子或有机试剂,组成更稳定的不发荧光的配合物或难溶性化合物,而导致溶液荧光强度的降低,由荧光强度降低的强度来测定该元素的含量,这种方法称为荧光猝灭法。某些情况下,金属离子与能发荧光配位体反应,生成不发荧光的配位物,导致荧光配位体的荧光猝灭,同样可以测定金属离子的含量,这也属于荧光猝灭法。可以采用该法测定的元素有氟、硫、氰离子、铁、银、钴、镍、铜、钨、钼、锑、钛等。

3. 催化荧光法 某些反应的产物虽能发生荧光,但反应速度很慢,荧光微弱,难以测定。若在某些金属离子的催化作用下,反应将加速进行,利用这种催化动力学的性质,可以测定金属离子的含量。铜、铍、铁、钴、锇、银、金、锌、铅、钛、钒、锰、过氧化氢及氰离子等都曾采用这种方法测定。

点滴积累 ∨

1. 当其他条件(即 φ_F、I_0、ε、L)一定时,荧光物质在稀溶液中的荧光强度 F 与浓度 c 成正比。

2. 荧光分析的定量方法与紫外-可见分光光度法基本相同。

复习导图

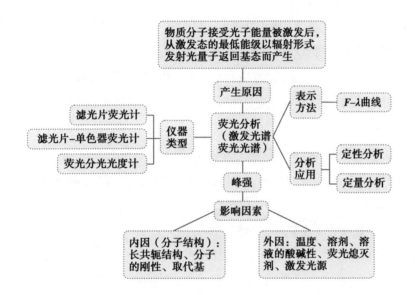

目标检测

一、选择题

(一)单项选择题

1. 荧光光谱属于

    A. 吸收光谱　　　　　　B. 发射光谱　　　　　　C. 红外光谱　　　　　　D. 质谱

2. 若需测定生物试样中的微量氨基酸,应选用下列哪种分析方法

    A. 荧光分析法　　　　　　　　　　　B. 紫外-可见分光光度法

    C. 化学分析法　　　　　　　　　　　D. 原子荧光光谱法

3. 在测定物质的荧光强度时,荧光标准溶液的作用是

    A. 用作参比溶液　　　　　　　　　　B. 用来调整仪器的零点

    C. 用作定量标准　　　　　　　　　　D. 用作荧光测定的标度

4. 荧光分光光度计常用的光源为

  A. 钨灯   B. 氖灯   C. 氙灯   D. 空心阴极灯

5. 采用激光作为荧光分光光度计的光源,其优点是

  A. 可以有效消除散射光对荧光测定的干扰

  B. 可以提高荧光分析法的选择性

  C. 可以提高荧光分析法的灵敏度

  D. 可以避免荧光熄灭现象的产生

6. 时间分辨荧光分析法的选择性较好是由于不同荧光物质的哪种性质不同

  A. 最大激发光波长   B. 荧光强度   C. 最大荧光波长   D. 荧光寿命

7. 荧光波长与相应的激发光波长相比

  A. 前者较长   B. 后者较长   C. 两者相等   D. 关系不确定

8. 荧光光谱分析的主要优点是

  A. 准确度高   B. 操作简便   C. 仪器简单   D. 灵敏度高

9. 为使荧光强度和荧光物质溶液的浓度成正比,必须使

  A. 激发光足够强   B. 吸光系数足够大

  C. 试液的浓度足够稀   D. 仪器的灵敏度足够高

(二)多项选择题

1. 下列关于分子荧光分析特点的叙述正确的是

  A. 检测灵敏度高   B. 用量大,分析时间长   C. 用量少,操作简便

  D. 选择性强   E. 应用广泛

2. 分子中有利于提高荧光效率的结构特征是

  A. 双键数目较多   B. 共轭双键数目较多   C. 含重金属原子

  D. 分子为平面刚性   E. 苯环上有给电子基团

3. 下列跃迁方式属于无辐射跃迁的有

  A. 振动弛豫   B. 内转换   C. 体系间跨越

  D. 荧光发射   E. 磷光发射

4. 分子荧光法与紫外-可见分光光度法的主要区别为

  A. 分析方法不同   B. 仪器结构不同   C. 灵敏度不同

  D. 光谱带个数不同   E. 光源不同

二、填空题

  1. 激发光波长和强度固定后,荧光强度与荧光波长的关系曲线称为_____;荧光波长固定后,荧光强度与激发光波长的关系曲线称为_____。

  2. 荧光分光光度计的主要部件有_____、_____、_____、_____。

  3. 荧光分析法进行定量分析的依据是_____。

三、简答题

1. 何谓荧光效率？具有哪些分子结构的物质有较高的荧光效率？

2. 哪些因素会影响荧光波长和强度？

3. 请设计两种方法测定溶液 Al^{3+} 的含量（一种化学分析方法，一种仪器分析方法）。

四、实例分析题

1. 用荧光法测定复方炔诺酮片中炔雌醇的含量时，取供试品 20 片（每片含炔雌醇应为 31.5～38.5μg），研细溶于无水乙醇中，稀释至 250ml，滤过，取滤液 5ml，稀释至 10ml，在激发波长 285nm 和发射波长 307nm 处测定荧光强度。如炔雌醇对照品的乙醇溶液（1.4μg/ml）在同样的测定条件下荧光强度为 65，则合格片的荧光读数应在什么范围内？

2. 用荧光分析法测定食品中维生素 B_2 的含量：称取 2.00g 食品，用 10.0ml 三氯甲烷萃取（萃取率为 100%），取上清液 2.00ml，再用三氯甲烷稀释为 10.0ml，维生素 B_2 三氯甲烷标准溶液的浓度为 0.100μg/ml。测得空白溶液、标准溶液和样品溶液的荧光强度分别为 $F_0 = 1.5$、$F_s = 69.5$ 和 $F_x = 61.5$，求该食品中维生素 B_2 的含量（μg/g）。

ER-10 章习题

（郭可愚）

第十一章

红外分光光度法

【导言】

1800年，英国天文学家Hershl使用温度计测量太阳光可见光区内、外温度时，发现红色光以外黑暗部分的温度高于可见光部分，从而认识到在可见光谱长波末端还有一个红外光区，这种人眼看不见的红外光称为红外辐射或红外线。

红外线自发现以后，逐步被应用到各个方面。例如工业部门利用红外辐射与热能、电能的相互转换性能，制成了红外检测器、红外瞄准器、红外遥测遥控器和红外理疗机等。而许多化学家则致力于研究各种物质对不同波长的红外辐射的吸收程度，从而用于推断物质分子的组成和结构。

第一节　基础知识

红外分光光度法(IR)是基于物质对红外线的特征吸收而建立起来的分析方法，又称红外吸收光谱法。红外光谱分析特征性强，对气体、液体和固体试样都可以测定，而且具有试样用量少、分析速度快等特点。因此，红外光谱法不仅与其他许多分析方法一样能进行定性和定量分析，还是鉴定化合物和测定分子结构的有效方法之一。

一、红外线及红外吸收光谱

1. **红外线**　是指波长长于可见光而短于微波的电磁辐射($0.76 \sim 1000\mu m$)。习惯上按照波长的不同，可将红外线划分为3个区域，即$0.76 \sim 2.5\mu m$为近红外区(NIR)、$2.5 \sim 50\mu m$为中红外区(MIR)、$50 \sim 1000\mu m$为远红外区(FIR)。其中大多数有机化合物及无机离子的基频吸收带出现在中红外区，故该区域是研究最多、应用最广泛的区域。

2. **红外吸收光谱**　各种物质对不同波长的红外辐射的吸收程度不同，当不同波长的红外辐射依次照射到样品物质时，某些波长的辐射会被样品选择性吸收。物质分子因吸收中红外区的电磁辐射得到的吸收光谱称为中红外吸收光谱，简称**红外吸收光谱**或**红外光谱**(IR)。红外光谱主要由分子的振动能级跃迁产生，而分子的振动能级差远大于转动能级差，分子发生振动能级跃迁必然伴随转动能级跃迁，故红外光谱又称**分子振-转光谱**。

红外光谱常用$T\text{-}\sigma$或$T\text{-}\lambda$曲线表示。即以波数$\sigma(\mathrm{cm}^{-1})$或波长$\lambda(\mu m)$为横坐标，表示吸收峰的位置；以百分透光率$T\%$或吸光度A为纵坐标，表示吸收峰的强度。如图11-1为乙酸乙酯的红外光谱,吸收越强烈,$T\%$越小,所以吸收峰是向下的"谷"。

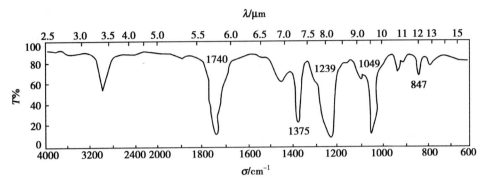

图 11-1 乙酸乙酯的红外光谱

知识链接

近红外分光光度法

近红外分光光度法系通过测定物质在近红外光谱区的特征光谱并利用化学计量学方法提取相关信息,对物质进行定性、定量分析的一种光谱分析技术。 近红外光谱主要由 C—H、O—H、N—H 和 S—H 等基团基频振动的倍频和合频组成,由于其吸收强度远低于物质中红外光谱的基频振动,而且吸收峰重叠严重,因此通常不能直接对其进行解析,而需要对测得的光谱数据进行数学处理后,才能进行定性、定量分析。

二、红外光谱与紫外-可见光谱的区别

红外光谱与紫外-可见光谱虽同属分子吸收光谱,但区别较大,主要表现在以下几个方面。

1. 成因不同 红外光谱是由分子吸收红外辐射,引起振动能级跃迁伴随转动能级跃迁而产生的,又称分子振-转光谱。而紫外-可见光谱是由分子吸收紫外可见光,引起外层电子能级跃迁产生的,又称电子光谱。

2. 应用范围不同 红外光谱提供的信息量丰富,凡是能够产生红外吸收的物质都有其特征性红外光谱,既可用于分子结构的基础研究,也可用于化合物的定性与定量分析。紫外-可见光谱只适用于研究不饱和有机化合物,特别是分子中具有共轭体系的化合物,主要用于定量分析,在有机物的定性鉴定和结构分析方面仅是红外光谱的一种辅助工具。

3. 特征性不同 红外光谱与分子结构密切相关,峰较密集,光谱形状复杂,特征性强。而紫外-可见光谱仅反映的是少数官能团的特性,吸收峰一般较少,峰形较简单。

点滴积累 ∨

1. 红外光谱（IR）主要由物质分子的振动能级跃迁产生。 由于分子的振动能级差大于转动能级差,分子发生振动能级跃迁时必然同时伴随转动能级跃迁,故红外光谱又称分子振-转光谱。

2. 红外光谱由吸收峰的位置（波数 σ 或波长 λ，横坐标）和吸收峰的强度（百分透光率 $T\%$，纵坐标）共同描述。

3. 红外光谱与紫外-可见光谱的相同点是同属分子吸收光谱，区别在于成因、应用范围和特征性不同。

第二节 基本原理

一、分子的振动和红外吸收

分子中的原子以平衡点为中心，做周期性的相对运动，称之为振动。分子在振动过程中，并非任意吸收红外辐射就可产生红外吸收光谱。红外吸收光谱的产生应同时满足以下两个条件：

1. 红外辐射应具有能满足物质产生振动能级跃迁所需的能量。只有当红外辐射的能量与分子的振动能级跃迁所需要的能量刚好相等时，分子才会吸收红外辐射。

2. 辐射与物质间有相互偶合作用。只有发生偶极矩变化的振动才能与红外辐射发生共振吸收，产生红外吸收光谱。

二、振动形式

双原子分子仅有伸缩振动一种振动形式。多原子分子的振动虽然复杂，但可分解为许多简单的基本振动：伸缩振动和弯曲振动。

1. **伸缩振动** 化学键两端的原子沿键轴方向做周期性伸缩变化的振动称为**伸缩振动**，其键长变化、键角无变化。其中对称伸缩振动（v^s）指在振动过程中各键同时伸长或缩短；不对称伸缩振动（v^{as}）指在振动过程中某个键伸长的同时另一个键缩短。

2. **弯曲振动** 振动时键角发生周期性变化或基团作为一个整体在其所处的平面内、外振动称为**弯曲振动**，又称**变形振动**。弯曲振动又分为面内弯曲振动（β）和面外弯曲振动（γ）两种。前者包括剪式振动（δ）和面内摇摆振动（ρ），后者包括面外摇摆振动（ω）和扭曲振动（τ）。其中剪式振动时，键角发生周期性变化；面内摇摆振动时，基团作为一个整体在它所处的平面内左右摇摆；面外摇摆振动又称扇形振动，振动时基团作为一个整体，在垂直于它所处的平面内前后摇摆；扭曲振动又称扭转运动或卷曲运动，在振动时基团围绕它与分子其他部分相连的价键前后扭动。

三、振动自由度与峰数

振动自由度是指分子基本振动的数目，即分子的独立振动数。通过它可以了解分子红外吸收光谱可能出现的吸收峰的数目。

分子中的每个原子都沿着空间 3 个相互垂直的坐标 x、y、z 方向运动，即每个原子的运动有 3 个

自由度。一个有 n 个原子的分子有 $3n$ 个自由度,包括平动、转到和振动自由度。即:

$$3n=平动自由度+转动自由度+振动自由度$$

$$振动自由度=3n-平动自由度-转动自由度$$

分子有 3 个平动自由度,非线性分子有 3 个转动自由度,线性分子有 2 个转动自由度。故非线性分子的振动自由度为 $3n-3-3=3n-6$,线性分子的振动自由度为 $3n-3-2=3n-5$。

如 H_2O 为非线性分子,其振动自由度 $=3\times3-6=3$,即有 3 种基本振动形式:$\upsilon_{OH}^{as}3756cm^{-1}$、$\upsilon_{OH}^{s}$ $3652cm^{-1}$ 和 $\delta_{OH}^{s}1595cm^{-1}$,在红外光谱图上对应有 3 个吸收峰,如图 11-2 所示。而 CO_2 为线性分子,其振动自由度 $=3\times3-5=4$,即有 4 种基本振动形式:$\upsilon_{C=O}^{as}2349cm^{-1}$、$\upsilon_{C=O}^{s}1388cm^{-1}$、$\beta_{C=O}667cm^{-1}$ 和 $\gamma_{C=O}$ $667cm^{-1}$,理论上在红外光谱图上应有 4 个吸收峰,但实际上只在 2349 和 $667cm^{-1}$ 出现了 2 个吸收峰,如图 11-3 所示。

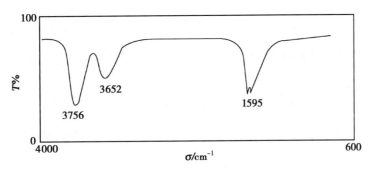

图 11-2　H_2O 分子的红外吸收光谱图

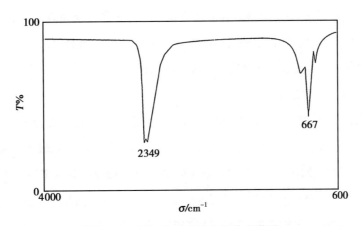

图 11-3　CO_2 分子的红外吸收光谱图

这种基本振动吸收峰数小于振动自由度的原因如下:

1. **简并**　频率相同的不同振动形式的吸收峰重叠,这种现象称为简并。简并是基本振动吸收峰数小于振动自由度的主要原因。例如虽然 CO_2 分子中发生 $\beta_{C=O}$ 与 $\gamma_{C=O}$ 的振动形式不同,但它们的振动频率相同,吸收红外光的频率相同,均为 $667cm^{-1}$,即发生简并,在红外光谱的同一处产生 1 个吸收峰。

2. **红外非活性振动**　分子振动能否产生吸收峰,与振动分子的偶极矩是否变化有关。偶极矩不发生变化的振动称为红外非活性振动,不产生红外吸收。例如 CO_2 分子的对称伸缩振动由于偶极矩变化为 0,则不能吸收频率为 $1388cm^{-1}$ 的红外光而发生能级跃迁,也就不产生相应的吸收峰。

3. 仪器性能的限制 有些仪器的分辨率较低,不能区别那些频率十分相近的振动。有些仪器的灵敏度不够高,对较弱的吸收峰检测不出。还有些仪器的检测范围较窄,部分吸收带落在检测范围之外。

▶ **课堂活动**

请说出 CO_2 的红外光谱只有 2349 和 $667cm^{-1}$ 两个吸收峰的原因。

四、红外吸收峰的类型

1. 基频峰与泛频峰 基频峰是指分子吸收一定频率的红外线,振动能级由基态跃迁至第一激发态时所产生的吸收峰。基频峰的强度一般较大,峰位的规律性也较强,在红外光谱上最容易识别,是最主要的一类吸收峰。

分子吸收一定频率的红外线后,振动能级从基态直接跃迁至第二激发态、第三激发态等所产生的吸收峰分别称为二倍频峰、三倍频峰等,总称为倍频峰。二倍频峰较弱,但仍能观测到。三倍频峰及三倍频峰以上的倍频峰由于跃迁概率很小,一般很弱,常观测不到。

除倍频峰外,由两个或多个基频峰频率的和产生的峰称为合频峰,由两个或多个基频峰频率的差产生的峰称为差频峰。倍频峰、合频峰和差频峰统称为泛频峰。泛频峰多为弱峰,在图谱上一般不易辨认。泛频峰的存在,使红外光谱变得复杂,增加了特征性。如取代苯的泛频峰出现在 2000~$1667cm^{-1}$,其特征性很强,对确定苯环的取代情况有特殊意义。

2. 特征峰与相关峰 物质的红外光谱是其分子结构的客观反映,图谱中的吸收峰与分子中各个基团的振动形式相对应,同一基团的振动频率总是在一定区域出现。实验表明,组成分子的各种基团都有其特定的红外吸收区域,分子中的其他部分对其吸收位置的影响较小。通常将能够用于鉴别基团存在并具有较高强度的吸收峰称为**特征吸收峰**,简称**特征峰**,其频率称为特征频率。如羰基的伸缩振动峰在 1870~$1550cm^{-1}$。若某一化合物在 1870~$1550cm^{-1}$ 出现一个强大的吸收峰,一般可认为是羰基的伸缩振动峰。根据它的存在,可以鉴定化合物的结构中存在羰基。

由一个基团所产生的一组具有相互依存关系的吸收峰称为相关吸收峰,简称**相关峰**。在多原子分子中,一个基团可能有多种振动形式,而每一种红外活性振动一般均能产生一个吸收峰,有时还能观测到各种泛频峰。如亚甲基具有 $\nu^{as}=2930cm^{-1}$、$\nu^{s}=2850cm^{-1}$、$\delta=1465cm^{-1}$ 和 $\rho=790\sim720cm^{-1}$ 等相关峰。用一组相关峰来确定某一基团的存在,是解析红外光谱应遵循的一条重要原则。

五、吸收峰的峰位及影响峰位的因素

峰位即吸收峰的位置,一般以振动能级跃迁时所吸收的红外光的 λ_{max}(或 σ_{max}、ν_{max})来表示。影响峰位的因素可分为内部因素和外部因素两类。

（一）内部因素

1. **电子效应**　电子效应包括诱导效应和共轭效应等。吸电子基团的诱导效应常使吸收峰向高频方向移动。共轭效应的存在常使吸收峰向低频方向移动。在一个化合物中诱导效应和共轭效应常常同时存在，吸收峰的移动方向由占主导地位的那种效应决定。

2. **空间效应**　空间效应包括环张力效应和空间位阻等。当环有张力时，环内双键伸缩振动频率降低，环外双键伸缩振动频率升高。空间位阻使共轭体系受到影响和破坏时，吸收峰向高频方向移动。

3. **氢键**　氢键的形成使伸缩振动频率降低。分子内氢键对峰位影响明显，但其不受浓度影响。分子间氢键随浓度变化而峰位改变。

除上述因素外，互变异构、费米共振（由频率接近的泛频峰与基频峰相互作用产生，导致泛频峰分裂或强度增加）等内部因素也可影响峰位的移动。

（二）外部因素

1. **物质的状态**　同一化合物在不同的聚集状态下，其红外吸收频率和强度不同。如果化合物存在几种晶型，它们的红外光谱也不相同。

2. **溶剂效应**　在极性溶剂中，极性基团的伸缩振动频率常随溶剂极性的增大而降低，一般是极性基团和极性溶剂间形成氢键的缘故。因此，在测定红外光谱时，应尽可能在非极性稀溶液中进行。

六、吸收峰的强度及影响因素

在红外光谱中，吸收峰的强度通常用摩尔吸光系数 ε 来描述。$\varepsilon > 100 \text{L}/(\text{cm} \cdot \text{mol})$，称为非常强峰（vs）；$20 \text{L}/(\text{cm} \cdot \text{mol}) < \varepsilon < 100 \text{L}/(\text{cm} \cdot \text{mol})$，称为强峰（s）；$10 \text{L}/(\text{cm} \cdot \text{mol}) < \varepsilon < 20 \text{L}/(\text{cm} \cdot \text{mol})$，称为中强峰（m）；$1 \text{L}/(\text{cm} \cdot \text{mol}) < \varepsilon < 10 \text{L}/(\text{cm} \cdot \text{mol})$，称为弱峰（w）；$\varepsilon < 1 \text{L}/(\text{cm} \cdot \text{mol})$，称为非常弱峰（vw）。影响红外吸收峰强度的主要因素有两个：

1. **振动过程中偶极矩的变化**　红外吸收峰的强度主要取决于分子振动时偶极矩的变化。振动时偶极矩变化越大，吸收峰的强度也越大。影响偶极矩变化大小的因素主要有：

（1）原子电负性的影响：化学键两端所连接的原子电负性相差越大，即极性越大，在键伸缩振动时偶极矩的变化越大，其吸收峰的强度越强。

（2）振动形式的影响：振动形式不同，对分子的电荷分布影响不同，偶极矩变化不同，吸收峰的强度不同。一般情况下，不对称伸缩振动的强度大于对称伸缩振动的强度，伸缩振动的强度大于弯曲振动的强度。

（3）分子结构的对称性：分子的对称性越差，键伸缩振动时偶极矩变化越大，产生的吸收峰越强。结构对称的分子，振动时若其振动方向也对称，则振动的偶极矩始终为0，无吸收峰出现。

2. **振动能级的跃迁概率**　达到动态平衡时，激发态分子数占总分子数的百分比称为跃迁概率。从基态向第一激发态跃迁时，跃迁概率大，因此基频吸收带一般较强。从基态向第二激发态的跃迁，虽然偶极矩的变化较大，但能级的跃迁概率小，因此相应的倍频吸收带较弱。

七、红外光谱的重要区域

为了便于图谱解析,根据基团所对应的吸收峰,通常将红外光谱分为官能团区和指纹区两个区域。

（一）官能团区

波数在 $4000 \sim 1500cm^{-1}$ 的区域称为官能团区,主要是各种含氢单键、各种双键、三键的伸缩振动产生的吸收峰。该区域的吸收峰较稀疏、易辨认,是鉴定基团最有价值的区域。有机化合物分子中的一些主要基团的特征吸收多出现于此,通过在该区域内查找特征峰存在与否,来确定或否定基团的存在,以确定化合物的类别。

1. **X—H 伸缩振动区（$4000 \sim 2500cm^{-1}$）** X 代表 O、N、C、S 等原子。

（1）O—H 伸缩振动:游离羟基在 $3700 \sim 3500cm^{-1}$ 处有尖峰,基本无干扰,易识别。氢键效应使 v_{OH} 降低至 $3400 \sim 3200cm^{-1}$,并且谱峰变宽。有机酸形成二聚体,v_{OH} 移向更低的波数 $3000 \sim 2500cm^{-1}$。

（2）N—H 伸缩振动:v_{NH} 位于 $3500 \sim 3300cm^{-1}$,与羟基吸收谱带重叠,但峰形尖锐,可区别。伯胺呈双峰,仲、亚胺显单峰,叔胺不出峰。

（3）C—H 伸缩振动:饱和烃的伸缩振动在 $v_{CH} < 3000cm^{-1}$ 附近,不饱和烃的伸缩振动在 $v_{CH} > 3000cm^{-1}$。因此,以 $3000cm^{-1}$ 为界可区分饱和烃与不饱和烃。

2. **三键和累积双键伸缩振动区（$2500 \sim 2000cm^{-1}$）** 这个区域内的吸收峰较少,很容易判断,主要是三键伸缩振动与累积双键的不对称伸缩振动。

3. **双键伸缩振动区（$2000 \sim 1500cm^{-1}$）** 有机化合物中一些典型官能团的吸收峰在此区域内,是红外光谱中的一个重要区域。

（1）羰基伸缩振动:$v_{C=O}$ 位于 $1870 \sim 1550cm^{-1}$,是红外光谱上最强的吸收峰,是判断羰基化合物存在与否的主要依据。

（2）碳碳双键的伸缩振动:$v_{C=C}$ 位于 $1690 \sim 1500cm^{-1}$,在红外光谱图上有时观测不到,但在邻近基团差别较大时,$v_{C=C}$ 吸收带增强。

（3）芳环骨架振动:在 $1600 \sim 1500cm^{-1}$ 有 $2 \sim 3$ 个中等强度的吸收峰,是判断有无芳环存在的重要标志之一。

（二）指纹区

波数低于 $1500cm^{-1}$ 的区域称为指纹区,主要由化学键的弯曲振动和部分单键（C—X,X =C、O、N 等）的伸缩振动引起。该区域吸收峰较多,且复杂多变,吸收带的位置和强度随化合物不同而不同。分子结构稍有差异,该区域的吸收峰就会有细微的不同。犹如人彼此有不同的指纹一样,许多结构类似的化合物在指纹区仍可找到它们之间的差异,这对鉴定化合物具有重要的作用。指纹区大量密集多变的吸收峰,体现了化合物较强的光谱特征性。将未知物的红外光谱图与标准图谱或已知物图谱进行比较,如果未知物的指纹区与某一标准样品相同,就可以断定它们是同一化合物。

在红外光谱中,每种红外活性振动都产生一个吸收峰,情况非常复杂。当用红外光谱来确定化合物是否存在某种基团时,首先应注意它的特征峰在官能团区是否存在,同时也应找到它们的相关峰作为旁证。常见基团及其特征频率的相互关系见表11-1,供光谱解析时参考。

表 11-1 基团与特征频率的相关表

σ（cm^{-1}）	λ（μm）	振动类型	基团或化合物
4000~3200	2.5~3.1	$\nu_{O-H,N-H}$	伯胺、仲胺、醇、酰胺、有机酸、酚
3310~3000	3.0~3.3	$\nu_{\equiv C-H,=C-H}$	烯、炔、芳香族化合物
3000~2700	3.3~3.7	ν_{C-H}	甲基、亚甲基、次甲基、醛
2500~2000	4.0~5.0	$\nu_{X=Y,X=Y=Z}$	炔、丙二烯、腈、叠氮化物、硫氰酸盐（酯）
1870~1550	5.4~6.5	$\nu_{C=O}$	酯、酮、酰胺、羧酸、醛、酸酐、酰卤
1690~1500	5.9~6.7	$\nu_{C=C,C=N},\nu_{NO_2}^{as},\delta_{NH}$	芳环、烯、胺、硝基化合物
1490~1150	6.7~8.7	δ_{C-H},δ_{OH}	甲基、亚甲基、羟基
1310~1020	7.6~9.8	ν_{C-O-C}	醇、酚、酯
1000~665	10.0~15.0	$\gamma_{=C-H}$	烯、芳香族
850~500	11.8~20.0	ν_{C-X},ρ_{CH_2}	有机卤化物、亚甲基 $n\geq 4$

知识链接

中药指纹图谱

中药指纹图谱是指某些中药材、提取物或中药制剂经适当处理后,通过一定的分析手段,获得的能够标示其化学特征的色谱图、光谱图或波谱图等。它主要用于评价中药材以及中药制剂半成品质量的真实性、优良性和稳定性,是一种综合的、可量化的鉴定手段,其显著特点是"整体性"和"模糊性"。

点滴积累 ∨

1. 振动自由度反映的是分子基本振动的数目,但并非每种振动都出现吸收峰。红外光谱的基本振动吸收峰数常小于振动自由度。

2. 同一基团的振动形式不同,吸收峰位置不同。

3. 基频峰的强度大,是红外光谱上的主要吸收峰;泛频峰的强度较弱,不易辨认,但增加了红外光谱的特征性。

4. 特征峰常出现在官能团区,相关峰中的某些峰常出现在指纹区。官能团区的吸收峰较强且稀疏,易辨认;指纹区的吸收峰密集,难辨认。

5. 分子振动过程中偶极距的变化不但影响红外光谱的产生,而且影响吸收峰的强度。

第三节　红外光谱仪与制样

一、红外光谱仪的主要部件

测定分子红外光谱所使用的仪器称为红外分光光度计或红外光谱仪。红外光谱仪的发展大体可以划分为3个阶段:第一代红外光谱仪使用岩盐棱镜作为色散元件,但因岩盐棱镜分辨率低且易吸潮损坏等缺点已被淘汰。第二代红外光谱仪是基于光栅衍射分光的光栅色散型红外分光光度计,它的分辨能力优于棱镜式,且能量较高,价格便宜,对外围环境要求不苛刻,目前仍然使用;缺点是扫描速度慢,灵敏度较低,无法实现与色谱的联用。第三代红外光谱仪是基于对干涉后的红外光进行傅里叶变换的原理而研制的,即傅里叶变换红外光谱仪(FTIR),它分辨率高、扫描速度快、结构简单、体积小、重量轻,应用日趋广泛。

(一)色散型红外分光光度计

色散型红外分光光度计和紫外-可见分光光度计的结构类似,也是由光源、吸收池、单色器、检测器、记录仪等组成的,但各部件的结构、所用的材料及性能等与紫外-可见分光光度计不同,而且它们的排列顺序也不同。紫外-可见分光光度计的样品池在单色器之后,而红外光谱仪的样品池一般放在单色器前面,以便使来自于试样和吸收池的杂散辐射量抵达检测器时减至最小。

由于红外光谱非常复杂,一般大多数色散型红外分光光度计都采用双光束,以消除大气气体CO_2和H_2O等引起的背景吸收。色散型红外分光光度计的结构如图11-4所示。

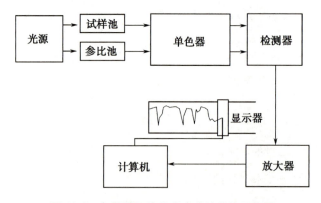

图11-4　色散型红外分光光度计结构示意图

1. 光源　凡是能够发射高强度连续红外辐射、发散度小、寿命长的物体都可以作为红外光源。常用的有硅碳棒和能斯特灯两种。

(1)硅碳棒:由碳化硅烧结而成的中间细、两端粗的实心棒。该光源坚固,在低波数区发射较强,波数范围宽,寿命长,发光面积大,使用较多。

(2)能斯特灯:由稀有金属锆、钇、铈或钍的氧化物混合烧结制成的中空棒或实心棒。该光源发射强度大,寿命长,尤其是在高于1000cm^{-1}的区域稳定性较好;但机械强度较差,价格较贵。

2. 吸收池 吸收池有气体池和液体池两种,两者均需使用在中红外区透光性能好的岩盐作窗片。

(1)气体池:主要用于分析气体试样及易挥发的液体试样。常用的气体池的光程为5和10cm。使用时将池抽至一定真空,然后引入气体试样进行分析。

(2)液体池:用于分析常温下不易挥发的液体试样及固体试样,有可拆液体池、固定液体池及可变层厚液体池等,可根据待分析试样的性质及需要选择。常用吸收池的光程有0.01、0.025、0.05、0.1、0.2、0.5和1.0mm等规格。

3. 单色器 红外光区使用的单色器在机械结构上和紫外-可见光区的类似,主要由入射狭缝、准直装置、色散装置、聚焦透镜和出射狭缝5个部件通过一定的排列方式组成。目前生产的色散型红外分光光度计主要采用反射光栅作为色散元件。

4. 检测器 检测器有真空热电偶、辐射热测量计、Golay 池等。常用的检测器是真空热电偶,用半导体热电材料制成,装在由玻璃与金属组成并抽成高真空的外壳中,利用不同导体构成回路时的温差电现象将温差转变成电位差。

5. 记录仪 红外光谱仪由绘图记录系统来绘制记录吸收光谱,仪器大都配有小型计算机,仪器的操作控制、谱图中各种参数的计算以及谱图检索等均可由计算机完成。

(二)傅里叶变换红外光谱仪

傅里叶变换红外光谱仪是由光源、干涉仪、试样插入装置、检测器、计算机和记录系统等部分构成的。它与前两代光谱仪最大的不同是不采用分光系统,而是利用干涉图与光谱图之间的对应关系,通过测量干涉图并对其进行傅里叶积分变换来测绘光谱图。傅里叶变换红外光谱仪的结构如图11-5所示。

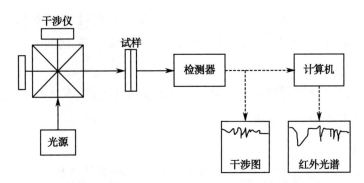

图 11-5 傅里叶变换红外光谱仪结构示意图

1. 光源 傅里叶变换红外光谱仪使用的光源与色散型红外光谱仪相同,常用的是硅碳棒和能斯特灯。

2. 单色器 傅里叶变换红外光谱仪的单色器是迈克尔逊干涉仪。当干涉光通过试样(或被试样反射)时,某些波长的光被试样吸收,使干涉图发生变化。干涉图信号经检测器转变为电信号,再经傅里叶变化后即可得到红外光谱图。

3. 检测器　目前,傅里叶变换红外光谱仪多使用热电型和光电导型检测器。热电型检测器价格低廉,室温下即可使用,且波长特性曲线平坦,对各种频率的响应几乎相同。光电导型检测器的灵敏度比热电型高,响应速度快,适用于快速扫描测量和与色谱联用。

4. 计算机和记录系统　使用计算机可以控制仪器操作;从检测器截取干涉图数据;对干涉图进行傅里叶变换计算,将带有光谱信息的干涉图转变为以波数为横坐标的红外光谱图。

二、红外光谱仪的工作原理

(一)色散型红外分光光度计

从光源发出的连续红外辐射被分为能量均等对称的两束,一束通过参比池,另一束通过样品池,经扇形镜斩光器以一定的频率调制,使两束光交替地进入单色器和检测器。进样后,样品池有吸收,使两束光的辐射强度不同,在检测器上产生与两束光强度差成正比的交流信号电压,经放大器放大后,由记录仪记录试样吸收情况的变化。与此同时,光栅也按一定速度运动,使到达检测器上的入射光的波数也随之变化,这样由于记录纸与光栅同步运动,就可绘制出光吸收强度随波数变化而变化的红外吸收光谱图。

(二)傅里叶变换红外光谱仪

由光源发出的红外光进入干涉系统后,经干涉仪调制得到一束干涉光,干涉光通过试样后携带试样信息到达检测器,将干涉光信号转变为电信号,经模/数转换器送入计算机,通过傅里叶变换将干涉信号所携带的光谱信息转变为以波数为横坐标的红外光谱图,然后再经数/模转换器送入绘图仪,即得红外光谱图。

三、试样的制备

红外光谱法对气体、液体和固体试样都可以测定,一般要求试样的纯度需大于98%,否则要进行分离提纯。另外,试样应不含水分,以避免干扰试样中的羟基峰。不同的试样,其制备方法不同。

(一)气体试样

气体试样可在玻璃气槽内进行测定,它的两端粘有能透过红外光的 NaCl 窗片或 KBr 窗片。进样时,先将气槽抽成真空,再注入试样。

(二)液体试样

1. 液膜法　将液体试样滴在一片 KBr 窗片上,用另一 KBr 窗片压紧使之成为极薄的薄膜用于测定。对于黏度较大的液体试样可涂在一片 KBr 窗片上测定。本法操作简便,适用于对高沸点及不易清洗的试样进行定性分析。

2. 溶液法　将液体试样溶在适当的红外用溶剂中,制成1%~10%浓度的溶液,然后注入液体池中进行测定。常用的溶剂有 CCl_4、CS_2、$CHCl_3$、环己烷等。该法特别适用于定量分析,一般液体试样及有合适溶剂的固体试样均可采用溶液法。此外,对于红外吸收很强、用液膜法不能得到满意图谱的液体试样的定性分析也可用此法。在使用该法时,要特别注意红外溶剂的选择,要求溶剂在所测光谱区内本身没有强烈的吸收,溶剂对试样吸收带应尽量无影响。

（三）固体试样

固体试样的制备除可用溶液法外,还有薄膜法、糊法和压片法等,其中以压片法应用最广。

1. 薄膜法 低熔点的试样可在熔融后倒在平滑的表面上制成膜;结晶性试样可在熔化后置于岩盐窗片上制膜;不溶于水的试样热融后倒入水中使其在水面上成膜;倾在汞面上成膜,取膜容易且不会污染试样。如果要获取既没有溶剂影响也没有分散介质影响的光谱,最好的选择就是薄膜法。

2. 糊法 将固体试样研细后分散在与其折射率相近的液体介质中,制成糊状,然后用可拆池测定,这样可减少试样的散射从而得到可靠的光谱。最常用的液体分散介质是液体石蜡,但不适用于研究与石蜡结构相似的饱和烷烃。

3. 压片法 KBr 为最常用的固体分散介质。将试样和无水 KBr 粉末按一定比例置于玛瑙研钵中研磨均匀,装入压片模具中制备 KBr 样片。整个制备过程应在红外灯下进行,以防吸潮。若测定试样为盐酸盐时,应采用 KCl 压片。

点滴积累 ⋁

1. 色散型红外分光光度计由光源、吸收池、单色器、检测器、记录仪等组成。傅里叶变换红外光谱仪由光源、干涉仪、试样插入装置、检测器、计算机和记录系统等部分构成。

2. 红外光谱法的试样不同,其制备方法不同。气体试样可在玻璃气槽内进行测定;液体试样的制备方法有液膜法和溶液法;固体试样的制备方法除溶液法外,还有薄膜法、糊法和压片法等。

第四节 红外光谱法的应用

一、定性分析与结构分析

除部分光学异构体及长链烷烃同系物外,几乎没有两个化合物具有相同的红外光谱,据此可以用红外光谱对化合物进行定性和结构分析。

（一）定性分析

进行定性分析时,对于能获得相应纯品的化合物,一般通过图谱对照即可。若试样的红外谱图与纯物质的谱图完全相同,则可以认为试样与已知物是同一物质;相反,若两幅谱图面貌不一样,或峰位不一致,则说明两者不为同一物质,或试样中含有杂质。对于已知纯品的化合物,则需要与标准图谱进行对照。目前,人们对已知化合物的红外光谱图已陆续汇集成册,如美国的《萨特勒标准红外光谱集》、我国药典委员会编制的《药品红外光谱集》等,给鉴定未知物带来了极大的方便。事实上,现今红外光谱仪一般都配有计算机系统,有关参数的计算、图谱的检索等均可由计算机完成,分析简便、快速,结果准确。

知识链接

《药品红外光谱集》

　　《药品红外光谱集》是专门配合我国药典编订出版的。其每卷有三部分，即说明、光谱图和索引。光谱图系由《中华人民共和国药典》、国家药品标准中所收载的药品，用红外光谱仪录制而得的。每幅光谱图还记载有该药品的中文名、英文名、结构式、分子式、光谱号及试样的制备方法等。索引中列出的数字系指光谱号。凡在《中华人民共和国药典》和国家药品标准中收载红外鉴别或检查的品种，除特殊情况外，《药品红外光谱集》中均有相应收载，以供对比。

　　除上述用于试样的鉴别外，红外分光光度法在药物杂质检查方面也有应用，主要用于无效或低效晶型的检查。对于某些含有多种晶型的药物，由于各种晶型的结构彼此不同，使得红外光谱中某些特征峰的峰位、峰形和峰强明显不同，据此可对药物进行无效或低效晶型杂质的检查。

　　(二) 结构分析

　　红外光谱应用最广的是依据峰位、峰强和峰形判断化合物的类别，推测某种基团的存在，从而推断未知化合物的结构。该过程涉及图谱的解析，一般步骤如下：

　　1. **收集待分析物质的相关数据和资料**　在解析图谱之前，应尽可能多地收集试样的有关信息，如颜色、状态、气味、来源、纯度、元素分析结果、相对分子质量、熔点、沸点等，以期获得准确的解析结果。

　　2. **计算未知物的不饱和度**　根据元素分析结果所确定的未知物的化学式，由下式计算化合物的不饱和度(Ω)：

$$\Omega = 1 + n_4 + \frac{n_3 - n_1}{2} \qquad\qquad 式(11\text{-}1)$$

　　式(11-1)中，n_4 代表四价原子的数目，如碳；n_3 代表三价原子的数目，如氮；n_1 代表一价原子的数目，如氢、卤素等。二价原子氧、硫等不参与计算。当 Ω 为 0 时，表示分子是饱和的；Ω 为 1 时，表示分子中有 1 个双键或 1 个环；Ω 为 2 时，表示分子中有 1 个三键，或有 2 个双键或 2 个环或 1 个双键和 1 个环。通过计算未知物的不饱和度，可以初步判断化合物的类型，有利于进行结构分析。

　　3. **图谱解析**　红外光谱的解析一般按照由简单到复杂的顺序。通常先识别峰位，再观看峰强，然后分析峰形；先官能团区，后指纹区；先高频区，后低频区；先强峰，后弱峰。即先在官能团区找出最强峰的归宿，然后再在指纹区找出相关峰。对许多官能团而言，往往不是存在一个而是存在一组彼此相关的峰，分析时应用一组相关峰来确认某个基团，以防止误判。

　　例 11-1　已知某未知化合物的分子式为 $C_4H_{10}O$，测得其红外吸收光谱如图 11-6 所示，试推断该化合物的分子结构。

　　解：(1) 根据 $\Omega = 1 + n_4 + \dfrac{n_3 - n_1}{2} = 1 + 4 + \dfrac{0 - 10}{2} = 0$ 可知，该化合物为饱和脂肪族类化合物。

　　(2) 特征区内的第一强峰为 2970cm^{-1}，从峰位及峰强判断可能是 $\nu_{CH_3}^{as}$ 峰($2962\text{cm}^{-1} \pm 10\text{cm}^{-1}$)，其

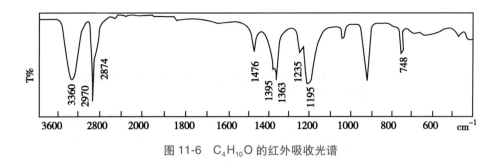

图 11-6 C$_4$H$_{10}$O 的红外吸收光谱

与 2874cm^{-1}（$\nu_{CH_3}^s$）、1476cm^{-1}（$\delta_{CH_3}^{as}$）、1395 和 1363cm^{-1}（$\delta_{CH_3}^s$）构成烷烃类甲基的一组相关峰。其中，$\delta_{CH_3}^s$ 分裂为 1395 与 1363cm^{-1} 不等强度的双峰，表明存在—C(CH$_3$)$_3$ 结构。1235cm^{-1} 为叔丁基的 ν_{C-C} 骨架振动（1300~1100cm^{-1}），据此可证实为—C(CH$_3$)$_3$ 结构。因谱图中未见—CH$_2$—的一组相关峰，分子式提示仅含有 4 个碳，故进一步证实存在叔丁基结构。

（3）特征区内的第二强峰为 3360cm^{-1}，位于 3500~3200cm^{-1}，峰的强度大且为钝峰，故判断该峰可能是醇的 ν_{OH} 峰，其与 1195cm^{-1}（ν_{C-O}^{as}）、748cm^{-1}（ν_{C-O}^s）构成饱和叔醇的一组相关峰。因 ν_{C-O} 1195cm^{-1} 峰位于饱和叔醇 ν_{C-O}1205~1124cm^{-1}，且分子式提示含 1 个氧，故进一步证实为叔醇类化合物。

（4）综上所述，推测该化合物的可能结构为 $CH_3-\overset{\displaystyle CH_3}{\underset{\displaystyle CH_3}{C}}-OH$。

（5）将该化合物的红外吸收光谱与 Sadtler 标准红外光谱（光栅号 2）中叔丁醇（C$_4$H$_{10}$O）的红外吸收光谱对照完全一致，故所推断的化学结构式正确。

二、定量分析

化合物对红外辐射的吸收程度与其浓度的关系符合朗伯-比尔定律，这是红外分光光度法用于气体、液体和固体试样定量分析的依据。

对于单组分试样的含量测定，以及混合物中各组分吸收峰不重叠时各组分的含量测定，可以采用与紫外-可见分光光度法相同的标准曲线法。如果混合物中各组分的吸收峰有重叠时，可使用解联立方程组法。但由于光的单色性较差、散射现象严重等，导致红外光谱在进行定量分析时出现偏离朗伯-比尔定律的现象。另外，红外光谱法的准确度低于紫外-可见分光光度法，且实验条件较为苛刻，灵敏度低，这些均限制了其在定量分析方面的应用。

点滴积累 $\vee$

1. 不饱和度是衡量分子不饱和程度的指标。

2. 红外光谱法主要用于物质的定性分析和结构鉴定，在定量分析方面受到测定条件和灵敏度等的限制。

复习导图

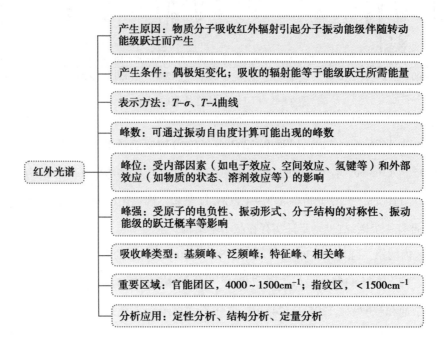

红外光谱

- 产生原因：物质分子吸收红外辐射引起分子振动能级伴随转动能级跃迁而产生
- 产生条件：偶极矩变化；吸收的辐射能等于能级跃迁所需能量
- 表示方法：$T–\sigma$、$T–\lambda$ 曲线
- 峰数：可通过振动自由度计算可能出现的峰数
- 峰位：受内部因素（如电子效应、空间效应、氢键等）和外部效应（如物质的状态、溶剂效应等）的影响
- 峰强：受原子的电负性、振动形式、分子结构的对称性、振动能级的跃迁概率等影响
- 吸收峰类型：基频峰、泛频峰；特征峰、相关峰
- 重要区域：官能团区，$4000 \sim 1500\mathrm{cm}^{-1}$；指纹区，$< 1500\mathrm{cm}^{-1}$
- 分析应用：定性分析、结构分析、定量分析

目标检测

一、选择题

（一）单项选择题

1. 关于红外光描述正确的是

    A. 能量比紫外光大、波长比紫外光长　　　　B. 能量比紫外光小、波长比紫外光长

    C. 能量比紫外光小、波长比紫外光短　　　　D. 能量比紫外光大、波长比紫外光短

2. 产生红外光谱的原因是

    A. 原子内层电子能级跃迁　　　　　　　　　B. 分子外层价电子跃迁

    C. 分子转动能级跃迁　　　　　　　　　　　D. 分子振动-转动能级跃迁

3. 红外光谱图中用作纵坐标的标度是

    A. 百分透光率 $T\%$　　　B. 光强度 I　　　　C. 波数 σ　　　　D. 波长 λ

4. 红外光谱属于

    A. 原子吸收光谱　　　B. 分子吸收光谱　　　C. 电子光谱　　　D. 磁共振谱

5. 伸缩振动是指

    A. 键角发生变化的振动

    B. 分子平面发生变化的振动

    C. 吸收峰强度发生变化的振动

    D. 化学键两端的原子沿键轴方向做周期性伸缩变化的振动

6. 振动能级由基态跃迁至第一激发态所产生的吸收峰是

A. 合频峰　　　　　B. 基频峰　　　　　C. 差频峰　　　　　D. 泛频峰

7. 下列叙述不正确的是

　A. 共轭效应使红外吸收峰向低波数方向移动

　B. 诱导效应使红外吸收峰向高波数方向移动

　C. 分子的振动自由度数等于红外吸收光谱上的吸收峰数

　D. 氢键的形成使伸缩振动频率降低

8. 有一含氧化合物,如用红外光谱判断它是否为羰基化合物,主要依据的谱带范围为

　A. $1870 \sim 1550 cm^{-1}$　　B. $3500 \sim 3200 cm^{-1}$　　C. $1500 \sim 1300 cm^{-1}$　　D. $1000 \sim 650 cm^{-1}$

9. 红外吸收峰数常小于振动自由度数的原因之一是

　A. 红外活性振动　　　　　　　　　　B. 简并

　C. 产生泛频峰　　　　　　　　　　　D. 分子振动时的偶极矩变化不为0

10. CO_2 分子的振动自由度数和不饱和度分别是

　A. 4、3　　　　　B. 3、2　　　　　C. 4、2　　　　　D. 3、3

(二) 多项选择题

1. 弯曲振动包括

　A. 剪式振动　　　　　B. 平面摇摆振动　　　　　C. 扭曲振动

　D. 对称伸缩振动　　　E. 不对称伸缩振动

2. 红外光谱产生的条件是

　A. 红外辐射能量等于分子振动-转动跃迁的能量

　B. 振动能级由基态跃迁至第一激发态

　C. 分子振动必须是红外活性的

　D. 分子振动时偶极矩不发生变化

　E. 红外分光光度计的分辨率要高

3. 红外光谱分析的试样状态可以是

　A. 固体　　　　　　B. 液体　　　　　C. 气体

　D. 仅固体　　　　　E. 仅液体

4. 色散型红外分光光度计的主要部件包括

　A. 光源　　　　　　B. 吸收池　　　　C. 单色器

　D. 检测器　　　　　E. 记录仪

5. 影响红外吸收光谱峰位的因素有

　A. 电子效应　　　　B. 空间效应　　　C. 氢键

　D. 物质的状态　　　E. 溶剂效应

二、填空题

1. 习惯上按照波长的不同,可将红外线划分为 3 个区域,即 $0.76 \sim 2.5 \mu m$ 为_____红外分光;

_____为中红外区；_____为远红外区。

2. 振动自由度是指_____。线性分子的振动自由度为_____，非线性分子的振动自由度为_____。

3. 诱导效应将会使某基团的红外振动频率变_____，共轭效应使某基团的振动频率变_____。

4. 在红外光谱中，通常把波数在 4000 ~ 1500cm^{-1} 的区域称为_____区，波数低于 1500cm^{-1}的区域称为_____区。

5. 一般多原子分子的振动可分为_____和_____两种类型。

三、简答题

1. 简述红外光谱与紫外-可见光谱的区别。

2. 简述红外基本振动吸收峰数小于振动自由度的原因。

3. 简述影响吸收峰强度的因素。

ER-11章习题

（时惠敏）

第十二章

ER-12章PPT

原子吸收分光光度法

【导言】

2012 年 4 月 15 日，央视曝光了一起"铬超标胶囊"事件，引起了全国各地政府、监管机构、媒体及群众的密切关注，此后，国家相关部门在各地开展了大规模的检测活动。因为六价铬容易进入人体细胞，对肝、肾等内脏器官和 DNA 造成损伤，且在人体内蓄积具有致癌性并可能诱发基因突变，所以《中国药典》（2015 年版）规定明胶和明胶空心胶囊项下以原子吸收分光光度法测定铬，含铬不得过百万分之二。

第一节　原子吸收分光光度法的基本原理

原子吸收分光光度法（AAS）又称原子吸收光谱法，测量对象是呈原子状态的金属元素和部分非金属元素，是基于测量蒸气中的原子对特征电磁辐射的吸收强度进行定量分析的一种仪器分析方法。在测量试样中的金属元素含量时，原子吸收分光光度法往往是一种首选的定量方法，广泛应用于环保、医药卫生、冶金、地质、食品、石油化工和农业等领域的微量和痕量元素分析。

一、原子吸收分光光度法及其特点

原子吸收分光光度法是将待测元素在高温下进行原子化形成原子蒸气，由一束锐线辐射穿过一定厚度的原子蒸气，光的一部分被原子蒸气中的基态原子吸收；一部分光经单色器分光，测量减弱后的光强度；然后，利用吸光度与火焰中的原子浓度成正比的关系求得待测元素的浓度。具有如下特点：

（一）选择性好

由于原子吸收谱线很窄，谱线重叠概率较发射光谱要小得多，所以光谱干扰较小，而光谱干扰容易克服。因此，一般情况下共存元素不对原子吸收分析产生干扰，所以原子吸收分光光度法比化学分析和分光光度法等有更好的选择性。

（二）灵敏度高

火焰原子吸收法对多数元素的灵敏度为 $10^{-9} \sim 10^{-6}$ g/ml；非火焰原子吸收法的灵敏度在 $10^{-14} \sim 10^{-10}$ g/ml，灵敏度高。

（三）准确度高

火焰原子吸收法的相对误差<1%，石墨炉原子吸收法的相对误差为 3%~5%。

197

（四）适用范围广

既可进行常量分析，又可进行痕量分析；既可测定金属元素、类金属元素，又可间接测定非金属元素和有机化合物；既可测定液态试样，也可测定气态试样，甚至可以直接测定一些固态试样；可测定的元素超过 70 种。

（五）简便、快速

仪器基本实现自动化，操作简便，可在较短的时间内完成大量试样的测定，且重现性好。

原子吸收法也有局限性，例如测定不同的元素，需要使用不同的元素灯，每一元素的分析条件也不相同，不利于同时进行多种元素的分析。

二、原子吸收曲线

（一）共振线

在正常情况下，原子处于能量最低、最稳定的状态称为基态（E_0）；当基态原子受外界能量的激发时，其最外层电子可跃迁至能量较高的能级，较高能级的状态称为激发态；每种元素的原子只有一种基态和一系列确定能级的激发态（E_j），因此每种元素的原子只能在特定的能级间跃迁，如图 12-1 所示。

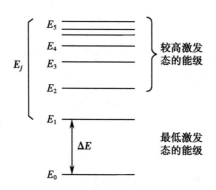

图 12-1 原子能量的吸收与辐射

激发态的原子所吸收的光子的频率（ν）与电子跃迁时的两能级能量差的关系为：

$$\Delta E = E_j - E_0 = h\nu \qquad 式（12-1）$$

原子受到外界能量激发时，其外层电子从基态跃迁到激发态所产生的吸收谱线称为**共振吸收线**。原子由基态激发到最低激发态（称为第一激发态 E_1）所产生的共振吸收线及相应的共振发射线称为第一共振线；由于为第一激发态能量最低，原子最容易激发至第一激发态，因此第一共振线辐射最强。

（二）分析线

各种元素的原子结构和外层电子的分布不同，相应的基态和各激发态之间的能量差也不同，因此不同元素原子的共振线各不相同。共振线也是元素的最灵敏的谱线，原子吸收光谱分析法就是利用处于基态的待测原子蒸气对从光源发射的特征共振线的吸收来进行分析的，因此具有较高的选择性。

分析线的选择

分析线又称为吸收波长，通常选用共振吸收线为分析线，测量高含量的元素时，可选用灵敏度较低的非共振线为分析线。如测 Zn 时常选用最灵敏的 213.9nm 波长，但当 Zn 的含量高时，为保证工作曲线的线性范围，可改用次灵敏线 307.5nm 波长进行测量。As、Se 等的共振吸收线位于 200nm 以下的远紫外区，火焰组分对其明显吸收，故用火焰原子吸收法测定这些元素时，不宜选用共振吸收线为分析线，或者改用无火焰原子化法进行测定。测 Hg 时由于共振线 184.9nm 会被空气强烈吸收，只能改用次灵敏线 253.7nm 测定。

三、原子吸收值与原子浓度的关系

试样中的被测元素经原子化器产生出一定浓度的基态原子，是原子吸收分析中的关键因素；为提高分析的灵敏度和准确度，基态原子在原子总数中的比例越高越好。在原子化过程中，待测元素由分子解离成原子时，不可能全部是基态原子，其中有一部分为激发态原子，甚至还进一步电离成离子，但在实验温度范围内激发态原子数可以忽略不计，因此可用气态基态原子数来代表待测原子总数。

原子吸收光谱与分子吸收光谱一样符合朗伯-比尔定律，即：

$$A = \lg \frac{I_0}{I_t} = KcL \qquad \text{式}(12\text{-}2)$$

式中，A 为吸光度；I_0 为由光源发出的入射光强度；I_t 为透过的光强度（未被吸收的部分）；K 为常数（可由实验测定）；c 为试样的浓度（基态原子）；L 为原子蒸气光径。

式(12-2)表示吸光度与待测元素吸收辐射的原子总数（试样浓度）及火焰的宽度（光径长度）的乘积成正比。

实际工作中，火焰宽度是固定的，因此在一定的浓度范围内，吸光度与试样浓度成正比，即：

$$A = K'c \qquad \text{式}(12\text{-}3)$$

式中，K' 为与实验条件有关的常数。

式(12-3)表示吸光度与试样中被测组分的浓度呈线性关系，它是原子吸收分光光度法定量的依据。

点滴积累 ∨

1. 原子吸收分光光度法具有选择性好、灵敏度高、准确度高、适用范围广等特点。

2. 原子吸收光谱分析法就是利用待测原子蒸气对从光源发射的特征共振线的吸收来进行分析的，具有较高的选择性。

3. 原子吸收光谱符合朗伯-比尔定律，原子吸收分光光度法定量的依据是吸光度与试样中被测组分的浓度呈线性关系。

第二节 原子吸收分光光度计

一、原子吸收分光光度计的类型

原子吸收分光光度计的种类与型号较多,最为常见的按光路可分为单光束和双光束两类。

（一）单光束型原子吸收分光光度计

这是最早出现的一类原子吸收分光光度计,结构简单,灵敏度较高,价格便宜,能适应一般分析需要。缺点是不能消除光源波动的影响,造成基线漂移,影响测定的精密度和准确度。空心阴极灯要预热一定时间,待稳定后才能测定,影响分析速度。

（二）双光束型原子吸收分光光度计

这类仪器是通过切光器将光源分成两个光束,其中一束通过火焰作为测量光束,另一束不通过火焰作为参比光束。两个光束交替进入单色光器和检测系统,测其比值。由于两个光束来自于同一光源,检测器输出的是两个光束的讯号进行比较的结果,因此即使光源强度、检测器的灵敏度发生变化时也能稳定地进行测量;另外,其精密度和准确度均较单光束高,光源无须预热,相应延长了光源的使用寿命,分析速度快。

二、原子吸收分光光度计的主要部件

原子吸收分光光度计由四部分组成,即光源、原子化系统、分光系统和检测系统,如图 12-2 所示。

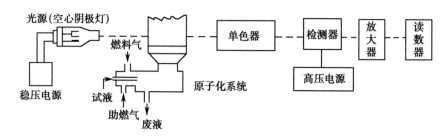

图 12-2 单光束原子吸收分光光度计示意图

（一）光源

光源的作用是供给原子跃迁所需的特征共振线,具有辐射光强度足够大、稳定性好、使用寿命长等特点。常见的光源有空心阴极灯、蒸气放电灯、高频无极放电灯等。结构简单、操作方便、应用最广泛的是空心阴极灯。

（二）原子化系统

原子化系统的作用是提供合适的能量,使试样中的被测元素转化为吸收特征辐射线的基态原子蒸气。试样的原子化是原子吸收分光光度法的一个关键步骤,所以原子化系统是原子吸收分光光度

计中极其重要的部件。

原子化系统常用的有火焰原子化器、石墨炉原子化器,另外还有氢化物发生原子化器、冷蒸气原子化器等类型。

1. 火焰原子化器　它是通过火焰的热能使试样原子化的装置,其结构简单,操作方便、快速,重现性和准确度都比较好,对大多数元素都有较高的灵敏度,适用范围广。

火焰原子化器又分为全消耗型和预混合型两种类型。全消耗型燃烧器是将试液直接喷入火焰。预混合型燃烧器是先将试液的雾滴、燃气和助燃气在进入火焰前,于雾化室内预先混合均匀,然后再进入火焰,其气流稳定、噪声小、原子化效率较高,所以一般仪器都采用预混合型。预混合型火焰原子化器包括雾化器、燃烧器、火焰三部分,如图 12-3 所示。

(1)雾化器:雾化器是火焰原子化器的重要部件。雾化器的作用是将试液雾化,使其在火焰中产生更多且稳定的基态原子。

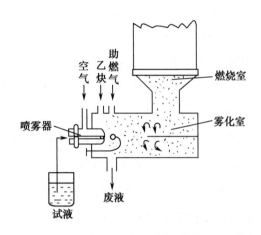

图 12-3　火焰原子化装置

(2)燃烧器:燃烧器的作用是利用火焰加热,在高温下使试样中的待测元素原子化。

(3)火焰:在火焰原子化法中,火焰是使试样中的被测元素原子化的能源,应用最广泛的火焰是空气-乙炔火焰。

虽然火焰原子化器操作简便、重现性好,但由于原子化效率低,基态原子吸收区域停留时间短,限制了测定灵敏度的提高,同时这种原子化法要求有较多的试样溶液,且无法直接分析黏稠状液体和固体试样。

2. 石墨炉原子化器　石墨炉原子化器是一个利用低压、大电流来加热石墨管(可升温至3000℃),以实现试样的蒸发和原子化的装置。先进的原子吸收光度计能通过微处理器,按所指令的控温程序自动分段完成干燥、灰化、原子化、净化操作,从而提高测定的选择性和灵敏度。

(1)干燥:目的是蒸发除去溶剂或其他低沸点的挥发性成分,常选择 100℃、60 秒,进样体积较大时可以适当延长干燥时间;该阶段要求平稳缓和以避免溅跳和起泡。

(2)灰化:目的是在不损失被测元素的前提下,除去高沸点的挥发性酸、有机复合物及非挥发性的无机化合物等成分。通过绘制吸光度与灰化温度的关系来确定最佳灰化温度,在低温下吸光度保持不变,当吸光度下降时对应的较高温度即为最佳灰化温度,灰化时间约为 30 秒。

(3)原子化:施加大功率于石墨炉,使待测试样残渣受到突然的高功率脉冲后原子化,原子化时间取被测元素完全原子化所需要的最少时间,一般为 3~5 秒。原子化的温度因元素不同而异,其最佳温度也可通过绘制吸光度与原子化温度的关系来确定,对多数元素来讲,当曲线上升至平顶形时,与最大吸光度值对应的温度就是最佳原子化温度,但是为了延长石墨管的寿命,只要有足够的灵敏度,也可采用较低的温度进行原子化。

（4）净化:用高于原子化温度的温度烧尽上一次测定时残留在石墨管内的残渣,以避免影响下一次测定。

由于高温石墨炉法的原子化效率高达90%以上,且高浓度的基态原子在测定区的有效停留时间较长(0.1~1秒),所以与火焰原子化法相比,石墨炉原子化具有如下优点:①检出限低,对很多元素的测定比火焰原子化法低2~3个数量级;②试样在体积很小的石墨管里直接原子化,有利于难熔氧化物的分解,提高了测定的选择性和灵敏度;③可以直接进行黏度较大的试样、悬浮液和固体试样的进样;④进样量小(固体为0.1~10mg,液体为1~50μl)。

此外,石墨炉法也有缺点,如背景干扰较大,须有扣除背景的装置;设备复杂、昂贵;精密度较差(相对偏差约3%);单试样分析所需的时间较长等。

3. 氢化物发生原子化器　主要用于 Sb、As、Bi、Pb、Se、Te 和 Sn 等兼有金属和非金属性质元素的测定。一般是用 HCl-$NaBH_4$(或 KBH_4)强还原剂处理试样后,形成极易挥发、易受热分解的氢化物(如 AsH_3、SnH_4),经载气送入石英吸收池,调节燃烧器使光束通过石英吸收池进行测量。氢化物原子化法实现了较低温度下的原子化,有效解决了 As、Se 等元素第一共振线的波长处于远紫外区可被火焰强烈吸收的问题;另外,氢化物蒸气发生法可将被测元素从大量溶剂中分离出来,其检测限要比火焰法低 1~3 个数量级,选择性好,干扰少。

4. 冷蒸气发生原子化器　主要用于 Hg 的测定,一般是用 H_2SO_4-$SnCl_2$ 处理试样,直接将 Hg^{2+} 还原成 Hg 蒸气,不必再原子化,可直接在室温下将汞蒸气用循环泵抽到吸收池,利用汞在 253.7nm 波长下的强紫外吸收进行测定。现实工作中一般用造价低廉的测汞仪进行汞元素的测定。

(三) 分光系统

原子吸收分光光度计的分光系统又称单色器,由光栅、凹面镜和狭缝组成,其关键部件是起色散作用的光栅。

单色器通常配置在原子化器以后的光路中,其作用是将待测元素的共振线和邻近谱线分开,从而使分析线选择性地进入检测器。

(四) 检测系统

检测系统由检测器、放大器、对数转换器和显示装置组成,它是将单色器发射出的光讯号转换成电信号后进行测量。

现代仪器都有对数转换装置,可以浓度直读,还有标尺扩展、曲线校直、背景扣除、自动进样器和打印机等装置。新型的微型电子计算机控制的原子吸收分光光度计不仅有对各个元素分析参数的建议,且自动化程度大为提高。

点滴积累　

1. 原子吸收分光光度计按光路可分为单光束型和双光束型。

2. 原子吸收分光光度计由光源、原子化系统、分光系统和检测系统四部分主要部件组成。

第三节　原子吸收分光光度法的应用

一、定量分析方法

原子吸收光谱进行定量分析的方法主要有标准曲线法、标准加入法两种,都是利用吸光度和浓度之间的线性函数关系,由已知浓度的标准溶液求得试样溶液的浓度。

(一) 标准溶液的配制

火焰原子吸收测定中常用的工作标准溶液浓度单位为 $\mu g/ml$,无火焰原子吸收测定中的标准溶液浓度为 $\mu g/L$。

1. 标准储备液　一般选用高纯金属(99.99%)或被测元素的盐类精确称量溶解后配成 $1mg/ml$ 的标准储备液,目前可以购买到多种元素的专用标准储备液。

2. 工作标准溶液　标准储备液经过稀释即成为制作标准曲线的工作标准溶液。对于火焰原子吸收测定的标准储备液一般要经过千分之一稀释,无火焰原子吸收测定的标准储备液要经过十万分之一到百万分之一稀释。

3. 标准溶液的配制注意事项

(1)配制标准储备液和工作标准溶液应使用去离子水,保证玻璃器皿纯净,防止玷污。

(2)配制标准储备液和工作标准溶液所用的硝酸、盐酸应为优级纯,一般避免使用磷酸或硫酸。

(3)标准储备液要保持一定的酸度以防止金属离子水解,存放在玻璃或聚乙烯试剂瓶中,有些元素(如金、银)的贮备液应存放在棕色试剂瓶中,应避免阳光照射,但是不要存储在寒冷的地方。

(4)由于当标准储备液只用水稀释,许多元素有可能产生沉淀被吸附而降低浓度。因此,校准用的工作标准溶液往往使用 $0.1mol/L$ 浓度的酸或碱溶液稀释制备。

(5)校准用的工作标准溶液长期使用后浓度容易改变,因此推荐在每次测定前新鲜制备。

(6)标准储备液和工作标准溶液一般是用酸溶解金属或盐类配制,当长期储存后有可能产生沉淀,或由于氢氧化和碳酸化而被容器壁吸附从而浓度改变,所以必须在有效期内使用。

(二) 标准曲线法

原子吸收分析的标准曲线法和紫外分光光度法相似。在仪器推荐的浓度范围内,根据试样中待测元素的含量,确定标准曲线的浓度范围,配制一组(至少 3 份)浓度适宜的工作标准溶液,以相应试剂配制空白对照溶液(参比液),将仪器按照规定启动后,用空白对照溶液调零,然后浓度从低到高依次测定各浓度工作标准溶液(一般每个试样连续进样 3 次),并记录读数。以各浓度工作标准溶液的吸光度 A 的平均值为纵坐标,以相应浓度 c 为横坐标,绘制 $A-c$ 标准曲线。然后在完全相同的实验条件下,测定按照规定制备好的待测试样溶液(待测元素的浓度在标准曲线浓度范围内)的吸光度(一般连续进样 3 次),取其平均值后从标准曲线上查出该值所对应的浓度,便可计算出试样中待测元素的含量。

为了确保标准曲线法定量的精密度和准确度,使用标准曲线法时必须注意:①所配制的工作标准溶液的浓度和相应的吸光度应在直线线性范围内;②在整个分析过程中,各测定条件应保持恒定;③待测试样溶液和工作标准溶液所加的试剂应一致。

标准曲线法仅适用于试样组成简单或共存元素没有干扰的试样,可用于同类大批量试样的分析,具有简单、快速的特点。这种方法的主要缺点是基体影响较大。

（三）标准加入法

若试样的基体组成复杂,且对测定有明显影响,或待测试样的组成不明确,可采用标准加入法进行定量分析,以消除基体的干扰。

操作方法:分别取 4 份(一般 4~5 份)体积相同的试样溶液置于 4 个同体积的量瓶中,从第二份起再依次精密加入同一体积不同浓度(各浓度间距应一致)的待测元素工作标准溶液,然后用溶剂稀释定容。在相同的实验条件下分别测量各个试液的吸光度(同一试液连续测 3 次求平均值),以各试液的吸光度 A 为纵坐标,以相应浓度 c 为横坐标,绘制 $A-c$ 标准加入曲线。如果试样不含被测元素,则曲线通过原点;反之,若试样含被测元素,则曲线不通过原点,此时应延长曲线与横坐标交于 c_x,c_x 即为所测试样中待测元素的浓度。如图 12-4 所示。

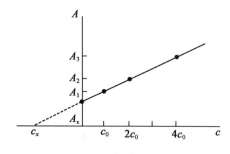

图 12-4　标准加入法

使用标准加入法时应注意:①待测元素的浓度与其对应的吸光度在测定浓度范围内呈线性关系;②为了得到较准确的外推结果,最少应取 4 个点来作外推曲线,并且第一份加入的标准溶液与试样溶液浓度之比应适当;③本法可以消除基体干扰,但不能消除背景吸收干扰;④对于斜率太低的曲线(灵敏度差),容易引进较大的误差。

知识链接

基体效应的影响

将标准加入法曲线和标准工作曲线斜率比较,可说明基体效应是否存在。当两条曲线的斜率相同时说明无基体干扰;当标准加入法曲线的斜率大于标准工作曲线时说明存在基体增敏效应,使灵敏度增加;当标准加入法曲线的斜率小于标准工作曲线时说明存在基体抑制效应,使灵敏度下降。

二、应用

由于原子吸收分光光度法具有测定灵敏度高,检出限量小,干扰少,操作简单、快速等优点,是测量试样中的元素含量时的首选方法,因此原子吸收分光光度法广泛应用于环境监测、医药卫生、陶瓷、涂料、冶金、地质、食品、石油化工和农业等相关领域的微量和痕量元素分析;原子吸收分光光度法还可以作为物理和物理化学的一种实验手段,对物质的一些基本性能进行测定和研究,测定一些元素离开机体的活化能、气态原子扩散系数、解离能、振子强度、光谱线轮廓的变宽、溶解度、蒸气压等参数;利用间接法,原子吸收分光光度法可以测定多种与金属离子有化学计量反应关系的有机物,如利用 Ag 测定含卤素的有机化合物;此外,通过将气相色谱和液体色谱的分离功能与原子吸收分光光度法的测定联用,可以分析同种金属元素的不同有机化合物,如汽油中的各种烷基铅,大气中的 5 种烷基铅、烷基硒、烷基胂、烷基锡等,均可通过不同类型的色谱与原子吸收联用方式进行鉴别和测定。

原子吸收分光光度法广泛应用于我们日常生活中必需的水、食品、药物以及生存环境的检验,主要用于毒性元素的分析。例如生活饮用水卫生标准 GB 5749-2006 的常规水质的毒理指标规定了 As、Se、Hg、Cd、Pb 和 Cr(六价)6 种元素的限值,感觉性状和一般化学指标规定了 Al、Fe、Mn、Cu、Zn 共 5 种元素的限值,另外非常规水质的毒理指标规定了 Ti、Ba、Be、B、Mo、Ni、Ag、Sb 共 8 种元素的限值,共计规定了 19 种元素的限值;此外,食品卫生检验方法理化部分 GB/T 5009-2003、国家环保总局编写的《水和废水监测分析方法(第 4 版)》《饲料工业标准汇编》《中华人民共和国药典》、农业部颁布的无公害农产品行业标准、《土壤分析技术规范》等标准及书籍按照毒性大小规定了多种毒性元素的限值。

点滴积累 V

1. 原子吸收分光光度法的定量分析方法主要包括标准曲线法、标准加入法两种。
2. 标准溶液的配制及储存过程中金属元素浓度易受影响,需注意避光、临用新制等注意事项。

复习导图

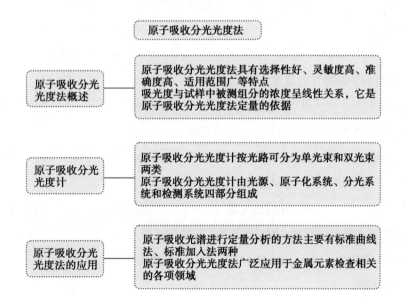

目标检测

一、选择题

（一）单项选择题

1. 原子吸收光谱产生的原因是

  A. 振动能级跃迁　　　　　　　　　　　B. 原子最外层电子跃迁

  C. 分子中电子能级的跃迁　　　　　　　D. 转动能级跃迁

2. 在原子吸收分光光度法中，原子蒸气对共振辐射的吸收程度与

  A. 透射光强度成正比　　　　　　　　　B. 原子化温度成正比

  C. 激发态原子数成正比　　　　　　　　D. 基态原子数成正比

3. 当特征辐射通过试样蒸气时，被下列哪种粒子吸收

  A. 激发态原子　　　B. 离子　　　　　C. 基态原子　　　　D. 分子

4. 在原子分光光度计中，最广泛采用的光源是

  A. 空心阴极灯　　　B. 无极放电灯　　C. 氢灯　　　　　　D. 钨灯

5. 原子吸收分光光度计的光源的作用是

  A. 发射很强的连续光谱

  B. 产生足够强度的散射光

  C. 提供试样蒸发和激发所需的能量

  D. 发射待测元素基态原子所吸收的特征共振辐射

6. 与单光束原子吸收分光光度计相比，双光束原子吸收分光光度计的优点是

  A. 灵敏度高　　　　　　　　　　　　　B. 可以消除背景的影响

  C. 可以抵消因光源的变化而产生的误差　D. 便于采用最大的狭缝宽度

7. 空心阴极灯的主要操作参数是

  A. 预热时间　　　　B. 灯电压　　　　C. 灯电流　　　　　D. 内充气体压力

8. 在原子吸收分析中，采用标准加入法可以消除

  A. 光谱背景的影响　B. 基体效应的影响　C. 其他谱线的干扰　D. 电离效应

9. 与火焰法相比，石墨炉原子吸收法的优点是

  A. 灵敏度高　　　　B. 分析速度快　　C. 重现性好　　　　D. 背景吸收小

10. 与石墨炉原子吸收法相比，火焰原子吸收法的优点是

  A. 选择性较强　　　B. 检出限较低　　C. 精密度较高　　　D. 干扰较少

（二）多项选择题

1. 与火焰原子化法相比，石墨炉原子化法的优点是

  A. 重现性好　　　　　　　　　　　　　B. 分析速度快

  C. 灵敏度高　　　　　　　　　　　　　D. 可直接测定固体试样

2. 与火焰原子化法相比，石墨炉原子化法的缺点是

A. 原子化效率低　　　　　　　　B. 重现性差

C. 精密度差　　　　　　　　　　D. 单试样分析时间较长

二、填空题

1. 原子吸收分光光度计由_____、_____、_____和_____组成。

2. 原子吸收分光光度法通常选择_____作为元素分析的分析线。

3. 常用的原子化装置有_____、_____、_____和_____等。

4. 原子吸收光谱进行定量分析的方法主要有_____和_____。

三、简答题

1. 原子吸收分光光度法有什么特点?

2. 石墨炉原子化器的升温程序分为几个阶段? 各阶段的目的是什么?

四、实例分析题

《中国药典》(2015 年版)规定的明胶空心胶囊中重金属铬的检查方法为:取本品 0.5g,置聚四氟乙烯消解罐内,加硝酸 5~10ml,混匀,浸泡过夜,盖上内盖,旋紧外套,置适宜的微波消解炉内进行消解。消解完全后,取消解内罐置电热板上缓缓加热至棕红色蒸气挥尽并近干,用 2%硝酸转移至50ml 量瓶中,并用 2%硝酸稀释至刻度,摇匀,作为供试品溶液;同时制备试剂空白溶液;另取铬单元素标准溶液,用 2%硝酸稀释制成每 1ml 含铬 1.0μg 的铬标准贮备液,临用时,分别精密量取铬标准贮备液适量,用 2%硝酸溶液稀释制成每 1ml 含铬 0~80ng 的对照品溶液。取供试品溶液与对照溶液,以石墨炉为原子化器,照原子吸收分光光度法(通则 0406 第一法,即标准曲线法),在 357.9nm 的波长处测定,计算,即得。含铬不得过百万分之二。

按照规定,分别取 8 支 50ml 量瓶,依次编号为 0、1、2、3、4、5、6 和 7,在 0 号量瓶中加空白溶液,在第 1、2、3、4 和 5 号量瓶中依次加入 1.0μg/ml 的铬标准贮备液 0.25、0.50、0.75、1.00 和 1.25ml,并用 2%硝酸溶液稀释定容;分别精密称量 0.52g A 厂的胶囊和 0.53g B 厂的胶囊,按照规定依次用第6、第 7 号量瓶配制成供试品溶液,并按照规定进行测量,测量结果见下表,请问 A、B 厂的胶囊中铬含量分别是多少? 哪家的胶囊为毒胶囊? (可用计算机辅助解答)

量瓶编号	吸光度		
	第一次测量值	第二次测量值	第三次测量值
0	0.0102	0.0110	0.0106
1	0.1225	0.1260	0.1242
2	0.2379	0.2435	0.2407
3	0.3773	0.3651	0.3712

续表

量瓶编号	吸光度		
	第一次测量值	第二次测量值	第三次测量值
4	0.4715	0.4851	0.4783
5	0.5917	0.5774	0.5846
6	0.4278	0.4283	0.4280
7	2.8723	2.8742	2.8731

（王 娅）

第十三章

液相色谱法

【导言】 V

　　发生在 2008 年的中国奶制品污染事件至今让我们触目惊心，当时在多个厂家、多批次的奶粉中都检出了三聚氰胺。一些商家将三聚氰胺添加到奶粉中，是因为三聚氰胺可以虚高蛋白质的含量，但过量摄入三聚氰胺会损害人体和动物的生殖泌尿系统，而当时蛋白测定标准所采用的凯氏定氮法并不能检测出三聚氰胺。由此，引发了国家质量监督部门对原料乳及乳制品中三聚氰胺检测标准的探讨，起草并发布了高效液相色谱法、气相色谱-质谱联用法、液相色谱-质谱联用法 3 种检测方法。

　　色谱法作为一种重要的分析手段，已广泛应用于生命科学、环境科学、材料科学等诸多领域，在药物分析中也有着极为重要的地位。《中国药典》（2015 年版）中收载了大量色谱分析法应用于药物的鉴别、检查和含量测定。

第一节　基础知识

　　色谱分析法简称色谱法，又称层析法，是一种依据物质的物理或物理化学性质的差异将混合试样中各组分先进行分离，再逐个分析的方法，即具有分离和分析两种功能。

一、色谱法的产生与发展

什么是色谱法-从茨维特实验说起

　　色谱法的创始人是俄国植物学家茨维特。1903 年，他将植物色素混合物的石油醚萃取液从填充有碳酸钙的竖直玻璃管顶端注入，然后用纯石油醚自上而下淋洗，由于不同的植物色素向下迁移的速率不同，结果在玻璃管的不同部位形成了不同的色带。1906 年，他在发表的论文中将这种分离方法命名为色谱法，将填充碳酸钙的玻璃管称为"色谱柱"，将管内的填充物称为"固定相"，淋洗用的溶剂称为"流动相"。之后，色谱法不仅可用于有色物质的分离，而且广泛应用于无色物质的分离，但色谱法一词沿用至今。

　　色谱法在 20 世纪初并没有引起学术界的关注，直到 1931 年德国库恩等人将茨维特的实验方法应用于胡萝卜素的研究，成功分离 β-胡萝卜素异构体并被授予诺贝尔化学奖，色谱法才得到化学工作者的重视并快速发展起来，于 20 世纪 30～40 年代相继出现了薄层色谱法和纸色谱法。柱色谱法、薄层色谱法和纸色谱法均以液体作为流动相，故又称为经典液相色谱法，是色谱法的基础。

　　1952 年马丁和詹姆斯建立了以气体作为流动相的气相色谱法（GC），较为完整地阐述了气相色谱的理论和实践方法,采用仪器实现了色谱分离和检测过程,奠定了现代色谱法的基础。1956 年范第姆特提出了速率理论,1958 年高莱开创了毛细管柱气相色谱法。至 20 世纪 60 年代末,气相色谱-质谱联用技术有效地弥补了色谱法定性特征较差的弱点,气相色谱法达到鼎盛时期。

20 世纪 60 年代末,高压泵和化学键合固定相开始应用于液相色谱,出现了高效液相色谱法(HPLC),HPLC 为难挥发、热不稳定的高分子试样的分析提供了有力手段。

20 世纪 80 年代出现了以超临界流体为流动相的超临界流体色谱法,集合了 GC 和 HPLC 的优点,比 HPLC 柱效更高、分析速度更快。同时期发展起来的毛细管电泳技术则利用被分离组分的电泳淌度差异实现分离,成功解决了 DNA、蛋白质和多肽等生物研究方面的难题。20 世纪 90 年代,毛细管电色谱受到广泛重视,其同时集合 HPLC 和毛细管电泳的优点。

1903 年至今,色谱法的理论、技术和方法已经趋于成熟,气相色谱法和高效液相色谱法已经成为常规分离分析技术。目前,色谱技术的发展主要集中在建立和完善各种联用技术,提高仪器的自动化和智能化程度,开发新型固定相和新型检测器等方面。

知识链接

色谱联用技术

色谱联用技术常见的有色谱-质谱联用、色谱-光谱联用和色谱-色谱联用。色谱-光谱联用和色谱-质谱联用是以色谱进行分离,以质谱或光谱进行鉴定。色谱-色谱联用技术则通过将两种色谱法联用以提高分离能力,适用于复杂多组分试样的分离。目前,色谱-质谱联用是最为成熟的一类联用技术,气相色谱-质谱联用仪器(GC-MS)、高效液相色谱-质谱联用仪器(HPLC-MS)已经成为复杂试样组分进行定性和定量分析的有力工具。

二、色谱法的分类

色谱法发展至今已形成多个分支,从不同的角度可有不同的分类方法。

(一)按流动相与固定相的物态分类

色谱法的流动相有气体、液体和超临界流体,故相应的色谱法可分为气相色谱法(GC)、液相色谱法(LC)和超临界流体色谱法(SFC)。

1. 气相色谱法　以气体为流动相的色谱法。若按照固定相的状态分类,又可分为气-固色谱法和气-液色谱法。

2. 液相色谱法　以液体为流动相的色谱法。若按照固定相的状态分类,又可分为液-固色谱法和液-液色谱法。

3. 超临界流体色谱法　以超临界流体为流动相的色谱法。超临界流体指在高于临界压力和温度时物理性质介于气体和液体之间,兼有气体和液体的特征,但既不是气体也不是液体的一些物质。

(二)按操作形式分类

按照操作形式分类,可分为柱色谱法和平面色谱法。

1. 柱色谱法 将固定相装于柱管内构成色谱柱,在色谱柱中进行分离的色谱方法。根据管径的大小,可分为填充柱色谱法和毛细管柱色谱法。

2. 平面色谱法 固定相呈平面状的色谱法,又可分为薄层色谱法(TLC)和纸色谱法(PC)。

（三）按色谱过程的分离机制分类

色谱法按照色谱过程的分离机制分类,可分为吸附色谱法(AC)、分配色谱法(DC)、离子交换色谱法(IEC)和分子排阻色谱法(SEC)等基本类型。此外,还有其他分离机制的色谱方法,如毛细管电泳法、手性色谱法和光色谱法等。

色谱法的各种分类方法并非是绝对的、孤立的,而是相互渗透、兼容的,其相互之间的关系如图13-1 所示。

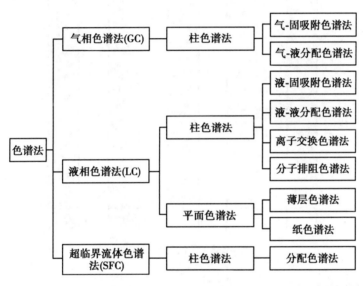

图 13-1 色谱法分类示意图

三、色谱法的基本原理

（一）色谱过程

以下以液-固吸附色谱法来说明色谱过程。如图 13-2 所示,将含有 A、B 两种组分的试样采用合适的溶剂溶解,并将适量的试样溶液注入装有吸附剂的色谱柱中,两种组分均被吸附在柱上端的吸附剂(固定相)上。然后从色谱柱的顶端注入恰当的流动相进行洗脱,当流动相接触吸附剂时,吸附剂上的两种组分均被流动相溶解而被解吸。两种组分解吸后随流动相向前移动遇到新的吸附剂颗粒时又再次被吸附,之后又被流动相从吸附剂上解吸下来,从而反复进行着吸附、解吸的过程。

由于 A、B 两种组分的结构性质存在差异,吸附剂对两者的吸附能力也会出现差异,在色谱柱中

ER-13-2

色谱过程-
解析色谱分
离的实质

随流动相迁移的速度会略有不同。如吸附剂对组分 A 的吸附能力较强,组分 A 则不易被流动相洗脱,其随流动相迁移较慢;反之组分 B 则较易被流动相洗脱,随流动相迁移较快,两者间出现了差速迁移。而且这种差异在流动相的洗脱过程中逐渐被累积放大,结果使两种组分彼此分离,在色谱柱中出现两个色带。如果继续用流动相洗脱,两种组分会先后从色谱柱中流出。

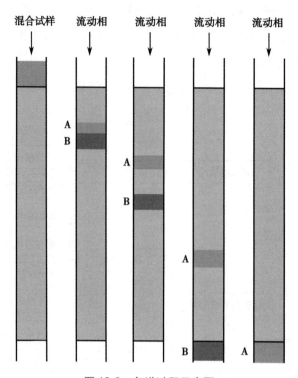

图 13-2　色谱过程示意图

(二) 分配系数和容量因子

色谱过程的实质是试样中的各组分在固定相与流动相之间反复多次的"分配"产生差速迁移的过程。被分离的各组分以不同的"分配"程度分布在两相中,当达到分配平衡时,常用分配系数和容量因子来表示。

色谱过程动画

1. 分配系数(K)　指在一定温度和压力下,某组分达到分配平衡时在固定相与流动相间浓度的比值。即:

$$分配系数(K) = \frac{组分在固定相中的浓度(c_s)}{组分在流动相中的浓度(c_m)} \qquad 式(13-1)$$

K 不仅与温度、压力有关,还与组分、固定相和流动相的性质等有关。在一定条件下,分配系数是组分的特征常数。色谱的分离机制不同,分配系数表达的含义不同。在吸附色谱中,K 为吸附平衡常数;在离子交换色谱法中,K 为交换系数;在分子排阻色谱中,K 为渗透系数。

2. 容量因子(k)　指在一定温度和压力下,某组分达到分配平衡时在固定相与流动相间质量的比值。即:

$$容量因子(k) = \frac{组分在固定相中的质量(m_s)}{组分在流动相中的质量(m_m)} \qquad 式(13-2)$$

3. 分配系数(K)与容量因子(k)的关系

$$k=\frac{m_s}{m_m}=\frac{c_s V_s}{c_m V_m}=K\frac{V_s}{V_m}\qquad\text{式(13-3)}$$

式中,V_s 为固定相的体积;V_m 为流动相的体积。当色谱条件一定时,V_s 和 V_m 为定值,因此容量因子 k 与分配系数 K 成正比关系。

由上可知,分配系数(或容量因子)越大,则组分在固定相中的浓度(或质量)越大,在固定相中的停留时间越长,随流动相迁移的速度就越慢,将后从色谱柱中流出;反之,K 越小,该组分在固定相中的停留时间越短,迁移速度越快。因此,混合物中各组分的 K(或 k)不相等是能够进行色谱分离的前提,各组分之间的分配系数相差越大,越容易被分离。

(三)色谱过程的分离机制

色谱法按分离机制的不同可分为吸附色谱法、分配色谱法、离子交换色谱法和分子排阻色谱法等基本类型,下面简单介绍这 4 种色谱法的分离机制。

1. 吸附色谱法　以吸附剂为固定相,利用吸附剂对不同组分吸附能力的差异实现组分分离的方法。由于其流动相可为液体或气体,又可分为气-固吸附色谱法和液-固吸附色谱法。

吸附是指溶质在液-固或气-固两相的交界面上集中浓缩的现象。固体吸附剂是一些多孔微粒状物质,其表面有许多吸附活性中心,当组分分子占据吸附活性中心时,称为吸附;当流动相分子从活性中心置换出被吸附的组分分子时,称为解吸。如图 13-3 所示,吸附色谱的过程就是组分分子与流动相分子不断竞争、占据固定相的吸附活性中心,使组分反复不断被吸附、解吸,再吸附、再解吸……。当竞争吸附达到平衡时,组分的吸附平衡常数 K 越大,越易被吸附,保留时间越长,迁移速度越慢,即后流出色谱柱。

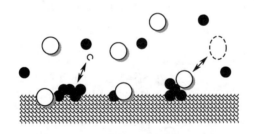

图 13-3　吸附色谱分离机制示意图
▨吸附剂　○组分分子　●流动相分子　◌被解吸的组分分子　◠被解吸的流动相分子

2. 分配色谱法　利用不同组分在固定相和流动相中的溶解度差异,即在两相之间的分配系数 K 不同而实现组分分离的方法。分配色谱法的固定相是涂覆在惰性载体表面的一层液体,又称为固定液。由于流动相可为液体或气体,又可分为液-液分配色谱法和气-液分配色谱法。

分配色谱法的基本原理与液-液萃取原理相似,只是分配色谱法的分配平衡是在相对移动的固定相与流动相之间进行。如图 13-4 所示,当流动相携带组分流经固定相时,组分在两相间不断地被溶解、萃取,再溶解、再萃取……如此重复多次,使分配系数稍有差异的组分得以分离。

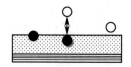

图 13-4　分配色谱分离机制示意图
●进入固定相的组分分子 ○进入流动相的组分分子 ▨固定相

对于液-液分配色谱法,流动相与固定液为不相溶的液体,若固定相的极性比流动相的极性强被称为正相分配色谱法,而流动相的极性比固定相的极性强则被称为反相分配色谱法。根据"相似相溶"的原理,在正相色谱中,若组分的极性强,较易溶于固定相,则分配系数较大,在色谱柱中的保留时间较长,后流出色谱柱。反相色谱法的出柱顺序则相反,极性强的组分先出柱,极性弱的组分后出柱。

▶▶ 课堂活动

采用分配柱色谱法分离某混合试样,已知混合试样中 A、B 和 C 三组分的分配系数分别为 100、150 和 200,请分析 3 种组分的出柱顺序。

3. 离子交换色谱法　利用不同组分离子对离子交换剂的离子交换能力的差异而实现组分分离的方法。该方法的分离对象应为离子型化合物或在一定条件下能转变成离子型化合物的非离子型化合物。

离子交换树脂上具有固定的离子基团和可被交换的离子基团,按可交换离子的电荷符号分为阳离子交换色谱法和阴离子交换色谱。如图 13-5 所示,当被分离的组分离子随流动相流经树脂时,与离子交换树脂上的可交换离子进行竞争性交换,交换能力强的离子迁移速度慢,保留时间长,后流出色谱柱。

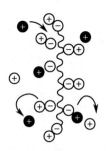

图 13-5　阳离子交换色谱分离机制示意图
〜〜离子交换剂 ⊖固定离子 ⊕可交换离子 ●组分离子

以阳离子交换反应为例,离子交换反应可用下式表示:

$$R^-B^+ + A^+ \rightleftharpoons R^-A^+ + B^+$$

离子交换达到平衡时,平衡常数为:

$$K_{A/B} = \frac{[R^-A^+][B^+]}{[R^-B^+][A^+]}$$

式(13-4)

式中,$[R^-A^+]$和$[R^-B^+]$分别为A、B在离子交换树脂中的浓度;$[A^+]$和$[B^+]$分别为它们在流动相中的浓度;$K_{A/B}$称为离子交换反应的选择性系数。不同组分与离子交换中心的亲和能力不同,具有不同的平衡常数。如$K_{A/B}$值越大($K_{A/B}>1$),表明组分A对离子交换树脂的亲和能力较强,随流动相的迁移速度较慢,在固定相中的保留时间长,后流出色谱柱;反之,$K_{A/B}$值越小($K_{A/B}<1$),则表明组分B对离子交换树脂的亲和能力较强,组分B后流出色谱柱。

4. 分子排阻色谱法 又称空间排阻色谱法,因固定相是多孔性凝胶,又称为凝胶色谱法,是利用多孔性凝胶对不同大小分子的排阻作用进行组分分离的方法。

凝胶色谱法的分离机制与上述3种色谱法完全不同,其取决于凝胶颗粒的孔径大小和被分离组分分子的大小,与流动相的性质无关。如图13-6所示,各组分分子在流经凝胶表面时,小分子可完全渗透进入凝胶内部孔穴而被滞留,中等大小分子可以部分进入较大的一些孔穴,大分子则不能渗透进入凝胶孔穴,只能沿凝胶颗粒之间的空隙随流动相流出。因此,各组分按大分子、中等大小分子、小分子的先后顺序流出色谱柱,实现不同组分的分离。

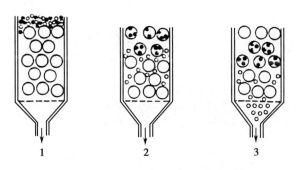

图 13-6 分子排阻色谱分离机制示意图
○凝胶颗粒 ◦大分子组分 •小分子组分
1. 混合样品在色谱柱顶端;2. 洗脱过程中小分子进入凝胶孔穴,
大分子随流动相迁移;3. 洗脱一段时间后,大分子组分先流出色谱柱

点滴积累 ∨ ....

1. 色谱法的分类方法可以按照两相的物态、操作形式和分离机制不同分类。

2. 色谱过程的发生是因为试样组分结构性质的差异而使不同组分在两相间出现了差速迁移。

3. 色谱法中K(或k)不等是组分分离的前提;K(或k)越大,组分在固定相中的保留时间越长。

4. 分子排阻色谱法的分离机制与吸附色谱法、分配色谱法和离子交换色谱法完全不同,其分离机制只取决凝胶孔径的大小和组分分子大小之间的关系。

第二节 柱色谱法

柱色谱法是指将固定相填覆在玻璃管或不锈钢管柱中的色谱法,是最早建立起来的色谱法。经典柱色谱法的流动相是液体,固定相可以为吸附剂、液体、离子交换树脂和凝胶等。按其分离机制,可分为液-固吸附柱色谱法、液-液分配柱色谱法、离子交换柱色谱法和分子排阻柱色谱法。

一、液-固吸附柱色谱法

（一）固定相

吸附剂是一些具有较大比表面积和多个吸附中心的多孔性微粒物质,其吸附性能取决于吸附中心的多少及其吸附能力的大小。常用的吸附剂有硅胶、氧化铝、聚酰胺、大孔吸附树脂和活性炭等。

1. 硅胶（$SiO_2 \cdot x H_2O$） 具有硅氧交联结构,骨架表面有许多硅醇基（—Si—OH）的多孔性微粒。硅醇基能与极性化合物或不饱和化合物形成氢键而具有吸附能力,故硅醇基是硅胶的吸附活性中心。若硅胶表面的羟基与水结合成水合硅醇基,硅胶则失去活性,无吸附能力,此过程称为脱活化。若将硅胶于105～110℃加热,能可逆除去硅胶表面吸附的"自由水",而硅胶因失水吸附能力增强的过程称为活化。通过活化与脱活化可控制硅胶的活性。但是加热温度不宜过高,如将硅胶加热至500℃时,硅胶交联结构内部的"结构水"会不可逆性地失去,其由硅醇结构变为硅氧烷结构,吸附能力反而下降。

吸附剂的吸附能力常用活性级数表示,吸附活性的强弱通常区分为Ⅰ～Ⅴ级。硅胶的活性与其含水量有关,如表13-1所示,吸附剂含水量越大,活性级数越大,但活性越低,吸附能力越弱。

表 13-1 硅胶和氧化铝的活性与含水量的关系

硅胶含水量%	氧化铝含水量%	活性级数	活性
0	0	Ⅰ	高
5	3	Ⅱ	
15	6	Ⅲ	
25	10	Ⅳ	↓
38	15	Ⅴ	低

▶▶ 课堂活动

吸附剂的活性级数、活性与吸附能力间的关系如何?

2. 氧化铝 是由氢氧化铝在400～500℃灼烧而成的,吸附能力略高于硅胶。氧化铝的活性也与其含水量密切相关,如表13-1所示,含水量的增加可使活性降低,称为脱活性。

3. 聚酰胺 是一类由酰胺聚合而成的高分子化合物,常用聚己内酰胺。聚酰胺主要通过分子中的酰胺基与化合物形成氢键而使分离组分被吸附。因组分活性基团的种类、数目和位置不同,聚酰胺与之形成的氢键能力不同,吸附能力亦不同,从而可实现物质的分离。

4. 大孔吸附树脂 是一类不含有交换基团而具有大孔网状结构的高分子化合物,不溶于酸、碱和有机溶剂,理化性质稳定。大孔吸附树脂主要通过范德华引力或氢键吸附被分离组分,选择性由多孔性网状结构决定。大孔吸附树脂在水溶液中的吸附能力较强且具有良好的吸附选择性,但在有机溶剂中的吸附能力较弱。

（二）流动相

吸附柱色谱法的流动相为有机溶剂,其洗脱能力主要由有机溶剂的极性决定。通常情况下,极性较强的流动相占据吸附中心的能力强,易将组分分子从吸附剂的活性中心上置换下来,洗脱能力强;反之,弱极性的流动相占据吸附中心的能力弱,洗脱能力弱。

常用溶剂的极性由小到大的顺序为石油醚<环己烷<四氯化碳<苯<甲苯<乙醚<三氯甲烷<乙酸乙酯<正丁醇<丙酮<乙醇<甲醇<水。

（三）色谱条件的选择

液-固吸附色谱法的分离过程是组分和流动相分子相互竞争占据吸附剂表面活性中心的过程。为了实现吸附能力稍有差异的各组分的分离,需同时考虑以下 3 个方面的因素:

1. **被测物质的结构与性质**　被测物质的结构不同,其极性也各不相同,被吸附剂吸附的强度也各不同。非极性化合物如饱和碳氢化合物一般不被吸附或者吸附不牢固,但若被官能团取代后,极性则发生改变。不同类型的化合物极性由小到大的顺序为烷烃<烯烃<醚类<硝基化合物<酯类<酮类<醛类<硫醇<胺类<醇类<酚类<羧酸类。

判断物质的极性强弱时,可参照以下规律:若化合物的基本母核相同,分子中基团的极性越强,所含的极性基团越多,分子的极性越大;不饱和烃分子中的双键越多,共轭双键链越长,极性越强,吸附能力越强;分子的极性受分子取代基空间排列的影响,如分子在形成分子内氢键后极性会减弱;在同系物中,分子量越大,分子极性越小,吸附能力越弱。

2. **吸附剂的选择**　吸附剂与组分间应形成强度适宜的吸附作用力。分离极性弱的组分应选择吸附活性较大的吸附剂,以免组分随流动相流出的速度过快,导致组分难以分离;分离极性强的组分一般选择吸附活性较小的吸附剂,以免吸附作用力过大,不易洗脱。

3. **流动相的选择**　根据"相似相溶"原则选择流动相。分离极性强的组分宜选择极性溶剂作洗脱液,而分离极性较弱的物质宜选择极性较弱的溶剂作洗脱液。

因此,液-固吸附柱色谱条件选择的一般原则是分离极性较强的物质,一般选用吸附活性小的吸附剂和极性较强的洗脱液;分离弱极性的物质,一般选用吸附活性大的吸附剂和极性较弱的洗脱液。但是这仅是一般规律,在实际应用时还需通过实验探索选择最佳的分离条件。

▶ **课堂活动**

在吸附柱色谱法中,若以硅胶作为固定相用于分离极性较强的组分,应如何选择洗脱液和硅胶的活性级数?

二、液-液分配柱色谱法

（一）固定相

固定相由惰性载体和涂渍或键合在载体表面的固定液组成。

载体又称担体,是一种惰性物质,不与固定液、流动相及被测物质发生化学反应,不溶于固定相和流动相。常用的载体有硅胶、多孔硅藻土和纤维素等。由于固定液不能单独存在,须涂渍在惰性载体表面,故载体在色谱中仅起到负载或者支撑固定液的作用。例如当硅胶吸收相当于自身重量的70%的水后吸附活性消失,硅胶仅被视为载体,而水是固定液。

反相分配柱色谱常以液体石蜡等非极性或弱极性溶剂作固定液。正相分配柱色谱常用强极性溶剂作固定液,如水、甲醇、甲酰胺和稀酸等。

(二)流动相

分配色谱中流动相与固定相的极性差别很大,两者不互溶。通常先选择对各组分溶解度稍大的单一溶剂为流动相,再改变流动相的组成,即采用混合溶剂以改善分离效果。

正相分配柱色谱常用的流动相为极性弱于固定相的醇类、石油醚类、酮类、酯类、卤代烃及苯或其混合物。反相分配柱色谱常用的流动相为水、甲醇等极性溶剂。

▶▶ **课堂活动**

在分配柱色谱法中,被分离组分、固定相和流动相之间有着怎样的关系?

三、离子交换柱色谱法

(一)固定相

离子交换树脂是一类具有网状结构的高分子聚合物,骨架上有许多能电离或交换的活性基团。离子交换树脂种类较多,以聚苯乙烯型离子交换树脂最常用,它是以苯乙烯为单体、二乙烯苯为交联剂聚合而成的球形网状结构,若在网状骨架结构上引入可被交换的活性基团即可获得离子交换树脂。例如在芳环上连接羧基、磺酸基和酚羟基等可获得阳离子交换树脂,引入碱性基团如季铵基、伯胺基和仲胺基等即获得阴离子交换树脂。

衡量离子交换树脂性能的常用参数有:

1. **交联度** 指离子交换树脂中交联剂的含量,通常以重量百分比表示。交联度用于衡量离子交换树脂的选择性,树脂的孔隙大小与交联度相关。交联度大,易形成紧密的网状结构,网眼小,选择性较好。但是交联度不宜过大,否则使网眼过小,交换速度变慢,甚至导致交换容量下降。一般阳离子交换树脂的交联度以 8%,阴离子交换树脂的交联度以 4%左右为宜。

2. **交换容量** 指实验条件下,每克干树脂真正参加交换的活性基团数目。交换容量用于衡量离子交换树脂的交换能力,交换容量大,树脂的交换能力强。树脂的交换容量一般为 1~10mmol/g。

(二)流动相

通常是以水为溶剂的缓冲溶液。为了改善分离效果,可加入一些有机溶剂,如甲醇、乙醇、乙腈和四氢呋喃等。

四、分子排阻柱色谱法

(一)固定相

固定相为多孔性凝胶,常用的有葡聚糖凝胶和聚丙烯酰胺凝胶。

选择凝胶时应使试样的相对分子量小于凝胶的排斥极限而大于全渗透点,使组分的相对分子量落入凝胶的相对分子质量范围内。若某化合物的相对分子质量达到某一数值后就不能渗透进入凝胶的任何孔穴,这一相对分子质量称为该凝胶的**排斥极限**。若某化合物的相对分子质量小于某一数值后就能进入凝胶的所有孔穴,将这一数值则称为该凝胶的**全渗透点**。排斥极限与全渗透点之间的相对分子质量范围称为凝胶的相对分子质量范围。

(二)流动相

流动相必须能溶解试样,并能润湿凝胶,黏度低且不能与试样组分或凝胶发生相互作用,否则会影响分子扩散。水溶性试样通常选择水溶液为流动相,而非水溶性试样则选择四氢呋喃、三氯甲烷和甲苯等有机溶剂为流动相。

五、柱色谱法的应用

柱色谱法成本低,仪器简单,操作方便,色谱柱容量大,在天然药物有效成分的分离、生化药物的提取、抗生素药物的生产及药物分析等各个领域得到较为广泛的应用。

(一)吸附柱色谱法的应用

吸附柱色谱法常用的吸附剂有硅胶、氧化铝、聚酰胺和大孔吸附树脂等。硅胶呈弱酸性,可用于酸性和中性化合物的分离,如有机酸、氨基酸、甾体和萜类等。氧化铝分为酸性、碱性和中性 3 种,其中酸性氧化铝(pH 4~5)用于分离酸性化合物,如氨基酸、酸性色素等以及对酸稳定的中性化合物;碱性氧化铝(pH 9~10)用于分离碱性和中性化合物,如生物碱、脂溶性维生素等;中性氧化铝(pH ≈ 7.5)用于分离生物碱、挥发油、甾体、萜类、蒽醌以及在酸、碱中不稳定的酯类、苷类等,凡是能用酸性、碱性氧化铝分离的化合物,中性氧化铝也能分离,以中性氧化铝应用最为广泛。聚酰胺主要用于分离酚类(含黄酮类、蒽醌类、鞣质类等)、酸类、硝基类和醌类等化合物,已广泛应用于天然药物有效成分的分离。大孔树脂因在水溶液中的吸附能力较强,则主要用于水溶性化合物的分离及纯化,如皂苷及其他苷类物质等。

(二)分配柱色谱法的应用

分配柱色谱法适用于各类化合物的分离,特别是亲水性物质和能溶于水、稍能溶于有机溶剂的物质,如极性较大的生物碱、有机酸、酚类、糖类和氨基酸衍生物等。

(三)离子交换柱色谱法的应用

离子交换柱色谱法操作简便,且树脂可再生反复使用,较为广泛地应用于去离子水的制备,中草药成分的分离萃取,各种有机酸、氨基酸的分离制备,抗生素的纯制,干扰离子的去除,某些盐类的含量测定等。

(四)分子排阻柱色谱法的应用

分子排阻柱色谱法主要用于分离大分子物质,广泛用于天然药物化学和生物化学的研究、水溶性高分子化合物如蛋白制剂等的分析。例如以葡聚糖凝胶为固定相,以 pH 8.0 的 0.2mol/L 磷酸盐缓冲液为流动相用于头孢拉定聚合物的测定,可分离分子量不同的头孢拉定单体与高聚体。

点滴积累 ▽

1. 硅胶的活性与其含水量有关，含水量大，活性级数大，但活性低，吸附能力弱。

2. 吸附柱色谱法分离极性组分，宜选择活性小的吸附剂和极性洗脱液；若分离弱极性组分，宜选择活性大的吸附剂和极性较弱的洗脱液。

3. 液-液分配柱色谱法利用组分在两相间的分配系数不同得以分离，又分为正相色谱和反相色谱。

4. 离子交换柱色谱法中分子量较小的试样宜选择交联度大的树脂，分子量较大的试样宜选择交联度小的树脂。

5. 分子排阻色谱法中试样的分子量范围需落入凝胶的相对分子质量范围内。

第三节　薄层色谱法

平面色谱法是组分在平面上展开的一种色谱分离方法，故分离过程又被称为展开，流动相则被称为展开剂。平面色谱法主要包括薄层色谱法和纸色谱法，该方法不需要昂贵的仪器设备，分析速度快，结果直观，具有较高的分离能力，主要用于微量分析，也可用于分离制备。本节主要介绍薄层色谱法。

一、基本原理

薄层色谱法是将固定相如吸附剂均匀地涂铺在平整洁净的玻璃板、塑料或铝板上形成薄层，在此薄层上进行色谱分离的方法。薄层色谱法按分离机制不同又可分为吸附色谱法、分配色谱法、离子交换色谱法和分子排阻色谱法等，以吸附薄层色谱法应用最多，本节主要介绍吸附薄层色谱法。

（一）分离原理

吸附薄层色谱的分离机制与吸附柱色谱的分离机制相似，是以吸附剂作为固定相的薄层色谱法。如图 13-7 所示，将含有 A、B 两种组分的混合溶液点在薄层板的一端，在密闭的容器中用适当的展开剂预饱和后展开，A、B 两种组分首先被吸附剂吸附，然后被展开剂溶解而解吸并随展开剂向前移动，从而反复不断地进行吸附和解吸的过程。若组分 B 的吸附系数大于组分 A，则吸附剂对组分 B 的吸附作用强，其在薄层板上的迁移速度较慢，组分 A 则迁移速度较快，A、B 两种组分形成差速迁移，两者间的距离逐渐增大，经过一段时间后，在薄层板上形成分离的两个斑点。

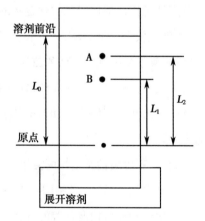

图 13-7　薄层色谱展开示意图

（二）比移值与相对比移值

1. 比移值（R_f）　在一定色谱条件下，原点到待测组分斑点中心的距离与原点到溶剂前沿的距离之比。即：

$$R_f = \frac{原点到待测组分斑点中心的距离(L_i)}{原点到溶剂前沿的距离(L_0)} \qquad 式(13-5)$$

色谱条件一定时,某一组分的 R_f 值是一常数,可以利用 R_f 值进行物质的定性鉴定。R_f 值在 $0 \sim 1$,可用范围是 $0.2 \sim 0.8$,最佳范围是 $0.3 \sim 0.5$。

案例分析

案例

在薄层色谱法中,为什么不能仅仅通过 R_f 值相同就判定为是同一种化合物?

分析

当色谱条件一定时,特定组分的 R_f 值是一常数,若 R_f 值相同有可能是同一物质。但是不同的组分在某些条件下也可以获得相同的 R_f 值。若要采用 R_f 值判定,需要与该化合物的对照品对照,并且能在不同的薄层分离条件下都获得相同的 R_f 值才能较为可靠地确定为是同一种化合物。

---

2. 相对比移值(R_r) 在一定色谱条件下,原点到待测组分斑点中心的距离与原点到参考物质斑点中心的距离之比。即:

$$R_r = \frac{原点到待测组分斑点中心的距离(L_i)}{原点到参考物质斑点中心的距离(L_s)} \qquad 式(13-6)$$

用 R_r 值定性时,可选择试样中不存在的某种纯物质作为参考物质,也可以是试样中的某一已知组分。R_r 与 R_f 的取值范围不同,R_r 值可以大于 1,也可以小于 1。

测定 R_f 值的影响因素很多,主要有固定相和流动相的种类及性质,展开剂的饱和度、温度以及薄板的性质等。因此,在不同的实验者间或者不同的实验室间尝试进行同一组分的 R_f 值测定比较困难,常采用 R_r 替代 R_f 来消除实验过程中的部分系统误差。R_r 值比 R_f 值具有更好的重现性和可比性,定性结果更为可靠。

▶ **课堂活动**

在薄层吸附色谱中,若某组分的 R_f 值为 0 或 1,吸附剂对该组分的吸附作用力如何?

二、吸附剂的选择

吸附薄层色谱法所用的吸附剂与吸附柱色谱法所用的吸附剂相似,但薄层色谱法所用的吸附剂的颗粒更细,如硅胶的粒径常为 $5 \sim 40 \mu m$,其分离效率比柱色谱更高。常用的吸附剂有硅胶、氧化铝、硅藻土、微晶纤维素和聚酰胺等,以硅胶为吸附剂的薄层色谱应用最广。

三、展开剂的选择

在吸附薄层色谱中,展开剂的选择原则与吸附柱色谱中流动相的选择原则相似,遵循"相似相溶"原则。

薄层色谱中常用的溶剂按极性由弱到强的顺序是石油醚<环己烷<二硫化碳<四氯化碳<三氯乙烷<苯<甲苯<二氯甲烷<三氯甲烷<乙醚<乙酸乙酯<丙酮<正丙醇<乙醇<甲醇<吡啶<水。

选择展开剂时通常根据分离组分的极性先用单一溶剂展开,然后根据组分在薄层板上的分离效果再改变展开剂的极性或采用混合溶剂展开,直到分离效果符合要求。例如某组分用苯为展开剂展开时,若斑点出现在溶剂前沿附近,R_f 值太大,可在苯中加入适量极性小的溶剂如石油醚、环己烷等降低展开剂的极性,使 R_f 值符合要求;若 R_f 值太小,组分的斑点停留在原点附近,则可在苯中加入适量极性强的溶剂如乙醇、丙酮等,增大 R_f 值。

为了分离极性相近或者结构差异较小的混合组分,常需要采用二元、三元甚至多元溶剂作为展开剂。在多元溶剂中,占比例较大的溶剂通常起到溶解、分离的作用,比例小的溶剂起到调节溶剂极性、改善 R_f 值的作用。在分离某些酸性或碱性试样时,为了防止弱酸、弱碱的离解,获得好的组分斑点,还需要加入酸或碱来调节展开剂的 pH。

▶▶ 课堂活动

在薄层色谱中,以硅胶作为固定相,若以三氯甲烷作为展开剂时,试样中某组分的 R_f 值小,若将展开剂中加入一些甲醇时,则该组分的 R_f 值会如何变化?

四、操作方法

薄层色谱法的操作可分为制板、点样、展开、斑点定位 4 个步骤。

薄层板分为软板和硬板,吸附剂中不加黏合剂的薄层板称软板,用"H"表示,如硅胶 H。吸附剂中加入黏合剂的薄层板称硬板,常用的黏合剂有羧甲基纤维素钠(CMC-Na)和煅石膏(CaSO$_4$ · 2H$_2$O)等,吸附剂中加入了 CMC-Na 用"CMC"表示,如硅胶-CMC;吸附剂中加入了煅石膏用"G"表示,如硅胶 G,均为硬板。软板表面松散,固定相易脱落,而硬板机械强度较好,故硬板比软板应用广泛。

若在吸附剂中加入钠荧光素、彩蓝等荧光指示剂所制备的薄层板则被称为荧光薄层板,用"F"表示,如硅胶 GF$_{254}$ 板。硅胶 GF$_{254}$ 板在 254nm 紫外光激发下发射荧光呈现明亮的荧光背景,而该硅胶板上的试样组分因不能发射荧光或荧光较弱则形成暗斑,可应用于分离检测某些无色组分。

知识链接

高效薄层色谱法

高效薄层色谱法(HPTLC)则以经典薄层色谱法为基础,采用高效薄层板分离试样组分。高效薄层板通常为商品预制板,采用颗粒直径比经典薄层板更细小、均匀的化学键合相、硅胶、氧化铝和纤维素作为固定相,采用喷雾技术制成。因此,高效薄层色谱法展开过程更快,且提高了方法的灵敏度和选择性,适用于定量分析。

（一）制板

以下以硬板为例介绍薄层板制备。

1. 薄层板的选取　根据实验需要选择薄层板的大小,应选取表面光滑、平整、干燥、洗净的玻璃（塑料、铝）板。

2. 薄层板的涂铺　薄层板的制板方法分干法、湿法,常用湿法。

将吸附剂和黏合剂（如煅石膏或羧甲基纤维素钠）的水溶液按照一定比例混合,在研钵中朝一个方向研磨成不含气泡的均匀糊状,取适量的糊状物倾倒在玻璃板上,轻轻振动使整板涂布均匀,也可用涂布器或机器将吸附剂均匀涂布在薄层板上。此外,铺板的方法还有浸渍法、喷雾法等。

3. 薄层板的活化　涂铺的薄层板自然晾干后,一般在 105~110℃ 活化 0.5~1 小时,取出,冷却至室温,然后置于干燥器中备用。商品薄层板临用前一般应活化,而聚酰胺薄膜应保存在一定湿度的空气中,不需活化。

（二）点样

选择合适的溶剂,尽量避免以水为溶剂,因为水不易挥发,易使斑点扩散。一般选用甲醇、乙醇等易挥发的有机溶剂。水溶性试样可先用少量水溶解后,再用甲醇或乙醇稀释定容。

点样操作一般分为画基线、标记试样点和点样 3 步。在已制备好的薄层板上,在距薄层板底边 1.0~1.5cm 处用铅笔轻轻画一条线作为点样基线,在线上标记出点样位置;然后用管口平整的毛细管或微量注射器点样,保持点间距离为 0.8~1.5cm。点样时注意动作轻,勿损伤薄层板表面;点样量适宜,通常为几微升;可多次点样,每次点样后将试样点晾干或吹干后才能二次点样,将样点直径控制在 2~4mm。

（三）展开

展开是指在特定的色谱缸（展开槽）中,将已点样的薄层板与展开剂接触,展开剂携带试样组分迁移使性质不同的组分被分离的过程。

1. 预饱和　已点样的薄层板在展开前通常需要先进行预饱和,以避免边缘效应。薄层色谱的边缘效应是指同一种组分在同一板上出现边缘比移值大于中间比移值的现象。边缘效应的产生是因为色谱缸内的溶剂蒸气未达到饱和,在薄层板边缘的溶剂蒸发速度比中间的快,加快了边缘溶剂的迁移速度,导致同一组分边缘比移值大于中间比移值。因此,在展开前,通常将已点样的薄层板置于盛有展开剂的色谱缸内 15~30 分钟,但注意薄层板不能浸入展开剂中,待色谱缸内的体系完全饱和后,再将薄层板浸入展开剂中展开。

2. 展开　将薄层板点样一端的底边往上 0.5~1.0cm 浸入展开剂,注意原点不能浸入展开剂中,须使原点与展开剂液面间的距离大于 0.5cm,密封顶盖。待达到适宜的展距时,将薄层板取出,标记溶剂前沿,晾干。薄层色谱法的展开方式可以采取单向展开、双向展开和多次展开等多种方式,如图 13-8 所示。

（1）单向展开:即向一个方向展开,展开剂借助毛细管的作用自下而上进行展开。若将已点样的硬板直立于盛有展开剂的色谱缸中展开为上行展开,是硬板最常用的展开方式。近水平展开则要将已点样的薄层板上端垫高,使薄层板与水平保持 15°~30°的夹角,适用于软板。

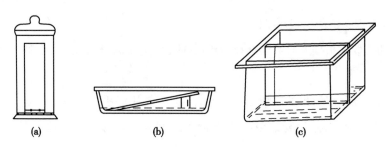

图 13-8　薄层色谱展开方式示意图
（a）上行单向展开；（b）近水平展开；（c）双向展开

（2）双向展开：将试样溶液点在薄层板一角，第一次展开后，取出，待展开剂完全挥发后，将薄层板转动 90°，改用另一种展开剂展开。

（3）多次展开：第一次展开后，待展开剂完全挥发后，再用同种或另一种展开剂按相同的方法进行第二、第三次……展开，以改善分离效果。

展开时注意保持色谱缸内展开剂的蒸气呈饱和状态，防止边缘效应；保持恒温、恒湿，温度和湿度的变化会影响分离效果和组分的 R_f 值，降低重现性。

（四）斑点定位

若分离的组分为有色物质，展开后直接观察斑点的颜色，测算 R_f 值；若分离的组分为无色物质，展开后常需要采用物理方法或化学方法对斑点进行定位。

1. 物理方法　在紫外线灯下观察试样组分有无紫外吸收或荧光斑点，标示斑点或者暗斑的位置，并记录其颜色及强弱。该方法简便，无须破坏组分的斑点，适用于有紫外吸收或者能发出荧光的物质的定位。

2. 化学方法　利用显色剂与被测物质发生反应后，使斑点显色定位的方法。

（1）显色剂：常用的显色剂分通用型和专属型两种。

通用型显色剂有碘、硫酸溶液和荧光黄溶液等。碘蒸气对许多有机物可显色，如生物碱、氨基酸及其衍生物、肽类、脂类和皂苷类等。该显色反应为可逆反应，碘在空气中升华除去后，组分斑点可恢复原样。10%硫酸乙醇溶液可使大多数有机化合物产生色斑，甚至发射荧光。0.05%荧光黄甲醇溶液可使芳香族与杂环化合物的斑点显色。

专属型显色剂只对某一类或某一个化合物显色，如茚三酮是氨基酸和脂肪族伯胺的专属显色剂，溴甲酚绿可使羧酸类物质显色，三氯化铁的高氯酸溶液可使吲哚类生物碱显色。

（2）显色方法：常见的显色方法有蒸气显色法、浸渍显色法、加热显色法和喷雾显色法。

蒸气显色法通过显色剂蒸气对试样组分显色，如碘、溴和氨气等；浸渍显色法是将配制好的显色剂倒入容器中，再将展开后的薄层板放入显色剂中显色；加热显色法常在 105~110℃ 下加热至斑点清晰；喷雾显色法是通过喷雾装置将显色剂喷向薄层板使试样组分显色。

案例分析

案例

《中国药典》(2015 年版)一部规定采用薄层色谱法鉴别青蒿，按要求准备供试品和对照品溶液后以薄层色谱法(通则 0502)试验，吸取上述两种溶液各 5μl，分别点于同一硅胶 G 薄层板上，以石油醚(60～90℃)-乙醚(4：5)为展开剂，展开，取出，晾干，喷以 2% 香草醛的 10% 硫酸乙醇溶液，在 105℃加热至斑点显色清晰，置紫外线灯(365nm)下检视。供试品色谱中，在与对照品色谱相应的位置上，显相同颜色的荧光斑点。该薄层色谱法中的显示剂和显色方法分别是什么？在具体的实验中，我们常常发现斑点本应显蓝色，喷以显色剂后却不能显色，原因何在？

分析

该薄层色谱法中的显示剂是 2% 香草醛的 10% 硫酸乙醇溶液，显色方法为加热显色法。一般选择硫酸显色剂时需要加热才能显色，但加热时间过长则使背景变黑。该试验中不能显色的原因可能为未加热、加热时间过长或显色剂配制时间过长而变质。

五、定性定量分析

(一)定性鉴别

在确定的色谱条件下，组分的 R_f 或 R_r 值是定值，对斑点检视定位后，可利用 R_f 或 R_r 值进行定性鉴别。薄层色谱定性鉴别常用以下两种方法：

1. 利用 R_f 值定性　将试样与对照品在同一薄层板上展开，根据试样和对照品斑点的颜色和 R_f 值定性。必要时可通过多个展开系统，进一步比较认定试样与对照品是否是同一种物质。

2. 利用 R_r 值定性　组分的 R_r 值定性比 R_f 值更为可靠，可与文献收载的 R_r 值比较进行定性，也可与对照品的 R_r 值比较进行定性。

以上方法是对已知范围内的未知物定性，而对于完全未知的化合物定性，应将分离后的组分斑点取下，洗脱后借助于其他方法，如红外光谱法、质谱法或核磁共振波谱法等进一步定性分析。

(二)杂质检查

1. 杂质对照品比较法　配制一定浓度的试样溶液和限定浓度的杂质对照品溶液，在同一薄层板上展开，试样溶液杂质斑点的颜色不可比杂质对照品溶液斑点的颜色深。

2. 主成分自身对照法　配制一定浓度的试样溶液，并将其稀释后获得的该试样的低浓度溶液作为对照溶液，再将试样溶液和对照溶液在同一薄层板上展开，试样溶液杂质斑点的颜色不得比对照溶液主斑点的颜色深。

(三)定量分析

常用的定量方法有目视比色法、洗脱法和薄层扫描法。

1. 目视比色法　是一种半定量分析方法。将一系列已知浓度的对照品溶液与试样溶液点在同一薄层板上，经展开显色后，以目视法比较试样斑点与对照品斑点的颜色深浅或面积大小，求得被测组分的近似含量。方法的精密度为±10%。

2. 洗脱法　试样经薄层色谱法分离后，将组分斑点全部取下并用合适的溶剂进行洗脱，再选用适当的方法如紫外分光光度法、荧光分光光度法等进行定量分析。

3. 薄层扫描法（TLCS）　用薄层扫描仪对组分斑点进行扫描，直接测定斑点的含量。该法的精密度可达±5%，是薄层色谱的主要定量方法。

薄层扫描仪是为适应薄层色谱分离的需要而设计的对斑点进行扫描的一种分光光度计。薄层扫描仪的型号种类较多，以双波长薄层扫描仪最常用。图 13-9 所示，双波长薄层扫描仪的光学系统与双光束双波长的分光光度计相似，其原理也相同。从光源发射的光在经过两个单色器（MC）分成两束不同波长的光 λ_1（测定波长）和 λ_2（参比波长）。由于斩光器的交替遮断，两束不同波长的光可交替照射在薄层板上。如果采用反射法测定，斑点表面的反射光由光电倍增管 PMR 接收；如果采用透射法测定，则由光电倍增管 PMT 接收。光电倍增管将接收的光能量转变为电信号，再由对数放大器转换为吸光度信号，记录仪记录下此信号即可得到轮廓曲线或者峰面积。

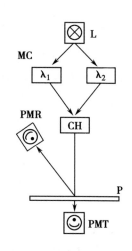

图 13-9　双波长双光束薄层色谱扫描仪的基本光路示意图

薄层吸收扫描法通常选择斑点中化合物的最大吸收波长作为测定波长 λ_1，选择该化合物吸收光谱的基线部分即被测组分无吸收的波长 λ_2 作为参比波长，测定值为 λ_1 波长处和 λ_2 波长处吸光度的差值。该法消除了薄层厚度不均匀造成的影响，基线较为平稳，可提高测定结果的精确度。

薄层扫描法的扫描方式分为线形扫描法和曲折形扫描法两种。线形扫描法的光束以直线轨迹通过斑点，扫描时光束应通过整个斑点，测得值为斑点各部分对光束的吸光度之和，该法适用于形状规则的斑点。曲折形扫描法的光束以锯齿状轨迹移动对斑点进行扫描，该法特别适用于形状不规则的斑点或者大斑点，即使从不同的方向扫描，也可获得基本一致的积分值。

知识链接

薄层吸收扫描法的测定方式

薄层吸收扫描法的测定方式主要由有透射法和反射法，透射法易受薄层厚度和薄板材质的影响，适用于透明的薄板，在实际应用中受到限制。反射法受薄层厚度、均匀度的影响较小，实际工作中应用较多。

六、薄层色谱法的应用及实例

薄层色谱法已广泛应用于物质的分离与鉴定，也可用于小量物质的提纯和精制。在药学领域，可用于药品的纯度控制和杂质检查、中药的定性鉴定、天然药物有效成分的分离与测定。

（一）物质的分离鉴定实例

头孢拉定为广谱抗生素,可用于呼吸道、泌尿道、皮肤和软组织等的感染。《中国药典》(2015 年版)二部采用薄层色谱法对头孢拉定进行鉴别。具体操作:取本品与头孢拉定对照品适量,分别加水溶解并稀释制成每 1ml 中约含 6mg 的溶液,作为供试品溶液与对照品溶液。吸取上述两种溶液各 5μl,分别点于同一硅胶 G 薄层板,经 105℃活化后,置 5%(ml/ml)正十四烷的正己烷溶液中,展开至薄层板的顶部,晾干,以 0.1mol/L 枸橼酸溶液-0.2mol/L 磷酸氢二钠溶液-丙酮(60∶40∶1.5)为展开剂,展开,取出,于 105℃加热 5 分钟,立即喷以用展开剂制成的 0.1% 茚三酮溶液,在 105℃加热 15 分钟后,检视。供试品溶液所显主斑点的位置和颜色应与对照品溶液所显主斑点的位置和颜色相同。

（二）药品的杂质检查实例

《中国药典》(2015 年版)二部采用薄层色谱法对甘氨酸中的其他氨基酸进行检查。具体操作:取本品加水溶解并稀释制成每 1ml 中约含 10mg 的溶液,作为供试品溶液;精密量取 1ml,置 200ml 量瓶中,用水稀释至刻度,摇匀,作为对照溶液;另取甘氨酸对照品与丙氨酸对照品各适量置同一量瓶中,加水溶解并稀释制成每 1ml 中分别约含 10 和 0.05mg 的溶液,作为系统适用性溶液。吸取上述 3 种溶液各 2μl,分别点于同一硅胶 G 薄层板上,以正丙醇-氨水(7∶3)为展开剂,展开约 10cm,晾干,在 80℃干燥 30 分钟,喷以茚三酮的正丙醇溶液在 105℃加热至斑点出现,立即检视。对照溶液应显一个清晰的斑点,系统适用性溶液应显两个完全分离的斑点;供试品溶液除主斑点外,所显杂质斑点个数不得超过 1 个,其颜色与对照溶液的主斑点比较不得更深(0.5%)。

点滴积累 ∨

1. 吸附薄层色谱法利用吸附剂对不同组分的吸附能力差异实现分离。

2. 薄层色谱法采用的吸附剂与吸附柱色谱相似,但吸附剂的颗粒更细、更均匀。

3. 薄层色谱的流动相一般采用混合展开剂。

4. 薄层色谱的操作方法可分为制板、点样、展开、斑点定位 4 个步骤。

5. R_f 和 R_r 值均为物质定性的依据,R_f 值在 0～1,R_r 与 R_f 的取值范围不同,R_r 可以大于 1,也可以小于 1。

6. 薄层色谱的应用包括定性鉴别、杂质检查、定量分析。

第四节　纸色谱法

一、基本原理

纸色谱法是以纸为载体的平面色谱法。纸色谱法的固定相通常是滤纸上吸着的水,流动相又称为展开剂,是一些含水的有机溶剂,如水饱和的正丁醇、正戊醇和酚等,亦可加入少量的酸或碱以防止弱酸、弱碱的离解。因此,纸色谱法属于分配色谱法,且一般为正相分配色谱,其分离过程可看作是被分离组分在固定相和流动相之间连续萃取的过程,组分在两相间的分配系数不同而实现分离。

二、操作方法

（一）滤纸的选择

用于纸色谱法的滤纸有以下要求:纯净,无明显的荧光斑点;滤纸质地均匀,平整而且无折痕,边缘整齐,有一定的机械强度;纸纤维松紧适宜,过于疏松易使斑点扩散,过于紧密会使展开速度过慢;对 R_f 值相近的组分宜选用慢速滤纸,反之则选用快速滤纸;定性分析宜选用薄型滤纸,若制备或定量分析宜选用厚型滤纸。

（二）点样

点样方法与薄层色谱法相似,依据滤纸的厚度和显色剂的灵敏度确定点样量,通常为几至几十微克。

（三）展开

依据组分在两相中的溶解度和展开剂的极性选择展开剂。在展开剂中溶解度较大的组分迁移速度快, R_f 值较大;反之 R_f 值较小。对极性物质,增加展开剂中极性溶剂的比例,展开剂的极性增强, R_f 值增大;若减小展开剂中极性溶剂的比例, R_f 值则减小。

纸色谱法常用上行展开的方式,展开剂通过纸纤维的毛细管效应向上扩展,亦可采用下行展开、双向展开和多次展开。需要注意的是即使是同一组分,若选择的展开方式不同,其 R_f 值不同。

（四）斑点定位

纸色谱法的斑点定位的方法与薄层色谱法相同,但是纸色谱法不能在高温下显色,也不能使用具有腐蚀性的显色剂。

三、定性定量分析

（一）定性分析

纸色谱法的定性分析方法与薄层色谱法相似,亦是根据 R_f 和 R_r 值对物质进行鉴别。

（二）定量分析

纸色谱法可以采用目视比色法进行半定量分析,而定量分析常采用剪洗法,先将定位后的斑点部分剪下,经溶剂浸泡、洗脱后,用比色法或者分光光度法测定。但是,已很少采用纸色谱法进行定量分析。

点滴积累　∨

1. 纸色谱法属于分配色谱法且通常为正相分配色谱法。

2. 选择色谱滤纸时, 对 R_f 值相近的组分选用慢速滤纸, 而 R_f 值相差大的组分则选用快速滤纸; 定性分析选用薄型滤纸, 若制备或定量分析宜选用厚型滤纸。

3. 纸色谱法的点样、展开、斑点定位、定性和定量分析方法与薄层色谱法基本相同, 但纸色谱法已经很少用于定量分析。

复习导图

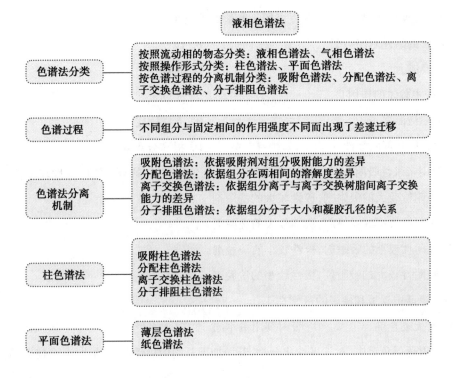

	液相色谱法
色谱法分类	按照流动相的物态分类：液相色谱法、气相色谱法 按照操作形式分类：柱色谱法、平面色谱法 按色谱过程的分离机制分类：吸附色谱法、分配色谱法、离子交换色谱法、分子排阻色谱法
色谱过程	不同组分与固定相间的作用强度不同而出现了差速迁移
色谱法分离机制	吸附色谱法：依据吸附剂对组分吸附能力的差异 分配色谱法：依据组分在两相间的溶解度差异 离子交换色谱法：依据组分离子与离子交换树脂间离子交换能力的差异 分子排阻色谱法：依据组分分子大小和凝胶孔径的关系
柱色谱法	吸附柱色谱法 分配柱色谱法 离子交换柱色谱法 分子排阻柱色谱法
平面色谱法	薄层色谱法 纸色谱法

目标检测

一、选择题

（一）单项选择题

1. 色谱法作为分析方法最大的特点是

    A. 定性分析

    C. 结果分析

    B. 定量分析

    D. 既可分离又可分析混合物

2. 按照分离机制分类,液-液色谱法和气-液色谱法都属于

    A. 吸附色谱法　　　B. 分配色谱法　　　C. 凝胶色谱法　　　D. 离子交换色谱法

3. 分配系数 K 是指在一定温度和压力下,某一组分在两相间的分配达到平衡时的浓度比值。

    当色谱分离机制不同时,K 含义不同,在吸附色谱中,K 称为

    A. 吸附平衡常数　　B. 溶解平衡常数　　C. 交换系数　　　D. 渗透系数

4. 分配柱色谱中,分配系数大的组分在柱中

    A. 迁移速度快　　　B. 迁移速度慢　　　C. 保留体积小　　　D. 保留时间短

5. 在吸附柱色谱法中,吸附剂硅胶的含水量越高则

    A. 吸附力越强　　　B. 吸附力越弱　　　C. 活性高　　　　　D. 活性级别小

6. 在离子交换柱色谱中,交换容量可用于衡量离子交换树脂的

    A. 所含交联剂的量　　B. 体积　　　　　C. 交换能力　　　　D. 选择性

229

7. 在色谱分离的过程中,流动相对物质起着

    A. 滞留作用　　　　　B. 洗脱作用　　　　　C. 平衡作用　　　　　D. 分解作用

8. 在离子交换柱色谱法中,交联度可用于衡量离子交换树脂的

    A. 所含的活性基团数目　　　　　　　　B. 体积

    C. 交换能力　　　　　　　　　　　　　D. 选择性

9. 色谱法中载体的作用是

    A. 吸附被测离子　　　　　　　　　　　B. 支撑固定相

    C. 增大展开剂的极性　　　　　　　　　D. 提高分离效率

10. 一般用亲水性吸附剂(如硅胶、氧化铝)进行色谱分离时,若分离物的极性较小,则应选用

    A. 吸附性较大的吸附剂,极性较大的洗脱剂

    B. 吸附性较小的吸附剂,极性较大的洗脱剂

    C. 吸附性较小的吸附剂,极性较小的洗脱剂

    D. 吸附性较大的吸附剂,极性较小的洗脱剂

11. 薄层色谱中软板和硬板的区别在于

    A. 有无黏合剂　　　　B. 吸附剂用量不同　　　C. 加水量不同　　　D. 活化时间不同

12. 在吸附薄层色谱中,对于极性化合物,若增加展开剂中极性溶剂的比例,可使 R_f 值

    A. 减小　　　　　　　B. 不变　　　　　　　C. 增大　　　　　　　D. 为 0

13. 纸色谱属于

    A. 吸附色谱　　　　　B. 分配色谱　　　　　C. 离子交换色谱　　　D. 凝胶色谱

14. 在液-液色谱中,下列叙述正确的是

    A. 分配系数大的组分先流出柱　　　　　B. 分配系数小的组分先流出柱

    C. 吸附能力大的组分先流出柱　　　　　D. 吸附能力小的组分先流出柱

15. 分子排阻色谱法的分离机制是

    A. 分配平衡　　　　　B. 吸附平衡　　　　　C. 离子交换平衡　　　D. 渗透平衡

16. 下列有关薄层色谱法叙述不正确的是

    A. 薄层色谱法是在薄层板上进行的一种色谱法

    B. 薄层色谱法中使用的吸附剂不得与被分离组分和展开剂发生化学反应

    C. 吸附柱色谱中的吸附剂比吸附薄层色谱中的吸附剂颗粒更细

    D. 薄层色谱法中用于定性分析的主要数据是各斑点的 R_f 与 R_r 值

17. 在薄层色谱中,一般要求 R_f 值的范围在

    A. 0.1~0.2　　　　　B. 0.2~0.8　　　　　C. 0.8~1.0　　　　　D. 1.0~1.5

18. 下列关于纸色谱法叙述错误的是

    A. 纸色谱法中将滤纸作为载体

    B. 纸色谱的固定相是水

    C. 纸色谱法通常为反相色谱法

D. 纸色谱的流动相是一些含水的有机溶剂

19. 在薄层色谱法中,下列哪种是氨基酸的专用显色剂

    A. 碘   B. 茚三酮   C. 荧光黄溶液   D. 硫酸溶液

20. 为防止薄层板的边缘效应,在展开之前应进行展开剂的

    A. 浸滞   B. 预饱和   C. 洗涤   D. 配制

（二）多项选择题

1. 按分离机制的不同,色谱法可分为

    A. 分配色谱法   B. 吸附色谱法   C. 凝胶色谱法

    D. 离子交换色谱法   E. 平面色谱法

2. 吸附柱色谱法常用的吸附剂有

    A. 硅胶   B. 氧化铝   C. 聚酰胺

    D. 羧甲基纤维素钠   E. 大孔吸附树脂

3. 纸色谱对滤纸的一般要求是

    A. 纯净,无明显的荧光斑点

    B. 滤纸质地均匀,平整而且无折痕,边缘整齐,有一定的机械强度

    C. 纸纤维松紧适宜

    D. 对 R_f 值相近的组分宜选用慢速滤纸

    E. 对 R_f 值相差大的组分则选用快速滤纸

4. 吸附剂中加入黏合剂的薄层板称硬板,常用的黏合剂为

    A. 硅胶 H   B. 硅胶 G   C. 羧甲基纤维素钠

    D. 氧化铝   E. 煅石膏

5. 薄层色谱法常用的定量分析方法有

    A. 目视比较法   B. 标准曲线法   C. 比较 R_f 或 R_r 值

    D. 薄层扫描法   E. 斑点洗脱法

二、填空题

1. 待分离组分的分配系数 K 值越大,则它在色谱柱中停留的时间_____,其保留值越大。各组分的 K 值相差越大,则它们越_____分离。

2. 色谱分离的前提是_____。

3. R_f 与 R_r 值均为物质定性鉴定的依据。R_f 值在_____之间,_____为最佳范围;R_r 值可_____,也可_____。

4. 在薄层色谱的分离过程中,吸附系数大的组分,迁移速度_____,R_f 值_____。

三、简答题

1. 在分配柱色谱法中如何选择固定相和流动相?

2. 在吸附薄层色谱中展开剂如何选择?

3. 在薄层色谱中,什么是边缘效应? 如何避免发生边缘效应?

四、实例分析题

1. 以纸色谱展开组分 A,实验结果显示组分 A 从样品原点迁移了 8.6cm,溶剂前沿距原点 17.2cm。计算化合物 A 的 R_f 值。

2. 在同一薄层板上将某样品和参考物质展开后,样品斑点中心距原点 10.0cm,参考物质斑点中心距原点 8.0cm,溶剂前沿距原点 16cm。计算样品的 R_f 和 R_r 值。

（邹明静）

第十四章

气相色谱法

【导言】

　　近年来，国际上使用兴奋剂和反兴奋剂的斗争愈演愈烈。2016年8月奥运会期间，里约奥委会兴奋剂检测中心进行了6500多例兴奋剂检测，是奥运历史上药检最严、次数最频繁的一次。运动员可能在同一天内参加多次检测。为防止少数运行员使用各种手段逃避兴奋剂检查，国际奥委会要求兴奋剂实验室必须能从尿中检测出1~2ng/ml浓度的禁用药物。面对数量庞大的检测群体，要"准确、超快、超灵敏"地测定出可靠结果，必须使用气相色谱-质谱联用仪等设备来完成检测任务。

　　气相色谱仪和气相色谱分析法不仅与现代科学技术的发展密切相关，也与现代社会普遍关注的食品、药品安全密切相关。

第一节　基础知识

　　气相色谱法（GC）是以气体作为流动相的色谱分离分析方法。气相色谱法于1952年创立以来得到迅速发展，广泛应用于石油化工、医药卫生、环境科学、有机合成、生物工程等领域。在药物分析中，气相色谱法已成为原料药和制剂的含量测定、杂质检查、中草药成分分析、药物的纯化和制备等方面的重要分离分析手段。

一、气相色谱法的特点及其分类

（一）气相色谱法的特点

　　气相色谱法具有分辨效能高、选择性好、样品用量少、灵敏度高（可检测$10^{-12} \sim 10^{-11}$g物质）、分析速度快（几至几十秒）以及应用范围广等优点。它主要用于分离分析气体或对热稳定性好的极易挥发的物质，约占20%的有机物可以直接使用此方法。但不能直接分析分子量大、极性强、不易挥发或受热易分解的物质。

（二）气相色谱法的分类

　　1. 按固定相状态可分为气-固色谱、气-液色谱。

　　2. 按色谱原理可分为吸附色谱、分配色谱。气-固色谱属于吸附色谱；气-液色谱属于分配色谱，是最常用的气相色谱法。

　　3. 按色谱柱可分为填充柱色谱法、毛细管柱色谱法。

二、气相色谱仪及工作流程

气相色谱仪是实现气相色谱分离分析的装置。气相色谱仪一般由五部分组成,如图 14-1 所示。

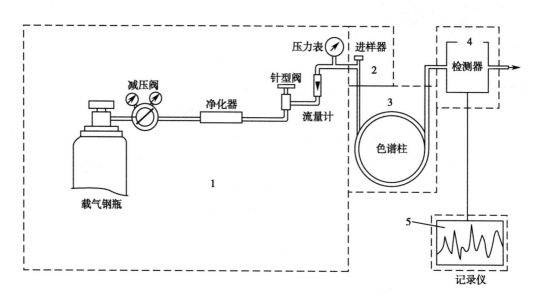

图 14-1　气相色谱仪示意图
1. 载气系统;2. 进样系统;3. 分离系统;4. 检测系统;5. 记录系统

载气系统包括气源、气体净化器、气体流速控制和测量装置。进样系统包括进样器、汽化室和控温装置。分离系统包括色谱柱和柱温箱,它是气相色谱仪的心脏部分。检测系统包括检测器和控温装置。记录系统包括放大器、记录仪或数据处理装置。

气相色谱法进行色谱分离分析的一般工作流程如图 14-1 所示,由高压钢瓶提供的载气,经减压阀减压后,进入净化器脱水及净化,流入针形阀调节载气的压力和流量,用流量计和压力表来指示载气的柱前流量和压力,再进入进样器,试样如为液体试样,则在汽化室瞬间汽化为气体,由载气携带试样进入色谱柱,试样中的各组分在色谱柱中分离后,依次进入检测器检测,检测信号经放大后,由记录仪记录而得到色谱图。

三、色谱流出曲线及其常用术语

尽管色谱分析方法种类很多,而且各方法的原理、操作形式有所不同,但色谱柱流出的各组分通过检测系统时,所产生的响应信号可以用色谱图进行分析。

(一) 色谱流出曲线

在进行色谱分离时,当试样进入色谱柱后,试样的各组分在色谱柱内分离,先后流出色谱柱,进入检测器。色谱柱流出的各组分通过检测器时所产生的响应信号对流出时间或流动相流出体积所做的曲线称为**色谱流出曲线**,也称为**色谱图**。色谱图一般是以组分流出时间或者流动相流出体积为横坐标,以检测器的响应信号(一般单位为 mV 或 mA)为纵坐标,见图 14-2。色谱图上有一个或多个色谱峰,每个峰代表试样中的一个组分。

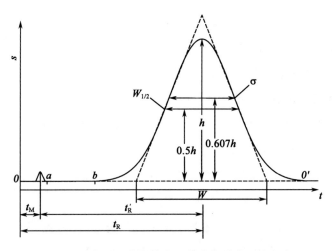

图 14-2　色谱流出曲线图和色谱色谱峰区域宽度

（二）色谱分析常用术语

1. **基线**　基线是在操作条件下，仅有流动相通过检测系统时所产生的信号曲线。稳定的基线应为一条与横坐标平行的直线，如图 14-2 中的 *ab* 线段。基线反映了仪器的噪声随时间变化的情况。

知识链接

基线噪声与基线漂移

　　基线噪声是指由各种因素引起的基线波动，产生噪声的原因很多，主要是色谱柱未老化好、汽化室或检测器不干净、有电磁干扰等。基线漂移是指基线随时间定向地缓慢变化，产生漂移的原因也很多，主要是色谱柱本身有问题如没有活化好、载气不纯、漏气、色谱柱温度控制器控制温度不够灵敏或者热电阻离加热丝太近等。

2. **色谱峰**　当试样组分进入检测仪器时，仪器的响应值偏离基线，信号强度随检测器中试样组分的浓度而改变，直至组分全部离开检测器，此时绘出的曲线称为色谱峰。理论上说色谱峰是左右对称的正态分布曲线，符合高斯正态分布，但很多情况下色谱峰是非对称的，出现所谓的前延峰、拖尾峰、分叉峰、馒头峰等，见图 14-3。

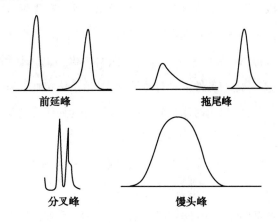

图 14-3　非对称色谱峰

3. 峰高(h)和峰面积(A) 峰高是指色谱峰最高点至基线的垂直距离。峰面积是指组分的流出曲线与基线所包围的面积。峰高或峰面积的大小和每个组分在被测试样中的含量相关,因此色谱峰的峰高或峰面积是色谱法进行定量分析的主要依据。

4. 色谱峰区域宽度 色谱峰区域宽度是色谱流出曲线的重要参数之一,用于衡量色谱柱效率及反映色谱操作条件的动力学因素。通常度量色谱峰区域宽度有 3 种方法:

(1)**标准偏差σ**:即 0.607 倍的峰高处色谱峰宽度的一半。

(2)**半峰宽 $W_{1/2}$**:即峰高为一半处的宽度,见图 14-2 中的 $W_{1/2}$。它与标准偏差的关系为:

$$W_{1/2} = 2.355\sigma \qquad \text{式}(14\text{-}1)$$

(3)**峰底宽度**(峰宽 W):即色谱峰两侧拐点上的切线与峰底(基线)相交两点间的距离,见图14-2中的 W。它与标准偏差 σ 的关系是 $W = 4\sigma = 1.699W_{1/2}$。从色谱分离角度着眼,希望区域宽度越窄越好。

5. 拖尾因子 为了保证色谱分离效果和测量精度,常用拖尾因子衡量色谱峰的对称性,用 T 表示,也称为对称因子或不对称因子,见图 14-4。其计算式为:

$$T = W_{0.05h}/2A = (A+B)/2A \qquad \text{式}(14\text{-}2)$$

式中,$W_{0.05h}$ 为 5% 峰高处的峰宽。

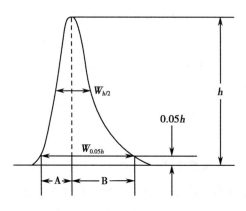

图 14-4 拖尾因子计算示意图

《中国药典》(2015 年版)规定 T 应为 0.95 ~ 1.05。$T<0.95$ 为前延峰,$T>1.05$ 为拖尾峰。

6. 保留值 从进样到色谱柱后出现待测组分信号极大值所需要的时间为保留时间(t_R),从进样到产生待测组分信号极大值所需要的流动相体积为保留体积(V_R)。保留值是用来描述各组分的色谱峰在色谱图中的位置,在一定的条件下具有特征性,是色谱法定性的基本依据。

(1)**调整保留时间 t'_R**:组分的保留时间扣除死时间后,称为该组分的调整保留时间。即:

$$t'_R = t_R - t_M \qquad \text{式}(14\text{-}3)$$

(2)**调整保留体积 v'_R**:某组分的保留体积扣除死体积后,称为该组分的调整保留体积。即:

$$v'_R = v_R - v_M \qquad \text{式}(14\text{-}4)$$

(3)**死时间(t_M)或死体积(V_M)**:从进样开始到惰性组分(不被固定相吸附或溶解的空气或甲烷)出现峰极大值所需的时间或流动相的体积,分别称为死时间或死体积。

(4)**相对保留值 γ_{is}**:一定实验条件下组分 i 与标准物质 s 的调整保留值之比(也可以是它们的分配系数、容量因子之比)。即:

$$\gamma_{is} = t'_i/t'_s = v'_i/v'_s \qquad \text{式(14-5)}$$

由于相对保留值只与色谱柱的柱温及固定相性质有关,而与柱径、柱长、填充情况及流动相流速无关,因此它在色谱法中,特别是在气相色谱法中,广泛用作定性的依据,也可用于衡量色谱柱的选择性。

7. 选择因子 组分 2 的调整保留值与组分 1 的调整保留值之比称为选择因子,用符号 α 表示。

$$\alpha = t'_2/t'_1 = v'_2/v'_1 \qquad \text{式(14-6)}$$

α 的大小反映了色谱柱对物质分离的选择性,要使两个组分得到分离,必须使 $\alpha \neq 1$。由于 $t'_2 > t'_1$,$\alpha > 1$,因此 α 越大,相邻两色谱峰相距越远,色谱柱的选择性就越好。α 与化合物在固定相和流动相中的分配性质、柱温有关,与柱尺寸、流速、填充情况无关,故选择因子可作为衡量固定相选择性的指标。

8. 分离度(R) 又称分辨率,是指两相邻组分色谱峰的保留时间之差与两组分色谱峰峰宽之和的一半的比值。即:

$$R = \frac{t_{R_2} - t_{R_1}}{(W_1 + W_2)/2} = \frac{2(t_{R_2} - t_{R_1})}{(W_1 + W_2)} \qquad \text{式(14-7)}$$

式中,R 用于衡量色谱柱的分离效果,是色谱的分离参数之一;t_{R_1} 和 t_{R_2} 分别为组分 1 和组分 2 的保留时间;W_1 和 W_2 分别为组分 1 和组分 2 的峰宽。

由式(14-7)可知,若两个组分的保留时间差异越大、色谱峰越窄,R 值越大,两组分的分离越完全。当 $R = 1.0$ 时,两峰略有重叠,被分离的峰面积为总面积的 95.4%,可认为两峰基本分离;当 $R = 1.5$ 时,两峰几乎完全分开,被分开的峰面积达 99.7%。《中国药典》(2015 年版)规定,进行定量分析时,为了获得较好的精密度和准确度,要求分离度 $R \geq 1.5$。

▶▶ **课堂活动**

　什么是气相色谱法的保留时间、死时间、调整保留时间、相对保留时间?

从色谱流出曲线中可得到许多重要信息:

(1)根据色谱峰的个数,可以判断试样中所含组分的最少个数。

(2)根据色谱峰的保留值,可以进行定性分析。

(3)根据色谱峰的面积或峰高,可以进行定量分析。

(4)色谱峰的保留值及其区域宽度是评价色谱柱分离效能的依据。

(5)色谱峰两峰间的距离是评价固定相(或流动相)选择是否合适的依据。

点滴积累 ∨ ....

　1. 气相色谱仪一般由载气系统、进样系统、分离系统、检测系统、记录系统五部分组成。

　2. 谱柱流出的各组分通过检测系统时,所产生的响应信号可以用色谱图进行分析。 色谱图一般是以组分流出时间为横坐标，以检测器的响应信号为纵坐标。色谱图上有一个或多个色谱峰，每个峰代表试样中的一个组分。

3. 色谱分析常用术语主要有基线、色谱峰、峰高、峰面积、色谱峰区域宽度、拖尾因子、保留值、死时间、死体积、调整保留时间、调整保留体积、相对保留值、选择因子、分离度。

第二节　气相色谱法的基本理论

气相色谱法的基本理论包括热力学理论和动力学理论。热力学理论是用相平衡观点来研究分离过程，动力学理论是用动力学观点来研究各种动力学因素对柱效的影响，它们分别以塔板理论和速率理论为代表。

一、塔板理论简介

马丁和辛格于 1941 年提出了塔板理论。该理论将色谱柱看作一个分馏塔，假想其由许多塔板组成，每一块塔板的高度为 H，在塔板内试样混合物在流动相和固定相之间分配并达到平衡。经过多次的分配平衡后，分配系数小（挥发性大）的组分先到达塔顶，即先流出色谱柱。

塔板理论假设：

1. 在塔板内，试样中的某组分可以很快达到分配平衡，H 称为理论塔板高度。

2. 流动相间歇式通过色谱柱，每次的进入量为 1 个塔板体积。

3. 试样都加在第"0"号塔板上，并且试样的纵向扩散可以忽略。

4. 分配系数在各塔板上是同一常数。

根据塔板理论的基本假设，色谱柱的柱效可用理论塔板数（n）和理论塔板高度来衡量，由塔板理论可以导出塔板数与标准差、半峰宽及峰宽的关系。即：

$$n=\left(\frac{t_R}{\sigma}\right)^2=5.54\times\left(\frac{t_R}{W_{1/2}}\right)^2=16\times\left(\frac{t_R}{W}\right)^2 \qquad 式(14\text{-}8)$$

理论塔板高度可由色谱柱长（L）和理论塔板数来计算：

$$H=L/n \qquad 式(14\text{-}9)$$

由于理论塔板高度和理论塔板数计算中未扣除不参与柱中分配的死时间，故不能确切地反映色谱柱分离效能的高低，所以提出用有效塔板数（n_{eff}）和有效塔板高度（H_{eff}）作为评价柱效的指标。

$$n_{eff}=\left(\frac{t'_R}{\sigma}\right)^2=5.54\times\left(\frac{t'_R}{W_{1/2}}\right)^2=16\times\left(\frac{t'_R}{W}\right)^2 \qquad 式(14\text{-}10)$$

$$H_{eff}=L/n_{eff} \qquad 式(14\text{-}11)$$

二、速率理论简介

塔板理论较成功地解释了色谱流出曲线的形状、浓度极大点的位置（保留值）以及对柱效的评价(塔板数)。但它的某些假设与实际色谱过程不符,只能定性地给出塔板数和塔板高度的概念,不能说明影响柱效的因素。

荷兰学者范第姆特等人沿用塔板理论中的概念,并结合影响塔板高度的动力学因素,于1956年建立了色谱过程的动力学理论,即速率理论,导出了塔板高度(H)与载气线速度(u)的关系,提出了范第姆特方程。即:

$$H=A+B/u+Cu \tag{式(14-12)}$$

式中,A、B 和 C 为常数,它们分别表示涡流扩散项、纵向扩散系数和传质阻力系数;u 为载气线速度,单位为 cm/s。塔板高度越小,柱效越高,峰越尖锐;反之则柱效低,峰扩展。下面分别讨论在 u 一定时各项对柱效的影响。

1. 涡流扩散项　涡流扩散是气体在移动中遇到填充物颗粒时,不断改变流动方向,使试样组分在气相中形成类似于"涡流"的流动,而造成同组分的分子经过不同路径,而引起色谱峰的扩展,如图 14-5 所示。

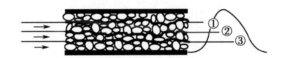

图 14-5　涡流扩散示意图
①移动较慢的组分;②移动较快的组分;③移动快的组分

涡流扩散项 A 可表示为:

$$A=2\lambda d_\text{p} \tag{式(14-13)}$$

式中,λ 为填充不规则因子,填充越均匀,λ 越小;d_p 为固定相颗粒的平均直径。使用适当粒度和颗粒均匀的固定相,并尽量填充均匀,可减少涡流扩散,提高柱效。对于空心毛细管柱,涡流扩散项为 0。

2. 纵向扩散项　由于试样组分被载气带入色谱柱后,是以"塞子"的形式存在于柱的很小一段空间中的,在"塞子"的前后(纵向)存在着浓度差,而形成浓度梯度,因此势必使运动着的分子产生纵向扩散。纵向扩散系数可表示为:

$$B=2rD_\text{g} \tag{式(14-14)}$$

式中,r 为扩散阻碍因子,填充柱的 $r<1$,毛细管柱因无扩散障碍而 $r=1$;D_g 为组分在载气中的扩散系数。纵向扩散项与分子在载气中停留的时间及扩散系数成正比。组分在载气中的扩散系数与载气分子量的平方根成反比,还受柱温和柱压的影响。因此,采用较高的载气流速、选择分子量大的载气如氮气,可减小纵向扩散项,增加柱效。

▶▶ **课堂活动**

请列举出提高气相色谱柱柱效的方法有哪些。

3. 传质阻力项　试样被载气带入色谱柱后,试样组分在两相间溶解、扩散、平衡的过程称为传质过程,影响这个过程进行速度的阻力称为传质阻力。由于传质阻力的存在,当达到分配平衡时,有些组分分子来不及进入固定液中就被载气推向前进,发生超前现象;而另一些分子在固定液中不能及时逸出而推迟回到载气中,而发生滞后现象,从而导致了色谱峰的扩张,降低了柱效。

传质阻力的大小用传质系数(C)来表示,它包括气相传质阻力系数 C_g 和液相传质阻力系数 C_l,因 Cg 较小,所以 $C \approx C_l$。

$$C_l = \frac{2k}{3(1+k)^2} \times \frac{d_f^2}{D_l} \qquad 式(14\text{-}15)$$

式中,d_f 为固定液液膜厚度;k 为容量因子;D_l 为组分在固定液中的扩散系数。可采用降低固定液液膜厚度和增加组分在固定液中的扩散系数的方法,减小液相传质阻力系数,增加柱效。

由以上讨论可以看出,范第姆特方程式对于分离条件的选择具有指导意义,它可以说明填充均匀程度、载体粒度、载气种类和流速、柱温、固定液液膜厚度等对柱效的影响。

点滴积累 ∨ ┈┈┈┈┈┈┈┈┈┈┈┈┈┈┈┈┈┈┈┈┈┈┈┈┈┈┈┈┈┈┈┈┈┈┈┈

1. 气相色谱法的基本理论包括热力学理论和动力学理论,它们分别以塔板理论和速率理论为代表。

2. 塔板理论将色谱柱看作一个分馏塔,假想其由许多塔板组成,在塔板内试样混合物在流动相和固定相之间分配并达到平衡。经过多次的分配平衡后,分配系数小的组分先到达塔顶,即先流出色谱柱。

3. 色谱过程的速率理论导出了塔板高度(H)与载气线速度(u)的关系,提出了范第姆特方程:$H = A + B/u + Cu$。式中,A、B 和 C 为常数,它们分别表示涡流扩散项、纵向扩散系数和传质阻力系数;u 为载气线速度。塔板高度越小,柱效越高,峰越尖锐。

第三节　色谱柱

色谱柱是气相色谱仪的心脏部分,由柱管和固定相组成。其中柱管在色谱条件的选择中变化不大,而固定相的选择则是色谱分析的关键问题。

一、气相色谱的固定相

(一)气-液色谱的固定相

气-液色谱的固定相由载体和固定液构成,试样在色谱柱中于气-液两相间多次分配,最后各组分彼此分离。下面将分别介绍载体和固定液。

1. **载体**　又称担体,是一种化学惰性的多孔性固体微粒,其作用是提供一个大的惰性表面,使固定液能以液膜状态均匀地分布在其表面。

(1)**对载体的要求**:①表面积大;②化学惰性,表面吸附或催化性很小;③热稳定性高;④粒度及孔径均匀,有一定的机械强度。

（2）**常用载体**：载体分为硅藻土型和非硅藻土型,常用硅藻土型载体,它又因制造方法不同分为红色载体和白色载体。

红色载体 由天然硅藻土与黏合剂煅烧而成,因含有氧化铁,呈淡红色,故称为红色载体,常与非极性固定液配伍,用于分析非极性或弱极性物质。

白色载体 在煅烧硅藻土时加入碳酸钠（助溶剂）,煅烧后氧化铁生成了无色的铁硅酸钠配合物,使硅藻土呈白色,常与极性固定液配合使用,分析极性物质。

（3）**载体的钝化**：除去或减小载体表面活性中心的作用称为载体的钝化。其钝化方法有：

1）**酸洗法**：酸洗能除去载体表面的铁等金属氧化物,用于分析酸类和酯类化合物。方法是用6mol/L 盐酸浸泡 20~30 分钟,用水洗至中性,烘干备用。

2）**碱洗法**：碱洗能除去载体表面的三氧化二铝等酸性作用点,用于分析胺类等碱性化合物。方法是用 5% 氢氧化钾-甲醇溶液浸泡或回流数小时,用水洗至中性,烘干备用。

3）**硅烷化法**：硅烷化载体用于分析具有形成氢键能力较强的化合物。方法是将载体与硅烷化试剂反应,除去载体表面的硅醇及硅醚基,消除形成氢键的能力。

2. 固定液 固定液一般都是高沸点液体,在操作温度下为液态,室温时为固态或液态。

（1）**对固定液的要求**：①选择性能高,对不同的组分有不同的分配系数；②对试样中的各组分有足够的溶解能力；③热稳定性要好；④化学稳定性好,不与组分发生化学反应；⑤蒸气压低,黏度小,能牢固地附着于载体上。

（2）**固定液的分类**：固定液的分类常用化学分类和极性分类两种方式。①化学分类是以固定液的化学结构为依据,可分为烃类、硅氧烷类、醇类、酯类等,其优点是便于按被分离组分与固定液的"结构相似"原则来选择固定液。②极性分类是按固定液的相对极性大小分类。该法规定,极性的 β,β′-氧二丙腈的相对极性为 100,非极性的鲨鱼烷的相对极性为 0,其他固定液的相对极性在 0~100。将 0~100 分成 5 级,每 20 为 1 级,用"+"表示。0 或 +1 为非极性固定液；+2、+3 为中等极性固定液；+4、+5 为极性固定液。按相对极性对常用的气相色谱固定液分类,如表 14-1 所示。

表 14-1 常用固定液的相对极性

固定液	相对极性	极性级别	最高使用温度（℃）	应用范围
鲨鱼烷（SQ）	0	+1	140	标准非极性固定液
阿皮松（APL）	7~8	+1	300	各类高沸点化合物
甲基硅橡胶（SE-30,OV-1）	13	+1	350	非极性化合物
邻苯二甲酸二壬酯（DNP）	25	+2	100	中等极性化合物
三氟丙基甲基聚硅氧烷（QF-1）	28	+2	300	中等极性化合物
氰基硅橡胶（XE-60）	52	+3	275	中等极性化合物
聚乙二醇（PEG-20M）	68	+3	250	氢键型化合物
己二酸二乙二醇聚酯（DEGA）	72	+4	200	极性化合物
β,β′-氧二丙腈（ODPN）	100	+5	100	标准极性固定液

（3）固定液的选择：选择固定液一般是利用"相似相溶"原则，即按被分离组分的极性或官能团与固定液相似的原则来选择。此时试样组分与固定液之间的相互作用力较强，组分在固定液中的溶解度大，分配系数大，保留时间长，试样组分分离的可能性较大。

选择固定液的一般规律是：①分离非极性物质：一般选用非极性固定液，组分基本上按沸点顺序流出色谱柱，沸点低的组分先流出色谱柱；②分离中等极性物质：选用中等极性固定液，基本上仍按沸点顺序流出色谱柱，但对于沸点相同的组分，极性弱的组分先流出色谱柱；③分离强极性化合物：选用极性强的固定液，极性弱的组分先流出色谱柱；④分离能形成氢键的物质：选用氢键型固定液，形成氢键能力弱的组分先流出色谱柱；⑤分离非极性和极性混合物：一般选用极性固定液；分离沸点相差较大的混合物则宜选用非极性固定液。

（二）气-固色谱的固定相

气-固色谱的固定相有硅胶、氧化铝、石墨化碳黑、分子筛、高分子多孔微球及化学键合相等。在药物分析中应用较多的是高分子多孔微球（GDX）。

高分子多孔微球是一种人工合成的固定相，它既可作为载体，又可作为固定相，其分离机制一般认为具有吸附、分配及分子筛3种作用。高分子多孔微球的主要特点是：①疏水性强，选择性好，分离效果好，特别适于分析混合物中的微量水分；②热稳定性好，最高使用温度达 200～300℃，且无流失现象，柱寿命长；③比表面极大，粒度均匀，机械强度高，耐腐蚀性好；④无有害的吸附活性中心，极性组分也能获得正态峰。

> **知识链接**
>
> 毛细管气相色谱法简介
>
> 1957 年 Golay 发明了毛细管柱，他将固定液直接涂在毛细管管壁上代替填充柱，这种柱子的柱效很高，理论塔板数可高达 10^6。毛细管柱的内径一般小于 1mm，根据制备方式不同可分为开管型毛细管柱和填充型毛细管柱。开管型毛细管柱又可分为涂壁毛细管柱、涂载体毛细管柱和多孔层毛细管柱。涂壁毛细管柱是将固定液涂在毛细管内壁上；涂载体毛细管柱是在毛细管内壁上黏附一层载体，然后将固定液涂在载体上；多孔层毛细管柱是先在毛细管内壁上附着一层多孔固体如熔融二氧化硅或长结晶沉积在毛细管玻璃内表面而制成的。填充型毛细管柱先将固定相松散地装入玻璃管中，然后拉制成毛细管。
>
> 毛细管色谱法具有高效、快速等特点，应用范围较广，在医药卫生领域中，如药代动力学研究、药品中的有机溶剂残留、体液分析、病因调查以及兴奋剂检测等方面都有应用。

二、气相色谱的流动相

气相色谱法中的流动相是气体，称为载气。载气的种类很多，如氢气、氮气、氦气、氩气和二氧化碳等，其中氦气最理想，但价格较高，故一般常用氮气和氢气。气相色谱法中载气的选择及纯化主要取决于选用的检测器、色谱柱以及分析要求。

1. 氮气在气相色谱中作为载气，纯度要求在 99.99% 以上。因它的扩散系数小，使柱效比较高，常用于除热导检测器以外的几种检测器中作载气。

2. 氢气的纯度也要求在 99.99% 以上。因它的分子量较小、热导系数较大、黏度小等特点,在使用热导检测器时常用作载气。在氢焰离子化检测器中它用作燃气。氢气易燃、易爆,使用时应注意安全。

载气使用时要求进行净化,主要是"去水""去氧"和"去总烃"。在载气管路中加上净化管,内装硅胶和 5A 分子筛以"去水"。用装有活性铜胶催化剂的柱管除去氮气和氩气中的氧,氧含量可降至百万分之十。用装有 105 型钯催化剂的柱管可除去氢气中的氧。消除微量烃的最好方法是采用 5A 分子筛。

点滴积累 ∨

1. 气-液色谱的固定相由载体和固定液构成,试样在色谱柱中于气-液两相间多次分配,最后各组分彼此分离。固定液是涂渍在载体上的高沸点物质,在色谱操作温度下为液体。分离机制上属于分配色谱。

2. 气-固色谱的固定相有硅胶、氧化铝、石墨化碳黑、分子筛、高分子多孔微球及化学键合相等。

3. 固定液一般都是高沸点液体,在操作温度下为液态,室温时为固态或液态。

4. 载体是一种化学惰性的多孔性固体微粒,其作用是提供一个大的惰性表面,使固定液能以液膜状态均匀地分布在其表面。

第四节 检测器

一、检测器的性能指标

灵敏度高,稳定性好,线性范围宽,噪声低、漂移小,死体积小,响应时间快是对气相色谱仪的检测器的主要要求。

1. 噪声和漂移 在没有试样通过检测器时,由仪器本身及工作条件等偶然因素引起的基线起伏波动称为噪声。基线随时间朝某一方向的缓慢变化称为漂移。

2. 灵敏度(S) 又称响应值或应答值,它是指单位物质的含量(质量或浓度)通过检测器时所产生的信号变化率,浓度型用 S_c 表示,质量型用 S_m 表示。

3. 检测限(D) 又称敏感度。灵敏度未反映检测器的噪声水平,灵敏度虽高,但噪声较大时,微量组分也是无法检测的。检测限综合灵敏度与噪声来评价检测器的性能。检测限定义为某组分的峰高为噪声的 2 倍(也有用 3 倍的)时,单位时间内引入检测器中的该组分的质量(或浓度)。

二、检测器的类型

气相色谱仪的检测器有 50 多种,目前广泛使用的是微分型检测器,这类检测器按原理的不同又分为质量敏感型检测器和浓度敏感型检测器。

（一）质量型检测器

质量型检测器测量载气中的组分进入检测器的质量流速变化,即检测器的响应值与单位时间内进入检测器的组分质量成正比。如氢焰离子化检测器和火焰光度检测器等。

氢焰离子化检测器(FID)简称氢焰检测器,它是利用在氢焰的作用下,有机化合物燃烧而发生化学电离形成离子流,通过测定离子流强度进行检测。其特点是灵敏度高,比热导检测器(TCD)的灵敏度高约 10^3 倍;检出限低,可达 10^{-12} g;其线性范围宽,结构简单,死体积小,响应快,既可以与填充柱联用,也可以直接与毛细管柱联用,对绝大多数有机物都有响应,可检测 ng/ml 级的痕量物质,易于进行痕量有机物的分析。缺点是不能检测惰性气体、空气、水、CO、CO_2、CS_2、NO、SO_2 及 H_2S,且检测时试样被破坏。

氢焰检测器的主要部件是由不锈钢制成的离子室。离子室下部有气体入口和氢火焰喷嘴,在火焰上方装有圆筒状的收集极(正极)和一端置于下方的环状极化极(负极),两极间加有极化电压,喷嘴附近设有点火线圈,用以点燃火焰,如图 14-6 所示。

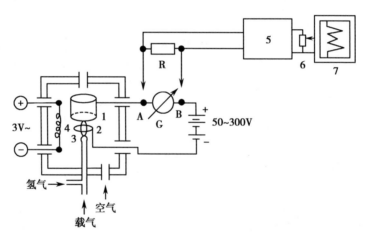

图 14-6　氢焰离子化检测器示意图
1. 收集极;2. 极化环;3. 氢火焰;4. 点火线圈;5. 微电流放大器;6. 衰减器;7. 记录器

FID 的工作原理:当载气从色谱柱流出后,进入检测器,载气中的有机杂质和流失的固定液在氢火焰(2100℃)中发生化学电离(载气 N_2 本身不会被电离),生成正、负离子和电子。在电场作用下,正、负离子和电子形成微电流,然后在仪器内部产生电压降,经微电流放大器放大后,在记录仪上记录下信号,称为基流。只要载气流速、柱温等条件不变,该基流亦不变。进样后,载气和分离后的组分一起从柱后流出,氢火焰中增加了组分被电离后产生的正、负离子和电子,从而使电路中收集的微电流显著增大,此即该组分的信号,该信号的大小与进入火焰中的组分质量成正比。

（二）浓度型检测器

浓度型检测器测量载气中组分浓度的瞬间变化,检测器的响应值与组分浓度成正比,与单位时间内组分进入检测器的质量及载气流速无关。如热导检测器和电子捕获检测器等。

热导检测器(TCD)是利用被测组分与载气的热导率不同来检测组分的浓度变化,有的亦称为热导池。它对单质、无机物和有机物均有响应,且其相对响应值与使用的 TCD 的类型、结构以及操作条件等无关,因而通用性好。TCD 的线性范围为 10^5,定量准确,不破坏试样,操作维护简单、价廉;不足之处是灵敏度较低,噪声较大。不过,近年来 TCD 的灵敏度又有了提高。

热导检测器由池体和热敏元件组成。池体用铜块或不锈钢块制成,热敏元件常用钨丝或铼钨丝制成,它的电阻随温度的变化而变化。

将两个材质、电阻完全相同的热敏元件装入一个双腔池体中即构成双臂热导池,如图 14-7 所示。其中一臂接在色谱柱前只通载气,作为参考臂;另一臂接在色谱柱后,让组分和载气通过,作为测量臂。两臂的电阻分别为 R_1 和 R_2,将 R_1、R_2 与两个阻值相等的固定电阻 R_3、R_4 组成惠斯顿电桥,如图 14-8 所示。

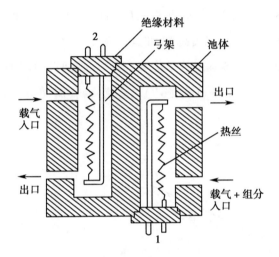

图 14-7　双臂热导池结构示意图
1. 测量臂;2. 参考臂

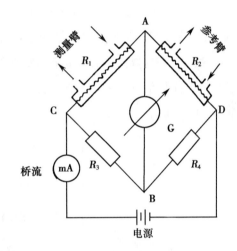

图 14-8　热导池检测原理图

TCD 的工作原理:若只有载气通过,则两热丝的温度、电阻值均相同,检流计中无电流通过。当有试样组分随载气进入测量臂时,组分与载气的热导率不同,则测量臂中热丝的温度、电阻值改变,电桥平衡被破坏,检流计指针发生偏转,记录仪上就有信号产生。当组分完全通过测量臂后,电桥又恢复平衡状态。

点滴积累　∨

1. 气相色谱仪中的检测器按检测原理不同,分为质量型和浓度型检测器。

2. 质量型检测器测量载气中组分进入检测器的质量流速变化,即检测器的响应值与单位时间内进入检测器的组分质量成正比,如氢焰离子化检测器(FID)。

3. 浓度型检测器测量载气中组分浓度的瞬间变化,检测器的响应值与组分浓度成正比,与单位时间内组分进入检测器的质量及载气流速无关,如热导检测器(TCD)。

第五节　分离操作条件的选择

气相色谱分离条件的选择主要是固定相、柱温及载气的选择。分离度是衡量分离效果的指标。

一、试样的处理

对于一些挥发性或热稳定性很差的物质,需要进行试样的预处理,才能用气相色谱法分析。采集时要根据色谱分析的目的、试样组成及其含量、试样的理化性质等确定合适的采集方法。分析试样制备包括将试样中的待测组分与基体和干扰组分分离、富集和制备成气相色谱可分析的形态(气态),主要有固体试样制备方法和液体试样制备方法。

二、载气条件

1. 载气种类的选择　载气种类的选择首先要考虑使用何种检测器。比如使用 TCD,选用氢或氦作载气,能提高灵敏度;若使用 FID,则应选用氮气作载气。然后再考虑所选的载气要有利于提高柱效能和分析速度。例如选用摩尔质量大的载气(如 N_2)可以提高柱效能。

2. 载气流速的选择　根据范第姆特方程,载气及其流速对柱效能和分析时间有明显的影响。根据范第姆特方程:$H=A+B/u+Cu$,用在不同流速下测得的塔板高度(H)对流速(u)作图,得 H-u 曲线,如图 14-9 所示。

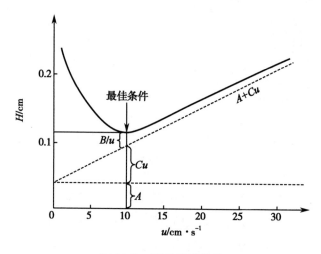

图 14-9　板高-流速曲线

在曲线的最低点,塔板高度(H)最小,柱效最高,该点对应的流速为最佳载气流速(u 最佳)。在实际工作中,为了缩短分析时间,常选择载气流速稍高于最佳流速。

从图 14-9 可看出,当载气流速较小时,纵向扩散项(B/u)是色谱峰扩张的主要因素,为减小纵向扩散,应采用分子量较大的载气,如氮气、氩气;当载气流速较大时,传质阻力项(Cu)为控制因素,此时则宜采用分子量较小的载气,如氢气或氦气。另外,选择载气时还要考虑不同检测器的适应性。

三、色谱柱及柱温的选择

1. 色谱柱的选择　主要是固定相、柱长和柱径的选择。选择固定液一般是利用"相似相溶"原则,即按被分离组分的极性或官能团与固定液相似的原则来选择。分析高沸点化合物可选择高温固定相。

在塔板高度不变的条件下,分离度随塔板数增加而增加,增加柱长对分离有利。但柱长过长,峰变宽,柱压增加,分析时间延长。因此在达到一定分离度的条件下应尽可能使用短柱,一般填充柱柱长为 1~5m。色谱柱的内径增加会使柱效下降,一般柱内径常用 2~4mm。

2. 柱温的选择　色谱法中柱温是最重要的色谱分析条件,它直接影响分离效能及分析速度。提高柱温,可加快分析速度,但会使柱选择性降低,柱温过高会使固定液挥发或流失;而柱温过低,液相传质阻力增强,使色谱峰扩张甚至发生拖尾现象。因此,柱温的选择原则是在使最难分离的组分有较好分离度的前提下,尽量采取较低的柱温,但应以保留时间适宜、色谱峰不拖尾为度。

四、其他条件的选择

1. 汽化室温度　汽化温度的选择取决于试样的沸点、稳定性和进样量。汽化温度一般可等于或稍高于试样的沸点,以保证瞬间汽化,但一般不应超过沸点 50℃ 以上,以防止试样分解。汽化室温度应高于柱温 30~50℃。

2. 检测室温度　为防止色谱柱流出物在检测器中冷凝而造成污染,检测室温度应等于或稍高于柱温,一般可高于柱温 30~50℃。

点滴积累 ∨

1. 对于一些挥发性或热稳定性很差的物质,需要进行试样的预处理,才能用气相色谱法分析。
2. 当载气流速较小时,应采用分子量较大的载气,如氮气、氩气;当载气流速较大时,则宜采用分子量较小的载气,如氢气或氦气。
3. 进行气相色谱分析时,进样量要适当。进样量太小,不能检出。但若进样量过大,会增加峰形的不对称度,导致峰高、峰面积与进样量不呈线性关系。
4. 色谱柱的选择主要是固定相、柱长和柱温的选择。柱温的选择是色谱法最重要的色谱分析条件,它直接影响分离效能及分析速度。

第六节　定性定量分析

一、定性分析

气相色谱定性分析就是确定各个色谱峰代表的是什么组分。气相色谱分析的优点是能对混合物中的多种组分进行分离分析,其缺点是难于对未知物定性,需要已知的纯物质或有关色谱定性参考数据,结合其他方法才能进行定性鉴别。

1. 保留值定性

(1)已知物对照定性:在完全相同的色谱分析条件下,同一物质应具有相同的保留值。因此,可将试样与纯组分在相同的色谱分析条件下进行分析,根据各自的保留值进行比较定性。

（2）相对保留值定性：在无已知物的情况下，对于一些组分比较简单的已知范围的混合物可用此法定性。相对保留值表示任一组分（i）与标准物（s）的调整保留值的比值，用 r_{is} 表示。即：

$$r_{is} = \frac{t'_{R_i}}{t'_{R_s}} = \frac{V'_{R_i}}{V'_{R_s}} = \frac{k_i}{k_s} \qquad 式（14-16）$$

可根据气相色谱手册及各种文献收载的各种物质的相对保留值，用与色谱手册规定的实验条件及标准物质进行实验，然后对色谱进行比较定性。

2. **保留指数定性** 保留指数又称 Kovats 指数（I），是一种重现性较好的定性参数。它是以正构烷烃作为标准，规定其保留指数为分子中的碳原子个数乘以 100（如正己烷的保留指数为 600）。其他物质的保留指数（I_x）是通过选定两个相邻的正构烷烃，其分别具有 z 和 $z+1$ 个碳原子。保留指数的定义式为：

$$I_x = 100\left[z + \frac{\lg t'_{R(x)} - \lg t'_{R(z)}}{\lg t'_{R(z+n)} - \lg t'_{R(z)}}\right] \qquad 式（14-17）$$

式中，I_x 表示待测组分的保留指数；z 与 $z+n$ 分别表示两个邻近正构烷烃对的碳原子数目；一般$n=1、2$…，通常 n 为 1。将待测组分与相邻的两个正构烷烃混合在一起，在给定条件下进行色谱实验，测定其相对保留值，按式（14-17）计算待测组分的保留指数 I_x，再与手册或文献发表的保留指数进行对照，即可定性。

3. **官能团分类定性** 试样中的各组分经色谱柱分离后，依次分别通入官能团分类试剂，观察是否反应，如显色或产生沉淀，据此判断该组分具有什么官能团、属于哪类化合物。

4. **与其他分析仪器联用定性** 将色谱和其他分析仪器联用可获得丰富的结构信息。目前比较成熟的联用仪器有气相色谱-质谱联用（GC-MS）、气相色谱-傅里叶红外光谱联用（GC-FTIR）等。

知识链接

气相色谱-质谱联用仪器

气相色谱-质谱联用仪器（简称气质联用，GC-MS）是分析仪器中较早实现联用技术的仪器。目前从事有机物分析的实验室几乎都将 GC-MS 作为主要的定性确认手段之一，在很多情况下又用 GC-MS 进行定量分析。

GC-MS 联用仪系统一般由气相色谱仪、接口、质谱仪和计算机四大件组成。气相色谱仪起着分离试样中的各组分的作用；质谱仪对分离的各组分进行分析，成为气相色谱仪的检测器；接口将气相色谱流出的各组分送入质谱仪进行检测。

质谱法的基本原理是将试样分子置于高真空（$<10^{-3}$Pa）的离子源中，使其受到高速电子流或强电场等作用生成分子离子，或化学键断裂生成各种碎片离子，经加速电场的作用形成离子束，进入质量分析器，再利用电场和磁场使质荷比（m/z）不同的离子——分离，获得质谱图。

GC-MS 联用在分析检测和研究的许多领域中起着越来越重要的作用，在石油、化工、医药、环保、食品、轻工等方面，特别是在许多有机化合物的常规检测工作中成为一种必备的工具。

二、定量分析

定量分析的依据是在实验条件恒定时,组分的量与峰面积成正比,为此必须准确测量峰面积。

1. 峰面积的测量

(1)峰高乘以半峰宽法:此法适用于对称色谱峰。计算公式为:

$$A = 1.065hW_{1/2}$$　　　　式(14-18)

式中,h 为峰高;$W_{1/2}$ 为半峰宽;1.065 为常数,在相对计算时,1.065 可约去。

(2)峰高乘以平均峰宽法:此法适用于不对称色谱峰。计算公式为:

$$A = 1.065h\frac{(W_{0.15} + W_{0.85})}{2}$$　　　　式(14-19)

式中,$W_{0.15}$ 和 $W_{0.85}$ 分别为 $0.15h$ 和 $0.85h$ 处的峰宽。

(3)其他方法:除上述方法之外,还可使用剪纸称重或自动积分仪来测量峰面积。自动积分仪有机械积分、电子模拟积分和数字积分等类型,它们能自动测出一曲线所包围的面积,速度快,线性范围广,精密度一般可达 0.2%~2%。现在高级气相色谱仪配有计算机,能自动计算峰面积。

2. 定量校正因子　气相色谱定量分析是基于被测物质的量与其峰面积的正比关系。由于同一检测器对不同的物质具有不同的响应值,即使是相同质量的不同组分得到的峰面积也是不相同的,所以不能用峰面积直接计算物质的含量。为了使检测器产生的响应信号能真实地反映出物质的含量,所以要对响应值进行校正,从而引入定量校正因子。

定量校正因子分为绝对校正因子和相对校正因子。绝对校正因子是指单位峰面积所代表的组分的量。即:

$$f'_i = \frac{m_i}{A_i}$$　　　　式(14-20)

因绝对校正因子不易准确测量,并随实验条件而变化,故在实际工作中一般采用相对校正因子 f_i。f_i 是指待测物质 i 与标准物质 s 的绝对校正因子之比,通常称为校正因子。按被测物质使用的计量单位的不同,可分为质量校正因子 f_m、摩尔校正因子 f_M、体积校正因子 f_V。质量校正因子 f_m 是一种最常用的定量校正因子,即:

$$f_{m_i} = \frac{f'_{m_i}}{f'_{m_s}} = \frac{m_i/A_i}{m_s/A_s} = \frac{A_s m_i}{A_i m_s}$$　　　　式(14-21)

组分的校正因子可从手册或文献中查找,也可自己测定。测定时准确称取一定量的纯被测组分和标准物质,配成混合溶液,在试样实测条件下,取一定量的混合液进行气相色谱分析,测得纯被测组分和标准物质的峰面积,按式(14-21)计算校正因子。

3. 定量计算方法

(1)**归一化法**:归一化是气相色谱法中常用的方法,各组分含量的计算公式为:

$$c_i\% = \frac{f_i A_i}{\sum f_i A_i} \times 100\%$$ 式（14-22）

式中，$c_i\%$、f_i 和 A_i 分别代表试样中被测组分的百分含量、相对质量校正因子和色谱峰面积。归一化法简单，定量结果与进样量无关，操作条件变化对结果影响较小，但要求所有组分都能从色谱柱中流出，能被检测器检出，并在色谱图上都显示出色谱峰。

（2）**外标法**：外标法是用待测组分的纯品作对照物，配制一系列不同浓度的标准液，进行色谱分析，以峰面积对浓度制作工作曲线。在相同的操作条件下对试样进行色谱分析，算出试样中待测组分的峰面积，根据工作曲线即可查出组分的含量。

若工作曲线线性好并通过原点，可用外标一点法定量。它是用一种浓度的 i 组分的标准溶液多次进样，测算出峰面积的平均值。在相同条件下，取试样进行色谱分析，测算出峰面积，按下式计算含量：

$$m_i\% = \frac{A_i}{A_s} \times m$$ 式（14-23）

式中，m_i、A_i 分别代表试样溶液中被测组分的浓度及峰面积；m_s、A_s 分别代表标准溶液的浓度和峰面积。

外标法操作简单，不需要校正因子，计算方便，其他组分是否出峰都无影响，但要求分析组分与其他组分完全分离，实验条件稳定，标准品的纯度高。

（3）**内标法**：将一种纯物质作为内标物加入待测试样中进行色谱定量的方法称为内标法。组分含量的计算公式为：

$$c_i\% = \frac{f_i A_i}{f_s A_s} \times \frac{m_s}{m} \times 100\%$$ 式（14-24）

式中，m 代表试样的质量；m_s 代表加入的内标物的质量；f_i、A_i 分别代表被测组分的相对质量校正因子和峰面积；f_s、A_s 分别代表加入的内标物的相对质量校正因子和峰面积。

对内标物的要求：①内标物是试样中不存在的纯物质；②内标物能溶于试样中，并能与试样中各组分的色谱峰完全分开；③内标物色谱峰的位置应与待测组分色谱峰的位置相近或在几个待测组分中间。

内标法只需内标物和被测组分在选定的色谱条件下出峰，且在线性范围内即可。但操作复杂，色谱分离要求高，内标物不易寻找。

（4）**内标对比法**：又称内标一点法，它是先将被测组分的纯物质配制成标准溶液，定量加入内标物；再将同量的内标物加至同体积的试样溶液中，将两种溶液分别进样测定，按下式计算组分含量：

$$(c_i\%)_{样品} = \frac{(A_i/A_s)_{样品}}{(A_i/A_s)_{标准}}(c_i\%)_{标准}$$ 式（14-25）

此法不需测定校正因子，也不需要严格准确体积进样，还可以消除由于某些操作条件改变而引入的误差，是一种简化的内标法。

▶▶ **课堂活动**

曼陀罗酊剂含醇量的测定（内标对比法）

标准溶液的配制：精密量取无水乙醇 5ml 和正丙醇（内标物）5ml，置 100ml 量瓶中，加水稀释至刻度。

供试品溶液的配制：准确量取试样 10ml 和正丙醇 5ml，置 100ml 量瓶中，加水稀释至刻度。

测峰高比平均值：将标准溶液与供试品溶液分别进样 3 次，每次 2μl，测得它们的峰高比平均值分别为 13.3/6.1 及 11.4/6.3，计算曼陀罗酊剂的含醇量。

解：据式（14-24）进行计算：

$$\omega_{乙醇}\% = \frac{(11.4/6.3) \times 10}{13.3/6.1} \times 5.00 = 41\%$$

三、气相色谱法的应用

气相色谱法广泛应用于石油、化工、医药、环境保护和食品分析等领域。在药学领域常用于药物的含量测定、杂质检查及微量水分和有机溶剂残留量的测定、中药挥发性成分测定以及体内药物代谢分析等方面。

药物合成过程中往往产生各种中间体，因此，合成药物的质量控制在测定产物含量的同时，需要控制其中间产物。气相色谱法能分离药物及其中间体，并进行定量测定。

例 14-1 合成药物分析（维生素 E 胶丸中维生素 E 的含量测定）

（1）色谱条件和系统适用性试验：以硅酮（OV-17）为固定相，涂布浓度为 2%，或以 HP-1 毛细管柱（100% 二甲基聚硅氧烷）为分析柱；柱温为 265℃。理论塔板数按维生素 E 峰计算不低于 500（填充柱）或 5000（毛细管柱），维生素 E 峰与内标物质峰的分离度应符合要求。

（2）校正因子的测定：取正三十二烷适量，加正己烷溶解并稀释成每 1ml 中含 1.0mg 的溶液，作为内标溶液。另取维生素 E 对照品约 20mg 精密称定，置棕色具塞瓶中，精密加内标溶液 10ml，密塞，振摇使溶解。取 1~3μl 注气入相色谱仪，计算校正因子。

（3）测定法：取内容物，混合均匀，取适量（约相当于维生素 E 20mg）精密称定，置棕色具塞瓶中，精密加内标溶液 10ml，密塞，振摇使溶解。取 1~3μl 注入气相色谱仪，测定，计算，即得。

复方制剂含有多种成分，进行分析测定时往往互相干扰。此外，制剂中的辅料等也常妨碍有效成分的分析。气相色谱可同时测定一些复方制剂中的多种成分。

例 14-2 复方制剂分析（4 种中药胶膏剂中樟脑、薄荷脑、冰片和水杨酸甲酯含量的气相色谱法测定）

用气相色谱法同时测定伤湿止痛膏、安阳精制膏、风湿跌打膏和风湿止痛膏中的樟脑、薄荷脑、冰片和水杨酸甲酯的方法灵敏、准确、重现性好、适用性强。

（1）色谱条件与系统适用性试验：玻璃柱（3mm×3m），固定相为聚乙二醇（PEG）-20m（10%），FID 检测器。载气 N_2 压力为 60kPa，流速为 58ml/min；H_2 压力为 70kPa；空气压力为 15kPa，柱温为

130℃。进样器/检测器温度为170℃。

（2）试样测定及结果：以萘为内标物，采用内标物预先加入法，用挥发油测定器蒸馏制备供试液。4种制剂试样中的樟脑、薄荷脑、冰片（异龙脑和龙脑）、水杨酸四酯及内标物萘均得到良好的分离。实验结果表明，樟脑、薄荷脑、冰片和水杨酸四酯的加样回收率都大于95.54%（$RSD \leqslant 2.8\%$）。

在治疗药物监测和药代动力学研究中都需要测定血液、尿液或其他组织中的药物浓度，这些试样中往往药物浓度低、干扰较多。气相色谱法具有灵敏度高、分离能力强的优点，因此也常用于体内药物分析。

例14-3　体内药物分析（毛细管气相色谱法测定5-单硝酸异山梨酯的血药浓度）

5-单硝酸异山梨酯是硝酸异山梨酯的主要代谢产物，作为一种较新型的硝酸酯类抗心绞痛药物，它的生物利用度高、分布容积广、疗效可靠。建立 GC-ECD 检测方法为研究该药物在人体内的药动学和生物利用度提供依据。

（1）色谱条件：Alltech SE-30 毛细管柱，15m×0.25mm，0.25μm（SGE）；分流/不分流进样衬管（4mm，去活化）；进样温度为180℃，ECD 温度为225℃，术前压为90kPa，载气流速为1.2ml/min，阳极吹扫为4ml/min，隔垫吹扫为4ml/min，尾吹为50ml/min；采用分流进样，分流比为50∶1；程序升温：初始温度10℃，维持3分钟，然后以5℃/min 升至115℃，再以50℃/min 升至200℃，维持1.5分钟。

（2）试样测定及结果：以2-单硝酸异山梨酯为内标，血样经正己烷-乙醚（1∶4）提取液2次萃取后，分离有机相，氮气下浓缩，甲苯溶解进样。标准曲线在24~1200ng/ml 浓度范围内，$r = 0.9993$，日内、日间 RSD 为3.29%~9.50%，平均回收率为101.66%±1.11%。方法的准确度高、专一性强、简便易行，可以满足血药浓度测定及药动学研究的需要。

点滴积累 ∨

通过案例，列举了化学药物、复方制剂、体内药物的气相色谱法的色谱条件、系统性条件、试样分析方法。

复习导图

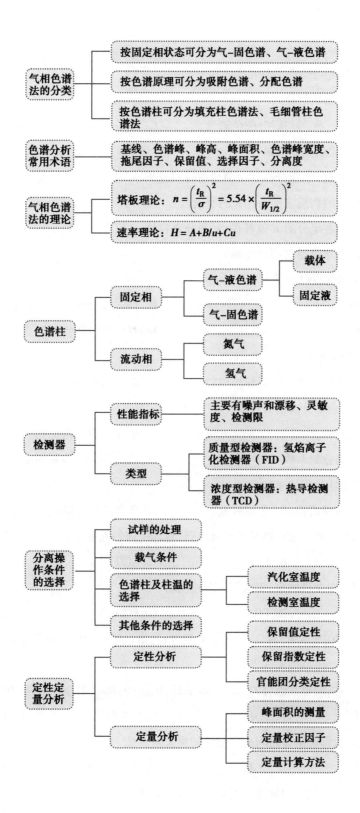

目标检测

一、选择题

（一）单项选择题

1. 不属于液-固色谱法的是

    A. 吸附色谱　　　　　B. 分配色谱　　　　　C. 离子交换色谱　　　D. 分子排阻色谱

2. 色谱法中下列说法正确的是

    A. 分配系数 K 越大,组分在柱中滞留的时间越长

    B. 分离极性大的物质应选活性大的吸附剂

    C. 混合试样中各组分的 K 值都很小,则分离容易

    D. 吸附剂的含水量越高则活性越高

3. 色谱峰高(或面积)可用于

    A. 定性分析　　　　　　　　　　　B. 判定被分离物的分子量

    C. 定量分析　　　　　　　　　　　D. 判定被分离物的组成

4. 属于质量型检测器的是

    A. 氢焰离子化检测器　B. 热导检测器　　　C. 电子捕获检测器　　D. 以上 3 种都是

5. 不同组分进行色谱分离的条件是

    A. 硅胶作固定相　　　　　　　　　B. 极性溶剂作流动相

    C. 具有不同的分配系数　　　　　　D. 具有不同的容量因子

6. 下列可用于定性分析的参数是

    A. 色谱峰高或峰面积　B. 色谱峰宽　　　　C. 色谱峰保留时间　　D. 死体积

7. 从野鸡肉的萃取液中分析痕量的含氯农药,宜选用何种检测器

    A. TCD　　　　　　　B. FID　　　　　　　C. ECD　　　　　　　D. FPD

8. 测定有机溶剂中微量的水,宜选用何种检测器

    A. TCD　　　　　　　B. FID　　　　　　　C. ECD　　　　　　　D. FPD

9. 《中国药典》(2015 年版)规定,除另有规定外,色谱系统性试验中分离度 R 应大于

    A. 1.0　　　　　　　B. 1.5　　　　　　　C. 2.0　　　　　　　D. 2.5

10. 利用某色谱柱,测得某组分的 $t_R = 1.50$ 分钟、$W_{1/2} = 0.1 cm$,则该色谱柱的塔板理论数是

    A. 1.2×10^3　　　B. 1.0×10^3　　　C. 1.2×10^4　　　D. 1.0×10^4

11. 气相色谱分析影响组分之间分离程度的最大因素是

    A. 进样量　　　　　　B. 柱温　　　　　　　C. 载体粒度　　　　　D. 汽化室温度

12. 气相色谱仪分离效率的好坏主要取决于何种部件

    A. 进样系统　　　　　B. 分离柱　　　　　　C. 热导池　　　　　　D. 检测系统

13. 下列气相色谱操作条件中,正确的是

    A. 载气的热导系数尽可能与被测组分的热导系数接近

B. 使最难分离的物质在能很好分离的前提下,尽可能采用较低的柱温

C. 实际选择载气流速时,一般低于最佳流速

D. 检测室温度应低于柱温,而汽化温度愈高愈好

14. 氢火焰检测器的检测依据是

A. 不同溶液的折射率不同　　　　　　B. 被测组分对紫外光的选择性吸收

C. 有机分子在氢火焰中发生电离　　　D. 不同气体的热导系数不同

15. 气相色谱定量分析时,当试样中的各组分不能全部出峰或在多种组分中只需定量其中的某几个组分时,可选用

A. 归一化法　　　　B. 标准曲线法　　　　C. 比较法　　　　D. 内标法

(二) 多项选择题

1. 组成气相色谱仪器的六大系统中,关键部件是

A. 载气系统　　　　　　B. 检测系统　　　　　　C. 柱分离系统

D. 数据处理系统　　　　E. 温控系统

2. 色谱分析中使用归一化法定量的前提是

A. 所有组分都要被分离开　　　　　　B. 所有组分都要能流出色谱柱

C. 组分必须是有机物　　　　　　　　D. 检测器必须对所有组分产生响应

E. 进样量>10μl

3. 色谱柱在使用一段时间后出现柱效下降(分离能力降低、色谱峰扩张变形),可能的原因是

A. 色谱柱进样端固定液流失　　　　　B. 色谱柱内的固定液分布不均匀

C. 色谱柱内的固定液性能改变　　　　D. 流失的固定液污染了检测器

E. 色谱柱固定液凝结变形

4. 色谱柱加长,可能产生的后果是

A. 分析速度慢　　　　　　B. 谱峰分离加大　　　　　　C. 峰宽变小

D. 使用氢气作载气有利　　E. 保留时间延长

5. 在实际操作时,气相色谱仪的柱室需加热并保持一定的温度,如此操作不能达到的目的是

A. 防止固定液流失　　　　　　　　　B. 使试样中的各组分保持气态

C. 降低色谱柱前压力　　　　　　　　D. 使固定液呈液态

E. 缩短出峰时间

二、简答题

1. 气相色谱仪的基本组成有哪些? 简述各部分的作用。

2. 如何利用"相似相溶"原则选择固定液?

3. 在气-液色谱法中如何选择固定液?

4. 气相色谱分析时,要进行哪些实验条件的选择?

三、计算题

1. 当色谱峰的半峰宽为 2mm，保留时间为 4.5 分钟，死时间为 1 分钟，色谱柱长 2m，记录仪的纸速为 2cm/min 时，计算色谱柱的理论塔板数、塔板高度以及有效理论塔板数、有效塔板高度。

2. 用气相色谱法测定正丙醇中的微量水分，精密称取正丙醇 50.00g 及无水甲醇（内标物）0.4000g，混合均匀，进样 5μl，在载体上测得水的 $h = 5.00cm$、$W_{1/2} = 0.15cm$，甲醇的 $h = 4.00cm$、$W_{1/2} = 0.10cm$，求正丙醇中的微量水分的重量百分含量（相对重量校正因子 $f_水 = 0.55$、$f_{甲醇} = 0.58$）。

3. 化学纯二甲苯为邻、间、对位二甲苯 3 种异构体的混合物，用气相色谱法测得如下数据：对二甲苯的 $h = 4.95cm$、$W_{1/2} = 0.92cm$，间二甲苯的 $h = 14.40cm$、$W_{1/2} = 0.98cm$，邻二甲苯的 $h = 3.22cm$、$W_{1/2} = 1.10cm$。请用归一化法计算它们的质量分数，并说明归一化法应满足什么条件（相对重量校正因子 $f_{对二甲苯} = 1.00$、$f_{间二甲苯} = 0.96$、$f_{邻二甲苯} = 0.98$）。

（周建庆）

第十五章

高效液相色谱法

【导言】

色谱分析法是分析化学中获得广泛应用的一个重要分支，从 20 世纪初俄国植物学家茨维特（M. S. Tswett）提出经典液相色谱法后，色谱分析法取得迅速发展。在 20 世纪 60 年代中、后期，随着气相色谱理论和实践的发展，以及机械、光学、电子等技术上的进步，液相色谱又开始活跃。到 60 年代末期将高压泵和化学键合固定相用于液相色谱就出现了高效液相色谱法（HPLC）。

第一节　概述

高效液相色谱法(HPLC)是在经典液相色谱法的基础上，引入气相色谱的理论和实验技术，以高压输送流动相，采用高效固定相及高灵敏度检测器发展而成的现代液相色谱分析方法。该法具有分离效能高、选择性好、分析速度快、检测灵敏度高、自动化程度高和应用范围广等特点。

一、高效液相色谱与经典液相色谱的比较

由于经典液相色谱法采用普通规格的固定相及常压输送流动相，溶质在固定相的传质、扩散速度缓慢，柱入口压力低，使得柱效低、分析时间冗长，因此一般不具备在线分析的特点，通常只作为分离手段使用。经典液相色谱法和高效液相色谱法的比较见表 15-1。

表 15-1　经典液相色谱法与高效液相色谱法的比较

	经典液相色谱法	高效液相色谱法（分析型）
固定相	普通规格	特殊规格
固定相粒度（μm）	75~500	3~20
柱长（cm）	10~100	7.5~30
柱内径（cm）	2~5	0.2~0.5
柱效（每米理论塔板数）	10~100	$10^4~10^5$
样品用量（g）	1~10	$10^{-7}~10^{-2}$
分析所需时间（小时）	1~20	0.05~0.5
装置	非仪器化	仪器化

二、高效液相色谱与气相色谱的比较

气相色谱法具有选择性高、分离效率高、灵敏度高、分析速度快的特点,但它仅适于分析蒸气压低、沸点低的试样,而不适用于分析高沸点的有机物、高分子和热稳定性差的化合物以及生物活性物质,因而使其应用受到限制。在全部有机化合物中仅有20%的试样适用于气相色谱分析。高效液相色谱法却恰可弥补气相色谱法的不足之处,可对80%的有机化合物进行分离和分析。

（一）高效液相色谱法的优点

高效液相色谱法与气相色谱法相比,具有如下优点:

1. 应用范围广　高效液相色谱法的流动相是液体,因而不需要将样品进行汽化,只要求样品能制成溶液,所以应用范围比气相色谱法广,特别是对于沸点高、热稳定性差、分子量大的高分子化合物及离子型化合物的分析尤为有利。

2. 流动相选择性高　可选用多种不同性质的溶剂作为流动相,流动相对样品分离的选择性影响很大,因此分离选择性高。

3. 室温条件下操作　高效液相色谱法不需高温控制。

此外,高效液相色谱法对柱后流出组分容易收集,这对提纯和制备足够纯度的样品十分有利。

（二）高效液相色谱法的局限性

高效液相色谱法虽具有应用范围广的优点,但也有下述局限性:

1. 高效液相色谱法采用多种有机溶剂作为流动相,即分析成本高于气相色谱法,且易引起环境污染。当进行梯度洗脱操作时,它比气相色谱法的程序升温操作复杂。

2. 高效液相色谱法中缺少如气相色谱法中使用的通用型检测器(如热导检测器和氢火焰离子化检测器)。近年来蒸发激光散射检测器的应用日益增多,有望发展成为高效液相色谱法的一种通用型检测器。

3. 高效液相色谱法不能替代气相色谱法,去完成要求柱效高达10万理论塔板数以上的组成复杂产品的分析。例如对组成复杂、具有多种沸程的石油产品的分离,还必须采用毛细管气相色谱法。

4. 高效液相色谱法也不能代替中、低压柱色谱法,在200kPa~1Mpa的柱压下去分析受压易分解变性的具有生物活性的生化试样。

综上所述可知,高效液相色谱法也和任何一种常用的分析方法一样,都不可能十全十美,作为使用者在掌握了高效液相色谱法的特点、应用范围和局限性的前提下,充分利用高效液相色谱法的特点,就可使其在解决实际分析任务中发挥重要的作用。

知识链接

高效液相色谱法与药学

目前高效液相色谱法是进行药品质量控制的主要方法之一,在《中国药典》(2015年版)中此方法应用极为广泛,尤其是在中药制剂分析中,是最常用的一种分析方法。

点滴积累　∨

1. 高效液相色谱法（HPLC）的流动相与经典液相色谱法一样均为液体，但其区别是在 HPLC 的液体流动相是在高压泵的作用下将试样输送到色谱柱中进行分离。

2. 高效液相色谱法（HPLC）具有高压、高速、高效和高灵敏度的特点。

第二节　高效液相色谱法的主要类型及原理

近年来高效液相色谱法发展迅速，其主要类型除与经典液相色谱法的类型基本一致之外，还有化学键合相色谱法、离子抑制色谱法、离子对色谱法、离子色谱法、亲和色谱法、手性色谱法等类型。其中化学键合相色谱法在 HPLC 中应用最为广泛，因此本章主要讨论化学键合相色谱法的原理和分离条件的选择。

一、化学键合相色谱法

化学键合相色谱法是以化学键合相为固定相的色谱法，简称键合相色谱法（BPC）。**化学键合相**是将固定液的官能团通过化学反应键合到载体表面而制得的化学键合相，简称键合相。

化学键合固定相对各种极性溶剂都有良好的化学稳定性和热稳定性，具有柱效高、使用寿命长和重现性好等优点，几乎对各种类型的有机化合物都呈现良好的选择性，特别适用于具有宽范围 k 值的样品的分离，并可用于梯度洗脱操作，是应用最广泛的色谱法。

键合相色谱法的特点：①均一性和稳定性好，耐溶剂冲洗，使用周期长；②柱效高；③重现性好；④可使用的流动相和键合相种类很多，分离的选择性高。根据键合相与流动相极性的相对强弱，键合相色谱法分为正相（NP）和反相（RP）键合相色谱法。

1. 正相（NP）键合相色谱法　正相键合相色谱法是指固定相的极性比流动相的极性强，采用极性键合相为固定相，如氰基（—CN）、氨基（—NH$_2$）、二羟基等键合在硅胶表面。以非极性或弱极性溶剂作流动相，常采用烷烃加适量的极性调节剂，如正己烷-甲醇。该法适用于分离溶于有机溶剂的极性至中等极性的分子型化合物。其分离机制主要是分配原理，即将有机键合层看作一层液膜，组分在两相间进行分配，极性强的组分分配系数（K）大，保留时间（t_R）长，而后出柱。在正相键合色谱法中组分保留和分离的一般规律是极性强的组分的容量因子 k 大，后洗脱出柱。流动相的极性增大，洗脱能力增强，使组分的容量因子 k 减小，t_R 减小；反之容量因子 k 增大，t_R 增大。

2. 反相（RP）键合相色谱法　反相键合相色谱法是指固定相的极性比流动相的极性弱，采用非极性键合相为固定相，如十八烷基硅烷（ODS 或 C$_{18}$）、辛烷基硅烷（C$_8$）等键合相，有时也用弱极性或中等极性的键合相为固定相。流动相以水作为基础溶剂，再加入一定量与水互溶的极性调节剂，常用甲醇-水或乙腈-水等。该法适用于分离非极性至中等极性的分子型化合物。其分离机制有疏溶剂理论、双保留机制、顶替吸附-液相相互作用模型等。下面介绍疏溶剂理论。

反相键合相色谱法中溶质的保留行为主要是利用非极性溶质分子或溶质分子中的非极性基团

与极性溶剂接触时产生排斥力,而从溶剂中被"挤出",即产生疏溶剂作用,促使溶质分子与键合相表面的非极性的烷基发生疏水缔合,而使溶质分子保留在固定相中。可见,在反相键合相色谱法中溶质的保留主要是溶质分子与极性溶剂分子间的排斥力,而非溶质分子与键合相间的色散力。

当溶质分子的极性越弱,其疏溶剂作用越强,k 越大,t_R 越大,而后出柱。当溶质分子的极性一定时,若增大流动相的极性,则降低流动相对溶质分子的洗脱能力,使溶质的 k 增大,t_R 增大;反之亦然。键合烷基的疏水性随碳链的延长而增加,使溶质的 k 增大。当链长一定时,硅胶表面键合烷基的浓度越大,则使溶质的 k 也越大。

反相键合相色谱法是高效液相色谱法中应用最为广泛的一种方法,由它派生的离子抑制色谱法和反相离子对色谱法还可以分离有机酸、碱及盐等离子型化合物。据统计,反相键合相色谱法可以解决 80% 以上的液相色谱分离问题。

▶▶ **课堂活动**

归纳正相键合相色谱法与反相键合相色谱法的异同。

二、其他高效液相色谱法

(一) 离子抑制色谱法(ISC)

加入少量弱酸、弱碱或缓冲溶液,通过调节流动相的 pH,抑制组分的解离,增加组分与固定相的疏水缔合作用,以达到分离有机弱酸、弱碱的目的,这种色谱方法称为离子抑制色谱法。

离子抑制色谱法适用于分离 $3 \leqslant pK_a < 7$ 的弱酸及 $7 < pK_b \leqslant 8$ 的弱碱。若降低流动相的 pH,使弱酸的 k 增大,t_R 增长;但对于弱碱,则需提高流动相的 pH 才能使 k 变大,t_R 增长。若 pH 控制不合适,溶质以离子态和分子态共存,则可能使峰变宽和拖尾。

在进行离子抑制色谱法时,流动相的 pH 需控制在 2~8,超出此范围可能使键合基团脱落。实验后,应及时用不含缓冲盐的流动相冲洗,以防仪器被腐蚀。

(二) 离子对色谱法(IPC)

离子对色谱法可分正相与反相离子对色谱法,因为前者已少用,故只介绍反相离子对色谱法。

反相离子对色谱法(RP)是将离子对试剂加入含水的流动相中,被分析的组分离子在流动相中与离子对试剂的反离子(或称对离子)生成中性离子对,从而增加溶质与非极性固定相的作用,使分配系数增加,改善分离效果。

该方法适用于有机酸、碱和盐的分离,以及用离子交换色谱法无法分离的离子型或非离子型化合物,如生物碱类、儿茶酚胺类、有机酸类、维生素类、抗生素类药物等。

在反相离子对色谱法中,溶质的分配系数决定于离子对试剂及其浓度和固定相、溶质的性质及温度。分析酸类或带负电荷的物质一般用季铵盐作离子对试剂,如四丁基铵磷酸盐;分析碱类或带正电荷的物质一般用烷基磺酸盐或硫酸盐作离子对试剂,如正庚烷基磺酸钠等。

由于离子对的形成依赖于组分的解离程度,当组分与离子对试剂全部离子化时,最有利于离子对的形成,且组分的 k 最大。因此,流动相的 pH 对弱酸、弱碱的保留行为影响较大,对强酸、强碱的影响很小。

（三）离子色谱法（IC）

离子色谱法对许多正、负离子可实现分离,但由于一些常见的无机离子在可见或近紫外区没有吸收,因此难用紫外-可见检测器进行检测。1975 年 Small 提出了将离子交换与电导检测器相结合分析各种离子的方法并称为离子色谱法,适用于分离阴、阳离子,以及氨基酸、糖类、DNA 和 DNA 的水解物等。

（四）亲和色谱法（AC）

许多生物分子之间都具有专一的亲和特性,利用或模拟生物分子之间的专一性作用,从复杂试样中分离和分析能产生专一性亲和作用的物质的色谱方法称为亲和色谱法,如抗体与抗原、酶与底物、激素或药物与受体、RNA 与 DNA 等,它们之间多具有专一性亲和作用。

亲和色谱法的分离机制是基于试样中的组分与固定在载体上的配基之间的专一性亲和作用而实现分离,是色谱法中选择性最高的一种分离方法,其回收率和纯化效率均很高,是对生物大分子物质进行分离和分析的重要手段。

点滴积累 ∨

1. 高效液相色谱法（HPLC）分为液-固吸附色谱法、液-液分配色谱法（正相与反相）、离子交换色谱法、离子对色谱法及分子排阻色谱法等。
2. 化学键合相色谱法是将固定液的官能团通过化学反应键合到载体表面而制得的化学键合相（固定相）的色谱法。
3. 正相键合相色谱法是指固定相的极性大于流动相的极性；反相键合相色谱法是指固定相的极性小于流动相的极性。
4. 高效液相色谱法（HPLC）的分离机制主要是依据化合物的 3 种主要性质如极性、电荷和分子的大小。

第三节 高效液相色谱法的固定相和流动相

高效液相色谱法的关键步骤是选择最佳的色谱操作条件,以实现最理想的分离效果,其中最关键的条件是固定相(或称填料)和流动相的选择,因为两者的性质直接影响柱效和分离度。本节主要讨论 HPLC 中常用的固定相、流动相和分离条件的选择。

一、固定相

高效液相色谱法最常用的固定相是化学键合相,其优点为:①使用过程中不流失;②化学稳定性好;③适用于梯度洗脱;④载样量大。按键合基团的极性可将其分为非极性、中等极性、极性 3 类。

1. 非极性键合相 该键合相表面基团为非极性烷基,常用于反相键合相色谱法,如十八烷基硅烷键合相,简称 C_{18}。非极性键合相的烷基链长对组分的保留、选择性和载样量都有影响。长链烷基

键合相可使组分的 k 增大,分离选择性改善,能使载样量提高和稳定性增强。短链烷基键合相的分离速度快,对于极性化合物可得到对称性较好的峰。

2. 中等极性键合相 常见的有醚基键合相,可作为正相或反相色谱的固定相,该类键合相应用较少。

3. 极性键合相 该键合相表面基团为极性较大的基团,如氰基(—CN)、氨基(—NH$_2$)等,是将氰乙硅烷基或氨丙硅烷基分别键合在硅胶上制成的,一般都用作正相色谱法的固定相,但有时也用于反相色谱。

二、流动相

HPLC 对流动相的基本要求是:①化学稳定性好,不与固定相发生化学反应;②对试样有适宜的溶解度。要求 k 在 1~10 范围内,最好在 2~5 范围内;③必须与检测器相适应,例如用紫外检测器时不能选用对紫外光有吸收的溶剂;④纯度高,黏度小。低黏度的流动相可以降低柱压、提高柱效,如甲醇、乙腈等。

流动相使用之前,需用微孔滤膜(0.45μm)滤过,以除去固体颗粒;还要进行脱气,因为气泡在色谱柱和检测器中对分离和检测会产生影响。

溶剂的配比影响流动相的洗脱能力,主要改变保留时间;溶剂种类影响流动相的选择性,改变分离效果。

溶剂的洗脱能力直接与其极性相关,在正相键合相色谱法中,由于固定相为极性,所以溶剂的极性越强,洗脱能力越强。在反相键合相色谱法中,由于固定相是非极性的,所以溶剂的洗脱能力随溶剂极性的降低而增强。例如水的极性比甲醇的极性强,所以在反相键合相色谱法中甲醇的洗脱能力比水强,增大甲醇的比例,流动相的洗脱能力增强,k 和 t_R 减小。

由于不同种类的溶剂分子间的作用力不同,有可能使被分离的两个组分的分配系数不等,即 $\alpha \neq 1$,所以应采用选择性具有显著性差异的溶剂配制流动相,从而获得理想的分离。反相键合相色谱法常选用甲醇、乙腈和四氢呋喃为极性调节剂,水为溶剂(洗脱强度较弱的溶剂)。一般情况下,甲醇-水能满足多数样品的分离要求,黏度小且价格低,因而是反相键合相色谱法中最常用的流动相;正相键合相色谱法常选用乙醚、三氯甲烷和二氯甲烷为极性调节剂,正己烷为溶剂。

知识链接

梯 度 洗 脱

梯度洗脱是指在分离过程中使两种或两种以上不同的极性溶剂,按一定的程序连续改变它们之间的比例,从而使流动相的极性相应地变化,达到提高分离效果、缩短分析时间的目的。

点滴积累　∨

1. 常用的反相色谱的固定相是 C_{18}，正相色谱的固定相是硅胶与氨基键合相和氰基键合相。

2. 反相键合相色谱法中常选用的流动相是甲醇-水；正相键合相色谱法中常选用乙醚、三氯甲烷和二氯甲烷为极性调节剂，正己烷为溶剂。

第四节　分离条件的选择

一、高效液相色谱的速率理论

高效液相色谱法的基本概念和理论与气相色谱法相似，如气相色谱法中的塔板理论、速率理论、保留值与分配系数的关系、分离度等都可应用于高效液相色谱法。所不同的是，高效液相色谱法的流动相是液体，由于液体和气体的性质不同，因而速率理论的表达形式或参数的含义也有所不同。以下利用速率理论方程式（$H=A+B/u+Cu$）讨论各项动力学因素对高效液相色谱峰展宽的影响。

1. 涡流扩散　由于色谱柱内填充剂的几何结构不同，分子在色谱柱中的流速不同而引起的峰展宽。涡流扩散项 $A=2\lambda d_p$，d_p 为填料直径，λ 为填充不规则因子。HPLC 常用填料的粒度一般为 $3\sim10\mu m$，最好为 $3\sim5\mu m$，粒度分布的 $RSD\leqslant5\%$。但粒度太小难于填充均匀（λ 大），会使柱压过高；大而均匀（球形或近球形）的颗粒容易填充均匀（λ 越小）。总的说来，应采用细而均匀的载体，这样有助于提高柱效。

2. 分子扩散　又称纵向扩散。由于进样后溶质分子在柱内存在浓度梯度，导致轴向扩散而引起的峰展宽。分子扩散项 $B/u=2\gamma D_m/u$。u 为流动相线速度，分子在柱内的滞留时间越长（u 小），展宽越严重。D_m 与流动相的黏度（η）成反比，与温度成正比。HPLC 的流动相是液体，其黏度比气体大得多，而且是在室温下进行操作，因此 D_m 很小，仅约为气相的 10^{-5} 倍，并且 HPLC 的流速一般都在最佳流速以上，这时纵向扩散很小，可以忽略。

3. 传质阻抗　由于溶质分子在流动相、静态流动相和固定相中的传质过程而导致的峰展宽。溶质分子在流动相和固定相中的扩散、分配、转移过程并不是瞬间达到平衡，实际传质速度是有限的，这一时间上的滞后使色谱柱总是在非平衡状态下工作，从而产生峰展宽。液相色谱的传质阻抗项 Cu 又分为 3 项：

（1）固定相传质阻抗：$H_s=C_s d_f^2 u/D_s$（液液分配色谱），C_s 为常数，d_f 为固定液液膜厚度，D_s 为分子在固定液中的扩散系数。在分配色谱中 H_s 与 d_f 的平方成正比，在吸附色谱中 H_s 与吸附和解吸速度成反比。因此只有在厚涂层固定液、深孔离子交换树脂或解吸速度慢的吸附色谱中，H_s 才有明显影响。采用单分子层的化学键合固定相时 H_s 可以忽略。

（2）流动相传质阻抗：$H_m=C_m d_p^2 u/D_m$，C_m 为常数。这是由于在一个流路中的中心和边缘的流速不等所致的。靠近填充颗粒的流动相流速较慢，而中心较快，处于中心的分子还未来得及与固定相达到分配平衡就随流动相前移，因而产生峰展宽。

（3）静态流动相传质阻抗：$H_{sm} = C_{sm} d_p^2 u / D_m$，$C_{sm}$ 为常数。这是由于溶质分子进入处于固定相孔穴内的静止流动相中，晚回到流路中而引起峰展宽。H_{sm} 对峰展宽的影响在整个传质过程中起着主要作用。固定相的颗粒越小，微孔孔径越大，传质阻力就越小，传质速率越高。所以改进固定相结构，减小静态流动相传质阻力是提高液相色谱柱效的关键。

H_m 和 H_{sm} 都与固定相的粒径平方 d_p^2 成正比，与扩散系数 D_m 成反比，因此应采用低粒度的固定相和低黏度的流动相。高柱温可以增大 D_m，但用有机溶剂作流动相时易产生气泡，因此一般采用室温。

根据速率理论，HPLC 的实验条件应该是：①小粒度、均匀的球形化学键合相；②低黏度的流动相；③适当的流速，分析型一般流速为 1ml/min 左右；④柱温适当。

二、正相键合相色谱法的分离条件

正相键合相色谱法一般以极性键合相为固定相，如氰基、氨基键合相等。分离双键的化合物常用氰基键合相，分离多官能团的化合物如甾体、强心苷及糖类等常用氨基键合相。

正相键合相色谱的流动相通常采用烷烃加适量的极性调节剂，通过调节极性调节剂的比例来改变流动相的极性，使试样组分的 k 值在 1～10 范围内。若流动相的选择性不好，可以改变其组成，如使用三氯甲烷、二氯甲烷与正己烷组成二元或三元的有相似极性的溶剂系统，以达到所需的分离效果。

三、反相键合相色谱法的分离条件

反相键合相色谱法常选用非极性键合相，用于分离非极性至中等极性的分子型化合物。C_{18} 是应用最广的非极性键合相，对于各种类型的化合物均有很强的适应能力。短链烷基键合相可用于极性化合物的分离，苯基键合相适用于分离芳香族化合物以及多羟基化合物如黄酮苷。

流动相以水为基础溶剂，加入甲醇、乙腈和四氢呋喃等极性调节剂，极性调节剂的性质以及与水的混合比例对组分的保留和分离选择性有显著影响。一般情况下，甲醇-水系统已能满足多数样品的分离要求，且流动相的黏度小、价格低，是反相色谱最常用的流动相。但斯奈德则推荐采用乙腈-水系统做初始实验，因为与甲醇相比，乙腈的溶剂强度较高且黏度较小，并可满足在紫外光 185～205nm 处检测的要求。因此，综合来看，乙腈-水系统要优于甲醇-水系统。

在分离含极性差别较大的多组分样品时，为了使各组分均有合适的 k 值并分离良好，也需采用梯度洗脱技术。

点滴积累 ∨

1. 高效液相色谱法中影响柱效的主要因素为涡流扩散项和传质阻抗项。由于液体的黏度比载气大得多，而且柱温多为室温，其纵向扩散项很小，可忽略不计，因此范氏方程简化为 $H = A + Cu$。

2. HPLC 的理论塔板高度 H 与流动相的流速 u 成正比，为了获得较高的柱效，流速不宜快，一般流速为 1ml/min。

一般情况下，甲醇-水系统已能满足多数样品的分离要求，乙腈-水系统要优于甲醇-水系统。

第五节　高效液相色谱仪

高效液相色谱仪主要包括输液系统、进样系统、分离系统、检测系统和数据记录及处理系统。其中输液系统主要为高压输液泵,有的仪器还有在线脱气和梯度洗脱装置;进样系统多为进样阀,较先进的仪器还带有自动进样装置;分离系统除色谱柱外,还包括柱温控制器;检测系统为不同性能的高灵敏度检测器;数据记录及处理目前多由计算机完成。高效液相色谱仪结构及流程图如图15-1所示。

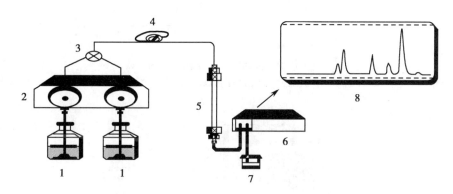

图 15-1　高效液相色谱仪结构及流程图
1. 溶剂;2. 高压泵;3. 混合器;4. 进样器;5. 色谱柱;6. 检测器;7. 废液;8. 色谱图

一、输液系统

(一) 高压输液泵

输液泵的功能是以高压连续不断地将流动相输送到色谱流路系统,保证试样在色谱柱中完成分离。输液泵性能的好坏直接影响整个仪器和分析结果的可靠性,对输液泵的要求是:①流量精度高且稳定;②流量范围宽且可调节;③能在高压下连续工作,输出压力一般应达到 20~50MPa;④液缸容积小;⑤密封性能好,耐腐蚀。

输液泵的种类很多,按输液性质可分为恒压泵和恒流泵。目前多用恒流泵中的柱塞往复泵,如图15-2所示。电动机带动凹轮转动,驱动柱塞在液缸内往复运动。当柱塞向前运动时,流动相输出,流向色谱柱;柱塞向后运动,将流动相吸入缸体;前后往复运动,流动相源源不断地输送到色谱柱。

柱塞往复泵具有很多优点,如流量不受柱阻等因素影响、易于调节控制流量、液缸容积小、便于清洗和更换流动相、适合于梯度洗脱。但是它的输液脉动较大,单独一个泵腔无法满足溶剂传输系统的要求,连续性、稳定性都不符合标准。常采用串联柱塞泵并加脉冲阻尼器以克服脉冲,如图15-3所示。泵1的活塞运动速度为泵2活塞的2倍,因此在相同的时间内,泵1提供的溶剂一半直接供给系统,另一半被泵2吸入,稍后供给系统。

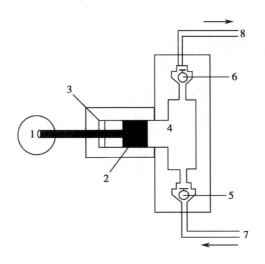

图 15-2　柱塞往复泵结构示意图
1. 转动凸轮;2. 柱塞;3. 密封垫;4. 液缸;5. 入口单向阀;6. 出口单向阀;7. 流动相入口;8. 流动相出口

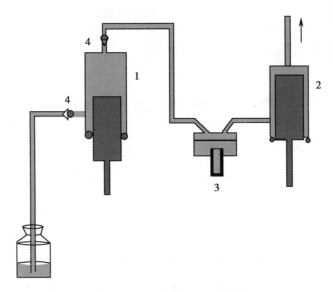

图 15-3　串联柱塞泵结构示意图
1. 泵 1;2. 泵 2;3. 脉冲阻尼器;4. 单向阀

（二）梯度洗脱装置

HPLC 洗脱技术有等强度和梯度洗脱两种。等强度洗脱是在同一个分析周期内流动相的组成保持恒定,适合于组分少、性质差别小的试样。梯度洗脱是在一个分析周期内程序控制改变流动相的组成,如溶剂的极性、离子强度、pH 等。分析多组分、性质差别大的复杂试样时须采用梯度洗脱技术,使所有组分均在适宜的条件下获得分离。梯度洗脱能缩短分析时间、提高分离度、改善峰形等,不足是易引起基线漂移和重现性降低。

二、进样系统

进样器安装在色谱柱的进口处,其作用是将试样引入色谱柱。对进样器的要求是密封性好,死体积小,重复性好,进样时对色谱系统的压力、流量影响小。有进样阀和自动进样装置两种,一般

HPLC分析常用带有定量管的六通阀;较先进的仪器带有自动进样装置,有利于大数量试样的分析。

如图15-4所示,六通阀处于充样"load"位置,用微量注射器将试样注入定量管。进样时,转动六通阀手柄至进样"inject"位置,定量管内的试样被流动相带入色谱柱。定量管的体积固定,可按需更换。自动进样装置可通过程序控制依次进样,同时还能用溶剂清洗进样器。

六通阀进样
示意

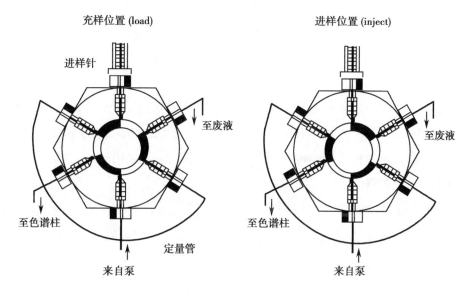

图15-4 六通阀进样示意图

三、分离系统

色谱柱是高效液相色谱仪的重要部件,由柱管和固定相组成,它的作用是分离。色谱柱的柱管通常为内壁抛光的不锈钢管,形状几乎全为直形。能承受高压,对流动相呈化学惰性。按主要用途可分为分析型和制备型。常用分析柱的内径为2~5mm,长为10~30cm。实验室制备型柱的内径为20~40mm,柱长10~30cm。而新型的毛细管高效液相色谱柱是由内径只有0.2~0.5mm的石英管制成的。色谱柱的填充均采用匀浆法,即先将填料用等密度的有机溶剂(如二氧六环和四氯化碳的混合液)调成匀浆,装入与色谱柱相连的匀浆罐中,然后用泵将匀浆压入柱管中。

装填好的色谱柱或购进的色谱柱均应检查柱效,以评价色谱柱的质量。实验结束,要用经过滤和脱气的适当溶剂冲洗色谱系统,正相柱一般用正己烷;反相柱用甲醇,如使用过含酸、碱或盐的流动相,则有机相不变,将其水相改为同比例的纯水进行冲洗,再适当提高有机相的比例冲洗,最后用甲醇冲洗封柱,每种溶剂一般冲洗约20倍的柱体积,即常规分析需要50~75ml。

四、检测系统

高效液相色谱仪的检测器的作用是将组分的量(或浓度)转变为电信号,对其要求是灵敏度高、低噪声、线性范围宽、重复性好、适用性广等。按其适用范围检测器分为专属型和通用型两类。专属型检测器只能依据某组分的特殊性质进行检测,如紫外检测器、荧光检测器只能对有紫外吸收或产生荧光的组分有响应;通用型检测器检测适用于各种化合物的检测,对多种化合物有响应,如视差折光检测器和蒸发光散射检测器。

(一)紫外检测器

紫外检测器的测定原理是基于被分析组分对特定波长的紫外光的选择性吸收,其吸收度与组分浓度的关系服从 Beer 定律。紫外检测器的灵敏度、精密度及线性范围都较好,也不易受温度和流速的影响,可用于梯度洗脱。但它只能检测有紫外吸收的组分,并对流动相的选择有一定的限制,检测波长必须大于溶剂截止波长。紫外检测器主要有 3 种类型:固定波长型、可变波长型及二极管阵列检测器。

(二)荧光检测器

荧光检测器的原理是基于某些物质吸收一定波长的紫外光后能发射出荧光,荧光强度与荧光物质浓度的关系服从 Beer 定律,通过测定荧光强度对试样进行检测。其特点是灵敏度高(检测限可达 10^{-10} g/ml)、选择性好,但并非所有的物质都能产生荧光,因而其应用范围较窄。

(三)示差折光检测器

该检测器属于通用型检测器,它是利用样品池和参比池之间折光率的差别来对组分进行检测,测得的折光率差值与样品组分的浓度成正比。每种物质的折射率不同,原则上讲都可以用示差折光检测器来检测。其主要缺点是折光率受温度影响较大,且检测灵敏度较低,不能用于梯度洗脱。

(四)蒸发光散射检测器

蒸发光散射检测器是通用型检测器,可以检测没有紫外吸收的有机物质,如人参皂苷、黄芪甲苷等。其工作原理是将流出色谱柱的流动相及组分先引入已通气体(常用高纯氮)的蒸发室,加热,使流动相蒸发而除去。样品组分在蒸发室内形成气溶胶,而后进入光散射检测室。用强光照射气溶胶而产生散射,测定散射光强度而获得组分的浓度信号。

(五)安培检测器

该检测器属于电化学检测器,它是利用组分在氧化还原过程中产生的电流或电压变化来对试样进行检测。因而只适于测定具有氧化还原活性的物质,测定的灵敏度较高,检测限可达 10^{-9} g/ml。

五、数据记录及处理系统

高效液相色谱仪的数据记录及处理由微机完成,利用色谱工作站采集和分析色谱数据,许多色谱工作站都能给出峰宽、峰高、峰面积、对称因子、容量因子、分离度等色谱参数。对于组成复杂的试样,需要"色谱专家系统"才能选择到最佳分离条件。

六、高效液相色谱仪的主要性能指标

1. **流量精度**　指仪器流量的重复性,以流量的相对标准偏差表示。

2. **噪声**　由于各种未知的偶然因素所引起的基线起伏。噪声的大小以基线带宽来衡量,通常以毫伏(mV)或安培(A)为单位来度量。

3. **漂移**　指基线朝一定方向缓慢变化,通常用单位时间内基线的水平变化来表示。

4. 检测限 所产生的信号大小等于噪声的 2 倍时,每毫升流动相中所含该组分的量,也称为敏感度。

计算公式:

$$D = \frac{2N}{S}$$

其中:

$$S = \frac{AF}{1000 \times 60 \times m}$$

式中,N 为噪声信号(mV);m 为组分进样重(g);A 为峰面积($\mu V \cdot s$);F 为流量(ml/min);S 为灵敏度(mV $\cdot$ ml/g)。

5. 定性与定量重复性

(1)定性重复性:在同一实验条件下,组分保留时间的重复性。通常以被分离组分的保留时间之差(Δt_R)的相对标准偏差来表示,$RSD \leqslant 1\%$ 认为合格。

(2)定量重复性:在同一实验条件下,色谱峰面积(或峰高)的重复性。通常以被分离组分的峰面积比的相对标准偏差来表示,$RSD \leqslant 2\%$ 认为合格。

知识链接

色谱专家系统

所谓色谱专家系统是一个智能程序系统,它拥有大量色谱领域专家级的专门知识及深厚的理论基础,并且运用人工智能的理论和技术。根据一个或多个色谱专家做决定的过程,解决色谱专家才能解决的色谱方法发展以及色谱图的定性、定量问题。色谱专家系统可以为使用者提供关于色谱柱系统选择、试样处理方式、色谱分离条件选择、定性和定量结果解析等帮助。

点滴积累 ∨

1. 高效液相色谱仪主要包括输液系统、进样系统、分离系统、检测系统和数据记录及处理系统。
2. 高效液相色谱使用的高压泵按输液性能可分为恒压泵和恒流泵。
3. 常用的高效液相色谱检测器有紫外检测器、荧光检测器、示差折光检测器、蒸发光散射检测器、安培检测器等。

第六节　定性定量分析方法

一、定性分析方法

HPLC 的定性分析方法与 GC 相似,有色谱鉴定法、化学鉴定法、多谱联用鉴定法。利用纯物质和样品的保留时间或相对保留时间的相互对照进行定性判断。

二、定量分析方法

HPLC 的定量分析方法与 GC 相同,常用外标法、内标法和内加法,而归一化法应用较少。在进行试样测定前要做系统适用性试验,即用规定的方法对仪器进行试验和调整,检查仪器系统是否符合药品标准的规定。《中国药典》(2015 年版)规定的色谱系统适用性试验包括理论塔板数、分离度、拖尾因子、重复性。

1. 外标法　　外标法是以对照品的量对比求算试样含量的方法。只要待测组分出峰、无干扰、保留时间适宜,即可用外标法进行定量分析。

2. 内标法　　内标法是以待测组分和内标物的峰高比或峰面积比求算试样含量的方法。使用内标法可以抵消仪器稳定性差、进样量不够准确等原因带来的定量分析误差。内标法可以分为校正曲线法、内标一点法(内标对比法)、内标二点法及校正因子法。

3. 内加法　　将待测物 i 的纯品加至待测样品中,测定增加纯品后的溶液比原样品溶液中 i 组分的峰面积增量,来求算 i 组分含量的定量分析方法。

例 15-1　　精密称量注射用阿莫西林钠样品 0.7058g,用流动相定容至 50ml,再精密移取此溶液 2ml 定容至 50ml,即得供试品溶液。取阿莫西林对照品配成浓度为 514.7μg/ml 的对照品溶液。测得对照品的峰面积为 216 910,供试品的峰面积为 200 741,求样品中阿莫西林的含量,并分析其是否符合药典规定(药典规定含阿莫西林不得少于 80.0%)?

解:由题可知 $c_{对照}=514.7μg/ml,A_{对照}=216\ 910,A_{供试液}=200\ 741$。

$$c_{供试}=c_{对照}\times\frac{A_{供试}}{A_{对照}}$$

$$样品中阿莫西林的含量\%=\frac{c_{对照}\times\dfrac{A_{供试}}{A_{对照}}\times稀释倍数\times V_S}{m_S}\times100\%$$

$$=\frac{514.7\times\dfrac{200\ 714}{216\ 910}\times\dfrac{50.00}{2.00}\times50.00}{0.7058\times10^6}\times100\%$$

$$=84.35\%$$

答:样品中阿莫西林的含量为 84.35%>80.0%,符合药典规定。

点滴积累　∨

1. HPLC 的定性分析方法与 GC 相似, HPLC 的定量分析方法与 GC 相同。

2. HPLC 的定量分析方法常用外标法、内标法和内加法,而归一化法应用较少。

3.《中国药典》(2015 年版)二部规定,实验前应进行系统适用性实验(包括理论塔板数、分离度、拖尾因子、重复性),对仪器进行试验和调整,检查仪器是否符合检验标准的规定。

第七节　毛细管电泳分离分析法简介

毛细管电泳（CE）又叫高效毛细管电泳（HPCE），是近年发展起来的分离、分析技术。毛细管电泳是将电泳的场所置于毛细管中的一种电泳分离方法，它是凝胶电泳技术的发展，是高效液相色谱分析的补充。毛细管电泳是一类以毛细管为分离通道、以高压直流电场为驱动力的新型液相分析技术。该技术可分析的成分小至有机离子，大至生物大分子如蛋白质、核酸等。可用于分析多种体液样本如血清或血浆、尿、脑脊液及唾液等，其柱效比 HPLC 高 1~2 个数量级，因此毛细管电泳分析具有高效、快速、微量和应用广泛的特点。

一、毛细管电泳分离的基本原理

（一）毛细管电泳的基本概念

1. 电泳迁移　不同分子所带的电荷性质、多少不同，形状、大小各异。在电场作用下，物质在一定电解质及 pH 的缓冲液或其他溶液内迁移速度也不同。物质在电场的作用下，物质中的各组分按一定速度迁移，形成电泳流，称电泳迁移。

电泳迁移速度（v）可用下式表示：

$$v = uE$$

其中，E 为电场强度（$E = V/L$，V 为电压，L 为毛细管总长度）；u 为电泳淌度。

2. 电渗迁移　电渗迁移指在电场作用下溶液相对于带电管壁移动的现象。特殊结构的熔合硅毛细管管壁通常在水溶液中带负电荷，在电压作用下溶液整体向负极移动，形成电渗流。

毛细管电泳（CE）中所用的石英毛细管柱，在 pH>3 的情况下其内表面带负电荷，和溶液接触时形成双电层。带电微粒在毛细管内实际移动的速度为电泳流和电渗流的矢量和。

正离子与两种效应的运动方向一致，在负极最先流出；中性粒子无电泳现象，受电渗流影响，在阳离子后流出；阴离子与两种效应的运动方向相反，当 $v_{电渗流} > v_{电泳}$ 时，阴离子在负极最后流出。因此，各种粒子因迁移速度不同而实现分离。

（二）毛细管电泳的类型

根据其分离样本的原理设计不同，有以下几种类型：

1. 毛细管区带电泳（CZE）　CZE 是 HPCE 的基本操作模式，一般采用磷酸盐或硼酸盐缓冲液，实验条件包括缓冲液浓度、pH、电压、温度、改性剂（乙腈、甲醇等），用于对带电物质（药物、蛋白质、肽类等）的分离分析，对于中性物质无法实现分离。

2. 毛细管胶速电动色谱（MECC）　MECC 是在电泳缓冲液中加入离子型表面活性剂作为胶束剂，利用溶质分子淌度差异进行分离，同时又可基于其在水相和胶束相之间的分配差异进行分离，拓宽了 CZE 的应用范围，适合于中性物质的分离，亦可区别手性化合物，可用于氨基酸、肽类、小分子物质、手性物质、药物样品及体液样品的分析。

3. 毛细管等速电泳（CITP）　它是根据试样的有效淌度的差别进行分离的一项电泳技术。

CITP采用先导电解质和后继电解质构成不连续缓冲体系,基于溶质的电泳淌度差异进行分离,常用于分离离子型物质,目前应用不多。

4. 毛细管凝胶电泳(CGE) 是将板上的凝胶移到毛细管中作支持物进行的电泳。凝胶具有多孔性,起类似于分子筛的作用,溶质按分子大小逐一分离。凝胶的黏度大,能减少溶质的扩散,所得的峰形尖锐,能达到CE中最高的柱效。常用聚丙烯酰胺在毛细管内交联制成凝胶柱,可分离、测定蛋白质和DNA的分子量或碱基数,但其制备麻烦、使用寿命短。

此外,还有毛细管凝胶电泳(CGE)、毛细管电色谱(CEC)及非水毛细管电泳(CNACE),用于水溶性差的物质和在水中难进行反应的物质的分析研究。

> **知识链接**
>
> 电 泳 淌 度
>
> 电泳淌度是单位场强下离子的平均电泳速度。因为电泳速度与外加电场的强度有关,所以在电泳中常用淌度而不用速度来描述荷电离子的电泳行为和特性。淌度分为绝对淌度、相对淌度和有效淌度。

(三)毛细管电泳的分离原理

在药物分析中,常用毛细管区带电泳法和毛细管胶速电动色谱法。

1. 毛细管区带电泳(CZE)的基本原理 HPLC选用的毛细管一般内径约为$50\mu m$($20\sim200\mu m$),外径为$375\mu m$,有效长度为$50cm$($7\sim100cm$)。毛细管两端分别浸入两种分开的缓冲液中,同时在两缓冲液中分别插入连有高压电源的电极,该电压使得分析样品沿毛细管迁移,当分离样品通过检测器时,可对样品进行分析处理。

HPLC进样一般采用电动力学进样(低电压)或流体力学进样(压力或抽吸)两种方式。在毛细管电泳系统中,带电溶质在电场作用下发生定向迁移,其表观迁移速度是溶质迁移速度与溶液电渗流速度的矢量和。

溶质的迁移速度由其所带的电荷数和分子量大小决定,另外还受缓冲液的组成、性质、pH等多种因素的影响。带正电荷的组分沿毛细管壁形成有机双层向负极移动;带负电荷的组分被分配至毛细管近中区域,在电场作用下向正极移动。与此同时,缓冲液的电渗流向负极移动,其作用超过电泳,最终导致带正电荷、中性电荷、负电荷的组分依次通过检测器。

2. 毛细管胶速电动色谱(MECC)的基本原理 毛细管胶速电动色谱是在毛细管区带电泳的基础上使用表面活性剂来充当胶束相,以胶束增溶作为分配原理,溶质在水相、胶束相中的分配系数不同,在电场作用下,毛细管中溶液的电渗流和胶束的电泳使胶束和水相有不同的迁移速度,同时待分离物质在水相和胶束相中被多次分配,在电渗流和这种分配过程的双重作用下得以分离。

毛细管胶速电动色谱是电泳技术与色谱法的结合,适合同时分离分析中性和带电的样品分子。

二、毛细管电泳仪

毛细管电泳系统的基本结构包括进样系统、两个缓冲液槽、高压电源、检测器、控制系统和数据处理系统。如图 15-5 所示为毛细管电泳仪示意图。

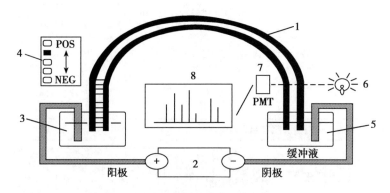

图 15-5　毛细管电泳仪示意图
1. 毛细管;2. 高压电源;3. 阳极缓冲液槽及样品入口;4.5 种样品离子;
5. 阴极缓冲溶液槽;6. 光源;7. 光电倍增管(PMT);8. 电泳图

知识链接

毛细管电泳（CE）的应用

CE 具有多种分离模式（多种分离介质和原理），故具有多种功能，因此其应用十分广泛，通常能配成溶液或悬浮溶液的样品（除挥发性和不溶物外）均能用 CE 进行分离和分析，小到无机离子，大到生物大分子和超分子，甚至整个细胞都可进行分离检测。它广泛应用于生命科学、医药科学、临床医学、分子生物学、法庭与侦破鉴定、化学、环境、海关、农学、生产过程监控、产品质检以及单细胞和单分子分析等领域。目前，CE 分析技术被药物分析工作者在药品检验领域迅速推广应用。

点滴积累 ∨

1. 毛细管电泳是将电泳的场所置于毛细管中的一种电泳分离方法，它是高效液相色谱分析的补充。

2. 毛细管电泳系统的基本结构包括进样系统、两个缓冲液槽、高压电源、检测器、控制系统和数据处理系统。

复习导图

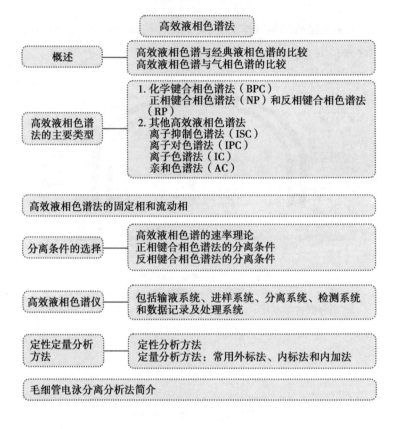

高效液相色谱法

概述	高效液相色谱与经典液相色谱的比较 高效液相色谱与气相色谱的比较
高效液相色谱法的主要类型	1. 化学键合相色谱法（BPC） 　正相键合相色谱法（NP）和反相键合相色谱法（RP） 2. 其他高效液相色谱法 　离子抑制色谱法（ISC） 　离子对色谱法（IPC） 　离子色谱法（IC） 　亲和色谱法（AC）

高效液相色谱法的固定相和流动相

分离条件的选择	高效液相色谱的速率理论 正相键合相色谱法的分离条件 反相键合相色谱法的分离条件
高效液相色谱仪	包括输液系统、进样系统、分离系统、检测系统和数据记录及处理系统
定性定量分析方法	定性分析方法 定量分析方法：常用外标法、内标法和内加法

毛细管电泳分离分析法简介

目标检测

一、选择题

（一）单项选择题

1. HPLC 与 GC 比较可忽略纵向扩散项，其主要原因是

　　A. 系统压力较高　　　　　　　　　　　　B. 流速比 GC 的快

　　C. 流动相的黏度大　　　　　　　　　　　D. 柱温低

2. 在反相键合相色谱法中固定相与流动相的极性关系是

　　A. 固定相的极性>流动相的极性　　　　　B. 固定相的极性<流动相的极性

　　C. 固定相的极性=流动相的极性　　　　　D. 不一定,视组分性质而定

3. 在反相键合相色谱法中,流动相常用

　　A. 甲醇-水　　　　B. 正己烷　　　　C. 水　　　　D. 正己烷-水

4. 在正相键合相色谱法中,流动相常用

　　A. 甲醇-水　　　　B. 烷烃加醇类　　　　C. 水　　　　D. 缓冲盐溶液

5. 在反相键合相色谱法中,流动相的极性增大,洗脱能力

　　A. 降低　　　　B. 增强　　　　C. 不变化　　　　D. 不能确定

6. 下列哪种因素将使组分的保留时间变短

A. 减慢流动相的流速

B. 增加色谱柱的柱长

C. 反相色谱的流动相为乙腈-水,增加乙腈的比例

D. 正相色谱的正己烷-二氯甲烷流动相系统增大正己烷的比例

7. 用 ODS 柱分析一弱极性物质,以某一比例的甲醇-水为流动相时,样品的 K 值较小,若想增大 K 值应

A. 增加甲醇的比例   B. 增加水的比例

C. 增加流速   D. 降低流速

8. 下列对反相键合相色谱法的描述,不正确的是

A. 流动相为极性   B. 适于分离非水溶性的弱极性物质

C. 固定相为非极性   D. 流动相的极性变大,洗脱能力变大

9. 在反相键合相色谱法中,若以甲醇-水为流动相,增加甲醇的比例时,组分的容量因子 k 与保留时间 t_R 将有何变化

A. k 与 t_R 增大   B. k 与 t_R 减小   C. k 与 t_R 不变   D. k 增大,t_R 减小

10. 欲测定一种有机弱碱($pK_a = 4$),选用下列哪种色谱方法最为合适

A. 反相键合相色谱法   B. 离子抑制色谱法

C. 离子对色谱法   D. 离子色谱法

11. 可用于正相键合相色谱法的固定相有

A. ODS   B. 氨基键合相   C. 硅胶   D. 高分子多孔微球

12. 下述哪种固定相既可用于反相键合相色谱法的固定相,又可作为正相键合相色谱法的固定相

A. 苯基固定相   B. 氰基固定相   C. 醚基固定相   D. 烷基固定相

13. 分离酸性离子型化合物时,应选用的离子对试剂是

A. 四丁基铵磷酸盐   B. 正庚烷基磺酸钠   C. 磺酸钠   D. 磷酸铵

14. 当待测样品位于两端加上高压电场的毛细管的负极端时,最先到达毛细管的正极端的是

A. 正离子   B. 中性离子   C. 负离子   D. 带电离子

(二)多项选择题

1. 化学键合相色谱法的特点是

A. 均一性和稳定性好,使用周期长   B. 柱效高

C. 流动相的 pH 可任意调节   D. 重现性好

E. 分离选择性高

2. 高效液相色谱法对流动相的基本要求是

A. 不与固定相发生反应   B. 对试样有适宜的溶解度

C. 纯度高,黏度小   D. 与检测器匹配

E. 适于梯度洗脱

3. 范第姆特方程式用于高效液相色谱法与气相色谱法的表现形式差别是

A. 无涡流扩散项 A

B. 无纵向扩散项 B/u

C. 无固定相传质阻抗项 H_s

D. 有流动相传质阻抗项 H_m

E. 有静态流动相传质阻抗项 H_{sm}

4. 提高柱效的可行方法是

A. 选择粒度为 $3\sim5\mu m$ 的固定相

B. 降低固定相的粒度分布

C. 选球形固定相

D. 匀浆装柱

E. 增大流动相的流速

5. 色谱系统适用性试验内容包括

A. 理论塔板数

B. 分离度

C. 重复性

D. 拖尾因子

E. 准确度

6. 下列为通用型检测器的是

A. 紫外检测器

B. 荧光检测器

C. 示差折光检测器

D. 电化学检测器

E. 蒸发光散射检测器

7. 高效液相色谱法与气相色谱法相比,有如下优点

A. 灵敏度高

B. 分析速度快

C. 流动相选择性高

D. 室温下操作

E. 分离效能高

二、简答题

1. 高效液相色谱仪由哪些结构组成? 各有何作用?

2. 如何选择反相键合相色谱法的分离条件?

三、实例分析题

1. 测定生物碱试样中黄连碱和小檗碱的含量:称取内标物、黄连碱和小檗碱对照品各 0.2000g 配成混合溶液,测得峰面积分别为 3600、3430 和 4040。称取 0.2400g 内标物和试样 0.8560g,同法配制成溶液后,在相同的色谱条件下测得峰面积分别为 4160、3710 和 4540。①内标物应符合哪些要求? 内标法的特点是什么? ②试计算黄连碱和小檗碱的校正因子;③计算试样中黄连碱和小檗碱的含量。

2. 某批牛黄上清丸中黄芩苷的含量测定:取样品 1.0060g,精密加稀乙醇 50ml,称定重量,超声处理 30 分钟,置水浴上回流 3 小时,放冷,称定重量,用稀乙醇补足减失的重量,静置,取上清液,即为供试液。分别吸取黄芩苷对照液(61μg/ml)及供试液各 5μl,注入 HPLC 仪中测定。《中国药典》规定,每丸含黄芩以黄芩苷计,不得少于 15mg。问该批样品是否合格 [已知 $A_供$ = 4 728 936, $A_对$ = 3 884 164,平均丸重 = 5.1491g]?

（袁志江）

第十六章

核磁共振波谱法和质谱法简介

【导言】

1924 年 Pauli 预言了核磁共振的基本理论。 在 1946 年，美国哈佛大学的 E. M. Purcell 和斯坦福大学的 F. Bloch 等人首次发现并证实核磁共振现象，并因此获得 1952 年的诺贝尔物理学奖。 1953 年出现第一台商品核磁共振仪。 60 多年来，核磁共振波谱法取得了极大的进展和成功，检测的核从 ^{1}H 到几乎所有的磁性核。 而质谱的发现更早，早在 1913 年 J. J. 汤姆生就确定了质谱方法，以后经 F. W. 阿斯顿等人改进完善并制成了世界上第一台质谱仪。 质谱发展很快，并且普遍与计算机相连，由计算机控制操作和处理数据，使分析速度大大提高。

第一节 核磁共振波谱法简介

在外磁场的作用下，一些原子核能产生核自旋能级裂分，当用一定频率的无线电波照射分子时，便能引起原子核自旋能级的跃迁，这种现象称为核磁共振。由分子产生的核磁共振信号强度随照射波频率或外磁场磁感强度变化而绘制的曲线称为核磁共振光谱。利用核磁共振光谱对物质进行定性、定量及结构分析的方法称为核磁共振**波谱法**（NMR）。

核磁共振波谱法是结构分析的重要工具之一，在化学、生物、医学、临床等研究工作中得到了广泛的应用。分析测定时，样品不会受到破坏，属于无破损分析方法。

核磁共振波谱主要有氢核磁共振波谱简称氢谱（^{1}H-NMR）和碳核磁共振波谱简称碳谱（^{13}C-NMR），其次还有 ^{15}N-NMR、^{19}F-NMR 和 ^{31}P-NMR。氢谱是目前应用最广泛的核磁共振谱，它可给出 3 个方面的结构信息：①化合物中氢核的种类；②每类氢的数目；③相邻碳原子上的氢的数目。碳谱可给出丰富的碳骨架信息。碳谱和氢谱可以相互补充。^{15}N-NMR 主要用于含氮有机物的研究，是生命科学研究的有力工具。氢核磁共振谱是基础，本节主要简介氢谱。

> **知识链接**
>
> ### 核磁共振波谱的用途
>
> 核磁共振波谱主要有如下用途：
>
> 1. 测定有机化合物的化学结构及立体结构，研究互变异构现象，研究氢键、分子内旋转等。
> 2. 测定某些药物的含量及进行纯度检查，测定反应速度常数，跟踪化学反应进程等。

3. 生物活性测定及药理研究。 由于核磁共振法具有深入物体内部而不破坏样品的特点,因而在活体动物、活体组织及生化药品研究中广泛应用,如研究酶活性、生物膜的分子结构、药物与受体间的作用机制等。

4. 在医疗诊断中用于人体疾病诊察、癌组织与正常组织的鉴别等。

一、核磁共振波的基本原理

（一）原子核的自旋

原子核为带电粒子,由于核电荷围绕轴自旋,则产生**磁偶极矩**(图 16-1),简称**磁矩**。核自旋特征用自旋量子数 I 来描述。根据 I 值分为 3 类:①$I=0$,此类核的质量数和核电荷数(原子序数)均为偶数,不自旋,在磁场中磁矩为 0,不产生核磁共振信号,如$_6^{12}C$、$_8^{16}O$ 等;②$I=1$、$2\cdots$等整数,此类核的质量数为偶数,电荷数为奇数,如$_7^{14}N$、$_1^2H$ 等,它们有自旋、有磁矩,较为复杂,目前研究较少;③$I=1/2$(或 $3/2$、$5/2$),此类核的质量数为奇数,核电荷数为奇数或偶数,如$_1^1H$、$_{15}^{31}P$、$_6^{13}C$ 等,它们有自旋、有磁矩,称为磁性核,在磁场中能产生核磁共振信号,且波

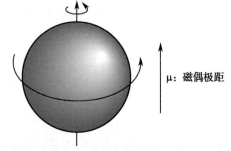

μ: 磁偶极距

图 16-1 磁场中原子核的自旋

谱较为简单,其中碳谱(^{13}C-NMR)尤其是氢谱(^1H-NMR)是有机物结构分析的强有力的工具之一。

（二）原子核的进动与核磁共振

^1H 原子核在自旋的同时,会绕着外磁场方向进动(回旋),就像陀螺在自转时会绕着重力轴进动一样。^1H 核的自旋量子数为 $1/2$,在外加磁场中它只能有两种取向:一种与外磁场平行,为低能级 E_1,以磁量子数 $m=+1/2$ 表征;另一种与外磁场逆平行,为高能级 E_2,以磁量子数 $m=-1/2$ 表征。两能级之差 ΔE 为:

$$\Delta E = E_2 - E_1 = h\nu = h \cdot \frac{\gamma}{2\pi}B_0 \qquad \text{式(16-1)}$$

式中,γ 为磁旋比,不同的原子核有不同的磁旋比,它是原子核的一个特征常数;h 为普朗克常数;ν 为频率;B_0 为外加磁场强度,ΔE 和 B_0 成正比。

其进动频率为:

$$\nu = \frac{\gamma}{2\pi}B_0 \qquad \text{式(16-2)}$$

由式(16-2)可知 ν 也和 B_0 成正比。其意义为当用一定频率的电磁波照射^1H 核时,若电磁辐射所提供的能量恰好等于其核能级差的能量(ΔE)时,^1H 核就吸收电磁辐射的能量,从低能级跃迁至高能级,从而产生核磁共振吸收。可以通过改变照射电磁波的频率 ν(扫频)或外磁场的强度 B_0(扫场)来满足核的共振条件,一般情况下是采用改变外磁场的强度 B_0 来实现核共振。

综上所述,产生核磁共振吸收的条件为:①核具有自旋,即为磁性核;②必须将磁性核放入强磁

场中才能使核的能级差显示出来;③电磁辐射的照射频率为 $\nu=\dfrac{\gamma}{2\pi}B_0$。

以 ^1H 为例,在磁场强度 $B_0=2.35T$ 时,发生核磁共振的照射频率为:

$$\nu=\frac{\gamma}{2\pi}B_0=\frac{2.67\times10^8T^{-1}S^{-1}\times2.35T}{2\times3.14}=100\times10^6S^{-1}=100\text{MHz}$$

▶ **课堂活动**

核磁共振产生的原因及条件是什么?

二、波谱图与分子结构

大多数有机物都含有氢原子(^1H 核),从式(16-1)可见,在 B_0 一定的磁场中,若分子中的所有 ^1H 都是一样的性质,即 γ 都相等,则共振频率 ν 一致,这时只将出现 1 个吸收峰,这种图谱用于研究有机化合物的结构将毫无用处。

事实上,质子的共振频率不仅与 B_0 有关,而且与核的磁矩或 γ 有关,而磁矩或 γ 与质子在化合物中所处的化学环境有关。换句话说,处于不同化合物中的质子或同一化合物中不同位置的质子,其共振吸收频率会稍有不同,从而在不同位置产生吸收峰,这就使 NMR 图谱的存在有了意义。

(一)屏蔽效应

在有机化合物中,质子以共价键与其他各种原子相连,各个质子在分子中所处的化学环境不尽相同(原子核附近的化学键和电子云的分布状况称为该原子核的**化学环境**)。实验证明,氢核核外电子及与其相邻的其他原子核外电子在外磁场的作用下,能产生一个与外磁场相对抗的第二磁场,称为感生磁场。对氢核来讲,等于增加了一种免受外磁场影响的防御措施,使核实际所受的磁场强度减弱,电子云对核的这种作用称为**电子的屏蔽效应**。此时,核的共振频率为 $\nu=\dfrac{\gamma}{2\pi}B_0(1-\sigma)$($\sigma$ 为屏蔽常数,其与原子核所处的化学环境有关)。

若固定射频频率,由于电子的屏蔽效应,则必须增加磁场强度才能达到共振吸收;若固定外磁场强度,则必须降低射频频率才能达到共振吸收。这样,通过扫场或扫频使处在不同化学环境中的质子依次产生共振信号。

(二)化学位移

因受核外电子屏蔽效应的影响,而使吸收峰在核磁共振图谱中的横坐标(磁场强度或射波频率)发生位移,即吸收峰的位置将发生移动。核因所处的化学环境不同,屏蔽效应的大小不同,在共振波谱中横坐标的位移值就不同。将核因受化学环境影响,其实际共振频率与完全没有核外电子影响时共振频率的差值称为**化学位移**。因绝对值难以测得,所以用相对值来表示化学位移,符号为 δ,单位为 ppm。即以四甲基硅烷(TMS)为标准,规定 TMS 的化学位移为 0(TMS 中的氢核受的屏蔽作用很强,共振峰出现在高场,即图谱的最右端)。δ 值按下式计算:

当 B_0 固定时:

$$\delta = \frac{\nu_{样品} - \nu_{标准}}{\nu_{标准}} \times 10^6 = \frac{\Delta\nu}{\nu_{标准}} \times 10^6 (ppm)$$　　　　式(16-3)

式中，$\nu_{样品}$ 与 $\nu_{标准}$ 分别为被测样品及标准品的共振频率。

当 ν 固定时：

$$\delta = \frac{B_{标准} - B_{样品}}{B_{标准}} \times 10^6 = \frac{\Delta B}{B_{标准}} \times 10^6 (ppm)$$　　　　式(16-4)

此外也用 τ 值表示化学位移，$\tau = 10 - \delta$，因此 TMS 的 τ 值为 10。

知识链接

标准物四甲基硅烷

在 NMR 中，通常以四甲基硅烷 TMS 作标准物，其优点是：①由于 4 个甲基中的 12 个 H 核所处的化学环境完全相同，因此在核磁共振图上只出现 1 个尖锐的吸收峰；②屏蔽常数（δ）较大，因而其吸收峰远离待研究的峰的高磁场（低频）区，因此规定 TMS 的化学位移 δ 为 0，其他氢核的化学位移一般在 TMS 的一侧；③具有化学惰性；④溶于有机物，易被挥发除去。化学位移是核磁共振波谱的定性参数。以化学位移 δ 值作横坐标的 CH_3OCH_2COOH 的 ^1H-核磁共振谱如图 16-2 所示。

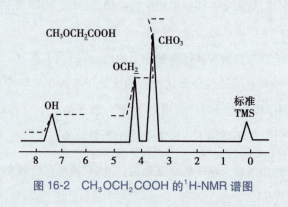

图 16-2　CH_3OCH_2COOH 的 ^1H-NMR 谱图

课堂活动

影响化学位移的因素是什么？

三、核磁共振波谱仪

核磁共振波谱仪的型号和种类很多。按产生磁场的来源可分为永久磁铁、电磁铁和超导磁铁 3 种。按照射频率和磁场强度可分为 60MHz（1.4092T）、90MHz（2.1138T）、100MHz（2.3487T）。电磁铁 NMR 仪最高可达 100MHz，超导磁铁 NMR 仪目前已达 600MHz。照射频率越高，仪器的分辨率及灵敏度越高，更重要的是可以简化图谱，便于解析。按扫描方式又可分为连续波（CW）方式和脉冲傅里叶变换（PFT）方式两种。核磁共振波谱仪的主要部件有磁铁、射频发生器、扫描发生器、信号接收器、样品管和记录系统等。一般核磁共振波谱仪的结构如图 16-3 所示。

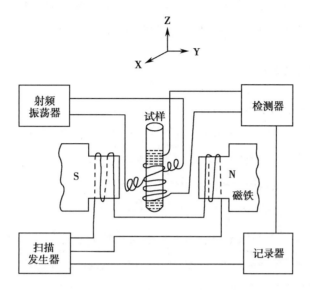

图 16-3 核磁共振波谱仪结构示意图

点滴积累 V

1. 核磁共振产生的原因 处于外磁场 B_0 中的磁性核当被射频照射时,射频的频率正好与核的两个能级差的能量相同时,自旋核便会吸收射频能量,跃迁到高能态,产生核磁共振。

2. 化学位移 δ 是实际观察到的核磁共振频率与完全没有核外电子时的核磁共振频率的差值。 δ 是核磁共振波谱用于结构分析的主要参数之一。

3. 核磁共振波谱仪按扫描方式不同分为连续波核磁共振仪和脉冲傅里叶变换核磁共振仪。

第二节 质谱法简介

质谱分析法是一种物理分析方法,它是通过将分子离解成气态正离子,这些正离子在电场或磁场作用下,通过质量分析器和检测系统后按质荷比(m/z,离子质量与电荷之比)大小进行分离并记录其信息的分析方法。所得结果以图谱表达,即所谓的质谱图(亦称质谱,MS)。根据质谱图提供的信息可以进行多种有机物及无机物的定性和定量分析、复杂化合物的结构分析、样品中各种同位素比的测定及固体表面的结构和组成分析等。

为了形象地说明质谱的形成,设想用气枪向着一个玻璃瓶射击,结果玻璃瓶被铅弹击碎。假若将这些碎片小心地收集起来,按照这些碎片之间的相互联系就可以拼构成原来的瓶子。在此设想中,玻璃瓶代表分子,铅弹代表轰击电子,而玻璃碎片大小的有序排列就如同分子裂解得到的各碎片离子按质荷比的有序排列。研究质谱图所提供的信息已成为确定化合物分子结构的重要手段。

质谱法具有分析速度快、灵敏度高、提供的信息直接与其结构相关的特点。与气相色谱法联用,已成为一种最有力的快速鉴定复杂混合物组成的可靠分析工具,目前在有机化学、生物化学、石油化工、环境保护化学、食品化学、农业科学、生命科学、医药卫生和临床等领域得到了广泛的应用。

质谱要求被检物为气体,因此常与气相色谱等其他仪器联用。

一、质谱法的基本概念

(一)分子离子和分子离子峰

分子失去一个电子所形成的离子称为分子离子,用 M^+ 表示,其产生的质谱峰称为分子离子峰。因为一个电子的质量相对于一个分子来说可以忽略不计,所以分子离子峰的质荷比就是此分子的分子量,分子离子峰往往为质谱图中右侧的较强峰。

(二)基峰

质谱图中的最高峰由相对最稳定的离子产生,注意基峰不一定为分子离子峰。质谱图中常以基峰高度作相对基准,即以最稳定离子的相对强度作100%,其他离子峰的高度占基峰高度的百分数就是该种离子的相对丰度。

(三)碎片离子

分子离子发生键的断裂和重排所产生的各种离子均称为碎片离子,其相对丰度随其稳定性的增强而增大。

(四)亚稳离子

离子在离开电离室到达收集器之前的飞行过程中,发生分解而形成低质量的离子称为亚稳离子。

(五)同位素离子和同位素离子峰

大多数元素都由丰度不同的同位素组成,含有同位素的离子称为同位素离子,相应的质谱峰称为同位素离子峰。

二、质谱图

在仪器分析中将质谱(MS)和紫外光谱(UV)、红外光谱(IR)、核磁共振谱(NMR)统称为"四大光谱"。但从本质上讲,质谱不是波谱,而是物质带电粒子的质量谱。图 16-4 是以质荷比为横坐标,以离子的相对丰度(强度)为纵坐标,以摄谱方式获得的质谱图。利用质谱图中质谱峰的位置和峰高比可以进行定性分析,利用质谱峰的离子的相对丰度(强度)可以进行定量分析,利用质谱提供的综合信息可以进行物质结构分析和分子量测定。

三、质谱仪

质谱仪通常由五部分组成:高真空系统、进样系统、离子源、质量分析器、离子检测器及记录系统。图 16-5 是质谱仪结构和原理示意图。

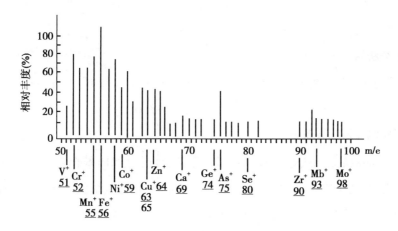

图 16-4 某种固体样品的质谱图

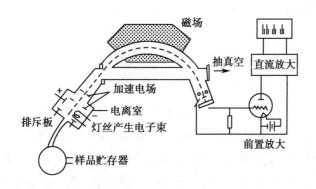

图 16-5 质谱仪结构和原理示意图

(一) 高真空系统

质谱分析中,为了降低背景以及减少离子间或离子与分子间的碰撞,离子源、质量分析器及检测器必须处于高真空状态。离子源的真空度为 $10^{-5} \sim 10^{-4}$ Pa,质量分析器应保持 10^{-6} Pa,要求真空度十分稳定。一般先用机械泵或分子泵预抽真空,然后用高效扩散泵抽至高真空。

(二) 进样系统

质谱仪的进样系统多种多样,一般有如下 3 种方式:

1. 间接进样 一般气体或易挥发性液体试样采用此种进样方式。试样进入贮样器,调节温度使试样蒸发,依靠压差使试样蒸气经漏孔扩散进入离子源。

2. 直接进样 高沸点试液、固体试样可采用探针或直接进样器送入离子源,调节温度使试样汽化。

3. 色谱进样 色谱-质谱联用仪器中,经色谱分离后的流出组分,通过接口元件直接导入离子源。

(三) 离子源

离子源的作用是使试样分子或原子离子化,同时具有聚焦和准直的作用,使离子汇聚成具有一定几何形状和能量的离子束。离子源的结构和性能对质谱仪的灵敏度、分辨率影响很大。常用的离子源有电子轰击离子源、化学电离源、高频火花离子源、ICP 离子源等,前两者主要用于有机物分析,后两者用于无机物分析。目前,最常用的离子源为电子轰击离子源。

(四)质量分析器

质量分析器的作用是将离子源产生的离子按 m/z 的大小分离聚焦。质量分析器的种类很多,常见的有单聚焦质量分析器、双聚焦质量分析器和四极滤质器等。

(五)离子检测器及记录系统

常用的离子检测器是静电式电子倍增器。由于质量分析器出来的离子流一般只有 $10^{-10} \sim 10^{-9} A$,离子检测器的作用是将离子流放大,然后送到记录装置和计算机处理系统,经离子检测器检测后的电流,经放大器放大后,得到所要分析的谱图与数据。

▶▶ **课堂活动**

质谱仪由哪些部件组成?

知识链接

色谱-质谱联用简介

质谱分析具有灵敏度高、定性能量强等特点,但对多组分复杂混合物的鉴定、定量分析比较困难;色谱法则具有高效分离多组分混合物和定量分析简便的特点,但定性能力较差。将两种分析技术联用,可以相互取长补短,以扩大应用范围。色谱仪是质谱法理想的进样器,试样经色谱分离后以纯物质形式进入质谱仪,从而避免复杂混合物同时进入离子源,便于检测;质谱仪则是色谱法理想的检测器,它几乎可以检测出全部化合物,并且灵敏度高。

四、质谱法的主要用途

质谱是纯物质鉴定的最有力的工具之一,其中包括相对分子量测定、化学式确定及结构鉴定等。

1. 从分子离子峰的质荷比确定其分子量。

2. 从同位数离子峰鉴定化合物的分子式。

3. 推测未知物的结构,从碎片离子峰获取的信息推测有机物的分子结构单元。

点滴积累 ╲┄┄┄

1. 质谱法的原理 试样分子或原子在离子源中被电离,离子加速后,在质量分析器的作用下,按质荷比大小分离聚焦。

2. 质谱仪的主要组成部分 质谱仪主要由高真空系统、进样系统、离子源、质量分析器、离子检测器及记录系统五部分组成。

3. 通过质谱图可以获得丰富的质谱信息 包括各种碎片离子元素的组成,根据亚稳离子确定分子离子与碎片离子,碎片离子与碎片离子之间的关系,分子裂解方式与分子结构之间的关系等。通过峰及其强度，可以进行有机化合物的相对分子质量的测定，确定化合物的化学式、结构式，并进行定量分析。

4. ICP-MS 联用技术大大改善了无机痕量元素的检出限；GC-MS、LC-MS 联用仪则用于有机复杂组分的分离和鉴定。

复习导图

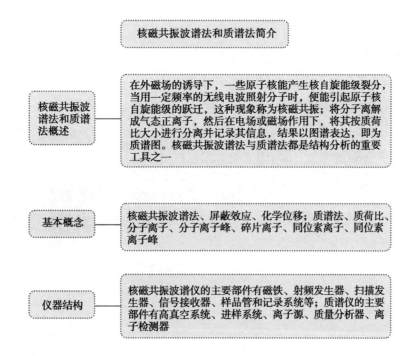

目标检测

一、选择题

（一）单项选择题

1. 下列符号表示核磁共振波谱法的是

    A. UV   B. IR   C. NMR   D. MS

2. 若外加磁场的磁场强度 B_0 逐渐增大时，则使质子从低能级 E_1 跃迁至高能级 E_2 所需的能量

    A. 不发生变化   B. 逐渐变小   C. 逐渐变大   D. 不变或逐渐变小

（二）多项选择题

1. 分析有机化合物的结构常用"四谱"分析法，四谱指的是

    A. UV   B. IR   C. NMR

    D. MS   E. LC

2. 质谱法可以对物质进行

    A. 定性鉴别   B. 分子量测定   C. 分离

    D. 结构测定   E. 旋光度测定

二、填空题

1. 某原子的核质量数为_____,核电荷数为_____,它们一定就有自旋、有磁矩,称为磁性核。

2. 除同位素离子峰外,分子离子峰是分子失去_____生成的,故其质荷比值是该化合物的_____。

3. 当将有_____的核放入磁场后,用_____的电磁波照射,它们会吸收_____,发生_____的跃迁,同时产生_____信号。

三、简答题

1. 质谱仪主要由哪几个部件组成? 各部件的作用如何?

2. 试说明产生核磁共振吸收的条件。

3. 3 个质子 D、E 和 F 共振时,所需的磁场强度按下列次序排列:$B_D>B_E>B_F$。相对于四甲基硅烷,哪个质子的化学位移(δ)最大? 哪个质子的化学位移(δ)最小?

（鲍　羽）

分析化学实验

第一部分

分析化学实验基础知识

分析化学是一门实践性很强的科学,学习分析化学的最终目的是应用分析方法和技术去解决各个学科和生产实践中的问题。分析化学实验是分析化学课程的重要组成部分。

通过分析化学实验,使学生加深对分析化学基本理论和基础知识的理解和掌握,正确熟练地掌握分析实验基本操作及使用各种分析仪器,训练学生的基本操作技能,进行实验观察、记录,培养学生独立思考、正确处理分析数据、提高分析问题和解决问题的能力,培养学生理论联系实际、实事求是的科学态度和严谨细致的工作作风,为今后的学习和工作奠定良好的实践基础。

为保证实验的顺利进行和获得准确的分析结果,必须了解和掌握有关的分析化学实验基础知识。

一、实验室规则

1. 实验前必须做好预习,明确实验目的和实验原理,熟悉实验内容、实验步骤及注意事项,写好预习报告,做好准备工作。

2. 学生进入实验室必须穿工作服,遵守实验室的各项规章制度,熟悉实验室的环境和安全通道,检查实验所需的药品、仪器是否齐全。

3. 实验室应保持安静,严格遵守操作规程,认真操作,积极思考,仔细观察,详细做好实验记录。

4. 实验数据应有专用记录本,记录要及时、真实、准确、整洁。原始数据原则上不得涂改,如有记错或重新测定的数据,应划掉重写,不得涂改、刀刮或补贴。

5. 实验试剂及公用仪器应放在指定位置,试剂放置要合理、有序。按规定量取用药品,称取药品后,及时盖好原瓶盖,实验完毕后试剂、仪器、用具等都要放回原处,注意节约试剂。

6. 保持实验台面清洁、仪器摆放整齐;要回收的试剂,应放入指定的回收容器中。废纸、火柴梗和碎玻璃等应倒入垃圾箱;废液应倒入废液缸内,切勿倒入水槽,以防堵塞或锈蚀下水管道。

7. 对于不熟悉的仪器设备应仔细阅读使用说明,听从教师指导,切不可随意动手,以防损坏仪器或发生事故。爱护仪器和实验设备,仪器损坏要及时登记,申请补领或检修,并按规定赔偿。

8. 要养成良好的职业习惯,实验完毕后及时提交实验报告。

9. 实验室内的一切物品不得带离实验室。

10. 实验结束后,安排值日生,做好实验室清洁、整理工作,清点实验仪器,检查门、窗、水、电、煤气等是否关闭。

二、实验室安全知识

保证实验室工作安全有效进行是实验室管理工作的重要内容。化学药品中,许多是易燃、易爆、有腐蚀性和有毒的,因此在进行分析化学实验时,要严格遵守水、电、煤气和各种化学试剂、仪器的使用规定,重视安全操作,熟悉安全知识,严格遵守操作规程,防止安全事故发生。

1. 实验室电器必须由专业人员安装,不得私拉乱接电线,所有电器的用电量应与实验室的供电及用电端口匹配,决不可超负荷运行。使用电器时,应防止人体与电器导电部分直接接触,不要用湿的手、物接触电器,为防止触电,装置和设备必须连接地线。

2. 量取酒精等易燃液体时,必须远离火源,给酒精灯加酒精时,要先熄灭火焰后再用漏斗添加酒精。使用酒精灯或电炉加热时,器皿外壁应干燥,操作者应守护至加热完毕。

3. 可能发生危险的实验,操作时应采取必要的防护措施。加热易燃试剂时,必须使用水浴、油浴或电热套,绝对不可使用明火;若加热温度有可能达到被加热物质的沸点,则必须加入沸石(或碎瓷片),以防暴沸伤人;使用或反应产物中有有毒、异臭和有强刺激性物质时,必须在通风橱中操作。

4. 要熟悉灭火器、砂桶,以及急救箱的放置地点和使用方法;水、电、煤气使用完毕,应立即关闭水源、煤气、电闸开关;点燃的火柴用后立即熄灭,不得乱丢。

5. 严禁在实验室内喝水、饮食和吸烟,严禁用实验器皿作餐具,实验完毕后必须洗净双手。严禁试剂入口,使用移液管移取溶液时,具有腐蚀性或有毒液体一定要用洗耳球吸取。

6. 一切试剂、样品均应有标签,绝不可在容器内装与标签内容不相符的物质。药品、试剂使用时应尽快将滴管插回滴瓶中或加盖瓶盖。

7. 浓酸、浓碱具有强烈的腐蚀性,使用时切勿溅在皮肤和衣服上,眼睛更要注意防护。稀释浓硫酸时,只能在耐热容器中将浓硫酸在不断搅拌下缓缓注入水中。试管加热时,切不可使试管口对着自己或别人。

8. 要特别小心使用汞盐、砷化物、氰化物等剧毒药品,并采取必要的防护措施。实验残余的毒物应采取适当的方法加以处理,切勿随意丢弃或倒入水槽。

9. 在胶塞或胶管中插入或拔出玻璃棒、玻璃管、温度计时,应有垫布,不可强行插入或拔出。切割玻璃管、玻璃棒,装配或拆卸玻璃仪器装置时,要防止玻璃突然破裂而造成刺伤。

10. 使用压缩气(钢瓶)时,瓶内气体与外部标志应一致,搬运及存放压缩气体钢瓶时,一定要将钢瓶上的安全帽旋紧,气瓶直立放置时要进行固定。开启压缩气体钢瓶的气门开关及减压阀时,应慢速逐渐打开,以免气流过急流出,发生危险;瓶内气体不得用尽,应保持一定剩余残压,否则将导致空气或其他气体进入钢瓶,再次充气时将影响气体的纯度,甚至发生危险。

11. 在进行仪器操作中,如遇故障应立即报告老师,未经许可,学生一律不得自行拆卸实验装置、仪器、电器,以防意外事故发生。

三、实验室急救措施

1. 玻璃割伤时,取出伤口中的残余玻璃,用医用过氧化氢溶液(双氧水)或蒸馏水洗净,涂上碘酊等,进行包扎或送医院处理。

2. 不慎失火,应立即关闭电源,打开窗户,迅速灭火,必要时向公安消防部门电话(119)报警。有机溶剂着火,可用湿抹布或砂扑灭,火势较大则用灭火器。电源着火,先切断电源,再用砂或灭火器灭火。

3. 试剂溅入眼内,应立即用生理盐水冲洗,若是酸溶液用稀碳酸钠溶液冲洗,若是碱溶液用硼酸溶液冲洗。受伤严重时要送医院治疗。

4. 试剂灼伤,①酸:立即用大量的自来水冲洗,再用碳酸氢钠(或氨、肥皂水)溶液洗涤;②碱:立即用大量的自来水冲洗,然后用硼酸(或稀醋酸)溶液冲洗;③溴:立即用大量的自来水冲洗,然后用酒精擦至无溴液存在为止,再涂甘油或烫伤油膏。

5. 中毒的急救,对中毒者的急救主要在于把患者送往医院或医生到达之前,尽快将患者从中毒物质区域中移出,并尽量弄清致毒物质,以便协助医生排出中毒者体内的毒物。如遇中毒者呼吸停止、心脏停搏时,应立即施行人工呼吸、心脏复苏,直至医生到达或送到医院为止。

6. 如遇触电事故,立即切断电源,使触电者脱离电源,将触电者抬至空气新鲜处,仰面躺平,且确保气道通畅,必要时进行人工呼吸,再送医院救治。

四、实验室常用试剂

实验室用水和常用试剂的规格、使用和保管是从事分析工作者必须掌握的基础知识。分别介绍如下:

(一)实验室用水

分析化学实验使用的纯化水,一般是指蒸馏水或去离子水。药典中明确指出纯化水为饮用水经蒸馏法、离子交换法、反渗透法或其他适宜的方法制备的制药用水。有的实验要求用二次蒸馏水或更高规格的纯化水(如电分析化学、液相色谱等实验)。

1. 蒸馏水　通过蒸馏方法、除去水中的非挥发性杂质而得到的纯水称为蒸馏水。同是蒸馏所得的纯水,其中含有的杂质种类和含量也不同。用玻璃蒸馏器蒸馏所得的纯水含有微量的 Na^+ 和 SiO_3^{2-} 等离子;而用铜蒸馏器所制得的纯水则可能含有微量的 Cu^{2+}。

2. 去离子水　利用离子交换剂除去水中的阳离子和阴离子后所得到的纯水称之为离子交换水或"去离子水"。未进行处理的去离子水可能含有微生物和有机物杂质,使用时应注意。

3. 纯水质量的检验　纯水的质量检验指标很多,分析化学实验室主要对实验用水的电阻率、酸碱度、钙和镁离子、氯离子的含量等进行检测。

(二)常用试剂的分类、用途和保存

化学试剂是指有一定纯度标准的各种单质和化合物。化学试剂的纯度对分析结果准确度的影响很大,不同纯度的化学试剂适用于不同的分析工作。因此,了解常用试剂的规格、用途及保存方法是非常必要的。

1. 化学试剂的分类　化学试剂种类很多,规格不一,用途各异。化学试剂基本上可分为无机化学试剂和有机化学试剂两大类。根据其用途,可分为通用试剂和专用试剂两类。

(1)**通用试剂**:通用试剂是实验室最常用的试剂,等级分为4级,即优级纯、分析纯、化学纯和实验试剂,其级别、标志、标签颜色和主要用途见下表。

一般化学试剂的规格及适用范围

级别	中文名称	英文符号	适用范围	标签颜色
一级	优级纯(保证试剂)	GR	精密分析实验	绿色
二级	分析纯(分析试剂)	AR	一般分析实验	红色
三级	化学纯	CP	一般化学实验	蓝色
四级	实验试剂	LR	一般化学实验辅助试剂	棕色或其他颜色

(2)**专用试剂**:是指具有专门用途的试剂,如高纯试剂、基准试剂、光谱纯试剂、色谱纯试剂、生化试剂、微量分析试剂等。高纯试剂的杂质含量比优级或基准试剂都低,用于微量或痕量分析;基准试剂 PT 用作滴定分析中的基准物,也可用于直接配制标准溶液;色谱纯试剂主要用于色谱分析中的标准物质;光谱纯试剂 SP 主要用于光谱分析中的标准物质;生化试剂 BR 用于配制生物化学检验试液和生化合成。

合理选择相应级别的试剂,既能保证实验正常进行,又可避免不必要的浪费。根据分析任务、分析方法和对分析结果准确度的要求等选用不同等级的化学试剂。化学试剂的纯度越高,价格越贵,超级别选用试剂会造成资金的浪费,而降级别选用试剂则会影响分析结果的准确度。

2. 试剂的保存　试剂放置不当可能引起质量和组分的变化。一般化学试剂应保存在通风良好、洁净干燥的房子里,避免其他物质的污染,并根据试剂的性质采取相应的保存方法和措施。

(1)实验室应配备有防尘、防止各种有害气体侵蚀的专用玻璃试剂柜。

(2)易水解的试剂应严格密封保存或放置于干燥器中保存。易挥发、易氧化、易风化或潮解的不稳定试剂应注意瓶口的密封,使用过后应重新用石蜡密封瓶口。

(3)容易腐蚀玻璃,影响试剂纯度的试剂应保存在塑料瓶或涂有石蜡的玻璃瓶中。

(4)见光易分解的试剂应保存在棕色瓶中置于暗处。

(5)易受热分解的试剂和易挥发的试剂应保存在阴凉通风处。

(6)应经常检查试剂瓶上的标签是否完好、字迹是否清晰,若标签脱落或字迹模糊,则应及时更换标签。

(7)剧毒试剂必须存放于专用的毒品库中,严格执行取用手续,注意安全使用和妥善保管。

3. 试剂使用注意事项

(1)试剂不能与手接触。

(2)取用固体试剂应当用干净的药勺,用过的药勺需擦拭干净后再使用。

(3)取用液体试剂应当用滴管、洁净的量筒或烧杯,绝对不准用同一种量具连续取用不同试剂。标准溶液应直接倒入滴定管中,不充许倒入烧杯后再倒入滴定管或是用滴管加入。

(4)取试剂前要看清瓶签上的名称与浓度,不要取错试剂。取用时不可将瓶盖随意乱放,应将瓶盖反放在干净的地方,取完试剂后随手将瓶盖盖好。

（5）试剂的用量及浓度应按要求适当使用,过多或过浓不仅造成浪费,而且还可能产生副反应,甚至得不到正确的结果。取出未用完的试剂不得倒回原瓶中,应倒入教师指定的容器内。

（6）实验室配制或分装的各种试剂都必须贴上标签。标签上应表明试剂的名称、浓度、纯度、标定日期、有效期、配制标定人等信息。

五、实验数据的记录和实验报告

进行分析化学实验时,要按实验原理和操作步骤认真进行实验,及时、准确地记录实验数据和实验现象,在实验结束后写出完整正确的实验报告。

（一）分析化学实验步骤

1. 实验课课前预习

（1）阅读教科书、实验教材和参考资料中的有关内容,明确实验目的。

（2）熟悉实验原理、操作步骤、实验条件和实验注意事项。

（3）写出预习笔记,列出数据记录项目,方可进行实验。

2. 实验 在充分预习的基础上,根据实验条件按实验的操作步骤进行实验操作。操作中应做到:

（1）先按实验内容将实验所需的仪器按要求洗涤干净并准备好。

（2）认真操作、细心观察,及时、准确地将实验现象和实验原始数据如实地记录在实验记录本上。

（3）实验中应勤于思考、仔细分析,将理论知识与实践操作相结合,解决实验中出现的问题。

3. 完成实验报告。

（二）实验数据的记录

1. 做分析化学实验必须有专用的实验记录本,并将记录本页码编号,不得随意撕去,严禁记录在小纸片上、手上或随意记录在其他地方。

2. 记录实验数据必须做到认真、及时、准确、清楚。坚持实事求是,严禁随意拼凑和伪造数据。

3. 实验中的每一个数据都是实验测量的结果,因此重复观察时即使数据完全相同也应记录下来。

4. 记录数据时,应根据仪器的精度准确记录实验数据,不能随便增加或减少位数。

5. 记录尽可能用列表法或其他较为简明的方法记录实验现象和数据。当记录有误或其他原因舍弃的数据应划掉重写,并注明原因。

（三）实验报告

实验完毕后,根据实验记录本上的原始记录,及时对实验数据进行整理、计算和分析,认真写出实验报告。实验报告要求正确、清晰、简明扼要。分析化学的实验报告一般包括以下内容:

1. 实验名称,实验日期。

2. 实验目的。

3. 实验原理 用文字或化学反应式简要说明。

4. **实验内容与步骤**　简要描述实验过程(用文字或箭头流程式表示)。

5. **实验数据记录与处理**　用文字、表格或图形将实验数据表示出来,运用有效数字的运算规则进行计算,给出正确的分析结果。

6. **实验思考**　对实验中出现的现象与问题加以分析和讨论,总结经验教训,以提高分析问题和解决问题的能力。

(李维斌)

第二部分

分析化学实验

实验一 分析天平的称量练习

一、实验目的

1. 熟练掌握直接称量法、递减称量法和固定质量称量法的操作方法。

2. 了解分析天平的分类、称量原理、基本构造和性能指标。

3. 掌握分析天平的正确使用方法,做到准确、正确记录实验原始数据。

二、实验用品

1. **仪器**　托盘天平、分析天平(全机械加码电光天平 TG-328A 或半机械加码电光天平 TG-328B、电子天平)、锥形瓶、称量瓶、表面皿和药匙。

2. **试剂**　化学纯 Na_2CO_3。

三、实验原理

传统的托盘天平、电光天平是根据杠杆原理设计制作的,即用已知质量的砝码来衡量被称物品的质量。如实验图 1-1 所示,天平梁是等臂杠杆,B 为支点,A 和 C 为力点,支点 B 位于 AC 的中间。假设称量物体质量为 m_1,受到地球的引力为 m_1g,砝码的质量为 m_2,受到地球的引力为 m_2g,梁 AB 的臂长为 L_1,BC 臂长为 L_2。根据杠杆原理可知,当两边受力平衡时,支点两边的力矩相等,即:

$$m_1gL_1 = m_2gL_2$$

B 为 AC 的中点: $L_1 = L_2$

故 $m_1 = m_2$

即砝码的质量等于被称量物质的质量。

四、实验内容

1. 认识并了解分析天平的结构。

2. 分析天平的称量练习(以全机械加码电光天平 TG-328A 为例)。

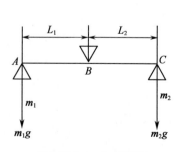

实验图 1-1　杠杆原理

（1）称量前准备

1）取下分析天平的外罩并折叠整齐,放在天平箱一侧;接通电源。

2）一般性检查:①检查天平是否处于水平,气泡式水平仪的气泡是否处于水平仪中间的圆环内,若不水平,则旋转天平脚的升降螺丝调节至水平;②检查天平的各个部件是否齐全、正常,如横梁、吊耳的位置,环码的数目及位置,指数盘是否指在"000"位置;③检查天平盘与底板是否清洁,如有粉尘可用软毛刷清扫干净;④检查天平箱内的干燥剂(变色硅胶)是否失效,若失效(红色)则换上干燥的硅胶(蓝色)。

3）检查并调节天平的零点:在天平两盘空载时,轻轻转动升降枢纽,开启天平,此时指示灯亮,从光幕上可以看到标尺的投影在缓缓移动。待天平稳定后,微分标尺上的"0"和光幕上的标线相重合时,即为零点(一般零点在 0mg±0.2mg 范围内即为正常)。若天平零点不在 0mg±0.2mg,可拨动升降枢纽旁的金属拉杆(调零杆),调节光幕的位置,使之重合;若用调零杆不能调至重合时,则须关闭天平,调节天平横梁上两侧的平衡调节螺丝直至重合,再重复开启天平检查零点是否正常。每次使用电光天平前,应该重新测定天平零点。

4）灵敏度的测定与调整:调整好天平的零点,在右盘中加 10mg 片码,转动指数盘使之指示 10mg 质量。开启天平,待稳定后,光幕标尺上读到的数据称为停点,停点应在 9.9~10.1mg,即灵敏度符合 10 小格/毫克的要求。若停点读数<9.9mg,表示天平的灵敏度太低;若停点读数>10.1mg,表示天平的灵敏度太高。这两种情况下称量都不能准确到 0.1mg。可以移动重心螺丝,改变它到支点的距离来调节天平的灵敏度(此项调整不能由学生操作)。

（2）称量

1）**直接称量法**:直接称量法主要用于称取固体物品的质量,或一次称取一定质量的样品。被称量物品的性质应稳定,在空气中不易吸湿或挥发。

操作步骤:①调零点:用调零杆或调平螺丝将分析天平调至平衡,并调至零点。②粗称:在托盘天平上称取被称物品的质量。③精称:将被称物品放在分析天平的右盘中央,根据粗称的质量,转动天平左侧指数盘加"克"以上的环码;然后轻轻开启天平,观察微分标尺移动的情况,微分标尺总是向重盘方向移动,由此判断环码的加减;再使用指数盘试加"克"以下的环码来调整平衡;达到平衡时光幕标线应在微分标尺的 0~10mg 刻度范围内(自右向左读数)。④记数:被称物品的质量(g)= 指数盘所示质量+光幕所示质量。

若称的是样品,则将分析天平调零后,先粗称盛放样品所用的器皿的质量(如称量瓶、小烧杯等),再精称器皿(如空称量瓶、小烧杯等)的质量 m_1;然后粗称器皿与样品的总质量,再精称器皿与样品的总质量 m_2。所称样品的质量为:

$$样品的质量（g）= m_2 - m_1$$

半机械加码电光分析天平(TG-328B 型)的直接称量法与上述操作程序基本相同,区别在于被称量物放在分析天平的左盘,而在右盘放置"克"以上的砝码(按照"先大后小,大砝码在盘中间,小砝码在大砝码周围"的原则),"克"以下的砝码则由安装在右上方的机械加码装置指数盘加减,被称物品的质量(g)= 砝码质量+指数盘所示质量+光幕所示质量。

2)**递减称量法**:递减称量法是利用每两次称量之差,求得被称物质的质量。称量时不需调零点,定量分析中称取多份样品或基准物质时常用该方法。将样品装在带盖的称量瓶中进行称量,可称取易吸湿、易氧化、易与二氧化碳反应的样品。递减称量法称取样品的质量一般在指定的范围内(一般要求在 $m\pm m\times10\%$ 范围内)。

递减称量法称取固体样品 Na_2CO_3 约 0.2g 样品 3 份(每一份的质量范围在 0.18~0.22g)。

操作步骤:①粗称:在洁净、干燥的称量瓶内加入适量 Na_2CO_3 样品(一般情况下加入的样品质量应略大于 3 份样品的总质量),然后在托盘天平上称量装了 Na_2CO_3 样品的称量瓶的总质量。②精称 m_1:将上述装了 Na_2CO_3 样品的称量瓶放在分析天平的右盘上,根据粗称的质量,转动分析天平左侧指数盘加"克"以上的环码;再使用指数盘试加"克"以下的环码来进行平衡(达到平衡时光幕标线应在微分标尺的 0~10mg 刻度范围内),记录被称物品(称量瓶与样品)的质量 m_1,关闭天平。③倾出样品:取出称量瓶,移到事先备好的洁净锥形瓶上方,打开称量瓶盖,用瓶盖轻轻敲击倾斜的称量瓶口外缘,使样品慢慢落入锥形瓶内。操作时,勿使样品撒落在锥形瓶外面,如实验图 1-2 所示。敲出适量的样品后,用瓶盖轻轻敲击瓶口使称量瓶缓缓直立,使沾在瓶口的样品落回到称量瓶内,盖好瓶盖。④精称 m_2:将称量瓶放回到天平的右盘上,从左侧指数盘上减去环码质量(应为本次称量范围的下限,如精称 m_1 读数为 8.3456g,减去 0.18g,即将环码调至 8.16g);再开启天平,观察光幕内的标尺移动方向,若迅速移向右边表明右边重,则关闭天

实验图 1-2　倾出样品操作

平,取出称量瓶继续倾出样品,直至平衡为止,记录称量数据 m_2;若光幕内标尺迅速移向左边,则表明左边重,即倾出的样品超出所需样品低限,此时逐步减环码,直至平衡为止,倾出的样品的质量为 $P=m_1-m_2$。如超重(即 $P>0.22g$),则该份样品应弃去,另重称。

重复上述操作步骤,即可称出第 2、第 3 份样品的质量,两次质量之差即为倾出样品的质量。由上述操作可以看出该方法的优点是称量时不需要调零,并且称取多份样品时可连续称量,从而缩短了称量时间。

计算称取的 3 份 Na_2CO_3 样品的质量(g)分别为:

$$P_1=m_1-m_2$$
$$P_2=m_2-m_3$$
$$P_3=m_3-m_4$$

3)**固定质量称量法**:工作中,当需要用直接法配制指定浓度的溶液时,常用固定质量称量法。该方法要求称量的样品为在空气中性质稳定、不易吸湿的粉末状物质。

用固定质量称量法称取 1 份 Na_2CO_3 样品(指定质量为 0.2450g)。

操作步骤:①粗称:在托盘天平上称取干燥、洁净的表面皿的质量。②精称 m_1:在分析天平上精密称定表面皿的质量,记录数据 m_1(假设表面皿的质量为 12.3243g),关闭天平。③精称 m_2:根据 m_1

与所要称量的 Na_2CO_3 质量的和,改变指数盘的质量(12.3243g+0.2450g=12.5693g,即指数盘所示质量之和由原来的 10g+2g+320mg 改为 10g+2g+560mg),并记下停点数据(应为 9.3mg);然后用药匙将少量样品 Na_2CO_3 慢慢加到表面皿上(宁少勿多),轻轻开启天平,若天平右盘轻,则关闭天平继续加入少量样品;若开启天平后光幕标线离停点很近,则将天平开启至全开,用药匙取极少量样品,用指尖轻弹药匙,使样品落下,直至光幕标线与标尺上的 9.3mg 刻度线重合(一般允许±0.3mg 的误差),记录数据 m_2(应为 12.5693g),关闭天平;若天平右盘重,则应弃去重称。

称取的样品的质量为 $m=m_2-m_1=12.5693g-12.3243g=0.2450g$。

(3)称量结束工作:关闭天平,取出被称物体(称量瓶或表面皿)并归位,将砝码、镊子放入盒内原位置,指数盘数值恢复到"000",关闭电源,清扫天平,套上防尘罩,填写仪器使用记录本。

▶▶ **实验小结**

3 种称量方法各有其使用范围,直接称量法一般是称量未知质量的样品,递减称量法主要用于需要平行测试多份样品,固定质量称量法一般用于称取指定质量的样品。

五、实验注意事项

1. 称量前要认真仔细地检查天平各部件的位置是否正常,干燥剂是否合格,砝码、镊子是否丢失。

2. 读数时应将天平侧门关闭,天平开启至全开状态。正确读数,数据应读准至以克为单位的小数点后第 4 位。

3. 分析天平上称量的所有数据要及时、准确地记录在原始记录本上,不能随意涂改、丢失。

4. 取用砝码时须用镊子,不能用手拿取,以免玷污砝码产生称量误差。

5. 取用称量瓶时应用干燥、洁净的纸套套住称量瓶(或戴上干燥、洁净的手套拿称量瓶),不能用手直接拿称量瓶,以免产生称量误差。

6. 爱护天平,操作时应做到轻、慢、稳,天平未达到平衡时不要全开启天平;调节调平螺丝、重心调节器螺丝、加减砝码或环码、取放称量物质时必须休止天平。

7. 实验结束后要做好天平的复位工作,关闭电源,套上防尘罩,做好仪器使用登记。

六、实验数据记录与处理

1. 直接称量法称取指定物品的质量记录

$$空称量瓶的质量(g) \quad m=$$

2. 递减称量法称样品 Na_2CO_3 质量记录

年　月　日

质量 ＼ 编号	①	②	③
倾出样品前称量(g)	$m_1=$	$m_2=$	$m_3=$
倾出样品后称量(g)	$m_2=$	$m_3=$	$m_4=$
倾出样品的质量(g)	$P_1=$	$P_2=$	$P_3=$

3. 固定质量称量法称量记录

表面皿的质量(g)　　　　$m_1=$

表面皿+样品总质量(g)　　$m_2=$

样品质量(g)　　　　　　$m_2-m_1=$

七、实验思考

1. 调节天平零点时,若开启天平后投影到光幕内的微分标尺迅速移向左边时,表明天平哪边重? 如何移动调平螺丝?

2. 用递减称量法精称 m_2(或 m_3、m_4 等)时,若开启天平后投影到光幕内的微分标尺迅速移向被称物时,表明天平的哪边重? 应如何操作? 若光幕内的微分标尺迅速移向环码时,表明天平的哪边重? 应如何操作?

3. 为什么直接称量法在称量前必须调整零点,递减法和固定质量称量法可以不调整零点?

4. 易吸水或易变质的样品能不能直接放在敞口容器中称量? 为什么?

（张丽娜）

附:分析天平与电子天平的基本知识

一、分析天平的分类、基本结构和性能指标

（一）分析天平的分类

1. **按照天平的结构分类**　分析天平按结构特点可分为等臂双盘电光天平(微分标牌)、单盘减码式不等臂电光天平和电子天平。目前常用的几种分析天平的型号和主要规格见实验表1-1。

实验表 1-1　常用几种分析天平的型号和主要规格

名称	型号	主要规格	
		最大载重荷（g）	分度值（mg/格）
全机械加码电光天平	TG-328A	200	0.1
半机械加码电光天平	TG-328B	200	0.1
单盘减码式不等臂电光天平	TG-729B	100	1 游标分度值 0.05
电子天平	FA2004N	200	0.1

2. 按照天平精度分类　分析天平按精度分级和命名是常用的分类方法。根据国家标准 GB/T 4168-1992 规定，以天平的名义分度值与天平最大载荷之比（即天平精度）不同，将天平分为 10 级，如实验表 1-2 所示。1 级天平精度最好，10 级天平精度最差。在一般的常量分析中，使用最多的是国家规定的 3~4 级分析天平，其最大载荷为 100~200g。在微量分析中，使用的多是 1~3 级天平，最大载荷为 20~30g。

实验表 1-2　分析天平的分级

精度级别	1	2	3	4	5
名义分度值与最大载荷比	1×10^{-7}	2×10^{-7}	5×10^{-7}	1×10^{-6}	2×10^{-6}
精度级别	6	7	8	9	10
名义分度值与最大载荷比	5×10^{-6}	1×10^{-5}	2×10^{-5}	5×10^{-5}	1×10^{-4}

分析天平的分类方法很多，除上述分类方法外，还可按用途或称量范围来分类，如标准天平、采样天平、微量天平和超微量天平等。本实验介绍双盘半机械加码电光天平、全机械加码电光天平和电子天平。

（二）分析天平的基本结构

1. 双盘全机械加码电光天平（TG-328A 型）　双盘全机械加码电光天平的基本构造可分为天平梁、天平柱、天平箱、机械加码装置、光学投影装置等部分，如实验图 1-3 所示。

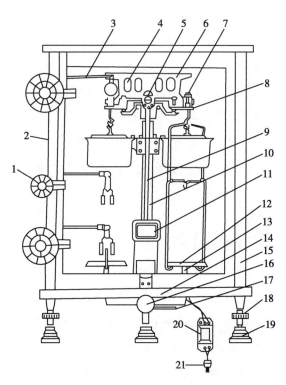

实验图 1-3　全机械加码电光天平

1. 指数盘　2. 阻力器　3. 加码杠杆　4. 平衡螺丝　5. 支点刀　6. 天平梁　7. 吊耳　8. 翼翅板　9. 指针　10. 天平柱　11. 光幕　12. 天平盘　13. 盘托　14. 底板　15. 天平箱　16. 升降枢钮　17. 调零杆　18. 水平调节螺丝　19. 脚垫　20. 变压器　21. 电源插头

（1）**天平梁**：包括梁体、三棱体（玛瑙刀）、平衡调节螺丝、重心调节螺丝、指针、吊耳、阻尼器、天平盘八部分。

三棱体（玛瑙刀）：梁体上装有 3 个三棱形的玛瑙刀，装在梁正中的称为支点刀，刀口向下，起着天平梁的支点作用；装在两边的称为承重刀，刀口向上，起着力点作用。这 3 个刀口棱边相互平行并在同一个水平面上，两个承重刀口到支点刀口的距离相等。梁下落后，支点刀被固定在支柱上的玛瑙刀承所支承，承重刀则与吊耳支架下面的玛瑙刀承相接触。

玛瑙刀是分析天平的重要部件，也是最容易被损坏的部件。刀口越锋利，刀口与刀承接触时的摩擦越小，天平的灵敏度就越高。因此，在加减砝码或取放物质时，一定要做到轻、缓，尽量避免刀口的磨损。

重心调节螺丝：由两个装在天平梁背后螺杆上的半球形螺母组成。两个半球形螺母可以上下移动，将它们上下移动可以调节天平的重心、改变天平的灵敏度和稳定性。

阻尼器：由两个内径不同的圆筒组成，小的内筒挂在吊耳的挂钩上，大的外筒固定在天平柱的托架上。两筒之间设计有一定的缝隙，天平摆动时内筒可以上下浮动且与外筒不发生摩擦。称量时，由于空气阻力的作用，它能使天平较快地停止摆动，缩短称量时间。

（2）**天平柱**：包括柱体、刀承、翼翅板、气泡水平仪、升降枢纽和盘托六部分。

气泡水平仪：气泡水平仪位于天平柱后上部，用来检测天平是否水平。若天平没有处于水平位置，可调节天平箱前下方两个天平脚上安装的升降螺旋，使水平仪的气泡位于正中。

升降枢纽：是升降联动的控制纽，通过升降枢杠杆可以控制翼翅板和盘托的升降，以达到启动与休止天平的目的。使用天平时，顺时针转动升降枢纽，翼翅板下降，天平梁和吊耳下降，3 个刀口和刀承相接触，同时盘托下降，天平开始摆动，天平处于"开启"状态，此时在光幕上可以看到微分标尺上的刻度；逆时针转动升降枢纽，翼翅板上升，天平梁上的所有部件由翼翅板和支柱支撑，各刀口都离开刀承，同时底座盘托上升托住天平盘，天平处于"休止"状态。为了减少刀口与刀承的磨损，切不可触动"开启"的天平，否则刀口极易受损，影响天平的灵敏度。转动升降枢纽时要轻、慢，以保护刀口。

（3）**天平箱**：包括玻璃外罩、底板和天平脚三部分。

（4）**机械加码装置**：机械加码装置安装在天平箱的左侧，分别用来加减 10～190g、1～9g 和 10～990mg 的环码（用金属制成的环，故称为环码），所有的砝码全部由指数盘加减。它由指数盘、联动控制环码升降杠杆和骑放环码的横杆三部分组成，如实验图 1-4 机械加码装置（a）、（b）所示。环码按一定顺序（一般的是 5、2、1、1 排列）置于天平梁左侧的加码钩上。当缓慢转动指数盘时，相对应的环码便落在横杆上，相当于将环码加在左盘上。所加减的环码值可以从指数盘上直接读出。

自下而上 3 个指数盘的读数范围分别为 10～190g（内圈读数为 0g/100g，外圈读数为 10～90g）、1～9g 和 10～990mg（内圈读数为 10～90mg，外圈读数为 100～900mg）。如实验图 1-4（a）所示的读数为 12.08g。

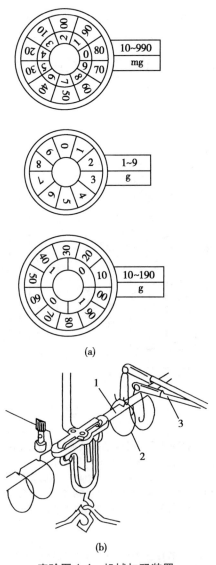

(a)

实验图 1-4　机械加码装置
1. 横杠　2. 环码　3. 加码杠杆

（5）**光学投影装置**：光学投影装置设置在天平的底座上，由光源发出的光经透镜、放大镜、小反射镜、大反射镜等，最后反射在光幕上，光幕上有一微分刻度标尺，称量时根据微分标尺读取 10mg 以下的质量。

TG-328A 型全机械加码电光天平的微分标尺中间为 0，两边各刻有 10 个大格和 100 个小格。左边的 10 个大格为 1~10mg（正值），右边的 10 个大格为 −10~−1mg（负值）。称量时按先大后小的顺序试加砝码，读取光幕读数时应取正值（自右向左读取），并精确至 0.1mg。如实验图 1-5 所示，读数为 4.3mg。

实验图 1-5　全机械加码电光天平微分标尺在光幕上读数

2. 半机械加码电光天平（TG-328B 型） 双盘半机械加码电光天平的结构如实验图 1-6 所示，它与全机械加码电光天平（TG-328A 型）的结构基本相同，不同的是其机械加码装置安装在天平箱的右上方，仅用来加减 10~990mg 的环码，1g 及 1g 以上的重量则需使用砝码加在右盘中。称量时将称量物放在天平的左盘中。

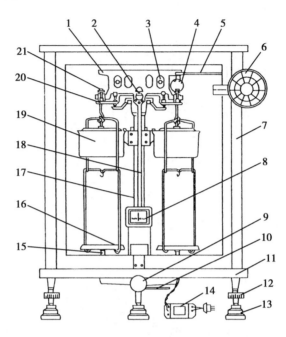

实验图 1-6 双盘半机械加码电光天平
1. 天平梁 2. 支点刀 3. 平衡螺丝 4. 环码 5. 加码杠杆 6. 指数盘 7. 天平箱 8. 光幕 9. 升降枢纽 10. 调零杆 11. 底板 12. 天平脚 13. 脚垫 14. 变压器 15. 盘托 16. 天平盘 17. 天平柱 18. 指针 19. 阻力器 20. 翼翅板 21. 吊耳

微分标尺自左向右刻有 10 个大格（1~10mg），每个大格相当于 1mg；每个大格又分为 10 个小格，每个小格相当于 0.1mg。根据微分标尺在光幕上的投影可直接读数，读数时自左向右读取（正数），并精确至 0.1mg。如实验图 1-7 所示，读数为 1.3mg。

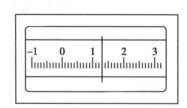

实验图 1-7 半机械加码电光天平微分标尺在光幕上读数

每台半机械加码电光天平都配有一盒专用砝码和取放砝码的镊子，取放砝码时必须用镊子夹取。

（三）分析天平的性能指标

1. 灵敏性 分析天平的灵敏性通常用灵敏度或分度值来表示。

灵敏度（S）：指在天平的某一盘上增加 1mg 质量的物质时，指针平衡点移动的格数（分度）。移动的格数越多,表示天平的灵敏性越高,单位是格/毫克。

分度值(E):指指针在微分标尺上移动一小格所相当的质量,单位是毫克/格。

同一台天平的灵敏度(S)与分度值(E)互为倒数关系,即 $S = \dfrac{1}{E}$。

TG-328A 型和 TG-328B 型分析天平的灵敏度均为 10 格/毫克,分度值为 0.1 毫克/格。

2. 稳定性　指处于平衡状态的天平梁被轻轻扰动后,指针离开平衡点后仍能自动回到原位的性能。天平稳定的条件是天平梁的重心在支点的下方,重心越低天平越稳定,但灵敏度也随之降低。因此调节重心调节螺丝时,应同时兼顾灵敏性与稳定性。

3. 示值变动性　指天平空载或载重后,在不改变天平状态的情况下,多次开关天平时,指针平衡点的重复再现性。示值变动性越小,称量结果的可靠性越大。根据 GB/T 4168-1992 国家标准的规定,机械天平的示值变动性不得大于微分标尺上的 1 个分度值。影响示值变动性的因素主要有天平梁重心的位置、称量时的温度、气流及振动等。

4. 不等臂性　理论上认为,等臂天平的支点刀到两个承重刀的距离应该是相等的,但由于生产水平的限制,等臂天平横梁两臂的长度实际上是不可能绝对相等的,由此而引起的称量误差称为不等臂误差。它与天平的载荷成正比,载荷越大,天平的不等臂误差也越大。根据 GB/T 4168-1992 国家标准的规定,分析天平的不等臂误差不得超过 3 个分度值(一般规定分析天平的两臂长度之差不得超过十万分之一),在定量分析中称量范围一般为几克至几百毫克,所以不等臂误差可以忽略不计。

二、电子天平及其使用

(一) 电子天平简介

电子天平的重要特点是在测量被测物体的质量时不用测量砝码的重力,而是采用电磁力与被测物重力相平衡的原理设计制作的。称量时,天平内部线圈通电时自身产生向上的电磁力,电流越大,产生向上的作用力越大。此线圈通入的电流与该物质重力成正比。当两力平衡时,该电流大小可转换为称量物的质量在显示屏上显示出来,即通过电流信号的测量就可以测量物体的质量。

电子天平称量时不需要砝码,将被测物放在天平盘上,几秒内即可达到平衡,显示读数,具有操作简便、称量速度快、精确度高等特点,此外电子天平还具有自动校正、去皮、超载指示、故障报警、质量电信号输出等功能,可与打印机、计算机联用,还可统计称量的最大值、最小值、平均值及标准偏差等。

电子天平种类很多,如 FA 系列、JA 系列等,按结构不同可分为上皿式(天平盘在支架上面)和下皿式(天平盘吊挂在支架下面),目前应用较多的是上皿式电子天平(实验图 1-8)。图中不同型号的电子天平"6-14"键有可能位置不同或有增减。

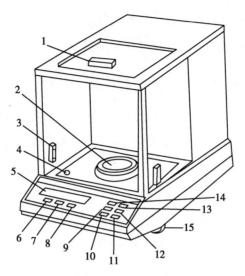

实验图 1-8　电子天平

1. 顶门　2. 天平盘　3. 边门　4. 水准仪　5. 显示屏
6. 开启键　7. 关闭键　8. 清零/去皮键　9. 点数功能键
10. 量制转换键　11. 输出模式设定键　12. 灵敏度调节键
13. 积分时间调整键　14. 校正键　15. 水平调节螺丝

(二) 电子天平使用

不同型号的电子天平的操作方法略有不同(具体操作可按照各仪器使用说明书)。下面以 FA2004N 型电子天平为例,简要介绍电子天平的使用方法。

1. 水平调节　天平开机前,观察天平水准仪内的水泡是否位于水准仪中心,否则应调节天平的水平调节螺丝。

2. 预热　天平在初次接通电源或长时间断电后开机时,至少需要 30 分钟的预热时间。

3. 开启显示屏　轻按"开机"键,约 2 秒后显示屏显示天平的型号(即---2004---),然后显示称量模式 0.0000g。

4. 天平基本模式的选定　天平显示的一般为"通常情况"模式,并具有断电记忆功能。使用时若改为其他模式,使用后轻按"关机"键,天平即可恢复"通常情况"模式。

5. 校准　天平安装后,经过校准后才能使用(若天平存放时间较长、位置移动、环境变化时,在使用前也应进行校准),电子天平的校准一般分为内校准与外校准。FA2004N 天平采用外校准方法。轻按"校准"键,显示屏显示"CAL—200",此时把"200g"标准校正砝码放在天平盘上,等待经约 5 秒后显示屏显示 200.0000g;若在校准过程中出现错误,则天平会显示"Err",此时应重新清零,再次进行校准。移去校准砝码后,显示屏应显示 0.0000g;若未显示 0.0000g,则再按"置零/去皮"键清零,重复以上校准操作。自动内校准的电子天平可直接自动校准,不用砝码,当电子天平显示器显示为零位时,说明电子天平已经内校准完毕。

6. 称量　按"置零/去皮"键,显示屏显示 0.0000g 后,将称量物置于天平盘上,待数字稳定后,即可读出称量物的质量。

7. 去皮称量　先按"置零/去皮"键清零,然后将容器(如称量瓶、小烧杯等)放在天平盘上,显示屏显示容器质量,再按"置零/去皮"键,显示 0.0000g,即去除皮重。再将称量物置于容器中(若称量物为粉末状或液体,则应逐步加入容器中直至达到所需的质量),待显示屏数值稳定后,即是称量物的净质量。将天平盘上的所有物品移出后,显示屏显示负值,再按"置零/去皮"键,则显示 0.0000g。

8. 称量完毕 同一实验的多次称量的间隙,不需按"关机"键关闭显示屏,待实验全部结束后,关闭显示屏,关闭电源。若短时间内还使用天平,也不必切断电源,这样可省去预热时间。

(张丽娜)

实验二 滴定分析仪器的基本操作练习

实验二 PPT
课件

一、实验目的

1. 认识常用的滴定分析仪器。
2. 熟练掌握滴定管、容量瓶、移液管的洗涤和使用方法。
3. 初步学会滴定分析的基本操作。

二、实验用品

1. 仪器 酸式滴定管(25ml)、碱式滴定管(25ml)、腹式吸管(20ml)、刻度吸管(10ml)、容量瓶(250ml)、锥形瓶(250ml)、洗耳球、烧杯、洗瓶、滴管、玻璃棒。

2. 试剂 洗液、盐酸滴定液(0.1mol/L)、氢氧化钠滴定液(0.1mol/L)、酚酞指示剂(10g/L)、甲基橙指示剂(1g/L)。

三、实验原理

滴定分析法是将一种已知准确浓度的试剂溶液滴加到被测物质的溶液中,直到定量反应完全为止,再根据所滴加的试剂溶液的浓度和体积,计算出被测物质含量的方法。如:

$$NaOH+HCl \rightleftharpoons NaCl+H_2O$$

四、实验内容

(一)滴定分析仪器及使用方法

滴定分析法中常用的仪器很多,其中定量玻璃仪器主要有滴定管、容量瓶和移液管,非定量玻璃仪器如称量瓶、碘量瓶和干燥器等在滴定分析法中也很常用。

1. 滴定管 是滴定分析中最基本的测量仪器,它是由具有准确刻度的细长玻璃管及开关组成的,在滴定时用来测量自管内流出的溶液的体积。

(1)滴定管的形状:滴定管按形状一般可分为两种,一种是下端带有玻璃活塞的酸式滴定管(实验图 2-1(a)),用于盛放酸性溶液或氧化性溶液;另一种是碱式滴定管(实验图 2-1(b)),用于盛放碱性溶液,其下端连接一段医用橡皮管,内放一玻璃珠,以控制溶液的流速,橡皮管下端再连接一个尖嘴玻璃管。碱式滴定管的准确度不如酸式滴定管,因为橡皮管的弹性会造成液面的变动。

(2)滴定管的规格:常量分析用滴定管的规格一般为 10、15、25 和 50ml,它们的最小刻度为 0.1ml,读数可估计到 0.01ml。一般有 ±0.01ml 的读数误差,如果滴定所消耗溶液的体积过小,则滴定管的读数误差增大。

用于半微量分析的滴定管刻度区分至 0.02ml,可以估计读到 0.005ml。

用于微量分析的微量滴定管其容量一般为 1 ~ 5ml,刻度区分小至0.01ml,可估计读到 0.002ml。

滴定分析时,若消耗滴定液在 25ml 以上,可选用 50ml 滴定管;在 15 ~ 25ml,可用 25ml 滴定管;在 10 ~ 15ml,可用 15ml 滴定管;在 10ml 以下,宜用10ml 滴定管,以减少滴定时体积测量的误差。

(3)滴定管的颜色:滴定管有无色、棕色两种,一般需避光的滴定液(如硝酸银滴定液、碘滴定液、高锰酸钾滴定液、亚硝酸钠滴定液、溴滴定液等)需用棕色滴定管。

实验图 2-1 滴定管
(a)酸式滴定管
(b)碱式滴定管

(4)滴定管使用方法

1)**检漏**:滴定管洗涤或使用前应先检漏,将滴定管中装入适量水(若是酸式滴定管则先关闭活塞),置滴定管架上直立 2 分钟,观察有无水渗出或漏下;然后将酸式滴定管活塞旋转 180°,再静置 2 分钟,观察有无水渗出或漏下。如均不漏水,滴定管即可使用。

若酸式滴定管漏水或活塞不润滑、活塞转动不灵活,在使用之前,应在活塞上涂凡士林。操作方法是将酸式滴定管活塞拔出,用滤纸将活塞及活塞套擦干,用手指在活塞两头沿圈周各涂一薄层凡士林(实验图 2-2)(切勿将活塞小孔堵住),然后将活塞插入活塞套内,沿同一方向转动活塞,直到活塞全部透明为止。最后用橡皮圈套住活塞尾部,以防脱落打碎活塞。

若碱式滴定管漏水,可将橡皮管中的玻璃珠稍加转动,或稍微向上推或向下移动一下;若处理后仍漏水,则需要更换玻璃珠或橡皮管。

实验图 2-2 活塞涂凡士林

2)**洗涤**:如果滴定管无明显污渍,可直接用自来水冲洗,之后用纯化水润洗 2 ~ 3 次;如不能洗干净,则用铬酸洗液洗涤。

酸式滴定管用铬酸洗液洗涤时,应事先关好活塞,每次将洗液倒入滴定管 1/3 ~ 1/2 处,两手平端滴定管,不断转动,直至滴定管内壁布满洗液为止,然后打开活塞,将洗液放回洗液瓶中;若污渍严重,可倒入温热洗液浸泡一段时间。

用洗液洗过的滴定管,应先用自来水冲洗多次,再用少量纯化水润洗 2 ~ 3 次。

碱式滴定管如需用洗液洗涤,应注意铬酸洗液不能接触橡皮管。可将碱式滴定管倒立于装有铬酸洗液的玻璃槽内浸泡,浸泡一段时间后,再用自来水冲洗,最后用纯化水润洗 2 ~ 3 次。

洗净的标准是滴定管倒置内壁不挂水珠。

3）**装液**：为了使装入滴定管的溶液不被滴定管内壁的水稀释，必须先用待装溶液润洗滴定管。先加入待装溶液至滴定管 1/3~1/2 处，然后两手平端滴定管，慢慢转动，使溶液润遍全管，打开滴定管的活塞，使溶液从管口下端流出。如此润洗 2~3 次后，再开始装入溶液，装液时要直接从试剂瓶注入滴定管，不能经小烧杯或漏斗等其他容器加入。

4）**排气泡**：当溶液装入滴定管时，出口管还没有充满溶液，应排气。若是酸式滴定管，则将滴定管倾斜约 30°，迅速打开活塞使溶液流出，将溶液充满全部出口管；若是碱式滴定管，则把橡皮管向上弯曲，玻璃尖嘴斜向上方，用两指挤压玻璃珠，使溶液从出口管喷出（实验图 2-3），气泡随之逸出。

气泡排出后，加入溶液至刻度以上，再转动活塞或挤捏玻珠，把液面调节在 0.00ml 刻线处，或在"0"刻线以下但接近"0"刻线处。

5）**读数**：读数时，要把滴定管从架上取下，用右手大拇指和示指夹持在滴定管液面上方，使滴定管与地面呈垂直状态。读数时视线必须与液面保持在同一水平面上（实验图 2-4）。对于无色或浅色溶液，读取溶液的弯月面最低处与刻度相切点；对于深色溶液如高锰酸钾、碘溶液等，可读两侧最高点的刻度。若滴定管的背后有一条蓝带，无色溶液这时就形成了两个弯月面，并且相交于蓝线的中线上，读数时即读此交点的刻度；若是深色溶液，则仍读液面两侧最高点的刻度。每次测定最好将溶液装至滴定管的"0"刻线，平行测定时每次必须在同一位置，这样可消除因上下刻度不均匀所引起的误差。读数应读至毫升小数点后第 2 位，即要求估读到 0.01ml。

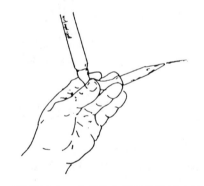

实验图 2-3　碱式滴定管排气泡的方法

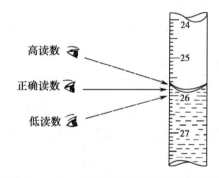

高读数

正确读数

低读数

实验图 2-4　目光在不同位置得到的滴定管的读数

（5）**滴定操作**：使用酸式滴定管时，左手握滴定管，其无名指和小指向手心弯曲，轻轻地贴着出口管部分，用其余三指控制活塞的转动。注意不要向外用力，以免推出活塞造成漏液，应使活塞稍有一点向手心的回力（实验图 2-5（a））。

使用碱式滴定管时，仍以左手握滴定管，其拇指在前、示指在后，其他三指辅助夹住出口管，用拇指和示指捏住玻璃珠所在部位，向右边挤压橡皮管，使玻璃珠移至手心一侧，这样使溶液可从玻璃珠旁边的空隙流出（实验图 2-5（b））。注意不要用力捏玻璃珠，也不要使玻璃珠上下移动，更不要捏玻璃珠下部的橡皮管，以免空气进入而形成气泡，影响体积的准确性。

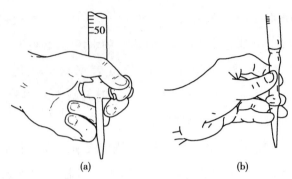

实验图 2-5　滴定管操作示意图
(a)酸式滴定管操作　(b)碱式滴定管操作

被测物质溶液一般装在锥形瓶中(必要时也可装在烧杯中),滴定管下端伸入瓶中 1~2cm,左手按前述方法操作滴定管,右手的拇指、示指和中指拿住锥形瓶颈,沿同一方向按圆周摇动锥形瓶,不要前后或上下振动。边滴边摇,两手协同配合(实验图 2-6),开始滴定时,被测溶液无明显变化,液滴流出的速度可以快一些,但必须成滴而不能呈线状流出,滴定速度一般控制在 3~4 滴/秒。当接近终点时,颜色变化较慢,这时应逐滴加入,每加 1 滴即将溶液摇匀,观察颜色变化情况,再决定是否还要滴加溶液。最后应控制液滴悬而不落(这时加入的是半滴溶液),用锥形瓶内壁把液滴碰靠下来,用洗瓶的纯化水吹洗锥形瓶内壁(应控制用水量不能太多),摇匀。如此重复操作直至颜色变化至指定颜色且 30 秒不褪色(或不变色),此时即为滴定终点。到达滴定终点并读数后,滴定管内剩余的溶液应弃去,不要倒回原瓶中(若是继续使用同种滴定液,则续加即可)。然后用自来水冲洗数次,倒立夹在滴定管架上。

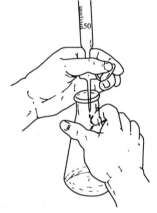

(6)滴定管使用的注意事项

1)酸式滴定管的玻璃活塞与滴定管是配套的,不能任意更换。

2)碱性滴定液不宜使用酸式滴定管,因碱性滴定液常腐蚀玻璃,使玻塞与玻孔黏合,以至于难以转动;其余的滴定液大都可用酸式滴定管,如果碱性滴定液浓度不大、使用时间不长,用毕后立即用水冲洗,亦可使用酸式滴定管;如果是聚四氟乙烯材质作活塞的酸式滴定管,则可装碱性滴定液。

实验图 2-6　滴定操作示意图

3)在装满滴定液放至"0"刻度后,静置 1~2 分钟后,记录读数,然后开始滴定;滴定至终点后,也须等 1~2 分钟,使附着在内壁的滴定液流下来以后再读数,如果滴定放出滴定液速度很慢时,等半分钟后读数亦可,"终读"也至少读 2 次。"初读"与"终读"应用同一标准,读数时,视线、刻度、液面的弯月面最低点应在同一水平线上。

4)酸式滴定管长期不用时,活塞部分应垫上纸,否则时间一久,塞子不易打开;碱式滴定管长期不用,胶管应拔下,蘸些滑石粉保存。

2. 容量瓶　容量瓶是主要用于准确地配制一定浓度的溶液的测量容器。

(1)容量瓶的形状与规格:它是一种细长颈、梨形的平底玻璃瓶,配有磨口塞(或者塑料塞),塞与瓶应编号配套或用绳子相连接,以免配错,细长的瓶颈上刻有环状标线,当瓶内液体在指定温度下达到标线处时,其体积即为瓶上所注明的容积数。常用的容量瓶有 5、10、25、50、100、250、500、1000 和 2000ml 等多种规格。容量瓶有无色、棕色两种,配制见光易氧化变质的物质应选用棕色瓶。

(2)容量瓶使用方法

1)**检漏**:容量瓶洗涤之前先检漏,检查瓶塞处是否漏水。在容量瓶内装入约 1/2 瓶水,塞紧瓶塞,用右手示指顶住瓶塞,左手五指托住容量瓶底,将其倒立(瓶口朝下)2 分钟,观察容量瓶是否漏水,若瓶塞周围无水漏出,则将瓶正立,并将瓶塞旋转 180° 后,再次倒立,检查是否漏水,若瓶塞周围仍无水漏出,即表明容量瓶不漏水。经检查不漏水的容量瓶才能使用。

2)**洗涤**:检漏之后将容量瓶洗涤干净,容量瓶的洗涤程序与滴定管相同,如需洗液洗涤,小容量瓶可装满洗液浸泡一定时间;容量大的容量瓶则不必装满,注入约容量的 1/3 的洗液,塞紧瓶塞,摇动片刻,隔几分钟再摇动几次即可洗净。若污渍严重,可倒入温热洗液浸泡一段时间。

3)**配制溶液**:先将准确称量好的固体溶质放在烧杯中,用少量溶剂溶解,然后把溶液转移到容量瓶中。为保证溶质能全部转移到容量瓶中,要用溶剂多次洗涤烧杯,并把洗涤溶液全部转移到容量瓶中。转移时要用玻棒引流,方法是将玻棒一端靠在容量瓶颈内壁上(实验图 2-7),注意不要让玻棒的其他部位触及容量瓶口,防止液体流到容量瓶外壁上。加入的溶液或溶剂至容量瓶的 1/3～1/2 体积时,手持容量瓶颈部,平摇容量瓶几次,之后再继续向容量瓶内加溶液或溶剂。

向容量瓶加入的溶液或溶剂至液面离标线 1cm 左右时,应改用干净滴管小心滴加溶剂,必须注意弯月面最低处要恰好与瓶颈上的刻度相切,观察时眼睛位置也应与液面和刻度在同一水平面上,否则会引起测量体积不准确。若所加溶剂超过刻度线,则须重新配制。

4)**摇匀**:定容之后必须将容量瓶内的溶液混合均匀(实验图 2-8),先盖紧瓶塞,然后将容量瓶一正一倒 15～20 次。摇匀、静置后,如果液面低于刻度线,是因为容量瓶内的少量溶液在瓶颈处润湿所损耗,并不影响所配制溶液的浓度,故不应往瓶内再添溶剂至标线,否则将使所配制的溶液浓度降低。

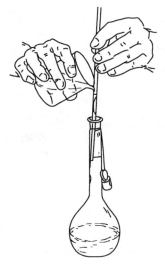

实验图 2-7　溶液转入容量瓶

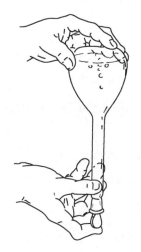

实验图 2-8　容量瓶混合溶液操作

（3）容量瓶使用的注意事项

1）容量瓶的容积是一定的,所以一种型号的容量瓶只能配制一定体积的溶液。在配制溶液前,先要弄清楚需要配制的溶液的体积,然后选用合适的容量瓶。

2）易溶解且不发热的物质可直接倒入容量瓶中溶解,但大多数物质不能直接在容量瓶中进行溶解,需将溶质在烧杯中溶解后转移到容量瓶中。

3）用于洗涤烧杯的溶剂总量与第一次溶解溶质的溶剂的量之和不能超过容量瓶的标线。

4）容量瓶不能进行加热,如果溶质在溶解过程中放热,也要待溶液在烧杯中冷却后再进行转移,因为一般的容量瓶的体积是在20℃温度时标定的,若将温度较高或较低的溶液注入容量瓶,容量瓶热胀冷缩,所量体积就会不准确,导致所配制的溶液浓度不准确。

5）容量瓶只能用于配制溶液,不能储存溶液,因为溶液可能会对瓶体进行腐蚀,从而使容量瓶的精度受到影响。配制好的溶液应及时倒入试剂瓶中保存,试剂瓶应先用待装的溶液润洗2~3次或烘干后使用。

6）容量瓶用毕应及时洗涤干净,塞上瓶塞,并在塞子与瓶口之间夹一条纸条,防止久置后瓶塞与瓶口粘连。

3. 移液管 移液管又称吸量管,是精密转移一定体积的溶液的量器。

（1）移液管的形状与规格:移液管通常有两种形状,一种是中部吹成圆柱形,圆柱形以上及以下为较细的管颈,下部的管颈拉尖,上部的管颈刻有一环状刻度,一般称为腹式吸管(实验图2-9(a))。常用的规格有1、2、5、10、20、25和50ml等,这种移液管只能量取规定的某一体积。

还有一种是直形的,一端拉尖,管上标有很多刻度,又称为刻度吸管(实验图2-9(b))。常用的规格有1、2、5、10和20ml等,这种移液管可以量取其在刻度范围内的任意体积。

（2）移液管使用方法

1）**洗涤**:移液管的洗涤程序与滴定管相同,如果不洁净,可用铬酸洗液洗涤,先用洗耳球将洗液吸入移液管1/3~1/2处,然后平握移液管,不断转动,直到洗液浸润全部内壁,然后将洗液放回原洗液瓶;如还是不能洗净,则把移液管放入装有洗液(或温热洗液)的玻璃槽或缸内浸泡一段时间。洗液洗涤后用自来水冲洗多次,最后用纯化水润洗2~3次。

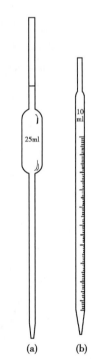

实验图2-9 移液管
（a）腹式吸管 （b）刻度吸管

移液管洗净后,在移取待移溶液之前,必须用待移溶液少许润洗3次(实验图2-10)。

2）**移液**:先用滤纸条擦拭移液管的外壁,再以右手拇指及中指捏住管颈标线以上的地方,将移液管插入待移溶液液面下1~2cm,然后左手拿橡皮吸球(一般用60ml洗耳球),先将球内气体挤出,再轻轻将溶液吸上(实验图2-11(a)),眼睛注意正在上升的液面位置,移液管应随容器内液面下降而下降,当液面上升到刻度标线以上1~2cm时,迅速用右手示指堵住管口,取出移液管,用滤纸条拭干移液管下端外壁,将移液管移至洁净小烧杯的上方,并使与地面垂直(实验图2-11(b)),稍微松开右手示指,使液面缓缓下降,此时视线应平视标线,直到弯月面与标线相切,立即按紧示指,使液体不再流出,并使移液管出口尖端接触洁净小烧杯内壁,以碰去尖端外残留的溶液。

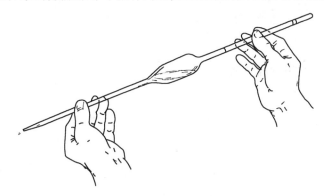

实验图2-10 移液管的润洗

3)**放液**:将移液管迅速移入准备接收溶液的容器中,使其出口尖端接触容器壁,将接收溶液的容器微倾斜,并使移液管直立,然后放松右手示指,使溶液顺壁流下(实验图2-11(c))。待溶液流出后,一般仍将管尖紧靠容器内壁等待15秒后移开,此时移液管尖端仍残留有1滴溶液,不可吹出;如果移液管上标有"吹"字,则应将管内剩余的1滴溶液吹出。

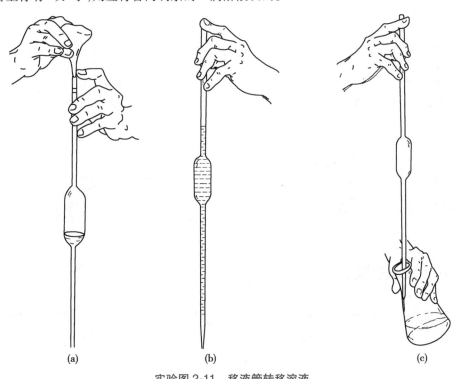

(a) (b) (c)

实验图2-11 移液管转移溶液
(a)吸液 (b)调液面 (c)放液

(3)**移液管使用的注意事项**

1)移液管必须用橡皮吸球(洗耳球)吸取溶液,不可用嘴吸取。

2)需精密量取5、10、20、25和50ml等整数体积的溶液,应选用相应大小的移液管,不能用两个或多个移液管分取相加的方法来量取整数体积的溶液。

3)将移液管插入待移溶液中,不能太深也不能太浅,太深会使管外黏附溶液过多,太浅往往会产生空吸。

4)刻度吸管可以移取刻度内任意体积的液体,如10ml刻度吸管可以移取10、9和8ml等体积的液体,但选用刻度吸管时,要与所量取的液体体积相匹配。

(二)滴定分析仪器的基本操作练习

1. 滴定管的基本操作练习

(1)以酚酞为指示剂,用0.1mol/L氢氧化钠滴定液滴定盐酸溶液。

用0.1mol/L氢氧化钠滴定液润洗碱式滴定管,再装至超过"0"标线,赶去气泡,调好零点。用移液管移取20.00ml待测盐酸溶液于洗净的250ml锥形瓶中,加入2滴酚酞指示剂(变色区域为pH 8.0无色~10.0红色),用0.1mol/L氢氧化钠滴定液滴定至被测溶液由无色变为浅粉红色30秒内不褪色为终点。记录消耗的氢氧化钠滴定液的体积,读数准确至0.01ml。注意近终点时,氢氧化钠滴定液应逐滴加入,最后半滴半滴加入,滴定管靠在锥形瓶内壁上的氢氧化钠滴定液可用洗瓶中纯化水淋洗下去。平行测定3次,计算盐酸溶液的浓度。

(2)以甲基橙为指示剂,用0.1mol/L盐酸滴定液滴定氢氧化钠溶液。

用0.1mol/L盐酸滴定液润洗酸式滴定管,再装至超过"0"标线,赶去气泡,调好零点。用移液管移取待测氢氧化钠溶液20.00ml,放入锥形瓶中,加1滴甲基橙指示剂(变色区域为pH 3.1红~4.4黄),用滴定管中的盐酸滴定液滴定至橙色,记录消耗的盐酸滴定液的体积。平行测定3次,计算氢氧化钠溶液的浓度。

2. 容量瓶的基本操作练习 试漏→转移溶液(以水代替)→润洗烧杯→再次转移溶液→调液面(定容)→摇匀。

3. 移液管的基本操作练习

(1)20ml移液管:待装溶液润洗(以容量瓶中的水代替)→吸液→调液面→放液至锥形瓶。

(2)10ml刻度吸管:待装溶液润洗(以容量瓶中的水代替)→吸液→调液面→放液至锥形瓶(可以1ml、1ml地将溶液放至锥形瓶,练习控制放液量)。

五、实验注意事项

1. 滴定管、容量瓶和移液管均不可用非专用毛刷或其他粗糙物品擦洗内壁,以免造成内壁划痕、容量不准。每次用毕应及时用自来水冲洗,倒挂,自然沥干。

2. 使用铬酸洗液时应注意安全,千万不要接触到皮肤和衣物。

3. 滴定管装溶液时,滴定液要直接从试剂瓶倒入滴定管内,不能经过其他容器转移,以免污染滴定液或影响滴定液的浓度。

4. 每次滴定完毕,必须等1~2分钟,待内壁溶液完全流下再读数,每次滴定的初读数和末读数必须由一人读取,以减少误差。

5. 容量瓶的磨口塞是配套的,不能随便调换,一般用橡皮筋或细绳把它系在瓶颈上,以防拿错或摔破。

6. 移液管一定要用橡皮吸球(洗耳球)吸取溶液,不可用嘴吸取;使用移液管时,一般右手拿移液管,左手拿洗耳球;吸液至适当位置时,应迅速用右手示指堵住管口,而不是拇指。

7. 吸取溶液后取出移液管,应先用滤纸条拭干移液管下端外壁,再将移液管内溶液放至"0"刻线,而不是先放至刻线再用滤纸条擦干。

8. 为得到准确的体积,使用移液管要注意液面调节,可微松示指使液面缓缓下降,这样能控制液面随需而停;眼睛视线与液面水平,液面最低点与刻线相切;溶液自然流出后,移液管尖应接触待装容器内壁停靠 15 秒。

9. 刻度吸管移取适量液体时,每次必须从"0"刻度开始放液。

六、实验数据记录与处理

1. 0.1mol/L 氢氧化钠滴定液滴定盐酸溶液,计算盐酸浓度。

数据记录 　　　　　　　　　　　　　　　　　　　　　　年　　月　　日

实验次数		1	2	3
被测溶液 HCl 的体积 V(ml)		20.00	20.00	20.00
NaOH 滴定液的体积 V(ml)	$V_{末}$			
	$V_{初}$			
	$V_{消耗}$			
c_{HCl}(mol/L)				
$\bar{c}_{HCl}$(mol/L)				

数据处理:(已知 $c_{NaOH}=$ 　　　　 mol/L)

(1)盐酸浓度的计算

$c_{HCl}V_{HCl}=c_{NaOH}V_{NaOH}$

$c_{HCl}=$

(2)相对平均偏差($\bar{Rd}$)和相对标准偏差(RSD)的计算

$\bar{Rd}=$

$RSD=$

2. 0.1mol/L 盐酸滴定液滴定氢氧化钠溶液,计算氢氧化钠浓度。

数据记录 　　　　　　　　　　　　　　　　　　　　　　年　　月　　日

实验次数		1	2	3
被测溶液 NaOH 的体积 V(ml)		20.00	20.00	20.00
HCl 滴定液的体积 V(ml)	$V_{末}$			
	$V_{初}$			
	$V_{消耗}$			

续表

实验次数	1	2	3
$c_{NaOH}(mol/L)$			
$\bar{c}_{NaOH}(mol/L)$			

数据处理:(已知 $c_{HCl}=$ _____ mol/L)

(1)氢氧化钠浓度的计算

$$c_{NaOH}V_{NaOH}=c_{HCl}V_{HCl}$$

$$c_{NaOH}=$$

(2)相对平均偏差($\bar{Rd}$)和相对标准偏差(RSD)的计算

$$\bar{Rd}=$$

$$RSD=$$

七、实验思考

1. 如果酸式滴定管出现凡士林堵塞管口,应如何处理?

2. 在滴定开始前和停止后,滴定管尖嘴外留有的液体各应如何处理?

3. 若用碱液滴定酸液,用甲基橙作指示剂,则滴定终点应如何确定?

(何文涓)

实验三　滴定分析仪器的校准

实验三 PPT
课件

一、实验目的

1. 正确使用滴定管、容量瓶、移液管和分析天平。

2. 了解滴定分析仪器校准的意义。

3. 掌握容量瓶、移液管和滴定管的绝对校准的方法、操作技术和计算。

4. 掌握移液管与容量瓶的相对校准的方法和操作技术。

二、实验用品

1. **仪器**　分析天平(200/0.0001g)或电子天平(200/0.0001g)、温度计(最小分度值为0.1℃)、具塞锥形瓶(50、100ml)、酸式滴定管(25ml)或聚四氟乙烯旋塞滴定管(50ml)、腹式吸管(25ml)、容量瓶(50、100ml)、洗耳球、烧杯、洗瓶、滴管、玻璃棒。

2. **试剂**　95%乙醇(供干燥仪器用)、纯化水。

三、实验原理

滴定分析仪器中移液管、滴定管、容量瓶等是分析工作中常用的定量仪器,它的准确度是实验测定结果准确程度的前提。由于不同仪器所产生的误差不同,有时还有不合格产品流入市场,都可能给实验结果带来误差。因此,在进行分析工作之前,尤其是进行高精度要求的实验,须使用经过校准的仪器,以保证其精度达到实验结果准确的要求。

(一)滴定分析仪器校准的基本概念和容量允差

1. **标准温度**　由于玻璃具有热胀冷缩的特性,因此在不同的温度下,量器的体积并不相同。为了消除温度的影响,必须指定一个温度,称为标准温度。国际上规定玻璃量器的标准温度为 293K(20℃),我国也采用这一标准。

2. **标称容量**　量器上标出的标线和数字(通过标准量器给出)称为量器在标准温度时的标称容量。

3. **玻璃容器的分级**　玻璃容器按其标称容量准确度的高低分为 A 和 B 级两种,A 级的准确度较高。量器上均有相应的等级标志,如无 A 或 B 级字样符号,则表示此类量器不分级别,如量筒等。

4. **量器的容量允差**　由于制造工艺的限制,量器的实际容量与标称容量之间必然存在或多或少的差值。但是为保证量器的准确度,这种差值必须控制在一定范围内。允许存在的最大差值叫容量允差(293K)。

容量允差主要是根据量器的结构、用途和生产的工艺水平确定的。对于有分度的量器,容量允差应包括从零分度至任意分度的最大误差和任意两分度之间的最大误差均不得超过允差。但由于目前工艺上的限制,对任意两分度之间的允差尚未特别强调。

容量允差是量器的重要技术指标,了解这一指标对正确选用量器十分重要。常用的 3 种量器293K 时的容量允差分别列在实验表 3-1、实验表 3-2 和实验表 3-3 中。

实验表 3-1　常用移液管的允差

体积(ml)	2	5	10	20	25	50	100
允许误差(ml)A 级	±0.006	±0.01	±0.02	±0.03	±0.04	±0.05	±0.08

实验表 3-2　常用容量瓶的允差

体积(ml)	10	25	50	100	250	500
允许误差(ml)A 级	±0.02	±0.03	±0.05	±0.10	±0.10	±0.15

实验表 3-3　常用滴定管的允差

体积(ml)	5	10	25	50	100
允许误差(ml)A 级	±0.010	±0.025	±0.04	±0.05	±0.10

(二)滴定分析仪器校准的原理

测量体积的基本单位是 ml 或 L,1ml 是指真空中 1g 纯水在 4℃时所占的容积。理论上看来,真空中 25g 纯水在 4℃ 时置 25ml 容量瓶中,应恰好至标线。我们可以据此对容量仪器进行校准。

国产滴定分析仪器一般都是以 20℃ 作为标准温度进行标定,水的体积在 4℃ 以上随温度上升而膨胀,玻璃容器的体积也会随温度的变化而变化,且日常分析工作也不可能在真空中进行,而是在空气中进行,空气的浮力会导致所称物品的质量发生改变。因此,这些因素都必须加以校正。影响滴定分析仪器校准的主要因素归纳为 3 点:①温度改变,水的密度随之改变;②温度改变,玻璃的膨胀系数改变;③空气浮力对所称量物品质量的影响。

为了便于计算,将此 3 项校准值合并得一总校准值(实验表 3-4)。实验表 3-4 中的数字表示在不同温度下,用水充满 20℃ 时容积为 1ml 的玻璃容器,在空气中用黄铜砝码称取的水的质量。

实验表 3-4　温度变化时纯水在真空中的密度以及纯水在空气中的密度

温度（℃）	1ml 水在真空中的质量（g）	1ml 水在空气中的质量（g）
15	0.999 13	0.997 93
16	0.998 97	0.997 80
17	0.998 80	0.997 66
18	0.998 62	0.997 51
19	0.998 43	0.997 35
20	0.998 23	0.997 18
21	0.998 02	0.997 00
22	0.997 80	0.996 80
23	0.997 57	0.996 60
24	0.997 32	0.996 30
25	0.997 07	0.996 17
26	0.996 81	0.995 93
27	0.996 54	0.995 69
28	0.996 26	0.995 44
29	0.995 97	0.995 18
30	0.995 67	0.994 91

一定条件下,在分析天平上称量被校量器中量出或量入纯水的质量,再根据该温度下纯水的密度计算出被校量器的实际容量。利用实验表 3-4 中的校正值可将不同温度下水的质量换算成 20℃ 时水的体积(ml),计算式如下:

$$V_S = \frac{W_t}{d_t}$$ 实验式(3-1)

式中,V_S 是指空气中 20℃ 时该容器中水的真实体积(ml);W_t 是在空气中 t℃ 时水的质量(g);d_t 是在 t℃ 时空气中用黄铜砝码称量 1ml 水的质量(g/ml)。

实验例 3-1　一支标示刻度为 20ml 的移液管,在 15℃ 时按正确的校准方法操作,称得水的质量为 20.0063g,试问该移液管是否合格。

解:查实验表 3-4 可知,1ml 水 15℃ 时在空气中重为 0.997 93g。

根据实验式(3-1):

$$V_s = \frac{W_t}{d_t} = \frac{20.0063}{0.997\,93} = 20.05ml$$

答:该数据说明标示为20ml的移液管,实际容积为20.05ml,查实验表3-1,20ml移液管的允差为±0.05ml,该移液管合格。

(三)滴定分析仪器校准的方法

1. 相对校准 用一个玻璃量器校准另一个玻璃量器称为相对校准。实际工作中,常利用两件量器配套使用,如用容量瓶配制溶液后,用移液管移取其中一部分进行测定。此时,重要的不是要知道这两者的准确容量,而是两者的容量是否为准确的整倍数关系,例如用25ml移液管从100ml容量瓶中取出一份溶液是否确实是该容量的1/4,这就需要进行这两件量器的相对校准。此法操作简单,在实际工作中使用也较多,但只有在这两件量器配套使用时才有意义。

2. 绝对校准 绝对校准采用称量法。从滴定分析仪器校准的原理可知,一定条件下,水的质量、密度和体积三者之间存在确定的关系。比如容量瓶的校准:可先精密称定被校容量瓶的质量(恒重情况下),加入一定量体积的纯水后,再称被校容量瓶加纯水的质量,计算出量入被校容量瓶的纯水质量,最后根据不同温度下纯水在空气中的密度计算出被校容量瓶的实际体积。

实验例3-2 查表3-4可知,1ml水25℃时在空气中重为0.996 17g,现有标示为50ml的容量瓶,在25℃时按正确的校准方法操作,称得瓶中纯水的质量为50.000g,试问该容量瓶是否合格。

解:根据实验式(3-1):

$$V_s = \frac{W_t}{d_t} = \frac{50.000}{0.996\,17} = 50.19ml$$

答:该数据说明标示为50ml的容量瓶,加纯水至刻度时,实际容积并不是50.00ml,而是50.19ml。再查实验表3-2,50ml容量瓶的允差为±0.05ml,则该容量瓶不合格。

3. 滴定分析仪器校准操作时的条件 校准工作是一项技术性较强的工作,如果操作不正确或操作条件不符合,校准就没有意义,所以对实验室及所用仪器必须有一定的要求。

(1)天平的称量误差应小于量器允差的1/10。

(2)温度计的分度值应为0.1℃。

(3)室内的温度变化不超过1℃,室温最好控制在20℃±5℃。

四、实验内容

1. 移液管(25ml腹式吸管)的绝对校准

(1)取一个50ml的洗净干燥的具塞锥形瓶,在分析天平上称定质量。

(2)取铬酸洗液洗净的25ml移液管1支,吸取纯水(纯水应盛在干净烧杯中,在实验环境放置1小时以上)至标线,然后将移液管移至锥形瓶内,使流液口接触磨口以下的内壁(勿接触磨口),使水沿壁流下,待流完之后,再停靠 15 秒。放完水后随即盖上瓶塞,在分析天平上称定质量。两次称得质量之差即为移液管放出纯水的质量 W_t。将温度计插入水中 5～10 分钟,测量水温,读数时不可将温度计下端提出水面。重复操作 1 次,2 次放出纯水的质量之差应小于 0.01g。由表 3-4 中查出该温度下纯水的密度,并根据公式计算移液管的实际容量。

2. 容量瓶的绝对校准

(1)用铬酸洗液洗净 1 个 50ml 的容量瓶,干燥,在分析天平上称定质量。

(2)往容量瓶注水至标线以上几毫米,等待 2 分钟。用滴管吸出多余的水,使弯液面最低点与标线相切(此时调定液面的做法与使用时有所不同),再放到分析天平上称定质量。然后插入温度计测量水温。2 次所称得的质量之差即为该容量瓶中纯水的质量 W_t,重复操作 1 次。由表 3-4 中查出该温度下纯水的密度,并根据公式计算容量瓶的实际容量。

3. 滴定管的绝对校准

(1)取 1 个洗净晾干并加热干燥的 100ml 具塞锥形瓶,在分析天平上称量其恒重时质量为 W_1g。

(2)用铬酸洗液洗净 1 支 25ml 的酸式滴定管(或 50ml 聚四氟乙烯旋塞滴定管),用洁布擦干外壁,倒挂于滴定台上 5 分钟以上,然后在滴定管中注入纯水至液面距最高标线以上约 5mm 处,垂直挂在滴定台上,等待 30 秒后调节液面至 0.00ml。打开滴定管活塞向已称质量的锥形瓶中放水 5ml (3～4 滴/秒),注意不能将水沾在瓶口上。当液面降至 5.00ml 刻度线以上约 0.5ml 时,等待 15 秒,然后在 10 秒内将液面调节至 5.00 刻度线,随即使锥形瓶内壁接触管尖,以除去挂在管尖下的液滴,立即盖上瓶塞进行称量,具塞锥形瓶加水的质量为 W_2,减去具塞锥形瓶的质量 W_1,即得 0.00～5.00ml 段的纯水质量。

(3)重新向滴定管加纯水至 0.00ml,按上法处理,从滴定管 0.00ml 放水 10.00ml 至具塞锥形瓶中,操作方法与上面方法相同。加水后,立即盖上瓶塞进行称量,称得的质量为 W_3g,W_3-W_2 即为 0.00～10.00ml 段的纯水质量。

(4)每次从滴定管 0.00ml 标线开始,一段一段,直至校准到 25ml 刻度线。然后插入温度计测量水温,每支滴定管重复校准 1 次,2 次测定所得同一刻度的体积相差不应大于 0.01ml,最后根据公式计算滴定管各个体积段的校准值(2 次平均)。

滴定管校准记录格式(示例)

滴定管校准分段(ml)	瓶+水(g)	瓶重(g)	水重(g)	实际体积(ml)	校正值(ml)
0.00～5.00	36.654	31.666	4.988	5.00	0.00
0.00～10.00	41.748	31.725	10.023	10.05	+0.05
0.00～15.00	46.722	31.786	14.936	14.97	-0.03
0.00～20.00	51.805	31.805	20.000	20.04	+0.04
0.00～25.00	56.726	31.798	24.928	24.98	-0.02

计算举例:

假设实验时纯水温度为 16℃,由滴定管放出 0.00～15.00ml 纯水的质量为 14.936g,查实验表 3-

4 得 16℃ 时水的密度为 0.997 80g/ml, 滴定管的真实体积(20℃时)应为:

$$V_S = \frac{W_t}{d_t} = \frac{14.936}{0.997\ 80} = 14.97\text{ml}$$

$$校正值 = 14.97-15.00 = -0.03\text{ml}$$

即该滴定管 0.00~15.00ml 段的真实体积为 14.97ml, 其校正值为-0.03ml。

4. 移液管与容量瓶的相对校准　将一个 100ml 的容量瓶洗净、晾干(可用几毫升乙醇润洗内壁后倒挂在漏斗板上), 用 25ml 移液管准确吸取纯水 4 次至容量瓶中, 观察弯液面最低点与标线是否相切, 若不相切, 记下弯月面下缘的位置, 可用纸条或透明胶带另做一标记。重复做 1 次, 如果连续 2 次实验结果相符, 则应在容量瓶颈部重新做一标记。以后使用该容量瓶与移液管即可按所标记的配套使用。

五、实验注意事项

1. 实验结果的好坏取决于量取或放出纯水的体积是否准确。

2. 需被校准的移液管、容量瓶和滴定管均须用铬酸洗液洗净至内壁不挂水珠。

3. 实验所用仪器应备好后提前放至天平室, 使其温度与室温尽量接近, 实验用纯水也应用洁净烧杯盛好放在天平室至少放置 1 小时以上, 插入温度计测定水温, 使水温和室温相差不超过 0.1℃。

4. 校准过程中应随时检查所用的仪器和物品是否干燥, 并保持手、锥形瓶外壁、天平盘的干燥。

5. 一般 25ml 滴定管每隔 5ml 测 1 个校准值; 50ml 滴定管每隔 10ml 测 1 个校准值, 在 25~40ml 每隔 5ml 测 1 个校准值; 3ml 微量滴定管每隔 0.5ml 测 1 个校准值。

六、实验数据记录与处理

25ml 移液管校准记录　　　　　　　　　　　　　　　年　　　月　　　日

编号　　项目	第 1 次	第 2 次
具塞锥形瓶+纯水质量(g)		
具塞锥形瓶质量(g)		
纯水质量 W_t(g)		
计算过程(公式 $V_S = \frac{W_t}{d_t}$)		
实际体积(ml)		
计算结果　校准值(ml)		
平均校准值(ml)		

100ml 容量瓶校准记录　　　　　　　　　　　　　　年　　月　　日

项目　　　　　　　　编号	第1次	第2次
容量瓶+纯水质量(g)		
容量瓶质量(g)		
纯水质量 W_t(g)		
计算过程(公式 $V_s = \dfrac{W_t}{d_t}$)		
计算结果　　　实际体积(ml)		
校准值(ml)		
平均校准值(ml)		

滴定管校准记录　　　　　　　　　　　　　　　　　年　　月　　日

滴定管校准分段	瓶+水（g）	瓶质量（g）	水质量（g）	实际体积（ml）	校准值（ml）
0.00~5.00ml					
0.00~10.00ml					
0.00~15.00ml					
0.00~20.00ml					
0.00~25.00ml					

数据处理过程：

七、实验思考

1. 滴定分析仪器校准什么情况下用相对校准？

2. 分段校准滴定管时，为何每次都要从 0.00ml 开始？

3. 分段校准滴定管时，滴定管每次放出的纯水体积是否一定要为整数？

4. 校准滴定管时，如何处理具塞锥形瓶内、外壁的水？

（何文涓）

实验四 盐酸滴定液的配制与标定

一、实验目的

1. 熟练掌握盐酸滴定液的配制与标定方法。

2. 学会用溴甲酚绿-甲基红混合指示剂确定滴定终点。

3. 熟练计算盐酸滴定液的浓度。

4. 学会对实训结果进行评价。

二、实验用品

1. **仪器** 分析天平、托盘天平、称量瓶、酸式滴定管、玻璃棒、量筒(10、50ml)、锥形瓶(250ml)、试剂瓶(500ml)、量杯(500ml)、电炉、标签。

2. **试剂** 浓 HCl、基准 Na_2CO_3、溴甲酚绿-甲基红混合指示剂。

三、实验原理

酸碱滴定法常用的酸滴定液是盐酸。由于浓盐酸具有挥发性,不符合基准物质的条件,因此常采用间接法配制。标定盐酸常用的基准物质是无水 Na_2CO_3。由于 Na_2CO_3 易吸收空气中的 CO_2 而生成 $NaHCO_3$,而 $NaHCO_3$ 对滴定有干扰。因此,在标定前将 Na_2CO_3 置于在 270~300℃ 的烘箱中加热,使 $NaHCO_3$ 分解释放出 CO_2,排除 $NaHCO_3$ 的干扰。Na_2CO_3 可以看作是二元弱碱,其两级离解常数大于或近似等于 10^{-8},因此可用盐酸滴定液直接滴定。其标定反应为:

$$Na_2CO_3 + 2HCl \Longleftrightarrow 2NaCl + CO_2\uparrow + H_2O$$

当反应完全到达第二化学计量点时,溶液为 H_2CO_3 溶液,显弱酸性,pH 为 3.89,可选用溴甲酚绿-甲基红混合指示剂指示终点。由于 H_2CO_3 溶液易形成饱和溶液,使计量点附近酸度改变较小,导致指示剂颜色变化不够敏锐。因此在反应接近终点时,应将溶液煮沸,摇动锥形瓶释放部分 CO_2,冷却后再继续滴定至终点。平行测定 3 次。

由以上反应可知,1mol Na_2CO_3 ⇌ 2mol HCl

整理后可得:$c_{HCl} = \dfrac{2 \times m_{Na_2CO_3}}{M_{Na_2CO_3} \times V_{HCl}} \times 10^3$

$$M_{Na_2CO_3} = 105.99$$

也可以根据滴定度进行计算,每 1ml HCl(0.1mol/L)滴定液相当于 5.300mgNa_2CO_3。计算公式为:

$$m_{Na_2CO_3} = V_{HCl} \times 5.300 \times 10^{-3} \times \frac{c_{HCl}}{0.1}$$

四、实验内容

1. 0.1mol/L HCl 滴定液的配制

（1）根据公式 $c_1V_1 = c_2V_2$，计算所取浓盐酸的体积。

（2）用洁净的小量筒取一定体积的浓 HCl 至 500ml 容量杯中，再加纯化水稀释至 500ml，摇匀后置于 500ml 试剂瓶中，贴上标签，备用。

2. 0.1mol/L HCl 滴定液的标定

精密称取在 270～300℃ 干燥至恒重的基准无水 Na_2CO_3 约 0.15g，置于 250ml 锥形瓶中，加 50ml 纯化水溶解后，加溴甲酚绿-甲基红混合指示剂 10 滴，用待标定的 HCl 滴定液滴定至溶液由绿色变为紫红色，停止滴定，将锥形瓶放在电炉上加热煮沸 2 分钟，溶液又从紫红色变回绿色，冷却至室温，继续用 HCl 滴定液滴定至溶液呈现暗紫色，即为终点。记录消耗的 HCl 滴定液的体积。平行测定 3 次。

五、实验注意事项

1. 无水 Na_2CO_3 作为基准物质标定 HCl 滴定液，使用前必须将 Na_2CO_3 置 270～300℃ 干燥箱中烘 1 小时，再放置于干燥器中保存。

2. 无水 Na_2CO_3 经高温烘烤后，极易吸收空气中的水分，故称量时动作要快、瓶盖一定要盖严，以防吸潮。

3. 若煮沸约 2 分钟后溶液仍然显紫红色，说明滴入盐酸液已过量，应重做。

六、实验数据记录与处理

1. 数据记录表

实验次数		1	2	3
基准 Na_2CO_3 的质量(g)				
V_{HCl}(ml)	$V_终$			
	$V_初$			
	$V_用$			
c_{HCl}(mol/L)				
$\bar{c}_{HCl}$(mol/L)				
$\bar{Rd}$				
RSD				

2. 数据处理过程

（1）HCl 浓度的计算

（2）相对平均偏差（$\overline{Rd}$）和相对标准偏差（RSD）的计算

七、实验思考

1. 量取浓盐酸和水的体积应选用什么量器？为什么？

2. 在标定盐酸的操作中叙述到"在分析天平上，用减重法精密称取在 270～300℃ 干燥至恒重的基准无水 Na_2CO_3 约 0.15g"，请问其中：

（1）恒重是指什么？其意义何在？

（2）称出基准无水 Na_2CO_3 质量约 0.15g/份的理由是什么？

3. 用基准 Na_2CO_3 标定 HCl 滴定液，为什么在近终点时要加热煮沸溶液？加热后又为什么要冷却至室温才能滴定？若加热后溶液仍然显紫红色又说明什么？

（王玉婷）

实验五 氢氧化钠滴定液的配制与标定

一、实验目的

1. 熟练掌握 0.10mol/L NaOH 滴定液的配制和标定方法。

2. 熟练掌握碱式滴定管的使用和操作方法。

3. 熟练掌握 NaOH 滴定液浓度的计算方法。

二、实验用品

1. **仪器** 分析天平、台秤、滴定管（50ml）、玻棒、量筒、试剂瓶（1000ml）、电炉、表面皿、称量瓶、锥形瓶。

2. **试剂** 固体 NaOH、基准邻苯二甲酸氢钾、纯化水、酚酞指示剂。

三、实验原理

NaOH 易吸收空气中的 CO_2 而生成 Na_2CO_3，其反应式为：

$$2NaOH + CO_2 = Na_2CO_3 + H_2O$$

即采用间接法配制。

标定 NaOH 滴定液的基准物质有草酸（$H_2C_2O_4 \cdot 2H_2O$）、苯甲酸（$C_7H_6O_2$）、邻苯二甲酸氢钾（$KHC_8H_4O_4$）等。通常用邻苯二甲酸氢钾标定 NaOH 滴定液，其标定反应如下：

计量点时，生成的弱酸强碱盐水解，溶液为碱性，用酚酞作指示剂指示终点。

由以上反应可知，1mol $KHC_8H_4O_4$ ⇆ 1mol NaOH

整理后可得：

$$c_{NaOH} = \frac{m_{KHC_8H_4O_4}}{V_{NaOH} M_{KHC_8H_4O_4}} \times 10^3$$

$$M_{KHC_8H_4O_4} = 204.22$$

也可以根据滴定度进行计算，每 1ml NaOH(0.1mol/L) 滴定液相当于 20.42mgKHC$_8$H$_4$O$_4$。计算公式为：

$$m_{KHC_8H_4O_4} = V_{NaOH} \times 20.42 \times 10^{-3} \times \frac{c_{NaOH}}{0.1}$$

四、实验内容

1. **0.10mol/L NaOH 滴定液的配制**　为了排出 NaOH 中的 Na$_2$CO$_3$，通常将 NaOH 配成饱和溶液（其密度为 1.56、质量分数为 0.52），因为 Na$_2$CO$_3$ 在 NaOH 饱和溶液中的溶解度很小，可沉淀于塑料瓶底部。用台秤称取 NaOH 约 120g，倒入装有 100ml 纯化水的烧杯中，搅拌使之溶解生成饱和溶液，贮于塑料瓶中，静置数日，澄清后备用。

取澄清的饱和 NaOH 溶液 2.8ml，置 500ml 试剂瓶中，加新煮沸的冷纯化水 500ml，摇匀密塞，贴上标签，备用。

2. **NaOH 滴定液(0.1mol/L)的标定**　精密称取在 105～110℃ 干燥至恒重的基准物邻苯二甲酸氢钾约 0.5g，置于 250ml 锥形瓶中，各加纯化水 50ml，使之完全溶解。加酚酞指示剂 2 滴，用待标定的 NaOH 溶液滴定至溶液呈淡红色，且 30 秒不褪色，即可。平行测定 3 次，根据消耗的 NaOH 溶液的体积，计算 NaOH 滴定液的浓度和相对平均偏差、相对平均偏差（Rd）。

五、实验注意事项

1. 固体氢氧化钠应放在表面皿上或小烧杯中称量，不能在称量纸上称量，因为氢氧化钠极易吸潮。

2. 滴定前应检查橡皮管内和滴定管尖处是否有气泡，如有气泡应排出。

3. 盛放基准物的 3 个锥形瓶应编号，以免混淆。

六、实验数据记录与处理

1. 邻苯二甲酸氢钾的含量测定记录

实验次数		1	2	3
KHC$_8$H$_4$O$_4$ 的质量(g)				
V_{NaOH}(ml)	$V_{终}$			
	$V_{初}$			
	$V_{用}$			

实验次数	1	2	3
c_{NaOH} (mol/L)			
$\bar{c}_{NaOH}$ (mol/L)			
$\bar{Rd}$			
RSD			

2. 数据处理过程

（1）NaOH 浓度的计算

（2）相对平均偏差（$\bar{Rd}$）和相对标准偏差（RSD）的计算

七、实验思考

1. 能否选用酸式滴定管盛装 NaOH 溶液？为什么？

2. NaOH 溶液滴定锥形瓶中溶液至呈现浅红色，且 30 秒内不褪色，即为终点。为什么要 30 秒内不褪色？30 秒后褪色行吗？为什么？

3. 用邻苯二甲酸氢钾基准物标定 NaOH 溶液的浓度，若消耗 NaOH（0.1mol/L）滴定液约 25ml，问应称取邻苯二甲酸氢钾多少克？

4. 待标定的 NaOH 溶液装入碱式滴定管前，为什么要用少量的此溶液润洗 2~3 遍？

（王玉婷）

实验六　药用硼砂的含量测定

一、实验目的

1. 熟练掌握用间接法测定药用硼砂含量的方法。

2. 学会使用酚酞指示剂指示滴定终点的方法和用指示剂调节溶液酸碱性的方法。

3. 熟练计算硼砂的含量。

4. 学会对分析结果评价。

二、实验用品

1. **仪器**　分析天平（或电子天平）、托盘天平、称量瓶、酸式滴定管（50ml）、碱式滴定管（50ml）、量筒（100ml）、锥形瓶（250ml）、电炉。

2. **试剂**　硼砂（$Na_2B_4O_7 \cdot 10H_2O$）固体试样、0.1mol/L HCl 溶液、NaOH（0.1mol/L）滴定液、甲

基橙指示剂、酚酞指示剂、中性甘油[取甘油80ml,加水20ml、酚酞1滴,用NaOH(0.1mol/L)滴定液滴至粉红色]。

三、实验原理

药用硼砂水溶液呈碱性,其 K_b 值$>10^{-8}$,与盐酸的反应式为:

$$2HCl+Na_2B_4O_7 \cdot 10H_2O = 4H_3BO_3+2NaCl+5H_2O$$

由以上反应可知,1mol $Na_2B_4O_7 \cdot 10H_2O$ ⇌ 2mol HCl

由于在化学计量点前溶液中存在未滴完的硼砂和生成物硼酸,而硼酸-硼砂是一对缓冲对,导致上述反应不能进行完全,同时也影响对滴定终点的观察。因此,《中国药典》(2015年版)采用间接法测定硼砂的含量。即在上述溶液中加入适量甘油与硼酸(上述反应的产物)发生反应,生成甘油硼酸,以此来破坏溶液的缓冲对,提高反应的完成程度和滴定终点的清晰度。其反应式为:

然后利用甘油硼酸的酸性与氢氧化钠发生定量酸碱反应,以酚酞指示终点。

从反应原理可知,1mol $Na_2B_4O_7$ 相当于4mol H_3BO_3,4mol甘油硼酸相当于4molNaOH。即终点时可以根据消耗的氢氧化钠滴定液的体积和浓度,间接计算硼砂的含量。

故有:$$Na_2B_4O_7 \cdot 10H_2O(\%) = \frac{\frac{1}{4}c_{NaOH}V_{NaOH}M_{Na_2B_4O_7 \cdot 10H_2O}\times10^{-3}}{m_s}\times100\%$$

$$M_{Na_2B_4O_7 \cdot 10H_2O} = 381.37$$

也可以根据滴定度进行计算,每1ml NaOH(0.1mol/L)滴定液相当于9.534mg$Na_2B_4O_7 \cdot 10H_2O$。计算公式为:

$$Na_2B_4O_7 \cdot 10H_2O(\%) = \frac{V_{NaOH}\times9.534\times10^{-3}\times\frac{c_{NaOH}}{0.1}}{m_s}\times100\%$$

四、实验内容

在分析天平上准确称取药用硼砂($Na_2B_4O_7 \cdot 10H_2O$)约0.4 g,置于锥形瓶中,加25ml纯化水加热溶解后,冷却至室温。加甲基橙指示剂1滴,溶液呈黄色,用0.1mol/L HCl溶液滴定至溶液出现橙红色,煮沸2分钟后冷却至室温,若溶液呈黄色,继续滴定至橙红色,再加中性甘油80ml与酚酞指示剂8滴,用NaOH滴定液滴至溶液呈粉红色,即为滴定终点。平行测定3次,计算药用硼砂的含量和相对平均偏差及相对标准差。

五、实验注意事项

1. 加热后的硼砂溶液必须冷却至室温时才能加入指示剂。

2. 终点为粉红色,若滴至红色,会使测定结果偏高。

3. 0.1mol/L HCl 溶液的浓度可以不进行标定。

4. 注意排出碱式滴定管中的气泡。

六、实验数据记录与处理

1. 数据记录表

$c_{NaOH} = \quad$ mol/L

实验次数		1	2	3
$Na_2B_4O_7 \cdot 10H_2O$ 的质量(g)				
$V_{NaOH}(ml)$	$V_{终}$			
	$V_{初}$			
	$V_{用}$			
$Na_2B_4O_7 \cdot 10H_2O(\%)$				
含量百分数的平均值(%)				
$\bar{Rd}$				
RSD				

2. 数据处理过程

(1)硼砂含量的计算

(2)相对平均偏差($\bar{Rd}$)和相对标准偏差(RSD)的计算

七、实验思考

1. 若用直接法测定硼砂会使测得的结果偏高或偏低,为什么?

2. 甲基橙刚好变成橙红色时,说明反应进行到哪一步?为什么此时还需要加热?

3. 为什么 HCl 溶液不需要标定?中性甘油是指什么?为什要加中性甘油?

（王玉婷）

实验七 药用 NaOH 的含量测定（双指示剂法）

一、实验目的

1. 熟练掌握用双指示剂法测定药用 NaOH 样品的方法和操作技能。

2. 熟练掌握双指示剂法的含量计算方法。

二、实验用品

1. 仪器 分析天平(电子天平)、滴定管(25ml)、玻棒、量筒、锥形瓶、电炉、容量瓶(100ml)、移液管(25ml)、洗耳球。

2. 试剂 HCl(0.1mol/L)、药用 NaOH、酚酞指示剂、甲基橙指示剂。

三、实验原理

由于 NaOH 易吸收空气中的 CO_2,使 NaOH 中含有一定量的 Na_2CO_3,形成 NaOH 与 Na_2CO_3 的混合碱。因此,在测定药用氢氧化钠时,可利用双指示剂法,分别测定药用 NaOH 中 NaOH 和 Na_2CO_3 的含量。先在混合碱溶液中加入酚酞指示剂,用 HCl 滴定液滴定至溶液的红色刚好消失,即第一滴定终点时,溶液中的 NaOH 全部被 HCl 中和生成 NaCl 与 H_2O,而样品中的 Na_2CO_3 仅被盐酸中和了一半,生成 $NaHCO_3$,此时设用去 HCl 的体积为 V_1ml;再向此溶液中加入甲基橙指示剂,继续用 HCl 滴定液滴定至溶液呈橙黄色(或橙色),即第二滴定终点时,溶液中的 $NaHCO_3$ 被中和生成 H_2CO_3,并分解为 H_2O 和 CO_2,此时设用去 HCl 的体积为 V_2ml,则总碱量消耗 HCl 的体积应为 V_1+V_2 ml;其中 Na_2CO_3 消耗的体积为 $2V_2$ ml,NaOH 消耗的体积为 V_1-V_2 ml。其测定过程表示如下:

根据各组分消耗盐酸的体积,即可计算各组分的含量。

$$NaOH\% = \frac{c \cdot (V_1 - V_2) \cdot M_{NaOH} \times 10^{-3}}{m_s \times \dfrac{25.00}{100.00}} \times 100\% \qquad M_{NaOH} = 40.00$$

$$Na_2CO_3\% = \frac{\dfrac{1}{2}c \cdot 2V_2 \cdot M_{Na_2CO_3} \times 10^{-3}}{m_s \times \dfrac{25.00}{100.00}} \times 100\% \qquad M_{Na_2CO_3} = 105.99$$

四、实验内容

1. 迅速精密称取本品约 0.35g 置于 50ml 小烧杯中,加少量纯化水溶解后,定量转移至 100ml 容量瓶中,加水稀释至刻度,摇匀备用。

2. 从容量瓶中精密吸取 25.00ml 样品溶液置 250ml 锥形瓶中,加纯化水 25ml 和 2 滴酚酞指示剂,用 HCl(0.1mol/L)滴定液滴定至溶液的红色刚好消失,记录所用的 HCl(0.1mol/L)滴定液的体积 V_1ml;然后加入甲基橙指示剂 2 滴,继续用 HCl(0.1mol/L)滴定液滴定至溶液由黄色变为橙黄色(或橙色),记录所用的 HCl 滴定液的体积为 V_2ml。平行测定 3 次,分别求出混合碱中 NaOH 和 Na_2CO_3 的含量百分数。

五、实验注意事项

1. 样品溶液中含有大量的 OH^-,滴定前不宜于空气中久置,否则容易吸收 CO_2 使 NaOH 的量减少,而使 Na_2CO_3 的量增多。

2. 在第一计量点之前不应有 CO_2 的损失,如果溶液中的 HCl 局部浓度过大,则会引起 CO_2 的损失,带来较大的误差。因此滴定时溶液应于冰水中冷却,滴定时速度不要太快,摇动锥形瓶,使 HCl 分散均匀;但滴定也不能太慢,以免溶液吸收空气中的 CO_2。

六、实验数据记录与处理

1. 数据记录表

$c_{HCl} =$ ____ mol/L

实验次数		1	2	3
$m_{NaOH}(g)$				
$V_{HCl}(ml)$	V_1			
	V_2			
NaOH%				
$Na_2CO_3\%$				
NaOH 的含量的平均值(%)				
Na_2CO_3 的含量的平均值(%)				
$\bar{Rd}$				
RSD				

2. 数据处理过程

(1) NaOH 和 Na_2CO_3 的含量百分数的计算

(2) 相对平均偏差($\bar{Rd}$)和相对标准偏差(RSD)的计算

七、实验思考

1. 若标定 HCl 的基准无水碳酸钠没有在 270~300℃ 干燥,会对 HCl 滴定液的浓度有什么影响?对本次测定又有何影响?

2. 用双指示剂法测定混合碱时,若消耗的 HCl 滴定液的体积为 $V_1 < V_2$,则试样的组成可能是什么?若 $V_1 = V_2$,则试样的组成又可能是什么?

（李维斌）

实验八　苯甲酸的含量测定

一、实验目的

1. 熟练掌握用酸碱滴定法测定苯甲酸含量的操作技术。
2. 掌握刻度吸管的使用方法。
3. 掌握中性乙醇的配制方法。

二、实验用品

1. **仪器**　分析天平、台称、称量瓶、滴定管(50ml)、锥形瓶、量筒。
2. **试剂**　NaOH(0.1mol/L)、固体苯甲酸、纯化水、中性乙醇、酚酞指示剂。

三、实验原理

苯甲酸的电离常数 $K_a = 6.3 \times 10^{-3}$，其 $cK_a > 10^{-8}$，因此可用碱滴定液直接滴定苯甲酸。反应式如下：

计量点时生成的苯甲酸钠为弱酸强碱盐，水解后使溶液呈碱性，应选用碱性区域变色的酚酞指示剂指示终点。

由以上反应可知，1mol $C_7H_6O_2$ ⇌ 1mol NaOH

整理后可得：

$$C_7H_6O_2(\%) = \frac{c_{NaOH} \cdot V_{NaOH} \cdot M_{C_7H_6O_2} \times 10^{-3}}{m_s} \times 100\%$$

$$M_{C_7H_6O_2} = 122.12$$

也可以根据滴定度进行计算，每 1ml NaOH(0.1mol/L)滴定液相当于 12.21mg $C_7H_6O_2$。计算公式为：

$$C_7H_6O_2(\%) = \frac{V_{NaOH} \times 12.21 \times 10^{-3} \times \dfrac{c_{NaOH}}{0.1}}{m_s} \times 100\%$$

四、实验内容

精密称取本品约 0.25g，置于 250ml 锥形瓶中，加中性乙醇(对酚酞显中性)25ml 溶解后，加酚酞指示剂 3 滴，用 NaOH 滴定液(0.1mol/L)滴至溶液呈淡红色，且 30 秒不褪色，即为终点。平行测定 3

次,计算苯甲酸的含量和相对平均偏差及相对标准差。

五、实验注意事项

1. 苯甲酸是芳香酸,水溶性小,在乙醇中易溶,故用中性稀乙醇为溶剂。

2. **中性稀乙醇的配制**　取 95% 乙醇 53ml,加水至 100ml,加酚酞 2 滴,用 NaOH 滴定液滴至淡红色,即可。

六、实验数据记录与处理

1. 苯甲酸的含量测定记录

$c_{NaOH} =$ 　　　　mol/L

实验次数		1	2	3
$C_7H_6O_2$ 的质量(g)				
V_{NaOH}(ml)	$V_终$			
	$V_初$			
	$V_用$			
$C_7H_6O_2$(%)				
含量百分数的平均值(%)				
$\bar{Rd}$				
RSD				

2. 数据处理过程

(1)苯甲酸含量的计算

(2)相对平均偏差($\bar{Rd}$)和相对标准偏差(RSD)的计算

七、实验思考

1. 本次实验为何滴至酚酞变淡红色,持续 30 秒不褪色才为滴定终点?

2. 苯甲酸可以用 NaOH 滴定液直接滴定,那么苯甲酸钠是否可用 HCl 滴定液直接测定?

3. 为什么要用中性稀乙醇为溶剂? 中性乙醇是否指的是 pH=7 的乙醇溶液?

（王玉婷）

实验九 食醋总酸量的测定

一、实验目的

1. 熟悉强碱滴定弱酸的原理。

2. 熟练掌握用酸碱滴定法测定食醋中酸的含量方法。

3. 熟练掌握刻度吸管的使用方法。

二、实验用品

1. **仪器** 碱式滴定管(25ml)1 支、锥形瓶(250ml)3 个、移液管(10ml、20ml)、洗耳球 1 个、烧杯、洗瓶。

2. **试剂** 0.1mol/L NaOH 滴定液、食醋样品、酚酞指示剂。

三、 实验原理

HAc 溶液的 $c_a K_a > 10^{-8}$，可以用 NaOH 为滴定液直接测定食醋中 HAc 的含量。食醋中含有 3～5g/100ml 的醋酸，还有少量的乳酸等有机酸，这些酸的 $c_a K_a > 10^{-8}$，可利用酸碱滴定法直接测定食醋中酸的总含量。

食醋中的总酸量用每升食醋含 CH_3COOH 的克数表示，按下式计算：

$$\rho_{HAc} = \frac{c_{NaOH} V_{NaOH} M_{HAc} \times 10^{-3}}{V_{样} \times \dfrac{20.00}{100.00} \times 10^{-3}} (g/L) \qquad M_{C_2H_4O_2} = 60.05$$

四、实验内容

1. 用移液管移取食醋样品 10.00ml，置于已经加入约 30ml 纯化水的 100ml 容量瓶中，用纯化水稀释至刻度，摇匀。

2. 从容量瓶中准确移取食醋 20.00ml，置于盛有 25ml 纯化水的锥形瓶中，加入酚酞指示剂 2 滴，用 NaOH 滴定液滴至溶液呈微红色，30 秒内不褪色为终点。平行测定 3 次，计算食醋的总酸量和相对平均偏差。

五、实验注意事项

1. 3 次消耗的 NaOH 滴定液的体积相差不应超过 0.04ml。

2. 因醋酸具有挥发性，测定时应取一份滴定一份。

3. 为了减小醋酸的挥发，取样品前应在容量瓶、锥形瓶中加入纯化水稀释醋酸，同时也稀释食醋的颜色，便于终点的观察。

六、实验数据记录与处理

1. 数据记录表

$c_{NaOH} =$　　　　　　mol/L

实验次数		1	2	3
$V_{样}(ml)$			10.00	
$V_{NaOH}(ml)$	$V_{终}$			
	$V_{初}$			
	$V_{用}$			
$\rho(g/L)$				
$\bar{\rho}(g/L)$				
$\overline{Rd}$				
RSD				

2. 数据处理过程

（1）食醋总酸量的计算

（2）相对平均偏差（$\overline{Rd}$）和相对标准偏差（RSD）的计算

七、实验思考

1. 在取食醋之前是否需要用所取食醋润洗刻度吸管？锥形瓶也需要用食醋润洗吗？为什么？

2. 在滴定中碱式滴定管产生的气泡是否需要排出？如果需要,该如何排出？

（李维斌）

实验十　高氯酸滴定液的配制与标定

一、实验目的

1. 掌握配制和标定高氯酸滴定液的方法与操作技术。

2. 熟悉结晶紫指示剂指示终点的方法。

二、实验用品

1. **仪器**　半微量滴定管（10ml）、锥形瓶（50ml）、分析天平、量杯（10ml）

2. **试剂**　高氯酸（AR 70%~72%,密度为1.75）、醋酐（AR 97%,密度为1.08）、醋酸（AR）、邻苯二甲酸氢钾（基准物）、结晶紫指示剂（0.5%冰醋酸溶液）。

三、实验原理

用邻苯二甲酸氢钾为基准物,结晶紫为指示剂,标定高氯酸滴定液。根据邻苯二甲酸氢钾的质量和消耗的高氯酸滴定液的体积,便可求得高氯酸滴定液的浓度。其滴定反应为:

溶剂和指示剂要消耗一定量的滴定液,故需做空白试验校正。

由以上反应可知,$1molKHC_8H_4O_4 \rightleftharpoons 1mol\ HClO_4$

整理后可得:

$$c_{HClO_4} = \frac{m_{KHC_8H_4O_4}}{(V-V_{空})_{HClO_4} M_{KHC_8H_4O_4}} \times 10^3$$

$$M_{KHC_8H_4O_4} = 204.22$$

也可以根据滴定度进行计算,每$1ml\ HClO_4(0.1mol/L)$滴定液相当于$20.42mg\ KHC_8H_4O_4$。计算公式为:

$$m_{KHC_8H_4O_4} = (V-V_{空})_{HClO_4} \times 20.42 \times 10^{-3} \times \frac{c_{HClO_4}}{0.1}$$

四、实验内容

1. 高氯酸滴定液(0.1mol/L)的配制　取无水冰醋酸(按含水量计算,每1g水加醋酐5.22ml)750ml,加入高氯酸(70%~72%)8.5ml,摇匀,在室温下缓缓滴加醋酐23ml,边加边摇,加完后再振摇均匀,放冷,再加无水醋酸适量至1000ml,摇匀,放置24小时后,即可标定。若所测的供试品易乙酰化,则须用水分测定法测定本液的含水量,再用水和醋酐调节至本液的含水量为0.01%~0.02%。

2. 高氯酸滴定液(0.1mol/L)的标定　取在105℃干燥至恒重的基准邻苯二甲酸氢钾约0.16g,精密称定,加无水冰醋酸20ml使溶解,加结晶紫指示剂1滴,用本液缓缓滴至蓝色,并将滴定结果用空白试验校正。每1ml高氯酸滴定液(0.1mol/L)相当于20.42mg邻苯二甲酸氢钾。根据邻苯二甲酸氢钾的质量和消耗的高氯酸滴定液的体积,便可求得高氯酸滴定液的浓度。由于溶剂和指示剂要消耗一定量的滴定液,故需做空白试验。

五、实验注意事项

1. 在配制高氯酸滴定液时,应先用冰醋酸将高氯酸稀释后再缓缓加入醋酐。

2. 使用的仪器应预先洗净烘干。

3. 高氯酸、冰醋酸能腐蚀皮肤,刺激黏膜,应注意防护。

4. 结晶紫指示剂指示终点颜色的变化为紫→紫蓝→纯蓝,其中紫→紫蓝的变化时间比较长,而紫蓝→纯蓝的变化时间较短,应注意把握好终点。

5. 近终点时,用少量的溶剂润洗锥形瓶内壁。

6. 实验结束后应回收溶剂。

六、实验数据记录与处理

1. 高氯酸滴定液的标定实验记录

实验次数		1	2	3
$KHC_8H_4O_4$ 的质量 $m(g)$				
$V_{HClO_4}(ml)$	$V_{终}$			
	$V_{初}$			
	$V_{用}$			
$c_{HClO_4}(mol/L)$				
$\bar{c}_{HClO_4}(mol/L)$				
$\bar{Rd}$				
RSD				

2. 数据处理过程

（1）$HClO_4$ 浓度的计算

（2）相对平均偏差（$\bar{Rd}$）和相对标准偏差（RSD）的计算

七、实验思考

1. 为什么醋酐不能直接加入高氯酸溶液中？

2. 如果锥形瓶中有少量水会带来什么影响？为什么？

3. 为什么要做空白试验？怎样做空白试验？

4. 为什么邻苯二甲酸氢钾既可作为标定碱（$NaOH$），又可以作为标定酸（$HClO_4$）的基准物质？

（王玉婷）

实验十一　枸橼酸钠的含量测定

一、实验目的

1. 掌握用非水溶液酸碱滴定法测定有机酸碱金盐含量的操作方法。

2. 学会使用结晶紫指示剂。

二、实验用品

1. **仪器**　滴定管（250ml）、锥形瓶（50ml）、分析天平、小量杯。

2. 试剂 高氯酸滴定液(0.1mol/L)、枸橼酸钠样品、冰醋酸(AR)、醋酐(AR 97%,密度为1.08)、结晶紫指示剂。

三、实验原理

枸橼酸钠为有机酸的碱金属盐,在水溶液中碱性很弱,不能直接进行酸碱滴定。由于醋酸的酸性比水的酸性强,因此将枸橼酸钠溶解在冰醋酸溶剂中,可增强其碱性,便可用结晶紫为指示剂,用高氯酸作滴定液直接测定其含量。滴定反应如下:

$$\begin{array}{c} CH_2COONa \\ | \\ OH-CCOONa \\ | \\ CH_2COONa \end{array} + 3HClO_4 \rightleftharpoons \begin{array}{c} CH_2COOH \\ | \\ OH-CCOOH \\ | \\ CH_2COOH \end{array} + 3NaClO_4$$

由以上反应可知,1mol $C_6H_5O_7Na_3$ ⇌ 3mol $HClO_4$

整理后可得:

$$C_6H_5O_7Na_3(\%) = \frac{\frac{1}{3}c_{HClO_4}(V-V_{空})_{HClO_4} \times M_{C_6H_5O_7Na_3} \times 10^{-3}}{m_s} \times 100\%$$

$$M_{C_6H_5O_7Na_3} = 294.10$$

也可以根据滴定度进行计算,每1ml $HClO_4$(0.1mol/L)滴定液相当于8.602mg $C_6H_5O_7Na_3$。计算公式为:

$$C_6H_5O_7Na_3(\%) = \frac{(V-V_{空})_{HClO_4} \times 8.602 \times 10^{-3} \times F}{m_s} \times 100\%$$

四、实验内容

精密称取枸橼酸钠样品80mg,加冰醋酸5ml,加热使之溶解,放冷,加醋酐10ml与结晶紫指示液1滴,用高氯酸滴定液(0.1mol/L)滴定至溶液显蓝绿色即为终点,用空白试验校正。平行测定3次。

五、实验注意事项

1. 使用的仪器均需预先洗净干燥。

2. 若测定时的室温与标定时的室温相差较大时(一般在±2℃以上),滴定液的浓度需加以校正。

3. 对终点的观察应注意其变色过程,近终点时滴定速度要适当。

六、实验数据记录与处理

1. 枸橼酸钠样品的含量测定 $c_{HClO_4} = $ mol/L

实验次数		1	2	3
枸橼酸钠样品的质量(g)				
V_{HClO_4}(ml)	$V_终$			
	$V_初$			
	$V_用$			
枸橼酸钠样品含量(%)				
枸橼酸钠含量百分数的平均值(%)				
$\overline{Rd}$				
RSD				

2. 数据处理过程

(1)枸橼酸钠含量的计算

(2)相对平均偏差($\overline{Rd}$)和相对标准偏差(RSD)的计算

七、实验思考

1. 为什么枸橼酸钠在水中不能直接滴定而在冰醋酸中能直接滴定?

2. 枸橼酸钠的称取量是以什么为依据计算出的?

3. 计算枸橼酸钠的含量百分比的公式中"F"表示什么?除了用此公式计算外还可以用什么公式计算?

（王玉婷）

实验十二　硫代硫酸钠滴定液的配制与标定

一、实验目的

1. 熟练掌握配制 0.1mol/L $Na_2S_2O_3$ 溶液的方法。

2. 熟练掌握应用置换碘量法标定 $Na_2S_2O_3$ 滴定液的方法。

3. 掌握碘量法滴定操作要点,学会使用碘量瓶。

二、实验用品

1. **仪器**　电子天平(或分析天平)、碱式滴定管(50ml)、碘量瓶(250ml)、容量瓶(250ml)、移液管(25ml)、烧杯(500ml)、试剂瓶。

2. **试剂**　$K_2Cr_2O_7$(基准物质)、$Na_2S_2O_3 \cdot 5 H_2O$(AR)、KI(AR)、稀 H_2SO_4、Na_2CO_3(AR)、淀粉指

示液。

三、实验原理

标定$Na_2S_2O_3$溶液最常用的基准物质是$K_2Cr_2O_7$,反应式为:

$$Cr_2O_7^{2-} + 6\,I^- + 14\,H^+ \Longrightarrow 2\,Cr^{3+} + 3\,I_2 + 7\,H_2O$$

$$2\,S_2O_3^{2-} + I_2 \Longrightarrow S_4O_6^{2-} + 2\,I^-$$

由以上反应可知,$1mol\ K_2Cr_2O_7 \rightleftharpoons 6mol\ Na_2S_2O_3$

整理后可得:

$$c_{Na_2S_2O_3} = \frac{6 \times m_{K_2Cr_2O_7}}{V_{Na_2S_2O_3} \times 10^{-3} \times M_{K_2Cr_2O_7}}$$

$$M_{K_2Cr_2O_7} = 294.18$$

也可以根据滴定度进行计算,每$1ml\ Na_2S_2O_3(0.1mol/L)$滴定液相当于$4.903mg\ K_2Cr_2O_7$。计算公式为:

$$m_{K_2Cr_2O_7} = V_{Na_2S_2O_3} \times 4.903 \times 10^{-3} \times \frac{c_{Na_2S_2O_3}}{0.1000}$$

四、实验内容

1. **0.1mol/L $Na_2S_2O_3$溶液的配制**　取硫代硫酸钠26g与无水碳酸钠0.20g,加新沸过的冷水适量使溶解并稀释至1000ml,摇匀,放置1个月后滤过。

2. **0.1mol/L $Na_2S_2O_3$溶液的标定**　取在120℃干燥至恒重的基准$K_2Cr_2O_7$ 0.15g,精密称定,置碘瓶中,加水50ml使溶解,加KI 2.0g,轻轻振摇使溶解,加稀硫酸(57→1000)40ml,摇匀,密塞,水封;在暗处放置10分钟后,加水250ml稀释,用待测的$Na_2S_2O_3$溶液滴定至近终点时,加淀粉指示液3ml,继续滴定至蓝色消失而显亮绿色。平行测定3次,并将滴定的结果用空白试验校正,根据$Na_2S_2O_3$溶液的用量和$K_2Cr_2O_7$的质量算出$Na_2S_2O_3$的准确浓度。

五、实验注意事项

1. $K_2Cr_2O_7$与$Na_2S_2O_3$反应较慢,增加溶液的酸度可加快反应速度,但酸度过高会加速I^-被空气中的O_2氧化。在合适的酸度下,必须放置10分钟反应才能定量完成。为了防止I_2在放置过程中挥发,实验使用碘量瓶。

2. 用$Na_2S_2O_3$溶液滴定置换出的I_2时,在临近终点时加入淀粉指示液,溶液呈蓝色。当溶液中的I_2全部与$Na_2S_2O_3$作用,蓝色消失(呈Cr^{3+}的绿色)指示终点到达。

3. 滴定开始时要快滴慢摇,以减少I_2的挥发;近终点时,要慢滴用力旋摇,以减少淀粉对I_2的吸附。淀粉指示剂不可加入过早。

4. 滴定结束后,溶液放置后可能会出现回蓝现象。如果不是很快变蓝(超过5分钟),则是空气中的O_2氧化所致,不影响分析结果;如果很快变蓝,说明$K_2Cr_2O_7$与KI的反应不完全,应重做实验。

六、实验数据记录与处理

1. 数据记录表

实验次数		1	2	3
$m_{K_2Cr_2O_7}$	g			
$V_{Na_2S_2O_3}$ ml	$V_终$			
	$V_初$			
	$V_用$			
	$V_空$			
	$V_校$			
$c_{Na_2S_2O_3}$	mol/L			
$\bar{c}_{Na_2S_2O_3}$	mol/L			
$\bar{Rd}$				
RSD				

2. 数据处理过程

(1)$Na_2S_2O_3$浓度的计算

(2)相对平均偏差($\bar{Rd}$)和相对标准偏差(RSD)的计算

七、实验思考

1. 用$K_2Cr_2O_7$作基准物质标定$Na_2S_2O_3$溶液时,为什么要加入过量的 KI?为什么加酸后放置一定时间后才加水稀释?如果加 KI 而不加H_2SO_4或加酸后不放置或少放置一定时间即加水稀释,会对实验结果造成什么影响?

2. 为什么要在滴定至近终点时才加入淀粉指示剂?如果早加入淀粉指示剂会对实验结果造成什么影响?

（王 锋）

实验十三 碘滴定液的配制与标定

一、实验目的

1. 熟练掌握 0.05mol/L I_2溶液的配制方法。

2. 熟练掌握用$Na_2S_2O_3$滴定液标定I_2溶液浓度的方法。

二、实验用品

1. **仪器** 两用滴定管（50ml）、烧杯（100ml）、垂熔玻璃滤器、量筒（100ml）、试剂瓶（棕）。

2. **试剂** I_2（AR）、KI（AR）、$Na_2S_2O_3$（0.1mol/L）、HCl、淀粉指示液。

三、实验原理

$$2\,S_2O_3^{2-}+I_2 \rightleftharpoons S_4O_6^{2-}+2\,I^-$$

$$1mol I_2 \rightleftharpoons 2mol\ Na_2S_2O_3$$

计算公式为：

$$c_{I_2} = \frac{c_{Na_2S_2O_3} \times V_{Na_2S_2O_3}}{2 \times V_{I_2}}$$

四、实验内容

1. **0.05mol/L I_2溶液的配制** 称取 KI 36g 于小烧杯中，加水约 50ml 使溶解。再称取I_2 13.0g，加入上述 KI 溶液中，搅拌至I_2完全溶解后，再加盐酸 3 滴，加水使成 1000ml，摇匀，用垂熔玻璃滤器滤过。

2. **0.05mol/L I_2溶液的标定** 精密量取本液 25ml，置碘瓶中，加水 100ml 与 HCl（9→100）1ml，轻摇混匀，用$Na_2S_2O_3$（0.1mol/L）滴定至近终点时，加淀粉指示液 2ml，继续滴定至蓝色消失。平行测定 3 次，根据$Na_2S_2O_3$的浓度、用量和消耗的I_2液的体积算出I_2液的准确浓度。

五、实验注意事项

1. I_2在水中的溶解度很小，且易挥发，将I_2溶解在 KI 浓溶液中，I_2可与I^-生成I_3^-配离子，提高I_2的溶解度，降低挥发性。I_2易溶于 KI 浓溶液，但在 KI 稀溶液中溶解得很慢，因此配制I_2溶液时不能过早加水稀释，应搅拌使I_2在 KI 浓溶液中完全溶解后再加水稀释。

2. 淀粉指示剂要在近终点时加入。

六、实验数据记录与处理

1. 数据记录表

$c_{Na_2S_2O_3}=$ mol/L

实验次数			1	2	3
V_{I_2}	ml				
$V_{Na_2S_2O_3}$	ml	$V_{终}$			
		$V_{初}$			
		$V_{用}$			
c_{I_2}	mol/L				

实验次数		1	2	3
$\bar{c}_{I2}$	mol/L			
$\bar{Rd}$				
RSD				

2. 数据处理过程

(1)I_2溶液浓度的计算

(2)相对平均偏差($\bar{Rd}$)和相对标准偏差(RSD)的计算

七、实验思考

1. 配制I_2溶液时为什么要加 KI？是否可以将称得的I_2和 KI 一次加入 1000ml 水再搅拌？

2. I_2溶液为棕红色,装入滴定管中看不清楚弯月面最低处,应如何读数?

3. 配制I_2滴定液时为什么要加入 3 滴盐酸?

（王 锋）

实验十四 维生素 C 的含量测定

一、实验目的

1. 掌握直接碘量法测定维生素 C 含量的原理和方法。
2. 熟练掌握碘量法滴定操作要点。

二、实验用品

1. **仪器** 电子天平(或分析天平)、酸式滴定管(50ml)、量筒(100ml)、锥形瓶(250ml)。
2. **试剂** 维生素 C(样品)、0.05mol/L I_2滴定液、稀 HAc、淀粉指示液。

三、实验原理

维生素 C($C_6H_8O_6$)的结构中含烯二醇基,具有较强的还原性,能被I_2定量氧化成二酮基,故可用直接碘量法测定其含量。反应式如下：

1mol 维生素 C 消耗 1mol I_2, 所以:

$$(C_6H_8O_6)\% = \frac{c_{I_2} \times V_{I_2} \times 10^{-3} \times M_{V_c}}{m_s} \times 100\%$$

$$M_{V_c} = 176.12$$

也可以根据滴定度进行计算, 每 1ml I_2 滴定液 (0.05mol/L) 相当于 8.806mg $C_6H_8O_6$。计算公式为:

$$(C_6H_8O_6)\% = \frac{V_{I_2} \times 8.806 \times 10^{-3} \times \dfrac{c_{I_2}}{0.050\ 00}}{m_s} \times 100\%$$

四、实验内容

精密称取维生素 C ($C_6H_8O_6$) 样品约 0.2g, 加新沸过的冷水 100ml 与稀 HAc 10ml 使溶解。加淀粉指示液 1ml, 立即用 I_2 滴定液 (0.05mol/L) 滴定, 至溶液显蓝色在 30 秒内不褪。平行测定 3 次, 根据 I_2 滴定液的浓度、用量和样品的质量算出维生素 C 的含量。

五、实验注意事项

1. 从反应式可以看出, 碱性条件更有利于反应向右进行, 但维生素 C 的还原性很强, 在空气中极易被氧化, 特别在碱性条件下更甚, 易产生较大的误差。即便在弱酸性条件下, 反应也进行得相当完全。所以在滴定时, 要加入适量醋酸, 使溶液保持一定的酸性, 以减少维生素 C 受 I_2 以外的其他氧化剂的影响。

2. 为尽量减少因维生素 C 被空气中的 O_2 氧化而引起的误差, 在本实验中 3 份试样不宜同时溶解, 应溶解一份滴定一份。

六、实验数据记录与处理

1. 数据记录表

$c_{I_2} =$ _____ mol/L

实验次数		1	2	3
m_s \qquad g				
V_{I2} \qquad ml	$V_{终}$			
	$V_{初}$			
	$V_{用}$			
$(C_6H_8O_6)\%$				
$(C_6H_8O_6)\%$ 平均值				
$\bar{Rd}$				
RSD				

2. 数据处理过程

（1）（$C_6H_8O_6$）% 的计算

（2）相对平均偏差（$\overline{Rd}$）和相对标准偏差（RSD）的计算

七、实验思考

1. 本实验为何要用新沸的冷水溶解样品,而且要溶解一份滴定一份?

2. 本实验若在碱性条件下测定,会造成分析结果偏高还是偏低?

（王　锋）

实验十五　硫酸铜的含量测定

一、实验目的

1. 熟练掌握置换滴定法测定硫酸铜含量的原理和方法。

2. 掌握置换滴定法中实验数据的处理方法。

二、实验用品

1. 仪器　电子天平（或分析天平）、碱式滴定管（50ml）、碘量瓶（250ml）。

2. 试剂　$Na_2S_2O_3$ 滴定液（0.1mol/L）、$CuSO_4 \cdot 5H_2O$、6mol/L HAc、KI（AR）、10% KSCN、HAc-NaAc 缓冲溶液（pH 3.5）、淀粉指示液。

三、实验原理

用置换滴定法测定铜盐的依据是在 HAc 酸性溶液中,过量的 KI 将 Cu^{2+} 还原成 CuI 沉淀,同时定量地置换出 I_2。反应式为:

$$2Cu^{2+} + 4I^- \Longrightarrow 2CuI\downarrow（乳白色）+ I_2$$

反应中,I^- 不仅是 Cu^{2+} 的还原剂,还是反应产物 I_2 的配位体（过量的 I^- 与 I_2 形成 I_3^-）及 Cu^+ 的沉淀剂,因此在过量 I^- 的存在下,反应可以定量地向右进行。

以淀粉为指示剂,用 $Na_2S_2O_3$ 滴定液滴定置换出来的 I_2。

$$2S_2O_3^{2-} + I_2 \Longrightarrow S_4O_6^{2-} + 2I^-$$

由以上反应可知,2mol $CuSO_4 \cdot 5H_2O$ 生成 1mol I_2,1mol I_2 与 2mol $Na_2S_2O_3$ 完全反应,所以 1mol $CuSO_4 \cdot 5H_2O \rightleftharpoons$ 1mol $Na_2S_2O_3$。计算公式为:

$$（CuSO_4 \cdot 5H_2O）\% = \frac{c_{Na_2S_2O_3} \times V_{Na_2S_2O_3} \times 10^{-3} \times M_{CuSO_4 \cdot 5H_2O}}{m_s} \times 100\%$$

$$M_{CuSO_4 \cdot 5H_2O} = 249.68$$

也可以根据滴定度进行计算,每 1ml $Na_2S_2O_3$ 滴定液(0.1mol/L)相当于 24.97mg 的 $CuSO_4 \cdot 5H_2O$。计算公式为:

$$(CuSO_4 \cdot 5H_2O)\% = \frac{V_{Na_2S_2O_3} \times 24.97 \times 10^{-3} \times \dfrac{c_{Na_2S_2O_3}}{0.1000}}{m_s} \times 100\%$$

四、实验内容

精密称取 $CuSO_4 \cdot 5H_2O$ 样品约 0.5g,置于碘量瓶中,加蒸馏水 50ml 使溶解,再加 6mol/L HAc 4ml、KI 2g,用 $Na_2S_2O_3$ 滴定液(0.1mol/L)滴定至近终点(呈浅黄色)时,加淀粉指示液 2ml,当滴定至淡蓝色时,加 10% KSCN 溶液 5ml,继续滴定至蓝色消失,即为终点。平行测定 3 次,根据 $Na_2S_2O_3$ 滴定液的浓度、用量和样品的质量算出硫酸铜的含量。

五、实验注意事项

1. 本法测定铜盐的含量时,溶液的 pH 以 3.5~4 为宜,可用 HAc-NaAc 缓冲溶液控制溶液的 pH。若在碱性条件下,由于 Cu^{2+} 的水解作用,使 Cu^{2+} 氧化 I^- 的反应进行不完全,造成结果偏低,而且反应速度慢。同时,在碱性溶液中,生成的 I_2 还会发生歧化反应。

2. 由于沉淀 CuI 能强烈地吸附 I_3^-,会使测定结果偏低,加入 KSCN 使 CuI($K_{sp} = 5.06 \times 10^{-12}$)转化为溶解度更小的 CuSCN($K_{sp} = 4.8 \times 10^{-15}$)。

$$CuI + SCN^- \rightleftharpoons CuSCN \downarrow + I^-$$

这样可以释放出被 CuI 吸附的 I_3^-。

六、实验数据记录与处理

1. 数据记录表

$c_{Na_2S_2O_3} = $ _____ mol/L

实验次数		1	2	3
m_s g				
$V_{Na_2S_2O_3}$ ml	$V_{终}$			
	$V_{初}$			
	$V_{用}$			
$(CuSO_4 \cdot 5H_2O)\%$				
$(CuSO_4 \cdot 5H_2O)\%$ 平均值				
$\bar{Rd}$				
RSD				

2. 数据处理过程

（1）（$CuSO_4 \cdot 5H_2O$）%的计算

（2）相对平均偏差（$R\bar{d}$）和相对标准偏差（RSD）的计算

七、实验思考

1. 用间接碘量法测定硫酸铜的含量时，溶液的 pH 应控制在什么范围？pH 过高或过低对测定有何影响？

2. 已知：

$$Cu^{2+} + e^- \rightleftharpoons Cu^+ \qquad \varphi^{\ominus}_{Cu^{2+}/Cu^+} = 0.16V$$

$$I_2 + 2e^- \rightleftharpoons 2I^- \qquad \varphi^{\ominus}_{I_2/I^-} = 0.54V$$

为什么本实验中 Cu^{2+} 却能把 I^- 氧化为 I_2？

3. 本实验中，应如何控制滴定速度？

4. 滴定结束后，如果出现溶液回蓝现象，应如何处置？

（王 锋）

实验十六 高锰酸钾滴定液的配制与标定

一、实验目的

1. 熟练掌握 $KMnO_4$ 滴定液的配制方法。

2. 熟练掌握用基准 $Na_2C_2O_4$ 标定 $KMnO_4$ 滴定液的方法。

3. 学会 $KMnO_4$ 法滴定速度的控制方法。

二、实验用品

1. 仪器 电子天平（或分析天平）、酸式滴定管（50ml）、锥形瓶（250ml）、垂熔玻璃漏斗、试剂瓶（500ml）。

2. 试剂 $KMnO_4$（AR）、$Na_2C_2O_4$（基准物质）、浓 H_2SO_4（AR）。

三、实验原理

标定 $KMnO_4$ 滴定液常用的基准物质为 $Na_2C_2O_4$，反应式为：

$$2MnO_4^- + 5C_2O_4^{2-} + 16H^+ \rightleftharpoons 2Mn^{2+} + 10CO_2 \uparrow + 8H_2O$$

2mol $KMnO_4$ 与 5mol $Na_2C_2O_4$ 恰好完全反应,计算公式为:

$$c_{KMnO_4} = \frac{2 \times m_{Na_2C_2O_4}}{5 \times V_{KMnO_4} \times 10^{-3} \times M_{Na_2C_2O_4}}$$

$$M_{Na_2C_2O_4} = 134.00$$

滴定开始时,反应速度较慢,加入的 $KMnO_4$ 不能立即褪色。但一经反应生成 Mn^{2+} 后, Mn^{2+} 对该反应有催化作用,反应速度加快。也常常以滴定热溶液的方法来提高反应速率。

$KMnO_4$ 溶液本身有色,因此可作自身指示剂使用。终点前 MnO_4^- 被还原成 Mn^{2+} ,溶液呈无色。稍过量的 $KMnO_4$ 使溶液呈浅红色,指示终点到达。

也可以根据滴定度进行计算,每 1ml $KMnO_4$ (0.02mol/L)滴定液相当于 6.70mg $Na_2C_2O_4$ 。计算公式为:

$$m_{Na_2C_2O_4} = V_{KMnO_4} \times 6.70 \times 10^{-3} \times \frac{c_{KMnO_4}}{0.020\ 00}$$

四、实验内容

1. **0.02mol/L $KMnO_4$ 溶液的配制** 取 $KMnO_4$ 3.2g,加水 1000ml,煮沸 15 分钟,密塞,静置 2 日以上,用垂熔玻璃滤器滤过,摇匀,存于棕色玻璃瓶中,贴上标签,备用。

2. **0.02mol/L $KMnO_4$ 溶液的标定** 取在 105℃ 干燥至恒重的基准 $Na_2C_2O_4$ 约 0.2g,精密称定,加新沸过的冷水 250ml 与 H_2SO_4 10ml,搅拌使溶解。自滴定管中迅速加入 $KMnO_4$ 溶液约 25ml(边加边振摇,以避免产生沉淀),待褪色后,加热至 65℃,继续滴定至溶液显微红色并保持 30 秒不褪,即为终点。当滴定终了时,溶液温度不低于 55℃ 。平行测定 3 次,根据 $KMnO_4$ 溶液的用量与 $Na_2C_2O_4$ 的质量算出 $KMnO_4$ 溶液的准确浓度。

五、实验注意事项

1. $KMnO_4$ 的氧化能力很强,易被水中的微量还原性物质还原而产生 MnO_2 沉淀。 $KMnO_4$ 在水中也能自行发生分解:

$$4KMnO_4 + 2H_2O \rightleftharpoons 4MnO_2 + 3O_2 \uparrow + 4KOH$$

该分解反应的速度较慢,但能被 MnO_2 所加速,见光则分解得更快。为了得到稳定的 $KMnO_4$ 溶液,须将溶液中析出的 MnO_2 沉淀滤掉,置棕色瓶中于冷暗处保存。

2. 由于 $KMnO_4$ 在酸性溶液中是强氧化剂,易与空气中的还原剂发生反应。当滴定到达终点时,过量 1 滴 $KMnO_4$ 即可使溶液呈粉红色,但在空气中放置时,很容易被空气中的还原性气体或还原性灰尘作用而逐渐褪色。所以对终点的判断是在出现粉红色后,经 30 秒不褪色,即可认为到达终点。

六、实验数据记录与处理

1. 数据记录表

实验次数		1	2	3
$m_{Na_2C_2O_4}$	g			
V_{KMnO_4} ml	$V_终$			
	$V_初$			
	$V_用$			
c_{KMnO_4}	mol/L			
$\bar{c}_{KMnO_4}$	mol/L			
$\bar{Rd}$				
RSD				

2. 数据处理过程

(1) $KMnO_4$ 浓度的计算

(2) 相对平均偏差($\bar{Rd}$)和相对标准偏差(RSD)的计算

七、实验思考

1. 本实验中能否用 HCl 或 HNO_3 替代 H_2SO_4 酸化溶液?

2. 能否用滤纸过滤 $KMnO_4$ 溶液?为什么?

（王 锋）

实验十七 过氧化氢的含量测定

一、实验目的

1. 熟练掌握 $KMnO_4$ 法测定 H_2O_2 含量的方法。

2. 掌握根据实验内容和操作程序处理实验数据的方法。

二、实验用品

1. 仪器 酸式滴定管(50ml)、吸量管(1ml)、移液管(10ml)、容量瓶(100ml)、具塞磨口锥形瓶(50ml)、锥形瓶(250ml)。

2. 试剂　KMnO$_4$滴定液(0.02mol/L),30%、3% H$_2$O$_2$,1mol/L H$_2$SO$_4$溶液。

三、实验原理

H$_2$O$_2$既有氧化性,也有还原性,在酸性溶液中可与KMnO$_4$反应:

$$2MnO_4^- + 5 H_2O_2 + 6 H^+ \rightleftharpoons 2Mn^{2+} + 5 O_2 \uparrow + 8 H_2O$$

可知,2mol KMnO$_4$ ⇌ 5mol H$_2$O$_2$,即:

$$m_{H_2O_2} = \frac{5}{2} \times c_{KMnO_4} \times V_{KMnO_4} \times 10^{-3} \times M_{H_2O_2}$$

则有,

$$1.\ \omega_{H_2O_2}(W/W) = \frac{\frac{5}{2} \times c_{KMnO_4} \times V_{KMnO_4} \times 10^{-3} \times M_{H_2O_2}}{m_s \times \frac{10}{100}}$$

$$2.\ \omega_{H_2O_2}(W/V) = \frac{\frac{5}{2} \times c_{KMnO_4} \times V_{KMnO_4} \times 10^{-3} \times M_{H_2O_2}}{V_s}$$

$$M_{H_2O_2} = 34.01$$

也可以根据滴定度进行计算,每1ml KMnO$_4$滴定液(0.02mol/L)相当于1.700mg H$_2$O$_2$。计算公式为:

$$m_{H_2O_2} = V_{KMnO_4} \times 1.700 \times 10^{-3} \times \frac{c_{KMnO_4}}{0.020\ 00}$$

$$1.\ \omega_{H_2O_2}(W/W) = \frac{V_{KMnO_4} \times 1.700 \times 10^{-3} \times \frac{c_{KMnO_4}}{0.020\ 00}}{m_s \times \frac{10}{100}}$$

$$2.\ \omega_{H_2O_2}(W/V) = \frac{V_{KMnO_4} \times 1.700 \times 10^{-3} \times \frac{c_{KMnO_4}}{0.020\ 00}}{V_s}$$

四、实验内容

1. 30% H$_2$O$_2$溶液的含量测定　量取样品溶液1.00ml,置于贮有5ml 纯化水并已精密称定的具塞磨口锥形瓶中,精密称定,定量转移到100ml 容量瓶中,加水稀释至刻度,摇匀。精密吸取稀释液10ml 3份,分别置于250ml 锥形瓶中,各加1mol/L H$_2$SO$_4$溶液20ml,用KMnO$_4$滴定液(0.02mol/L)滴定至溶液显微红色并保持30秒不褪色。平行测定3次,根据KMnO$_4$滴定液的浓度、用量和样品的取用量算出H$_2$O$_2$的含量。

2. 3% H$_2$O$_2$溶液的含量测定　精密量取样品溶液1.00ml 3份,分别置于3个贮有20ml 纯化水的锥形瓶中,各加1mol/L H$_2$SO$_4$溶液20ml,用KMnO$_4$滴定液(0.02mol/L)滴定至溶液显微红色并保持 30 秒不褪色。平行实验 3 次,根据 KMnO₄ 滴定液的浓度、用量和样品的取用量算出 H₂O₂ 的含量。

五、实验注意事项

1. 市售的过氧化氢溶液有两种规格,一种是含 H_2O_2 为 30% 的溶液,另一种是含 H_2O_2 为 3% 的溶液。对于 30% 的浓过氧化氢溶液,稀释后方可测定。

2. 在强酸性介质中,$KMnO_4$ 可按下式分解:

$$4MnO_4^- + 12\,H^+ \Longrightarrow 4Mn^{2+} + 5\,O_2 \uparrow + 6\,H_2O$$

所以,滴定开始时,滴定速度不能过快,以防止来不及反应的 $KMnO_4$ 在酸性溶液中分解。

3. 应控制滴定速度与反应速度一致。用 $KMnO_4$ 滴定液测定 H_2O_2 时,开始反应速度较慢,但由于反应产物 Mn^{2+} 对反应有催化作用,故随着 Mn^{2+} 的生成,反应速度逐渐加快。但当近终点时,溶液中 H_2O_2 的浓度很低,反应速度又较慢。

六、实验数据记录与处理

(一) 30% H_2O_2 溶液含量的测定

1. 数据记录表

$c_{KMnO_4} = \qquad$ mol/L

实验次数		1	2	3
m_s	g			
V_{KMnO_4}　　ml	$V_{终}$			
	$V_{初}$			
	$V_{用}$			
$\omega_{H_2O_2}(W/W)$				
$\bar{\omega}_{H_2O_2}(W/W)$				
$\bar{Rd}$				
RSD				

2. 数据处理过程

(1) $\omega_{H_2O_2}(W/W)$ 的计算

(2) 相对平均偏差 ($\bar{Rd}$) 和相对标准偏差 (RSD) 的计算

(二) 3% H_2O_2溶液含量的测定

1. 数据记录表

$c_{KMnO_4}=$ _____ mol/L

实验次数		1	2	3
V_s ml				
V_{KMnO_4} ml	$V_{终}$			
	$V_{初}$			
	$V_{用}$			
$\omega_{H_2O_2}(W/V)$				
$\bar{\omega}_{H_2O_2}(W/V)$				
$\bar{Rd}$				
RSD				

2. 数据处理过程

(1) $\omega_{H_2O_2}(W/V)$ 的计算

(2) 相对平均偏差($\bar{Rd}$)和相对标准偏差(RSD)的计算

七、实验思考

市售H_2O_2溶液中常含有少量乙酰苯胺或尿素作稳定剂,它们也有还原性,能还原$KMnO_4$而引入误差。为消除其误差,可改用什么方法测定?

(王 锋)

实验十八　硫酸亚铁的含量测定

一、实验目的

1. 熟练掌握硫酸亚铁含量测定的原理和方法。
2. 熟练掌握$KMnO_4$法滴定操作要点。

二、实验用品

1. **仪器**　电子天平(或分析天平)、酸式滴定管(50ml)、锥形瓶(250ml)、量筒(100ml)。
2. **试剂**　$KMnO_4$(0.02mol/L)、$FeSO_4 \cdot 7H_2O$(样品)、稀H_2SO_4。

三、实验原理

$FeSO_4 \cdot 7H_2O$是浅绿色晶体,俗称"绿矾",水溶液为浅绿色。《中国药典》(2015年版)规定,

用 $KMnO_4$ 法测定硫酸亚铁的含量。反应式为：

$$MnO_4^- + 5\,Fe^{2+} + 8\,H^+ \rightleftharpoons Mn^{2+} + 5\,Fe^{3+} + 4\,H_2O$$

化学计量点时，微过量的 $KMnO_4$ 即可使溶液呈现出粉红色，从而可以指示终点，不需另加其他指示剂。计算公式为：

$$\omega_{FeSO_4 \cdot 7H_2O} = \frac{5 \times c_{KMnO_4} \times V_{KMnO_4} \times 10^{-3} \times M_{FeSO_4 \cdot 7H_2O}}{m_s}$$

$$M_{FeSO_4 \cdot 7H_2O} = 278.01$$

也可以根据滴定度进行计算，每 1ml $KMnO_4$ 滴定液（0.02mol/L）相当于 27.80mg $FeSO_4 \cdot 7H_2O$。计算公式为：

$$\omega_{FeSO_4 \cdot 7H_2O} = \frac{V_{KMnO_4} \times 27.80 \times 10^{-3} \times \dfrac{c_{KMnO_4}}{0.020\,00}}{m_s}$$

四、实验内容

取本品约 0.5g，精密称定，加稀硫酸与新沸过的冷水各 15ml 溶解后，立即用 $KMnO_4$ 滴定液（0.02mol/L）滴定至溶液显持续的粉红色。平行测定 3 次，根据 $KMnO_4$ 溶液的浓度、用量和样品的质量算出 $FeSO_4 \cdot 7H_2O$ 的含量。

五、实验注意事项

1. 为了防止 $FeSO_4 \cdot 7H_2O$ 被氧化，样本要溶解一份滴定一份。

2. 本实验中，要注意控制滴定速度与反应速度相一致。

六、实验数据记录与处理

1. 数据记录表

$c_{KMnO_4} = \qquad$ mol/L

实验次数		1	2	3
m_s g				
V_{KMnO_4} ml	$V_{终}$			
	$V_{初}$			
	$V_{用}$			
$\omega_{FeSO_4 \cdot 7H_2O}$				
$\overline{\omega}_{FeSO_4 \cdot 7H_2O}$				
$\overline{Rd}$				
RSD				

2. 数据处理过程

(1) $\omega_{FeSO_4 \cdot 7H_2O}$ 含量的计算

(2) 相对平均偏差（$\bar{Rd}$）和相对标准偏差（RSD）的计算

七、实验思考

能否采用 $KMnO_4$ 法测定硫酸亚铁片中 $FeSO_4 \cdot 7H_2O$ 的含量？为什么？

（王　锋）

实验十九　EDTA 滴定液的配制与标定

ER-实验

EDTA 滴定液的标定及 $ZnSO_4$ 含量测定

一、实验目的

1. 掌握 EDTA 滴定液的配制与标定的方法。
2. 熟悉金属指示剂的变色原理及确定终点的方法。
3. 学会控制配位滴定的条件。

二、实验用品

1. 仪器　托盘天平、分析天平、称量瓶、烧杯、锥形瓶（250ml）、酸式滴定管、玻璃棒、量筒（10、100ml）、试剂瓶（500ml）、电炉、标签。

2. 试剂　乙二胺四乙酸二钠（AR）、ZnO（基准）、铬黑 T 指示剂、稀 HCl 溶液、0.025% 甲基红乙醇溶液、氨试液、$NH_3 \cdot H_2O$-NH_4Cl 缓冲液（$pH \approx 10$）。

三、实验原理

由于 EDTA 在水中的溶解度小，所以常用其二钠盐配制滴定液。标定 EDTA 滴定液的基准物质很多，如纯 Zn、Cu、Bi 及纯 $CaCO_3$、ZnO 和 $MgSO_4 \cdot 7H_2O$ 等。常用 ZnO 为基准物质，以铬黑 T 为指示剂，用 ZnO 标定 EDTA 滴定液，其作用原理如下：

终点前：$Zn^{2+} + H_2Y^{2-} \Longrightarrow ZnY^{2-} + 2H^+$

终点时：$ZnIn^-（紫红色）+ H_2Y^{2-} \Longrightarrow ZnY^{2-} + HIn^{2-}（纯蓝色）+ H^+$

$$c_{EDTA} = \frac{m_{ZnO}}{V_{EDTA} \times M_{ZnO}} \times 10^3$$

$$M_{ZnO} = 81.38$$

四、实验内容

1. 0.05mol/L EDTA 滴定液的配制　用托盘天平称取 EDTA 9.5g，置 500ml 烧杯中，加纯化水

300ml,加热搅拌使之溶解,冷却至室温,稀释至 500ml,摇匀,移入试剂瓶中,贴好标签待标定。

2. 0.05mol/L EDTA 滴定液的标定　精密称取在 800℃灼烧至恒重的基准 ZnO 约 0.12g,置于锥形瓶中,加稀 HCl 3ml 使其溶解,加纯化水 25ml 和甲基红指示剂 1 滴,滴加氨试液至溶液微黄色。再加纯化水 25ml,加 $NH_3 \cdot H_2O-NH_4Cl$ 缓冲液(pH = 10)10ml,铬黑 T 指示剂少许,用待标定的 EDTA 滴定液滴定至溶液由紫红色变为纯蓝色,记录所消耗的 EDTA 滴定液的体积。平行测定 3 次。

五、实验注意事项

1. EDTA 在冷水中溶解较慢,因此需加热溶解,放冷后稀释至刻度。

2. 长期贮存 EDTA 滴定液应选用聚乙烯塑料瓶,以免 EDTA 与玻璃中的金属离子发生配位反应。

3. 铬黑 T 指示剂配制好后应置于干燥器内保存,注意防潮。

4. ZnO 加稀盐酸后,必须使其全部溶解后才能加水稀释,否则会使溶液变浑浊。

5. 甲基红乙醇溶液只需加 1 滴,如多加会在滴加氨试液后溶液呈较深的黄色,影响滴定终点观察。

六、实验数据记录与处理

1. 数据记录表

实验次数			1	2	3
m_{ZnO}		g			
V_{EDTA}	ml	$V_{终}$			
		$V_{初}$			
		$V_{用}$			
c_{EDTA}	mol/L				
$\bar{c}_{EDTA}$	mol/L				
$\bar{R}d$					
RSD					

2. 数据处理过程

(1)EDTA 滴定液浓度的计算

(2)相对平均偏差($\bar{R}d$)和相对标准偏差(RSD)的计算

七、实验思考

1. 本实验中量取纯化水、稀盐酸、$NH_3 \cdot H_2O-NH_4Cl$ 缓冲液分别用什么量具? 为什么?

2. 在标定中加入甲基红和氨试液的目的是什么？

（孙　倩）

实验二十　硫酸锌的含量测定

一、实验目的

1. 掌握配位滴定法测定硫酸锌含量的原理和方法。
2. 熟悉铬黑 T 指示剂的变色原理和判断终点的方法。
3. 学会对硫酸锌含量测定条件的控制。

二、实验用品

1. **仪器**　托盘天平、分析天平、称量瓶、锥形瓶（250ml）、酸式滴定管、玻璃棒、量筒（10、100ml）、电炉、标签。

2. **试剂**　EDTA 滴定液（0.05mol/L）、铬黑 T 指示剂、$NH_3 \cdot H_2O$-NH_4Cl 缓冲液（pH＝10）、含有 7 个结晶水的硫酸锌（药用 $ZnSO_4 \cdot 7H_2O$）。

三、实验原理

以铬黑 T 为指示剂，用 EDTA 滴定液测定硫酸锌含量的作用原理如下：

终点前：$Zn^{2+} + H_2Y^{2-} \rightleftharpoons ZnY^{2-} + 2H^+$

终点时：$ZnIn^-$（紫红色）$+ H_2Y^{2-} \rightleftharpoons ZnY^{2-} + HIn^{2-}$（纯蓝色）$+ H^+$

$ZnSO_4 \cdot 7H_2O$ 的含量计算公式：

$$\omega_{ZnSO_4 \cdot 7H_2O} = \frac{c_{EDTA} \times V_{EDTA} \times M_{ZnSO_4 \cdot 7H_2O}}{m_{ZnSO_4 \cdot 7H_2O}} \times 10^{-3}$$

$$M_{ZnSO_4 \cdot 7H_2O} = 287.56$$

也可以根据滴定度进行计算，每 1ml EDTA 滴定液（0.05mol/L）相当于 14.38mg $ZnSO_4 \cdot 7H_2O$。计算公式为：

$$\omega_{ZnSO_4 \cdot 7H_2O} = \frac{V_{EDTA} \times 14.38 \times 10^{-3} \times \dfrac{c_{EDTA}}{0.050\,00}}{m_{ZnSO_4 \cdot 7H_2O}}$$

四、实验内容

精密称取硫酸锌样品约 0.3g 3 份，分别置于 250ml 锥形瓶中，加纯化水 30ml 溶解后，加 $NH_3 \cdot H_2O$-NH_4Cl 缓冲液（pH＝10）10ml，铬黑 T 指示剂少许，用 EDTA 滴定液（0.05mol/L）滴定至溶液由紫红色变为纯蓝色，记录所消耗的 EDTA 滴定液的体积。平行测定 3 次。

五、实验注意事项

1. 样品如溶解缓慢,可加热溶解,冷却至室温再滴定。

2. 注意样品是否风化,如果风化,对样品处理后再测定。

六、实验数据记录与处理

1. 数据记录表

$$c_{EDTA} = \qquad mol/L$$

实验次数		1	2	3
m_s　　　　　　　g				
V_{EDTA}　　ml	$V_{终}$			
	$V_{初}$			
	$V_{用}$			
$\omega_{ZnSO_4 \cdot 7H_2O}$				
$\bar{\omega}_{ZnSO_4 \cdot 7H_2O}$				
$\bar{Rd}$				
RSD				

2. 数据处理过程

(1) $\omega_{ZnSO_4 \cdot 7H_2O}$ 含量的计算

(2) 相对平均偏差 ($\bar{Rd}$) 和相对标准偏差 (RSD) 的计算

七、实验思考

1. 如果样品产生风化,对结果产生什么影响?

2. 本实验与 EDTA 滴定液标定的实验有何异同?

（孙　倩）

实验二十一　水的总硬度测定

一、实验目的

1. 熟练掌握用配位滴定法测定水的总硬度的原理和操作。

2. 掌握计算水的总硬度的方法。

3. 掌握金属指示剂的应用及配位滴定过程中条件的控制。

二、实验用品

1. 仪器 锥形瓶(250ml)、酸式滴定管、玻璃棒、移液管(25、100ml)、容量瓶(100ml)、烧杯、分析天平。

2. 试剂 $Na_2H_2Y \cdot 2H_2O$(分析纯)、EDTA滴定液(0.01mol/L)、铬黑T指示剂、$NH_3 \cdot H_2O-NH_4Cl$缓冲液(pH=10)。

三、实验原理

测定水的硬度常采用配位滴定法,用EDTA滴定液滴定水中的Ca^{2+}、Mg^{2+}总量。通常将每升水中的Ca^{2+}、Mg^{2+}总量折算成$CaCO_3$的毫克数表示水的总硬度。

一般在pH=10的$NH_3 \cdot H_2O-NH_4Cl$缓冲溶液中,以铬黑T为指示剂,用EDTA滴定液滴定至溶液由紫红色变为纯蓝色即为终点。滴定过程中的颜色变化如下:

滴定前:$Mg^{2+} + HIn^{2-} \Longrightarrow MgIn^-$(紫红色)$+ H^+$

滴定时:$Ca^{2+} + H_2Y^{2-} \Longrightarrow CaY^{2-} + 2H^+$(无色)

$Mg^{2+} + H_2Y^{2-} \Longrightarrow MgY^{2-} + 2H^+$(无色)

终点时:$MgIn^-$(紫红色)$+ H_2Y^{2-} \Longrightarrow MgY^{2-} + HIn^{2-}$(纯蓝色)$+ H^+$

$$水的总硬度(CaCO_3 \ mg/L) = \frac{c_{EDTA} \times V_{EDTA} \times M_{CaCO_3}}{V_{水}} \times 10^3$$

$$M_{CaCO_3} = 100.09$$

四、实验内容

1. EDTA标准溶液的配制 精密称取干燥的分析纯$Na_2H_2Y \cdot 2H_2O$ 0.38g于小烧杯中,加30ml纯化水,微热使其溶解,冷至室温,定量转移至100ml容量瓶中,稀释至刻度,摇匀。按下式计算EDTA滴定液的浓度:

$$c_{EDTA} = \frac{m_{EDTA}}{V_{EDTA} \times M_{EDTA}} \times 10^3$$

2. 自来水总硬度的测定 用移液管准确量取自来水样100.00ml,置于250ml锥形瓶中,加入$NH_3 \cdot H_2O-NH_4Cl$缓冲液(pH=10)10ml和铬黑T指示剂少许,用0.01mol/L EDTA滴定液滴定至溶液由紫红色变为纯蓝色,记录所用的EDTA滴定液的体积。平行测定3次,计算水的总硬度,以mg/L($CaCO_3$)表示分析结果。

五、实验注意事项

1. 贮存EDTA溶液应选用聚乙烯瓶或硬质玻璃瓶,以免EDTA与玻璃中的金属离子作用。

2. 滴定时,因反应速率较慢,在接近终点时,滴定液慢慢加入,并充分摇动。

3. 滴定时,若有Fe^{3+}、Al^{3+}的干扰,可用三乙醇胺掩蔽,Cu^{2+}、Pb^{2+}等重金属离子可用KCN、Na_2S

予以掩蔽。

六、实验数据记录与处理

1. 数据记录表

$c_{EDTA} = \qquad mol/L$

实验次数		1	2	3
$V_{水样}(ml)$		100.00	100.00	100.00
$V_{EDTA}(ml)$	$V_{终}$			
	$V_{初}$			
	$V_{用}$			
水的总硬度 $CaCO_3(mg/L)$				
水的总硬度平均值(mg/L)				
$\overline{Rd}$				
RSD				

2. 数据处理过程

（1）EDTA 滴定液浓度的计算

（2）水的总硬度 $CaCO_3$ 的计算

（3）相对平均偏差$(\overline{Rd})$和相对标准偏差(RSD)的计算

七、实验思考

1. 为什么滴定 Ca^{2+}、Mg^{2+}总量时要控制 $pH \approx 10$？

2. 假设本实验测定的水样为日常生活中的饮用水，取样时能否打开水管立即取水样？为什么？应如何正确取样？

（孙　倩）

实验二十二　硝酸银滴定液的配制与标定

一、实验目的

1. 掌握硝酸银滴定液的配制和标定方法。

2. 熟悉吸附指示剂法的测定条件。

3. 掌握荧光黄指示剂的使用。

二、实验用品

1. 仪器 托盘天平、分析天平、称量瓶、棕色试剂瓶（500ml）、烧杯（250ml）、量杯（或量筒 500ml）、锥形瓶（250ml）、酸式滴定管（25ml，棕色）。

2. 试剂 $AgNO_3$（AR）、基准 NaCl、糊精溶液（1→50）、荧光黄指示剂（0.1%的乙醇溶液）、$CaCO_3$。

三、实验原理

间接配制法：称取一定质量的分析纯 $AgNO_3$ 固体，先配制成近似浓度的溶液，再用基准 NaCl（经 110℃干燥至恒重）标定，使用吸附指示剂荧光黄指示终点。反应式为：

终点前：$Ag^+ + Cl^- \Longrightarrow AgCl$

终点时：$AgCl \cdot Ag^+ + FIn^-$（黄绿色）$\Longrightarrow AgCl \cdot Ag^+ \cdot FIn^-$（微红色）

由以上反应可知，$n_{AgNO_3} = n_{NaCl}$

$$c_{AgNO_3} = \frac{m_{NaCl}}{M_{NaCl} V_{AgNO_3} \times 10^{-3}} \qquad M_{NaCl} = 58.44 \text{g/mol}$$

也可以根据滴定度进行计算，每 1ml 硝酸银滴定液（0.1mol/L）相当于 5.844mg NaCl。计算公式为：

$$m_{NaCl} = V_{AgNO_3} \times 5.844 \times 10^{-3} \times \frac{c_{AgNO_3}}{0.1000}$$

四、实验内容

1. 0.1mol/L $AgNO_3$ 滴定液的配制 用托盘天平称取分析纯 $AgNO_3$ 晶体 9g，置于 500ml 量杯（或量筒）中，加纯化水溶解至 500ml，搅拌均匀后转入棕色试剂瓶中，密封保存。

2. 0.1mol/L $AgNO_3$ 滴定液的标定 精密称取基准 NaCl（经 110℃干燥至恒重）约 0.12g，置于 250ml 锥形瓶中，加入纯化水 50ml 使其溶解后，再加入糊精溶液（1→50）5ml、碳酸钙 0.1g 与荧光黄指示剂 8 滴，用待标定的 $AgNO_3$ 滴定液滴定至浑浊液由黄绿色变为微红色时停止滴定，记录消耗的 $AgNO_3$ 滴定液的体积。平行测定 3 次，根据称取的 NaCl 的质量和 $AgNO_3$ 滴定液消耗的体积计算 $AgNO_3$ 滴定液的浓度。

五、实验注意事项

1. $AgNO_3$ 滴定液应置于具玻璃塞的棕色玻瓶中，密闭保存。

2. 为使 AgCl 保持溶胶状态，应先加入糊精溶液后，再滴加 $AgNO_3$ 滴定液。

3. 滴定时应避免强光直射，因 $AgNO_3$ 遇光照射能分解析出金属银使沉淀颜色变成灰黑色，影响滴定终点的判断。

4. 实验完毕，将滴定管中未用完的 $AgNO_3$ 倒入回收瓶中贮存，不能倒入水槽中。

5. 实验中盛装过 $AgNO_3$ 溶液的仪器应先用纯化水淋洗,再用自来水洗涤,以免形成 $AgCl$ 沉淀黏附在滴定管内壁上。

6. 荧光黄指示剂要求溶液呈中性或弱碱性,而硝酸银溶液稍带酸性,滴定至终点时溶液 pH 在 5 左右,影响终点观察,需加入碳酸钙 0.1g 或硼砂溶液 2ml 调节酸度,使滴定终点明显。

六、实验数据记录与处理

1. 数据记录表

实验次数			1	2	3
m_{NaCl}	g				
V_{AgNO_3}	ml	$V_{终}$			
		$V_{初}$			
		$V_{用}$			
c_{AgNO_3}	mol/L				
$\bar{c}_{AgNO_3}$	mol/L				
$\bar{Rd}$					
RSD					

2. 数据处理过程

(1) $AgNO_3$ 滴定液浓度的计算

(2) 相对平均偏差 ($\bar{Rd}$) 和相对标准偏差 (RSD) 的计算

七、实验思考

1. 实验完毕后为什么盛装过 $AgNO_3$ 溶液的仪器不能直接用自来水洗涤?

2. 用基准 NaCl 标定 $AgNO_3$ 滴定液,能否用曙红指示终点?为什么?

3. 从节约资源、减少环境污染考虑,如何处理滴定废液中的银盐沉淀?

(朱 疆)

实验二十三 氯化钠注射液的含量测定

一、实验目的

1. 掌握吸附指示剂法测定氯化钠注射液含量的方法。

2. 掌握吸附指示剂法滴定条件的控制。

3. 学会用荧光黄指示剂确定滴定终点。

二、实验用品

1. 仪器 锥形瓶(250ml)、酸式滴定管(50ml)、吸量管(10ml)。

2. 试剂 AgNO$_3$滴定液(0.1mol/L)、NaCl注射液(250ml∶2.25g)、糊精溶液(2%)、硼砂溶液(2.5%)、荧光黄指示剂。

三、实验原理

以荧光黄为指示剂,用 AgNO$_3$ 滴定液测定 Cl$^-$时的作用原理如下:

$$终点前:Ag^+ + Cl^- \Longrightarrow AgCl \downarrow$$

终点时:$AgCl \cdot Ag^+ + FIn^-(黄绿色) \Longrightarrow AgCl \cdot Ag^+ \cdot FIn^-(微红色)$

由以上反应可知,$n_{NaCl} = n_{AgNO_3}$

$$\rho_{NaCl} = \frac{c_{AgNO_3} V_{AgNO_3} M_{NaCl} \times 10^{-3}}{V_S} \qquad M_{NaCl} = 58.44g/mol$$

也可以根据滴定度进行计算,每1ml 硝酸银滴定液(0.1mol/L)相当于5.844mg NaCl。计算公式为:

$$\rho_{NaCl} = \frac{V_{AgNO_3} \times 5.844 \times 10^{-3} \times \dfrac{c_{AgNO_3}}{0.1000}}{V_S}$$

四、实验内容

NaCl 注射液含量的测定:精密量取 NaCl 注射液 10ml,置于锥形瓶中加纯化水 40ml,再加入2%糊精溶液 5m、2.5%硼砂溶液 2ml、荧光黄指示液 5~8 滴,用硝酸银滴定液(0.1mol/L)滴定至浑浊液由黄绿色变为微红色时停止滴定,记录消耗的 AgNO$_3$ 滴定液的体积。平行测定 3 次,计算氯化钠注射液的百分含量。每1ml 硝酸银滴定液(0.1mol/L)相当于5.844mg NaCl。

五、实验注意事项

1. 为使 AgCl 保持溶胶状态,应先加入糊精溶液后,再滴加 AgNO$_3$ 滴定液。

2. 滴定条件应控制在 pH 在 7~10 范围内,使荧光黄指示剂主要以 FI$^-$离子形式存在。

3.《中国药典》(2015 年版)中氯化钠注射液为氯化钠的等渗灭菌水溶液,含氯化钠(NaCl)应为0.850%~0.950%(g/ml)。

六、实验数据记录与处理

1. 数据记录表

$c_{AgNO_3} =$ mol/L

实验次数		1	2	3
NaCl 注射液	ml	10. 00	10. 00	10. 00
V_{AgNO_3}　　　ml	$V_{终}$			
	$V_{初}$			
	$V_{用}$			
ρ_{NaCl}	g/L			
$\bar{\rho}_{NaCl}$	g/L			
$\bar{R}d$				
RSD				

2. 数据处理过程

(1)NaCl 注射液含量的计算

(2)相对平均偏差($\bar{R}d$)和相对标准偏差(RSD)的计算

七、实验思考

1. 滴定前加入一定量的糊精溶液,其作用是什么?

2. 实验完毕后如何洗涤滴定管和锥形瓶?

3. 测定 NaCl 注射液含量时可以选用曙红指示终点吗? 为什么?

（朱 疆）

实验二十四　硫氰酸铵滴定液的配制与标定

一、实验目的

1. 掌握间接法配制 NH_4SCN 滴定液的方法。

2. 掌握铁铵钒指示剂法确定滴定终点的方法。

3. 学会返滴定法的原理和操作方法。

二、实验用品

1. **仪器** 托盘天平、烧杯、玻璃棒、棕色试剂瓶(500ml)、量杯(10ml)、移液管(20ml)、碱式滴定管、锥形瓶(250ml)。

2. 试剂　$AgNO_3$滴定液(0.1mol/L)、NH_4SCN(分析纯)、铁铵矾指示剂(10%)、HNO_3溶液(6mol/L)。

三、实验原理

在滴定分析中,主要发生下列反应:

终点前:$Ag^+ + SCN^- \rightleftharpoons AgSCN\downarrow$(白色)

终点时:$Fe^{3+} + SCN^- \rightleftharpoons Fe(SCN)^{2+}$(红色)

由以上反应可知,$n_{NH_4SCN} = n_{AgNO_3}$

计算式为:$c_{NH_4SCN} = \dfrac{c_{AgNO_3} V_{AgNO_3}}{V_{NH_4SCN}}$

四、实验内容

1. 0.1mol/L NH_4SCN滴定液的配制　用托盘天平称取硫氰酸铵2.3g,置于500ml棕色试剂瓶中,加纯化水250ml溶解完全,摇匀,贴标签。

2. 0.1mol/L NH_4SCN滴定液的标定　精密量取$AgNO_3$滴定液(0.1mol/L)20.00ml,置于250ml锥形瓶中,加6mol/L HNO_3溶液2ml酸化,加10%铁铵矾指示剂1ml,在充分振摇下,用待标定的NH_4SCN滴定液滴定至溶液微显淡棕红色,经剧烈振摇仍不褪色即为终点。平行测定3次,记录消耗的NH_4SCN溶液的体积,计算NH_4SCN滴定液的浓度。

五、实验注意事项

1. NH_4SCN固体具有吸湿性,并含有杂质,很难得到纯品,因此滴定液只能用间接法配制。

2. 滴定时,$AgNO_3$滴定液用移液管移取(也可用酸式滴定管量取),NH_4SCN滴定液用碱式滴定管滴加。

3. 实验完毕,将未用完的$AgNO_3$滴定液倒入回收瓶中贮存。

六、实验数据记录与处理

1. 数据记录表

$c_{AgNO_3} = $ _____ mol/L

实验次数			1	2	3
V_{AgNO_3}	ml		20.00	20.00	20.00
V_{NH_4SCN}	ml	$V_{终}$			
		$V_{初}$			
		$V_{用}$			
c_{NH_4SCN}	mol/L				

续表

实验次数	1	2	3
$\bar{c}_{\mathrm{NH_4SCN}}$　　　　mol/L			
$\bar{Rd}$			
RSD			

2. 数据处理过程

（1）NH₄SCN 滴定液浓度的计算

（2）相对平均偏差（$\bar{Rd}$）和相对标准偏差（RSD）的计算

七、实验思考

1. NH₄SCN 滴定液溶液能否用直接法配制？为什么？

2. 为什么 NH₄SCN 滴定液可以用碱式滴定管盛装滴定,而 AgNO₃ 标准溶液必须使用酸式滴定管？

3. 如果在加入硝酸之前加入铁铵矾指示剂,可能会出现什么现象？

4. 铁铵矾指示剂法滴定终点的观察与铬酸钾指示剂法有什么不同？应如何观察？

（朱　疆）

实验二十五　溴化钾的含量测定

一、实验目的

1. 学会用返滴定法测定溴化物含量的方法。
2. 巩固铁铵矾指示剂法确定滴定终点的方法。

二、实验用品

1. 仪器　托盘天平、分析天平、烧杯、玻璃棒、量杯（10ml）、碱式滴定管、锥形瓶（250ml）、移液管（20ml）。

2. 试剂　NH₄SCN 滴定液（0.1mol/L）、AgNO₃ 滴定液（0.1mol/L）、铁铵矾指示剂（10%）、HNO₃ 溶液（6mol/L）。

三、实验原理

在滴定分析中,主要发生下列反应:

滴定前:Ag^+(准确过量)$+Br^- \rightleftharpoons AgBr\downarrow$(浅黄色)$+Ag^+$(剩余)

终点前:Ag^+(剩余)$+SCN^- \rightleftharpoons AgSCN\downarrow$(白色)

终点时:$Fe^{3+}+SCN^- \rightleftharpoons Fe(SCN)^{2+}$(红色)

由以上反应可知:$n_{KBr} = n_{AgNO_3} - n_{NH_4SCN}$

计算式为:$\omega_{KBr} = \dfrac{[(cV)_{AgNO_3} - (cV)_{NH_4SCN}]M_{KBr} \times 10^{-3}}{m_S}$ $M_{KBr} = 119.00\text{g/mol}$

四、实验内容

KBr 含量的测定:精密称取溴化钾样品 0.1g,置于 250ml 锥形瓶中,加纯化水 30ml,振摇溶解。加 6mol/L HNO_3 溶液 2ml 酸化,用移液管量取 20.00ml $AgNO_3$(0.1 mol/L)滴定液,再加 10%铁铵矾指示剂 2ml,在充分振摇下,用 NH_4SCN(0.1 mol/L)滴定液滴定至上清液微显淡红色即为终点,记录消耗的 NH_4SCN 滴定液的体积。平行测定 3 次,计算 NaBr 样品的质量分数。

五、实验注意事项

1. 滴定中使用的 HNO_3 应该是新煮沸除去低价氮氧化物放冷的 HNO_3,以避免发生下述副反应:

$$HNO_2 + SCN^- + H^+ \longrightarrow NOSCN(\text{红色}) + H_2O$$

2. 实验完毕,将未用完的 $AgNO_3$ 滴定液倒入回收瓶中贮存。

3. 回收银盐沉淀。

六、实验数据记录与处理

1. 数据记录表

$c_{NH_4SCN} = $ ____ mol/L $c_{AgNO_3} = $ ____ mol/L

实验次数			1	2	3
m_{KBr}		g			
V_{NH_4SCN}	ml	$V_{终}$			
		$V_{初}$			
		$V_{用}$			
ω_{KBr}					
$\bar{\omega}_{KBr}$					
$\bar{Rd}$					
RSD					

2. 数据处理过程

(1)KBr 试样质量分数的计算

(2)相对平均偏差(Rd)和相对标准偏差(RSD)的计算

七、实验思考

1. 实验中是否存在沉淀转化问题？为什么要充分振摇锥形瓶？
2. 实验滴定终点的颜色变化应怎样观察？

（朱 疆）

实验二十六 生理盐水 pH 的测定

一、实验目的

1. 熟练掌握 pH 计测定溶液 pH 的方法。
2. 学会正确地校准、检验和使用 pH 计。
3. 学会用两次测定法测定溶液的 pH。

二、实验用品

1. **仪器** pHS-3C 型 pH 计、玻璃电极、饱和甘汞电极、（或复合 pH 玻璃电极）、50ml 小烧杯。

2. **试剂** KH_2PO_4 与 Na_2HPO_4 标准缓冲溶液（pH = 6.66）、$Na_2B_4O_7 \cdot 10H_2O$ 标准缓冲溶液（pH = 9.18）、生理盐水。

三、实验原理

用直接电位法测定溶液的 pH 常以玻璃电极为指示电极，以饱和甘汞电极为参比电极，浸入待测溶液中组成原电池。

在具体测定时常采用两次测量法，即先用已知 pH_S 的标准缓冲溶液来校正 pH 计，然后再测定待测溶液的 pH_X。

四、实验内容

1. **标准 pH 缓冲溶液的配制** 配制 pH 6.66 和 pH 9.18 的标准缓冲溶液。

2. **pHS-3C 型 pH 计的校准与检验**

（1）仪器使用前准备：将浸泡好的玻璃电极与甘汞电极夹在电极夹上，接上导线。用纯化水清洗两电极头部分，用滤纸吸干电极外壁上的水。

（2）仪器预热：测定前打开电源预热 20 分钟左右。

（3）仪器校准：仪器在使用前需要校准。操作如下：

1）将仪器功能选择旋钮置"pH"档。

2)将两个电极插入 pH 接近 7 的标准缓冲溶液中(pH 6.66,298.15K)。

3)调节"温度"补偿旋钮,使所指示的温度与标准缓冲溶液的温度相同。

4)将"斜率"调节器按顺时针转到底(100%)。

5)把清洗过的电极插入已知 pH 的标准缓冲溶液中,轻摇装有缓冲溶液的烧杯,直至电极反应达到平衡。

6)调节"定位"旋钮,使仪器上显示的数字与标准缓冲溶液的 pH 相同(如 pH=6.66)。

7)取出电极,用纯化水清洗后,再插入另一 pH 接近被测溶液 pH 的标准缓冲溶液中(如 pH 9.18,298.15K)进行校正,操作同前。

3. 生理盐水 pH 的测定　把电极从标准缓冲溶液中取出,用纯化水清洗后,再用生理盐水清洗 1 次,然后插入生理盐水中,轻摇烧杯,电极反应平衡后,读取生理盐水的 pH。平行测定 3 次。

4. 结束工作　测量完毕,取出电极,清洗干净。用滤纸吸干甘汞电极外壁上的水,塞上橡皮塞后放回电极盒。将玻璃电极浸泡在纯化水中。切断电源。

五、实验注意事项

1. 玻璃电极不能在含氟较高的溶液中使用。

2. 用滤纸吸玻璃电极膜上的水时,动作一定要轻,否则会损害玻璃膜。

3. 待测溶液与标准缓冲溶液的 pH 应该接近。

六、实验数据记录与处理

用 pH 计测定生理盐水的 pH　　　　　　　　　　　　　　　年　　　月　　　日

测定份数	1	2	3
生理盐水的 pH			
$\overline{\mathrm{pH}}$			

$n=$ 　　　　　　　$\overline{\mathrm{pH}}=$

七、实验思考

1. 为什么要用两次测定法测定生理盐水的 pH?

2. 标准缓冲溶液的 pH 与生理盐水的 pH 相差多大为好?

（曲中堂）

实验二十七　磺胺嘧啶的含量测定（永停滴定法）

一、实验目的

1. 熟练掌握永停滴定法的基本操作。

2. 巩固永停滴定法的基本原理。

二、实验用品

1. **仪器** 永停滴定仪、电磁搅拌器、铂电极、酸式滴定管、烧杯。
2. **试剂** 磺胺嘧啶、KBr(AR)、12mol/L HCl、0.1mol/L 亚硝酸钠滴定液。

三、实验原理

磺胺嘧啶是具有芳伯氨基的药物,在酸性溶液中能与亚硝酸钠定量发生重氮化反应而生成重氮盐。到达化学计量点后,稍有过量的亚硝酸钠,溶液中便产生 HNO_2 及其分解产物 NO,并组成可逆电对 HNO_2/NO,使两个电极上发生电解反应,由于发生了电解反应,电路中将有电流通过,电流计指针将发生偏转,并不再回到零位,以此来指示终点。

磺胺嘧啶样品含量的计算公式为:

$$\omega_{磺胺嘧啶} = \frac{c_{NaNO_2} \times V_{NaNO_2} \times M_{磺胺嘧啶} \times 10^{-3}}{m_s}$$

$$M_{磺胺嘧啶} = 250.28 \text{g/mol}$$

也可以根据滴定度进行计算,每 1ml $NaNO_2$ 滴定液(0.1mol/L)相当于 25.03mg 磺胺嘧啶。计算公式为:

$$\omega_{磺胺嘧啶} = \frac{V_{NaNO_2} \times 25.03 \times 10^{-3} \times \dfrac{c_{NaNO_2}}{0.1000}}{m_s}$$

四、实验内容

精密称取磺胺嘧啶约 0.7g,加纯化水 50ml 使其溶解,再加 HCl(12mol/L)5ml 及 KBr 1g,在电磁搅拌器的搅拌下用亚硝酸钠滴定液(0.1mol/L)滴定,将滴定管的尖端插入液面下 2/3 处,滴定至接近计量点时,将滴定管尖端提出液面,用少量的纯化水洗涤尖端,洗液并入溶液中,继续缓慢滴定,直到电流计发生明显的偏转不再回复即到达化学计量点。记录所用的亚硝酸钠滴定液的体积,平行测定 3 次。

五、实验注意事项

1. 电极在使用前应先放入含有三氯化铁溶液(0.5mol/L)数滴的浓硝酸中浸泡 30 分钟,临用时用水冲洗以除去其表面的杂质。

2. 酸度一般以控制在 1～2mol/L 为宜。

3. 温度不宜超过 30℃,滴定速度稍快。

六、实验数据记录与处理

1. 数据记录表

实验次数		1	2	3
磺胺嘧啶样品的质量(g)				
V_{NaNO_2}(ml)	$V_{终}$			
	$V_{初}$			
	$V_{用}$			
磺胺嘧啶样品的含量 ω				
平均含量 $\bar{\omega}$				
$\overline{Rd}$				
RSD				

2. 数据处理过程

(1)磺胺嘧啶样品的含量 ω、$\bar{\omega}$ 的计算

(2)相对平均偏差($\overline{Rd}$)和相对标准偏差(RSD)的计算

七、实验思考

1. 本实验加 KBr 的目的是什么?

2. 滴定中若使用的电压过高会出现什么现象?

（曲中堂）

实验二十八　KMnO$_4$ 溶液吸收曲线的绘制

一、实验目的

1. 学会 UV755B 型分光光度计的操作方法。

2. 学会绘制吸收光谱曲线的一般方法。

3. 能够根据吸收光谱曲线找到最大吸收波长。

二、实验用品

1. **仪器**　UV755B 型分光光度计、1cm 玻璃吸收池(2 个)、分析天平、50ml 容量瓶(1 个)、100ml 容量瓶(1 个)、20ml 吸量管(1 个)、50ml 小烧杯(1 个)、洗耳球、滤纸。

2. 试剂　$KMnO_4$(AR)、纯化水。

三、实验原理

使用不同波长的单色光作为入射光,测定一定浓度的 $KMnO_4$ 溶液的吸光度,以入射光波长(λ)为横坐标,以相应的吸光度(A)为纵坐标,在 A-λ 坐标系中找出对应的点描绘曲线,即为吸收光谱曲线,也叫吸收曲线或 A-λ 曲线。在吸收曲线中,吸收峰最高处所对应的波长称为最大吸收波长,用 λ_{max} 表示。

四、实验内容

1. 制备 $KMnO_4$ 溶液　精密称取 $KMnO_4$(AR)试剂 0.0125g,置于洁净的小烧杯中,用纯化水溶解后,定容至 100ml,此时 $KMnO_4$ 的浓度为 0.125g/L。

2. 绘制吸收曲线

(1)精密吸取浓度为 0.125g/L 的 $KMnO_4$ 溶液 20.00ml 置于洁净的 50ml 容量瓶中,加蒸馏水至刻线处,摇匀备用。此时 $KMnO_4$ 的浓度为 50μg/ml。

(2)将上述稀释后的 $KMnO_4$ 溶液和参比溶液(纯化水)分别置于 1cm 的吸收池中,放入 UV755B 型分光光度计的吸收池架上,夹紧夹子,按照 UV755B 型分光光度计的操作规程测定吸光度。

(3)分别以波长为 420、440、460、480、500、515、520、523、525、527、530、550、570、590、610、630、650、670 和 690nm 的光作为入射光,测定其吸光度。每改变 1 次入射光的波长,都需要用参比溶液调节透光率为 100%,再测定溶液的吸光度。

(4)根据测定结果,选择适当的坐标比例,以入射光波长和对应的吸光度作为点的坐标,在 A-λ 坐标系中标出所有的点,用平滑的曲线连接各点,即吸收光谱曲线。

3. 找出最大吸收波长　在吸收曲线中,找到吸收峰最高处所对应的波长,即是 $KMnO_4$ 溶液的最大吸收波长 λ_{max}。

五、实验注意事项

1. 在保证参比溶液的透光率能顺利地调到"100%"的前提下,仪器的灵敏度档尽可能选用较低档。

2. 每次读数后应随手打开暗箱盖,自动关闭光路闸门,保护光电管。

3. 不能用手捏吸收池的透光面,吸收池盛放溶液前,应用待测溶液洗 3 次。

4. 试液应装至吸收池高度的 4/5 处,装液时要尽量避免溢出,如果池壁上有液滴,应用滤纸或绢布吸干。

5. 仪器室内的照明不宜太强,避免电扇或空调直接吹向仪器,以免灯丝发光不稳。

6. 根据所用的入射光波长,选择钨灯或氘灯、玻璃材质或石英材质的吸收池。

7. 及时记录测定时所用光的波长和对应的吸光度。高锰酸钾溶液的吸收曲线应绘制在坐标纸上。

六、实验数据记录与处理

1. 记录高锰酸钾标准溶液对不同光波的吸收度

年   月   日

λ(nm)	420	440	460	480	500	515	520	523	525	527
A										

λ(nm)	530	550	570	590	610	630	650	670	690	
A										

2. 绘制高锰酸钾溶液的吸收光谱曲线(A-$λ$ 曲线)
3. 找出高锰酸钾溶液的最大吸收波长 $λ_{max}$

七、实验思考

1. 在测定吸光度之前,为什么要将 UV755B 型分光光度计接通电源预热 30 分钟?

2. 用不同浓度的 $KMnO_4$ 溶液绘制吸收光谱曲线,测得的最大吸收波长是否相同? 为什么?

3. 实验中待测 $KMnO_4$ 溶液的浓度为 $50μg/ml$,是否需要准确配制? 为什么选定这个浓度?

4. 改变入射光的波长时,要用参比溶液调节透光率为 100%,再测定溶液的吸光度,为什么?

（陈哲洪　张丽娜）

实验二十九　工业盐酸中微量铁的含量测定

一、实验目的

1. 学会绘制标准曲线的一般方法。
2. 学会标准曲线法和标准对比法及其应用。

二、实验用品

1. **仪器**　UV755B 型分光光度计、1cm 玻璃吸收池(2 个)、10ml 吸量管(2 支)、100ml 容量瓶(1 个)、50ml 容量瓶(11 个)、10ml 量筒(3 个)。

2. **试剂**　$100μg/ml$ 铁标准溶液、0.15% 邻二氮菲水溶液(新配)、10% 盐酸羟胺溶液(新配)、HAc-NaAc 缓冲溶液(pH=4.6)、工业盐酸试样(HCl 约 6mol/L)、纯化水。

三、实验原理

邻二氮菲(1,10-邻二氮杂菲)是一种有机配位剂,可与 Fe^{2+} 形成红色配离子,反应式为：

在 pH 2~9 范围内反应十分灵敏,配离子的 $\lg K_{稳} = 21.3$,最大吸收波长为 510nm,摩尔吸光系数为 $1.1×10^4 L/(mol \cdot cm)$。溶液的含铁量在 0.5~8mg/L 范围内时,$Fe^{2+}$ 浓度与吸光度符合光吸收定律。此时,相当于铁含量 40 倍的 Sn^{2+}、Al^{3+}、Ca^{2+}、Mg^{2+}、Zn^{2+}、SiO_3^{2-},或 20 倍的 Cr^{3+}、Mn^{2+}、PO_4^{3-},或 5 倍的 Co^{2+}、Cu^{2+} 均不产生干扰。

本实验采用 pH = 4.5~5 的缓冲溶液调节标准系列溶液及试样溶液的酸度;采用盐酸羟胺还原标准储备液及试样溶液中的 Fe^{3+},并防止 Fe^{2+} 被空气氧化。

四、实验内容

1. 绘制标准曲线　用移液管吸取 100μg/ml 铁标准溶液 10ml 于 100ml 容量瓶中,加入 2ml 6mol/L HCl,用纯化水稀释至刻度,摇匀,此铁标准溶液的浓度为 10μg/ml。

取 6 个 50ml 容量瓶,用吸量管分别加入 0.00、2.00、4.00、6.00、8.00 和 10.00ml 10μg/ml 铁标准溶液,分别加入 1ml 盐酸羟胺溶液、2ml 邻二氮菲溶液、5ml HAc-NaAc 缓冲溶液,每加 1 种试剂后摇匀。加纯化水至刻度,摇匀后放置 10 分钟,即制备标准系列溶液。

用 1cm 吸收池,以未加铁标准溶液的容量瓶中的溶液作参比,在最大吸收波长(510nm)处测量标准系列各溶液的吸光度。以含铁量为横坐标,以吸光度 A 为纵坐标绘制标准曲线。

2. 标准曲线法测定工业盐酸试样中的微量铁　准确吸取适量工业盐酸试样溶液 3 份,分别置于 3 个 50ml 容量瓶中,按上述制作标准曲线的步骤和测量条件,加入各种试剂,测量吸光度,取其平均值,在标准曲线上查出待测工业盐酸试样中铁的浓度,并计算原样中铁的含量(μg/ml)。

3. 标准对比法测定工业盐酸试样中的微量铁　取 2 个 50ml 容量瓶,分别加入 6.00ml 10μg/ml 铁标准溶液和 5.00ml 工业盐酸试样,按上述制作标准曲线的步骤和测量条件,加入各种试剂,分别测量吸光度,计算待测工业盐酸试样中铁的浓度,并计算原样中铁的含量(μg/ml)。

五、实验注意事项

1. 配制标准系列和试样的容量瓶应及时贴上标签,以防混淆。显色时,加入各种试剂的顺序不能颠倒。

2. 测定标准系列的吸光度时,应按浓度由稀到浓的顺序依次测定。向吸收池中装溶液时,要先用待测溶液洗涤 2~3 次。

3. 及时记录测定的吸光度,根据实验数据在坐标纸上绘制出标准曲线。

4. 有关仪器使用的注意事项同实验二十八的对应部分。

六、实验数据记录与处理

1. 绘制标准曲线

年　　　月　　　日

10 µg/ml 铁标液的体积（ml）	0.00	2.00	4.00	6.00	8.00	10.00
标准系列铁的浓度 ρ（µg/ml）						
对应的吸光度 A						

根据上表数据绘制 Fe^{2+}-邻二氮菲的标准曲线。

2. 标准曲线法测定工业盐酸试样中的微量铁

年　　　月　　　日

工业盐酸试样的吸光度	A_1	A_2	A_3
吸光度的平均值			

根据试样溶液吸光度的平均值,在上述标准曲线上查出待测工业盐酸试样中铁的浓度 ρ_x,并计算 $\rho_{原样}$（$\rho_{原样} = \rho_x \times$ 稀释倍数）。

3. 标准对比法测定工业盐酸试样中的微量铁

$$\rho_x = \frac{A_x \rho_s}{A_s}$$

七、实验思考

1. 用邻二氮菲法测定铁时,为什么需在加显色剂前加入盐酸羟胺?

2. 本实验量取液体时,哪些可用量筒? 哪些必须用吸量管?

3. 标准曲线法和标准对比法的优缺点各是什么?

4. 采用标准对比法时,标准溶液的选择有什么要求?

（陈哲洪　张丽娜）

实验三十　维生素 B₁₂ 注射液的含量测定（吸光系数法）

一、实验目的

1. 掌握维生素 B_{12} 注射液定性鉴别的原理和方法。

2. 掌握用吸光系数法定量测定维生素 B_{12} 注射液含量的方法。

3. 掌握 UV755B 型分光光度计的使用方法。

二、实验用品

1. **仪器** UV755B 型分光光度计、1cm 石英吸收池（2 个）、容量瓶、吸量管。
2. **试剂** 维生素 B_{12} 注射液、纯化水。

三、实验原理

维生素 B_{12} 注射液的标示含量有每毫升含维生素 B_{12} 50、100 或 500μg 等规格，临床上常用于治疗贫血症。

维生素 B_{12} 的吸收光谱上有 3 个吸收峰，其对应的最大吸收波长分别为 278、361 和 550nm。《中国药典》（2015 年版）二部规定，作为鉴别维生素 B_{12} 的依据，361nm 波长与 278nm 波长吸光度（或比吸光系数）的比值应为 1.70～1.88，361nm 波长与 550nm 波长吸光度（或比吸光系数）的比值应为 3.15～3.45。

维生素 B_{12} 在 361nm 波长处的吸收峰干扰因素少、吸收最强，其比吸光系数 $E_{1cm}^{1\%}$ 值（207）可以作为测定注射液实际含量的依据。维生素 B_{12} 注射液的标示量为 90.0%～110.0%。根据光吸收定律和比吸光系数 $E_{1cm}^{1\%}$ 的定义，以及维生素 B_{12} 在 361nm 波长处的比吸光系数的数值，用 1cm 吸收池测定时，可以推导得出如下计算公式：

$$\rho_{B_{12}} = A_{样} \times \frac{1}{207} (g/100ml) = A_{样} \times 48.31 (\mu g/ml)$$

四、实验内容

1. **维生素 B_{12} 的定性鉴别** 精密吸取一定量的维生素 B_{12} 注射液，按照标示含量，用纯化水准确稀释 n 倍，使稀释后试样溶液的浓度为 25μg/ml。

将稀释后的试样溶液和参比溶液（以纯化水代替）分别盛于 1cm 吸收池中，按照 UV755B 型紫外-可见分光光度计的操作规程，分别在 278、361 和 550nm 波长处测定其吸光度 A_{278}、A_{361} 和 A_{550}。

2. **计算维生素 B_{12} 注射液的含量** 将 361nm 波长处的吸光度 A_{361} 代入计算公式，计算维生素 B_{12} 稀释溶液的浓度。

$$\rho_{B_{12}} = A_{361} \times 48.31 (\mu g/ml)$$

则维生素 B_{12} 注射液的浓度为：

$$\rho_{注} = \rho_{B12} \times n (\mu g/ml)$$

式中，n 为维生素 B_{12} 注射液的稀释倍数。

维生素 B_{12} 注射液的浓度除以供试品标示的含量就是其标示量。

五、实验注意事项

1. 同实验二十九的注意事项。

2. 维生素 B_{12} 注射液有不同的规格，稀释倍数应根据实际含量确定。

3. 测定药物制剂的含量后,计算得到的标示量应符合药典要求。

六、实验数据记录与处理

1. 维生素 B$_{12}$的定性鉴别

年　　月　　日

维生素 B$_{12}$在不同波长处的吸光度	A_{278}	A_{361}	A_{550}
A_{361}/A_{278}			
A_{361}/A_{550}			
据 A_{361} 计算维生素 B$_{12}$注射液的浓度			
维生素 B$_{12}$注射液的标示量			

2. 结论

(1)根据测定结果,分别计算出 A_{361} 与 A_{278} 的比值,以及 A_{361} 与 A_{550} 的比值,并与《中国药典》(2015年版)二部的规定值比较,进行定性鉴别。

(2)计算维生素 B$_{12}$注射液的标示量,并与《中国药典》(2015 年版)二部的规定值比较,判定供试品含量是否符合要求。

七、实验思考

1. 根据测定时所用光的波长,实验中应选择何种光源? 为什么?

2. 测定吸光度时为什么采用石英吸收池? 若采用玻璃吸收池,有何影响?

3. 什么是吸光系数? 比吸光系数与摩尔吸光系数的意义有何不同? 如何进行换算?

4. 用吸光系数法进行定量分析的优缺点是什么?

（陈哲洪　张丽娜）

实验三十一　双波长分光光度法测定复方磺胺甲噁唑片中磺胺甲噁唑的含量

一、实验目的

1. 掌握双波长分光光度法测定复方片剂组分含量的原理及方法。

2. 熟悉利用单波长分光光度计进行双波长分光光度法测定。

二、实验用品

1. **仪器**　TU1810 型紫外-可见分光光度计、1cm 石英吸收池。

2. 试剂　磺胺甲噁唑(SMZ)、甲氧苄啶(TMP)对照品,复方磺胺甲噁唑片,磺胺甲噁唑 0.4g/片,甲氧苄啶 0.08g/片,0.1mol/L 氢氧化钠溶液。

三、实验原理

在二元混合组分的光度测定中,两组分的吸收光谱经常会相互重叠发生干扰。若要测定其中某一组分的含量,则可根据吸收光谱,选择被测组分的最大吸收波长作为测量波长 λ_1,利用在 λ_1 处干扰组分的吸光度寻找吸光度相等的另一波长作为参比波长 λ_2(即等吸收点),然后分别在 λ_1 和 λ_2 测量被测组分的吸光度,根据被测组分在两波长处吸光度的差值 ΔA,通过下式计算,可消除干扰组分的影响(即所谓的双波长分光光度法)。

$$\Delta A = A_1^{a+b} - A_2^{a+b} = (A_1^a + A_1^b) - (A_2^a + A_2^b)$$

$$由于 A_1^b = A_2^b,则 \Delta A = A_1^a - A_2^a = (E_1^a - E_2^a) c_a l$$

$$所以 c_a = \frac{A_1^a - A_2^a}{(E_1^a - E_2^a) l} = \frac{\Delta A}{\Delta E_a l}$$

此处设 a 为被测组分,b 为干扰组分,所选择的两个波长 λ_1 和 λ_2 应尽量使 a 组分的 ΔA 最大,b 组分在两个波长处的吸光度相等。复方磺胺甲噁唑片是含磺胺甲噁唑(SMZ)和甲氧苄啶(TMP)的复方制剂。在 0.1mol/L 氢氧化钠溶液中,SMZ 和 TMP 的吸收光谱重叠如实验图 31-1 所示,SMZ 在 257nm 波长处有最大吸收,TMP 在此波长吸收最小并在 304nm 波长附近有一等吸收,故分别选择 $\lambda_1 = 257$nm 作为测定波长,$\lambda_2 = 304$nm 作为参比波长进行测定。

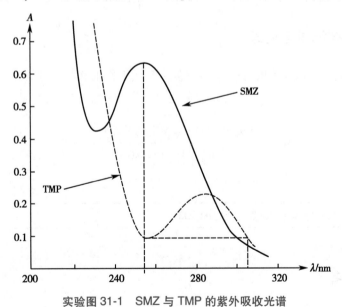

实验图 31-1　SMZ 与 TMP 的紫外吸收光谱

四、实验内容

1. 对照品和样品溶液的配制

(1)TMP 对照品溶液:精密称取 105℃ 干燥至恒重的 TMP 约 10mg,用乙醇(AR)溶解并定容至

100.0ml,取上述溶液 2.00ml 加 0.4%氢氧化钠溶液定容至 100.0ml,摇匀。

（2）SMZ 对照品溶液:精密称取 105℃干燥至恒重的 SMZ 约 50mg（m_{SMZ}）,用乙醇（AR）溶解并定容至 100.0ml,取上述溶液 2.00ml 加 0.4%氢氧化钠溶液定容至 100.0ml,摇匀。

（3）样品溶液:取片剂 10 片,精密称定,求出平均片重;研细,精密称取相当于 SMZ 50mg 与 TMP 10mg 的粉末 w,用乙醇（AR）溶解并定容至 100.0ml,过滤,取续滤液 2.00ml 加 0.4%氢氧化钠溶液定容至 100.0ml。

2. SMZ、TMP 标准溶液吸收光谱的绘制以及等吸收点的寻找和样品的测定

（1）以 0.4%氢氧化钠溶液为参比溶液,分别取 SMZ、TMP 标准溶液进行波长扫描（220～320nm）,可得到 SMZ、TMP 的吸收光谱。根据 SMZ 的吸收光谱寻找最大吸收波长作为测量波长 λ_1,然后在 λ_1 处分别测量 SMZ 标准溶液、TMP 标准溶液与样品溶液的吸光度,得 $A_{SMZ}^{\lambda_1}$、$A_{TMP}^{\lambda_1}$ 和 $A_{样}^{\lambda_1}$。

（2）根据测量得到的 $A_{TMP}^{\lambda_1}$ 值,按照 TMP 的吸收光谱在 304nm 附近寻找 TMP 的等吸收点 $A_{TMP}^{\lambda_2}$（$A_{TMP}^{\lambda_1}=A_{TMP}^{\lambda_2}$）,以该波长作为参比波长 λ_2,然后在 λ_2 处分别测量 SMZ 标准溶液与样品溶液的吸光度,得到 $A_{SMZ}^{\lambda_2}$ 和 $A_{样}^{\lambda_2}$。

五、实验注意事项

1. 实验中应注意药物是否完全溶解。

2. 参比波长对测定的影响较大,此波长可因仪器不同而异,故需用对照品溶液来确定。

六、实验数据记录与处理

根据上述测量得到的吸光度值,按下式计算复方磺胺甲噁唑中 SMZ 的含量,SMZ 的百分含量在 90%～110%为合格。

$$\text{SMZ}\% = \frac{(A_{样}^{\lambda_1}-A_{样}^{\lambda_2})\times m_{SMZ}\times 平均片重（g）}{(A_{SMZ}^{\lambda_1}-A_{SMZ}^{\lambda_2})\times w\times 0.4}\times 100\%$$

年　　　月　　　日

复方磺胺甲噁唑片中磺胺甲噁唑的含量	

七、实验思考

1. 试样中如何选择合适的测定波长和参比波长?

2. 如果只测定磺胺甲噁唑,甲氧苄啶对照品溶液的浓度是否需准确配制?

3. 在选择实验条件时,是否应考虑赋形剂等辅料的影响?

4. 如何用双波长分光光度法测定复方磺胺甲噁唑片中甲氧苄啶的含量?

（陈哲洪　张丽娜）

实验三十二　荧光光度法测定维生素 B_2 的含量

一、实验目的

1. 理解荧光分析法的基本原理。

2. 了解荧光分光度计的使用方法。

3. 学会荧光分析法的定量方法。

二、实验用品

1. **仪器**　WGY-10 型荧光分光光度计(附比色皿 1 对、滤光片 1 盒)、1L 容量瓶、50ml 容量瓶、吸量管。

2. **试剂**　1%醋酸、10.0μg/ml 维生素 B_2 标准溶液、医用维生素 B_2 片。

三、实验原理

维生素 B_2(即核黄素)在 430～440nm 蓝色光照射下发射绿色荧光,荧光峰值波长为 535nm。在 pH 为 6～7 的溶液中荧光最强,在 pH 约为 11 时荧光消失。对于维生素 B_2 稀溶液,当入射光强度 I_0 一定时,低浓度物质的荧光强度与浓度呈线性关系,可表示为:

$$F = Kc$$

利用标准曲线法即可测定维生素 B_2 的含量。

四、实验内容

1. **10.0μg/ml 维生素 B_2 标准溶液的制备**　称取 10.0mg 维生素 B_2,先溶于少量 1%醋酸中,然后在 1L 容量瓶中用 1%醋酸稀释至刻度,摇匀。溶液应保存于棕色瓶中,置于阴凉处或冰箱内。取 5 个 50ml 容量瓶,分别加入 1.00、2.00、3.00、4.00 及 5.00ml 维生素 B_2 标准溶液,用纯化水稀释至刻度,摇匀。

2. **维生素 B_2 样品溶液的制备**　精密称取医用维生素 B_2 片 1 片,用 1%醋酸溶解后转移入 1L 容量瓶中,用 1%醋酸稀释至刻度,摇匀。取 3.0ml 于 50ml 容量瓶中,用纯化水稀释至刻度,摇匀,作为样品溶液。

3. 采用 430～440nm 激发滤光片和 535nm 荧光滤光片,用纯化水作空白,调读数至 0。用系列标准溶液中浓度最大的溶液调节其荧光读数为 100,以此作为荧光强度的基准,然后测量标准溶液和样品溶液的荧光强度(WGY-10 型荧光分光光度计的使用方法见附录)。

4. **标准曲线的制备**　以测量的标准溶液荧光强度为纵坐标,以标准维生素 B_2 溶液的浓度为横坐标绘制标准曲线。

5. **确定样品溶液维生素 B_2 的含量**　根据样品溶液的荧光强度从标准曲线上查出样品溶液中

维生素 B_2 的浓度,并计算出医用维生素 B_2 片的含量。

五、实验注意事项

（一）影响荧光测定的因素

1. 温度和黏度　温度对溶液的荧光强度有很大影响,一般荧光物质的溶液的荧光强度随温度的降低而增强。增大黏度或降低温度只有在荧光效率明显小于 1 的条件下,才可以成为提高荧光强度的有效手段。

2. 溶剂　荧光测定的溶剂达到分析纯等级即可,但要防止污染。如有污染,应经过重新蒸馏或用水、酸、碱洗涤后再使用。应用最多的是纯化水。荧光分析用的溶剂不得在塑料容器内保存,因为有机填充剂和增塑剂有可能被溶剂溶解,导致空白值升高。

3. 激发光　为了避免光解作用的影响,应在测定时尽量缩短受激发光照射的时间。

4. 溶液浓度　浓度过大时会产生荧光自灭现象,所以荧光分析适宜于在低浓度下测定。

（二）荧光分光光度计的校正

1. 仪器灵敏度　荧光分光光度计的灵敏度一般用被检测出的最低信号,或某一标准荧光物质在选定波长的激发光照射下能检测出的最低浓度来表示。实验中用能发出稳定荧光的物质溶液对仪器灵敏度进行校正,常用标准荧光物质溶液如硫酸奎宁(0.05mol/L)。

2. 仪器波长准确度　应定期对荧光分光光度计进行波长准确检查。常用汞灯的标准谱线对单色器的波长刻度进行校正,或用氙灯的 450.1nm 谱线检查,其波长准确度应符合技术指标的规定。

3. 荧光光谱　最好用订购的光谱校正附件加以校正。

六、实验数据记录与数据

1. 荧光光度法测定维生素 B_2 含量记录

年　　　月　　　日

维生素 B_2 标准溶液的体积(ml)	0.00	1.00	2.00	3.00	4.00	5.00
系列维生素 B_2 溶液的浓度 c(μg/ml)						
对应的荧光强度 F						
样品溶液的吸光度 $F_x=$						
维生素 B_2 试液的浓度 $c_x=$						

2. 数据处理过程

医用维生素 B_2 片含量的计算:

七、实验思考

1. 为什么要使用两块滤光片?其选择的根据是什么?

2. 在荧光计中,通常激发光的入射方向与荧光的检测不在一条直线上,而呈一定角度,为什么?

附:WGY-10 型荧光分光光度计操作方法

1. 接通电源,打开稳压器。

2. 开启 WGY-10 型荧光分光光度计的总开关。

3. 按下氙灯启动按钮。

4. 打开电脑,点击进入软件界面并开始自动校正(注意一定要先点亮氙灯,再开电脑)。

5. 根据待测样品成分,设定分析参数。

(1)激发波长和发射波长。

(2)隙缝宽度。

(3)扫描模式。

(4)扫描间隔。

6. 将盛有待测样品的样品池放入样品槽内,盖上样品室盖,扫描分析。

7. 测量完毕后,取出样品池洗净放好,依次关闭电脑开关、总电源开关、稳压器开关。

8. 整理工作台面,并登记使用情况。

(郭可愚)

实验三十三　阿司匹林红外吸收光谱的测绘

一、实验目的

1. 学会用压片法制作固体试样晶片的方法。

2. 学会红外光谱仪的操作方法。

3. 能够用红外吸收光谱进行化合物的定性分析。

二、实验用品

1. **仪器**　烘箱、干燥器、玛瑙研钵、红外干燥灯、Nicolet Avatar330FT-IR 型傅里叶变换红外分光光度计、压片机。

2. **试剂**　阿司匹林原料药、溴化钾(G. R.)。

三、实验原理

1. **红外光谱产生的基本条件**　只有当红外辐射的能量与基团振动能级跃迁所需的能量相等,且在振动过程中发生偶极矩变化的分子才会吸收红外辐射,产生红外光谱。

2. 各种化合物的分子结构不同,分子振动能级跃迁时吸收的红外线频率就不同,其红外吸收光谱也不同。利用这一特性,可对有机化合物进行结构解析和定性鉴定。

四、实验内容

1. 开启空调,控制室内温度在 15~30℃,相对湿度≤65%。

2. 使用傅里叶变换红外光谱仪,用聚苯乙烯薄膜(厚度约为 0.04mm)校正仪器,绘制其光谱图,用 3027、2851、1601、1028 和 907cm^{-1} 处的吸收峰对仪器的波数进行校正,傅里叶变换红外光谱仪在 3000cm^{-1} 附近的波数误差应不大于±5cm^{-1},在 1000cm^{-1} 附近的波数误差应不大于±1cm^{-1}。用聚苯乙烯薄膜校正时,仪器的分辨率要求在 3110~2850cm^{-1} 范围内应能清晰地分辨出 7 个峰,峰 2851cm^{-1} 与谷 2870cm^{-1} 之间的分辨深度不小于 18% 的透光率,峰 1583cm^{-1} 与谷 1589cm^{-1} 之间的分辨深度不小于 12% 的透光率。仪器的标称分辨率,除另有规定外,应不低于 2cm^{-1}。

3. 晶片的制作

(1)纯溴化钾晶片的制作:取预先在 110℃ 烘干 48 小时以上,并保存在干燥器内的溴化钾 300mg 左右,置于洁净的玛瑙研钵中,在红外干燥灯下研磨成均匀、细小的颗粒,然后转移到压片模具上,依次放好各部件后,把压模置于压片上,旋转压力丝杆手轮压紧模具,顺时针旋转放油阀至底部,然后一边抽气,一边缓慢上下移动压把,加压至 $(1~1.2)×10^5$kPa($100~120$kg/cm^2)时,停止加压,维持 3~5 分钟,反时针旋转放油阀,解除加压,压力表指针指"0",旋松压力丝杆手轮,取出压模,即得直径为 1~2mm、厚 1~2mm 的透明的溴化钾晶片,小心从压模中取出晶片,并保存于干燥器内。

(2)阿司匹林原料药晶片的制作:另取一份 300mg 左右的溴化钾置于洁净的玛瑙研钵中,加入 2~3mg 阿司匹林对照品,同上操作研磨均匀、压片并保存在干燥器中。

4. 将溴化钾参比晶片和阿司匹林原料药晶片分别置于红外光谱仪的参比窗口和试样窗口,根据实验条件,按仪器操作步骤进行调节,测绘红外吸收光谱。

五、实验注意事项

1. 制作好的晶片必须如同玻璃般完全透明,局部无发白现象,无裂缝,否则应重新制作。晶片局部发白,表示压制的晶片厚薄不均;晶片模糊,表示晶体吸潮。

2. 水在红外光谱图 3450 和 1640cm^{-1} 处出现吸收峰。

3. 将晶片放入样品夹时,必须非常小心。

4.《中国药典》中各品种项下规定的"应与对照的图谱(光谱集××图)一致",系指《药品红外光谱集》各卷所载的图谱。同一化合物的图谱若在不同卷上均有收载时,则以后卷所载的图谱为准。

5. 各种型号的仪器性能不同,试样制备时研磨程度的差异或吸水程度不同等,均会影响红外光谱的形状。因此,进行光谱比对时,应考虑各种因素可能造成的影响。

六、实验数据记录与处理

1. 记录实验条件

年　　月　　日

压片压力	测定波数范围	参比物	扫描速度	室内温度	室内相对湿度

2. 在测得的阿司匹林的红外光谱图上标出特征吸收峰的波数,并确定归属。

3. 比较阿司匹林原料药的光谱图与《药品红外光谱集》中收载的图谱是否一致。

七、实验思考

1. 红外吸收光谱分析对固体试样的制片有何要求?

2. 如何进行红外吸收光谱的定性分析?

3. 制样研磨时,若不在红外灯下操作,将有何影响?

附:Nicolet Avatar 330 FT-IR 型傅里叶变换红外分光光度计的标准操作规程

1. 使用操作程序

(1)准备工作

1)红外室的温度应控制在 15~30℃,相对湿度应不得过 65%。

2)检查制片设备是否齐全。

(2)开机

1)打开 Nicolet Avatar 330 FT-IR 主机的电源,待仪器自检完成。

2)打开计算机显示器开关、打印机开关,再打开计算机主机。

3)启动 EZOMNIC。

(3)光谱测定

1)采集背景的红外光谱图。

2)单击 Collect 菜单,选 Collect Background 对话框,单击 OK。

3)采集样品的红外光谱图。

4)打开样品室盖,将经适当方法制备的样品放入光路中,关盖。

5)单击 Collect 菜单,选 Collect Sample 对话框,单击 OK。

6)单击 Process 菜单,对图谱进行优化。

7)单击 File 菜单,选 Save As 设定文件名,单击 OK。

8)确认图谱后,可根据需要确定不同的打印格式,打印红外光谱。

(4)关机:测定工作完毕后,应按照 Windows 操作系统的要求,逐级关毕窗口,关计算机主机、显示器、光度计主机、打印机、稳压器和电源。

2. 维护保养操作程序

(1)使用仪器前应检查电源线路是否完好,保证仪器能正常启动。

(2)干燥剂如变色,应及时更换。

(3)在使用过程中,如不能正常采集图谱,则有可能是光源寿命已毕,应考虑更换光源。

(4)仪器使用完毕后,应清洁仪器,使仪器保持干净整洁。

(5)在仪器使用过程中,如出现检测器无法正常开启或基线噪声过大,可能检测器光源寿命已毕,应考虑更换光源。

(6)仪器应放在干燥、没有腐蚀性气体及强烈的机械振动和强磁场影响的室内。

(7)仪器应严防碰撞、振动,不可在含尘过大或有腐蚀性的气体中使用,不可随意拆卸。

(8)仪器发生故障后,操作人员不得自行任意拆卸,应停止使用,并立即通知本部门的实验室管理员,上报设备部检修。如经维修,校验合格方可使用。

(9)仪器每年定期由计量技术监督部门进行校验,取得合格证后,在有效期内使用。

(10)使用完毕后,及时填写《仪器使用、维护保养维修记录》。

(时惠敏)

实验三十四　维生素 C 中铁盐的检查

一、实验目的

1. 熟悉原子吸收分光光度计的结构和使用方法。
2. 掌握原子吸收分光光度法的基本操作。
3. 掌握标准加入法用于元素杂质限量检查的分析技术。

二、仪器与试剂

1. 仪器　原子吸收分光光度计、电子天平(或分析天平)、烧杯、25ml 容量瓶、10ml 移液管、1ml 移液管。

2. 试剂　维生素 C、0.1mol/L 硝酸溶液、硫酸铁铵、1mol/L 硫酸溶液。

三、实验原理

供试品在高温下经原子化产生原子蒸气时,如有一定的光辐射作用于原子,当辐射频率相应于电子从基态跃迁到较高能态所需要的能量时,即引起原子对特定波长(铁为 248.3nm)的吸收。吸收的大小与其处于基态的原子数成正比,通过测量特定波长处的吸光度值进行元素定量。

标准加入法是分光光度法中常用的方法之一。该法是在一定的仪器条件下,依次测定对照品溶液和供试品溶液的吸光度,通过比较吸光度读数进行维生素 C 中铁盐的限度检查。

四、实验内容

1. 标准铁溶液的配制　精密称取硫酸铁铵 863mg,置 1000ml 容量瓶中,加 1mol/L 硫酸溶液 25ml,用水稀释至刻度,摇匀;精密量取 10ml,置 100ml 容量瓶中,用水稀释至刻度,摇匀备用。

2. 试样的配制　取维生素 C 5.0g 两份,分别置 25ml 容量瓶中,一份中加 0.1mol/L 硝酸溶液溶解并稀释至刻度,摇匀,作为供试品溶液(B);另一份中加标准铁溶液 1.0ml,加 0.1mol/L 硝酸溶液溶解并稀释至刻度,摇匀,作为对照溶液(A)。

3. 仪器准备　按仪器的操作程序设置测定参数,测试波长为 248.3nm,其他实验条件如狭缝宽度、空心阴极灯电流、空气及乙炔流量、燃烧器高度等均按仪器的使用说明调至最佳状态,预热 30 分钟。

4. 样品测定　将仪器按规定启动后,分别测定供试品溶液(B)与对照溶液(A)的吸光度,重复测定 3 次,取 3 次读数的平均值,记录读数。设对照溶液的读数为 a,供试品溶液的读数为 b,如 b 值小于(a-b),则符合规定;如 b 值不小于(a-b),则不符合规定。

五、实验注意事项

1. 仪器参数选择如空心阴极灯电流、狭缝宽度等对测定的灵敏度、检出限及分析精度等都有很大的影响。仪器一般能提示或自动调节成常用的参数,使用时可按实验情况予以修改。

2. 原子吸收分光光度法实验室要求有合适的环境,室内应保持空气洁净、较少灰尘。应有充足、压力恒定的水源。仪器燃烧器上方应有符合厂房要求的排气罩,应能提供足够恒定的排气量,排气速度应能调节,排气罩以耐腐蚀、不生锈的金属板制造为宜。

3. 原子吸收分光光度法的灵敏度很高,极易受实验室各种用品污染,常见的污染源为水、试剂、容量器皿。水应用去离子水或石英蒸馏器蒸馏的超纯水,储藏水的容器一般用聚乙烯塑料等材料制成;制备样品用的试剂应采用高纯试剂;烧杯、容量瓶、移液管等实验室容量器皿尽可能使用耐腐蚀塑料器皿,而不用玻璃器皿。

六、实验数据记录与处理

1. 维生素 C 中铁盐的检查记录　　　　　年　　月　　日

测定次数		1	2	3
对照溶液(A)	吸光度测量值 a			
	吸光度测量均值 $\bar{a}$			
	相对平均偏差($\bar{Rd}$)			
	相对标准偏差(RSD)			
供试品溶液(B)	吸光度测量值 b			
	吸光度测量均值 $\bar{b}$			
	相对平均偏差($\bar{Rd}$)			
	相对标准偏差(RSD)			

2. 数据处理过程

$\bar{b} =$

$\bar{a} - \bar{b} =$

七、实验思考

1. 何种情况适用于采用标准加入法进行分析？

2. 标准曲线法和标准加入法有什么区别？

（王　娅）

实验三十五　混合氨基酸分离及鉴定的纸色谱

一、实验目的

1. 掌握纸色谱的基本操作。

2. 熟悉纸色谱分离鉴定氨基酸的原理。

3. 掌握 R_f 值的计算方法。

二、实验用品

1. **仪器**　色谱缸、色谱滤纸（中速）、平口毛细管、喷雾器、电吹风。

2. **试剂**　0.5mg/ml 甘氨酸、亮氨酸、精氨酸（氨基酸均采用甲醇溶解），0.2% 茚三酮显色剂（0.2g 茚三酮，40ml 冰醋酸，60ml 丙酮溶解），展开剂（正丁醇：冰醋酸：水 = 4：1：5），混合氨基酸试样（甲醇溶解）。

三、实验原理

纸色谱法是分配色谱法，通常以滤纸为载体，以附着在滤纸上的水为固定相，以与水不相互溶的有机溶剂为流动相，被分离的组分在固定相和流动相之间分配。由于氨基酸的结构不同，在水和有机溶剂中的溶解度不同，极性大的氨基酸在水中的溶解度大，在有机溶剂中的溶解度小，其分配系数大，R_f 值小；反之极性小的氨基酸 R_f 值大。混合后的氨基酸经展开分离后，用茚三酮显色，应出现紫色的斑点。比较组分和对照品的 R_f 值即可定性。

四、实验内容

1. **点样**　取一张 6cm×25cm 的中速色谱滤纸，在距底边约 2cm 处标记点样基线，用平口毛细管吸取甘氨酸、亮氨酸和精氨酸对照品溶液和混合氨基酸试样溶液，在基线上分别点样。溶液点样后晾干，可点样 2~3 次。

2. **展开**　将点样后的滤纸晾干，垂直悬挂在已盛有展开剂的色谱缸内，密闭，饱和约半小时。

然后下降悬钩,使色谱滤纸点有试样的一端浸入展开剂中约 1cm 处,展开。当展开剂前沿距滤纸顶端 2~3cm 处,取出滤纸,立即用铅笔标出溶剂前沿,晾干。

3. 显色　用喷雾器将 0.2% 茚三酮显色剂均匀地喷洒在滤纸上,用电吹风吹干,或置于烘箱中 60~80℃ 显色 10 分钟取出,可见紫色斑点。

4. 测定　用铅笔框出各斑点,量出各斑点中心到原点的距离、溶剂前沿到原点的距离,计算不同氨基酸的 R_f 值,通过比较试样与对照品的 R_f 值进行定性鉴别。

五、实验注意事项

1. 点样时一定要等样点晾干后再点第 2 次,斑点直径为 2~3mm。

2. 对照品和试样点样用的平口毛细管不能混用。

3. 展开剂应预先倒入色谱缸,使色谱缸内先被展开剂饱和后再进行点样滤纸的预饱和。

4. 茚三酮溶液应临用前配制或在冰箱中冷藏备用。

5. 茚三酮溶液能对汗液显色,故在拿取滤纸时候应保持滤纸清洁。

6. 喷雾时显色剂要适量均匀,不可局部过浓。

六、实验数据记录与处理

1. 数据记录表

氨基酸分离及鉴定的纸色谱　　　　　　　　　　　　　　　年　　月　　日

	对照品溶液			试样溶液		
	甘氨酸	亮氨酸	精氨酸	斑点 A	斑点 B	斑点 C
原点到斑点中心的距离(cm)						
原点到溶剂前沿的距离(cm)						
R_f 值						
结论	—	—	—			

2. 数据处理过程

$R_{f(甘氨酸)} =$

$R_{f(亮氨酸)} =$

$R_{f(精氨酸)} =$

$R_{f(A)} =$

$R_{f(B)} =$

$R_{f(C)} =$

七、实验思考

1. 在纸色谱中,为什么常借助对照品进行组分的定性鉴别?

2. 为什么纸色谱的展开剂常用含水的有机溶剂？水在展开剂中的作用是什么？

（邹明静）

实验三十六　磺胺类药物分离及鉴定的薄层色谱

一、实验目的

1. 熟悉薄层色谱法分离鉴定磺胺类药物的原理。
2. 掌握薄层色谱法分离鉴定混合试样的操作要点。

二、实验用品

1. **仪器**　色谱缸、玻璃板（5cm×10cm）、乳钵、平口毛细管、显色用喷雾器、电吹风。

2. **试剂**　薄层色谱用硅胶 H（200～400 目），1%羧甲基纤维素钠（CMC-Na）水溶液，展开剂（三氯甲烷-甲醇-水=32∶8∶5），0.1%磺胺嘧啶、磺胺甲噁啶、磺胺二甲嘧啶对照品溶液（甲醇配制），2%对二甲氨基苯甲醛的 1mol/L 盐酸溶液（显色剂）。

三、实验原理

磺胺嘧啶、磺胺甲噁啶和磺胺二甲嘧啶是常用的磺胺类药物，因彼此间相差 1 个甲基，3 种磺胺类药物的极性存在差异。

本实验属于吸附薄层色谱法，以硅胶作为固定相，以三氯甲烷-甲醇-水作为展开剂，利用硅胶对样品中各组分的吸附能力不同实现磺胺类药物的分离。极性大的组分被吸附剂牢固吸附，不易被展开，R_f 值小；极性小的组分 R_f 值则大。斑点经定位后即可进行定性鉴别。

四、实验内容

1. **薄层板的制备**　称取 CMC-Na 0.75g 置于 100ml 水中，加热使其溶解，静置 1 周，待澄清后备用。取 5g 硅胶 H 置于乳钵中，加入 CMC-Na 上清液约 15ml，缓慢研磨均匀并去除表面气泡后，用玻璃棒取适量糊状物放在 3 块洁净的玻璃板上，轻轻晃动或转动玻璃板，使糊状物平铺于整块玻璃板上获得均匀的薄层板。将 3 块薄层板分别置于水平台面上自然晾干，再放入烘箱中于 105～110℃活化约 1 小时，取出后贮存于干燥器中，备用。

2. **点样**　在薄层板距底边约 1.5cm 处用铅笔标记起始线，用平口毛细管或微量注射器分别将 0.1%磺胺嘧啶、磺胺甲噁啶、磺胺二甲嘧啶的对照品溶液和样品溶液点于相应位置，使间距应大于 1cm。

3. **展开**　待溶剂挥散后，将点好样的薄层板置于盛有展开剂（三氯甲烷-甲醇-水）的密闭色谱缸中预饱和，再将点有样品的一端浸入展开剂中约 0.5cm，待薄层板展开至约 3/4 高度时取出，立即用铅笔标出溶剂前沿，晾干。

4. **显色与检视** 用喷雾器将显色剂均匀地喷洒在薄层板上即可见斑点,记录斑点的颜色。

5. **测定** 用铅笔框出各斑点,直尺量出各斑点中心到原点的距离、溶剂前沿到原点的距离,计算各种磺胺类药物的 R_f 值,通过比较试样与对照品的 R_f 值进行定性鉴别。

五、实验注意事项

1. CMC-Na 配制后应放置足够长的时间待上层液澄清,后只取上清液用于制备薄层板,否则会因 CMC-Na 溶液中仍有杂质而使薄层板表面出现不均匀的麻点。

2. 硅胶在乳钵中研磨时,应朝同一方向研磨,且要研磨均匀,待除去气泡后方可铺板。

3. 对照品和试样点样用的平口毛细管不能混用,点样量要适当,不可损坏薄层板表面。

4. 展开剂应预先倒入色谱缸,使色谱缸内先被展开剂饱和后再进行薄层板的预饱和,展开时色谱缸应密闭。

5. 展开时试样原点不能浸入展开剂中。

6. 展开结束时应立刻标记溶剂前沿的位置。

7. 喷雾时要均匀,不可局部过浓。

六、实验数据记录与处理

1. 数据记录表

磺胺类药物分离及鉴定的薄层色谱　　　　　　　　　　　　　年　　　月　　　日

	对照品溶液			样品溶液		
	磺胺嘧啶	磺胺甲嘧啶	磺胺二甲嘧啶	斑点 A	斑点 B	斑点 C
原点到斑点中心的距离(cm)						
原点到溶剂前沿的距离(cm)						
R_f 值						
结论	—	—	—			

2. 数据处理过程

$R_{f(磺胺嘧啶)} =$

$R_{f(磺胺甲嘧啶)} =$

$R_{f(磺胺二甲嘧啶)} =$

$R_{f(A)} =$

$R_{f(B)} =$

$R_{f(C)} =$

七、实验思考

1. 薄层色谱法的操作方法每一步应注意什么?

2. 什么是边缘效应？应如何避免薄层色谱展开过程中边缘效应的产生？

（邹明静）

实验三十七　气相色谱法测定藿香正气水中乙醇的含量

一、实验目的

1. 掌握气相色谱法测定药物的方法。

2. 掌握内标法的原理及气相色谱法在药物分析中的应用。

3. 熟悉气相色谱仪的工作原理和操作方法。

二、实验用品

1. **仪器**　GC-102M 型气相色谱仪（实验图 37-1）、HP-5 石英毛细管色谱柱（30.0m×320μm）（实验图 37-2）、火焰离子化检测器（FID）、氢气钢瓶、微量注射器。

2. **试剂**　无水乙醇（AR）对照品、正丁醇（AR）内标物、藿香正气水、100ml 容量瓶、5ml 移液管。

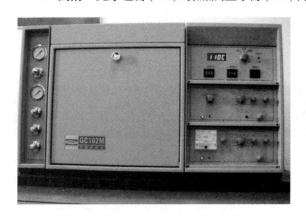

实验图 37-1　GC-102M 型气相色谱仪

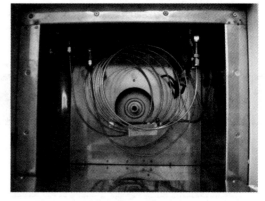

实验图 37-2　气相色谱仪的色谱柱及色谱柱室

三、实验原理

乙醇具有挥发性，《中国药典》采用气相色谱法测定各种制剂在 20℃时乙醇的含量。因中药制剂中所有的组分并非都能全部出峰，故采用内标法定量。

内标法即准确称取一定量的样品（m），并准确加入一定量的内标物（m_s），混匀后进样，根据所称重量与相应峰面积之间的关系求出待测组分的含量。

$$c_i\% = \frac{A_i f_i}{A_s f_s} \times \frac{m_s}{m} \times 100\%$$

内标法具备很多优点，即实验条件的变动对定量结果影响不大，而且只要被测组分与内标物产生信号即可用于定量，很适合中药和复方药物的某些有效成分的含量测定。另外，还特别适用于微量杂质的检查,由于杂质与主要成分含量相差悬殊,无法用归一化法测定杂质含量,采用内标法则很方便。加入一个与杂质量相当的内标物,增大进样量突出杂质峰,测定杂质峰与内标物峰面积之比,则可求出杂质含量。

四、实验内容

1. 测定的色谱条件与系统适用性试验

色谱仪:GC-102M 型气相色谱仪

色谱柱:HP-5 石英毛细管色谱柱(30.0m×320μm)

柱温:80℃

汽化室温度:200℃

检测器温度:250℃

载气:氢气

流速:40~50ml/min

检测器:火焰离子化检测器(FID)

桥流:150mA

进样量:6~10μl

内标物:正丁醇

理论板数:按乙醇峰计算应不低于 2000

样品与内标物质峰的分离度应大于 2。

2. 标准溶液的配制 精密量取恒温至 20℃的无水乙醇对照品和正丁醇内标各 5ml,至 100ml 容量瓶中,加水稀释至刻度,摇匀,得标准溶液。

3. 供试液的制备 精密量取恒温至 20℃的藿香正气水 10ml 和正丁醇 5ml,至 100ml 容量瓶中,加水稀释至刻度,摇匀,得供试品溶液。

4. 校正因子测定 取标准溶液 1~2μl,连续注入气相色谱仪 3 次,记录峰面积值,算出平均值,计算校正因子。

5. 供试液的测定 待基线平直后,取供试液 1~2μl,连续注入气相色谱仪 3 次,记录峰面积值,计算,即得。

五、实验注意事项

1. 仪器衰减可先设置在 1/1(灵敏度最高处),以便对微量水分及甲醇能及时准确测量;当甲醇流出后再将衰减调至 1/8 或 1/16 处,以避免主成分乙醇峰过大,而使分析时间延长。

2. 热导检测器的校正因子与载气性质有关,以 H_2 或 He 作载气与以 N_2 作载气所获得的校正因子相差较大,不能通用;而氢焰检测器的校正因子与载气性质无关,可以相互通用。

3. 色谱柱的使用温度 各种固定相均有最高使用温度的限制,为延长色谱柱的使用寿命,在分离度达到要求的情况下尽可能选择低的柱温。开机时,要先通载气,再升高汽化室、检测室温度和分析柱温度,为使检测室温度始终高于分析柱温度,可先加热检测室,待检测室温度升至近设定温度时再升高分析柱温度;关机前须先降温,待柱温降至50℃以下时,才可停止通载气、关机。

4. 进样操作时,为获得较好的精密度和色谱峰形状,进样时速度要快而果断,并且每次的进样速度、留针时间应保持一致。

5. 使用气相色谱仪应严格遵守操作规程,实验室及氢气瓶附近应杜绝火源。

六、实验数据记录与处理

1. 以峰高及其校正因子计算含水量(需对称因子在0.95~1.05)

$$校正因子 f = \frac{A_s/c_s}{A_R/c_R}$$

式中,A_R为对照品的峰面积值;c_R为对照的浓度;A_s为加入内标物的峰面积值;c_s为加入内标物的浓度。

2. 用峰面积及其校正因子计算乙醇的含量

$$含量\ c_X = f \times \frac{A_X}{A_s/c_s}$$

式中,A_X为供试样品的峰面积值;A_s为测试样品时加入的内标物的峰面积值。

3. **结论** 《中国药典》规定,藿香正气水中的乙醇含量应为40%~50%。判断所测定的药品是否合格。

七、实验思考

1. 热导检测器中载气流速与峰高、峰面积的关系如何?试解释内标法中以峰面积定量时为何载气流速的变化对测定结果影响较小?

2. 内标法中,进样量多少对结果有无影响?

3. 内标物的选择应符合哪些条件?

附:GC-102M型气相色谱仪操作规程

1. 对仪器系统进行检漏,检测无漏后可打开氢气瓶总阀调节压力为0.2Mpa,把氮载气压力调节为0.1Mpa左右。

2. 依次打开气相色谱仪、显示器、计算机电源开关。

3. 设置柱箱、进样器、氢火焰检测器温度,等待色谱仪温度自动上升。

注意:柱箱温度:柱箱+初始温度+数字键+键入;填充柱进样器温度:换档+进样器B+数字键+键入;毛细管进样器温度:进样器A+数字键+键入;FID检测器:换档+热导池+数字键+键入。

4. 打开氢火焰检测器的电源控制开关,把灵敏度调至9。

5. 调节氢气阀为5.0圈、空气阀为6.0圈,按下"点火键"约5秒,自动点火。

注意:判断火有没有点着,可以用金属物放到收集筒上看有没有水蒸气产生。如果有说明火已点着了,如果没有可以再点一下。

6. 打开"N2000 色谱工作站",设置实验信息和实验参数。点击"参看基线"等基线走直以后,即可进样分析。

7. 取好样后应立即用微量注射器垂直进样。点击"记录图谱"开始记录数据。

8. 实验完毕,处理保存实验数据;关闭氢火焰检测器、气相色谱仪、显示器、计算机电源开关,盖上仪器防尘罩。

9. 最后关闭气源,先关闭减压阀,后关闭钢瓶阀门,再开启减压阀,排出减压阀内的气体,最后松开调节螺杆。

(周建庆)

实验三十八　酊剂中甲醇含量的测定

一、实验目的

1. 熟悉气相色谱仪的基本结构和工作原理。
2. 掌握采用标准对照法进行定量及计算的方法。
3. 掌握用内标法测定酊剂中甲醇含量的方法。

二、实验用品

1. **仪器**　GC-102M 型气相色谱仪、2m×4mm 不锈钢柱、火焰离子化检测器(FID)、氮气钢瓶、氢气钢瓶、压缩空气钢瓶、移液管(5、10ml),量瓶(100ml)、1μl 微量注射器。

2. **试剂**　无水甲醇(AR)、无水正丙醇(AR,内标物)、酊剂(大黄酊)样品。

三、实验原理

在 GC 分析中,许多药物的校正因子未知,此时可采用无需校正因子的内标标准曲线法或内标对比法定量。由于上述方法是测量仪器的相对响应值(峰面积或峰高之比),故实验条件波动对结果影响不大,定量结果与进样量重复性无关,同时也不必知道样品中内标物的确切量,只需在各份样品中等量加入即可。

本实验采用内标对比法测定酊剂中的甲醇含量,方法是先配制已知浓度的标准样品,将一定量的内标物加入其中,再按相同量将内标物加入试样中,分别进样,由下式可求出试样中待测组分的含量(V/V):

$$(c_i\%)_{样品}=\frac{(A_i/A_{is})_{样品}}{(A_i/A_{is})_{标准}}\times10\times5.00\%$$

式中,A_i 和 A_s 分别为甲醇和正丙醇的峰面积;10 为稀释倍数;5.00% 为标准溶液中甲醇的百分含量(V/V)。

四、实验内容

1. 测定的色谱条件与系统适用性试验

色谱仪:GC-102M 型气相色谱仪

色谱柱:2m×4mm 不锈钢柱

柱温:80℃

固定液:15% DNP(邻苯二甲酸二壬酯)

汽化室温度:150℃

检测器温度:200℃

载气:氢气

流速:40~50ml/min

检测器:火焰离子化检测器(FID)

进样量:10μl

理论板数:按甲醇峰计算应不低于 2000

甲醇峰与其他色谱峰的分离度应不低于 1.5。

2. 标准溶液的配制
精密取无水甲醇 5ml 及正丙醇 5ml,置 100ml 容量瓶中,加水稀释至刻度,摇匀。

3. 供试液的制备
精密量取酊剂样品 10ml 及正丙醇 5ml,置 100ml 容量瓶中,加水稀释至刻度,摇匀。

4. 校正因子测定
取标准溶液 10μl,连续注入气相色谱仪 3 次,记录峰面积值,算出平均值,计算校正因子。

5. 供试液的测定
在上述色谱条件下,待基线平直后,取供试液 10μl,连续注入气相色谱仪 3 次,记录峰面积值,计算,即得。

五、实验注意事项

1. 采用内标对比法定量时,应先考察内标标准曲线(以标准曲线中组分与内标峰响应值之比作纵坐标,以标准溶液浓度为横坐标作图)的线性关系及范围,若已知标准曲线通过原点且测定浓度在其线性范围内,再采用内标对比法定量;同时,用于对比的标准溶液浓度与样品溶液中的待测组分浓度应尽量接近,这样可提高测定准确度。

2. FID 属于质量型检测器,其响应值(峰高)取决于单位时间内引入检测器的组分质量。当进样量一定时,峰面积与载气流速无关,但峰高与载气流速成正比,因此当用峰高定量时,需保持载气流速稳定。但在内标法中由于所测参数为组分峰响应值之比(即相对响应值),所以以峰高定量时载气流速变化对测定结果的影响较小。

3. 进样操作时,为获得较好的精密度和色谱峰形状,进样时速度要快而果断,并且每次的进样速度、留针时间应保持一致。

4. 使用气相色谱仪应严格遵守操作规程,实验室及氢气瓶附近应杜绝火源。

六、实验数据记录与处理

记录各色谱图中各组分的保留时间 t_R。

	组分名称	bp(℃)	t_R	A	A_i/A_{is}	
标准溶液	甲醇	78				
	正丙醇	97				$(c_i\%)$
试样溶液	甲醇	78				
	正丙醇	97				

七、实验思考

1. FID 的主要特点是什么? 本实验为什么要选择氢焰检测器?

2. 色谱内标法有哪些优点? 在什么情况下采用内标法较方便?

3. 在什么情况下可采用已知浓度样品对照法? 内标法定量时,进样是否要十分准确?

(周建庆)

实验三十九　气相色谱定性参数的测定

一、实验目的

1. 了解气相色谱仪的基本结构和工作原理。

2. 学习和熟悉气相色谱仪的基本操作。

3. 了解氢火焰离子化检测器和电子俘获检测器的原理和特点。

二、实验用品

1. **仪器**　GC-102M 型气相色谱仪、2m×4mm 不锈钢柱、火焰离子化检测器(FID)、氮气钢瓶、氢气钢瓶、压缩空气钢瓶、10μl 微量注射器。

2. **试剂**　丙酮(AR)、甲醇(AR)、乙酸乙酯(AR)。

三、实验原理

各种物质在一定的色谱条件(固定相与操作条件等)下有各自确定的保留值,因此保留值可作为一种定性指标。对于简单的多组分混合物,若其中所有待测组分均为已知且它们的色谱峰均能分开,则可将各个色谱峰的保留值与各相应的标准试样在同一条件下所得的保留值进行对照比较,就能确定各色谱峰所代表的物质,这就是纯物质对照法定性的原理。该法是气相色谱分析中最常用的一种定性方法。以保留时间作为定性指标,虽然简便,但由于保留时间的测定受载气流速等色谱操作条件的影响较大,可靠性较差;若采用仅与柱温和固定相种类有关而不受其他操作条件影响的相对保留值 r_{is} 作为指标,则更适合用于色谱定性分析。相对保留值 r_{is} 定义为:

$$r_{iS} = \frac{t'_{R_i}}{t'_{R_s}} = \frac{t_{R_i} - t_M}{t_{R_s} - t_M}$$

式中,t_M,t'_{R_i},t'_{R_s} 分别为死时间、被测组分 i 及标准物质 s 的调整保留时间;t_{R_i},t_{R_s} 分别为被测组分 i 及标准物质 s 的保留时间。

氢火焰离子化检测器(FID)是典型的破坏性、质量型检测器,是以氢气和空气燃烧生成的火焰为能源,当有机化合物进入以氢气和氧气燃烧的火焰,在高温下产生化学电离,电离产生比基流高几个数量级的离子,在高压电场的定向作用下形成离子流,微弱的离子流($10^{-12} \sim 10^{-8}$ A)经过高阻($10^6 \sim 10^{11}$ Ω)放大,成为与进入火焰的有机化合物量成正比的电信号,因此可以根据信号的大小对有机物进行定量分析。本实验以丙酮作为标准物质,利用保留时间和相对保留值进行甲苯和乙酸乙酯的定性分析。

四、实验步骤

1. 测定的色谱条件与系统适用性试验

色谱仪:GC-102M 型气相色谱仪

色谱柱:2m×4mm 不锈钢柱

担体:101 白色担体 60-8

柱温:80℃

固定液:15% DNP(邻苯二甲酸二壬酯)

汽化室温度:120℃

检测器温度:180℃

载气:氢气

流速:40~50ml/min

检测器:火焰离子化检测器(FID)

桥流:150mA

进样量:10μl

2. 供试液的测定 待基线平直后,取单溶质试液 10μl,分别注入气相色谱仪,记录色谱数据。再取上述 3 种试剂的混合液 10μl,注入气相色谱仪,记录色谱数据。

五、实验注意事项

1. 色谱柱的使用温度:各种固定相均有最高使用温度的限制,为延长色谱柱的使用寿命,在分离度达到要求的情况下尽可能选择低的柱温。

2. 进样操作时,为获得较好的精密度和色谱形状,进样时速度要快而果断,并且每次进样速度,留针时间应保持一致。

3. 使用气相色谱仪应严格遵守操作规程,实验室及氢气瓶附近应杜绝火源。

六、实验报告

记录各色谱图中各组分的保留时间 t_R。

单溶质溶液:

溶质	乙酸乙酯	丙酮	甲醇
t_R			

混合液:

溶质	乙酸乙酯	丙酮	甲醇
t_R			

七、实验思考

1. 为什么可以利用色谱峰的保留值进行色谱定性分析?

2. 在利用相对保留值进行色谱定性时,对实验条件是否可以不必严格控制? 为什么?

3. 在气相色谱中,测量保留值有哪些方法? 怎样便于测量准确?

(周建庆)

实验四十　高效液相色谱仪性能检查及色谱柱参数的测定

一、实验目的

1. 熟悉高效液相色谱仪性能检查及色谱柱参数测定的方法。

2. 了解高效液相色谱仪的一般使用方法。

二、实验用品

1. **仪器及条件**　容量瓶(10ml),高效液相色谱仪,ODS 柱,流动相为甲醇-水(80∶20),柱温为室温,检测波长为254nm,流速为 0.8ml/min。

2. **试剂**　苯($1\mu g/\mu l$)-萘($0.05\mu g/\mu l$)及苯磺酸钠($0.02\mu g/\mu l$),测定死时间(t_0)的乙醇溶液,甲醇,重蒸馏水。

三、实验内容

1. 操作前的准备

（1）仪器检查：检查仪器上所连的色谱柱是否可用于本次实验，安装色谱柱时应注意其进出口位置是否与流动相的流向一致，流动相的 pH 与所用的色谱柱是否适应，仪器是否完好，各开关位置是否处于关断位置。

（2）流动相的制备：用色谱纯的试剂配制流动相；水应为新鲜配制的高纯水。凡规定 pH 的流动相，应使用精密 pH 计进行调节。配好后用适宜的 0.45μm 微孔滤膜过滤，脱气。应配制足够量的流动相及时备用。

（3）供试品溶液的制备：按药品标准规定的方法配制。用于定量分析时，对照品和供试品应分别配制 2 份。供试品溶液注入色谱仪前，应经 0.45μm 滤膜滤过，必要时样品需提取净化。

（4）系统适用性试验：在正式测定样品前要做系统适用性试验，即用规定的对照品对仪器进行试验和调整，以检查该系统的理论塔板数、分离度、重复性、拖尾因子是否符合药典规定。

2. 高效液相色谱仪的基本操作方法

（1）泵的操作及色谱柱的平衡：该项操作的目的是排出更换流动相时进入过滤器的气体，尽快置换原有的流动相。①用流动相冲洗过滤器，再把过滤器浸入流动相中，打开泵的排液阀，设置高流速后启动泵（某些仪器先启动泵，再按冲洗键）进行充泵排气，直到管线内无气泡为止，关泵或将流速调至分析数值，关闭排液阀；②以分析流速对色谱柱进行平衡，同时观察压力，压力应稳定，用干燥滤纸片的边缘检查柱管各连接处，应无渗漏。初始平衡时间一般需约 30 分钟。如为梯度洗脱则设置梯度程序，用初始比例的流动相对色谱柱进行平衡。

（2）检测器的操作及色谱工作站相关参数的设定

1）开启检测器电源开关，选择检测波长。

2）于色谱工作站中设定相关参数，如量程、最小峰面积等。

3）进行检测器回零操作，基线稳定后方可进样。

（3）进样操作（六通阀进样器）：将进样器手柄置于载样位置，用供试液清洗注射器，再抽取适量注入。如用定量管定容进样，则注射器进样量应不少于管容积的 5 倍；用微量注射器定容进样时，进样量不大于 50% 的管容积。把注射器的平头针直插至进样器的底部，转动手柄时不能太慢。样品溶液注入后，注射器不应马上取下。手柄转至进样位置，定量管内的供试液即进入色谱柱。

（4）色谱数据的记录及处理：进样的同时启动数据处理系统，开始采集和处理色谱信息，待最后一峰出完后，继续走一段基线，确认再无组分流出，方能结束记录。根据第 1 张预试色谱图，调整记录时间。

（5）清洗和关机：分析结束，先关检测器，再用经过滤和脱气的适当溶剂清洗色谱系统，正相柱一般用正己烷；反相柱一般用甲醇，如使用过含酸、碱或盐的流动相，则将水相换为同比例的纯水，再适当提高甲醇的比例，最后用甲醇依次冲洗，各种溶剂一般冲洗 20～30 倍的柱体积，特殊情况延长。

冲洗结束,逐渐降低流速至 0,关泵。进样器用甲醇冲洗。

(6)关闭电源,填写使用记录本,内容包括日期、样品、色谱柱、流动相、柱压、使用时间、仪器状态等。

3. 流量精度的测定

(1)观察流动相流路,检查流动相是否够用、废液出口是否接好。

(2)在指示流量 1.0、2.0 和 3.0ml/min 三点测定流量。用 10ml 容量瓶在出口处接收流出液,准确记录流 10ml 所需的时间,换算成流速(ml/min),重复 5 次,按实验表 40-1 记录数据。

4. 基线稳定性(噪声和漂移)的测定 仪器稳定后,记录基线 1 小时。测定基线带宽为噪声,噪声带中心的起始位置与结尾位置之差为漂移。

5. 仪器检测限(D_g)、柱参数及仪器重复性的测定

(1)待仪器基线稳定后,取苯-萘的乙醇溶液进样(20μl),重复 5 次,按实验表 40-2 记录数据。

(2)以萘计算检测限,即 D_g(萘)、n(苯,片/米)、n_{eff}(萘,片/米)、H(萘)、H_{eff}(萘)、α、R。用 Δt_R 计算定性重复性,用 $A_苯/A_萘$ 计算定量重复性。

四、实验注意事项

1. 更换进样溶液时,注射器应用待进样的溶液润洗 3 次。

2. 因样品溶液具有一定的毒性,实验时应注意安全,防止溶液溅出。

五、实验数据记录与数据

1. 实验记录

实验表 40-1 流量精度数据表　　　　　　　　年　月　日

指示流量	1.0ml/min		2.0ml/min		3.0ml/min	
测得流量	t/10ml	ml/min	t/10ml	ml/min	t/10ml	ml/min
1						
2						
3						
4						
5						
平均值						
RSD						

实验表 40-2　柱参数及仪器重复性测定　　　　年　月　日

	1	2	3	4	5	平均值	RSD
t_0							
t_R(苯)							
t_R(萘)							
Δt_R							
$A_苯$(或 $h_苯$)							
$A_萘$(或 $h_萘$)							
$A_苯/A_萘$							
(或 $h_苯/h_萘$)							
$W_{1/2}$(苯)							
$W_{1/2}$(萘)							

2. 结果

流量精度：　合格　不合格

定性重复性：　合格　不合格

定量重复性：　合格　不合格

噪声 N(mV) = 　　　　　　　　漂移(mV/min) =

D_g(萘) = 　　　　　　n(苯,片/米) = 　　　　n_{eff}(萘,片/米) =

H(萘) = 　　　　　H_{eff}(萘) = 　　　　　α =

R =

六、实验思考

1. 分配系数比的意义是什么？其主要影响因素是什么？

2. 什么是分离度？如何提高分离度？

3. 为什么用保留时间之差即 Δt_R 测定定性重复性,用峰面积比值 $A_苯/A_萘$ 测定定量重复性,而不单独用某一种组分的 t_R 和 A 来测定？

4. 如定性或定量重复性不合格,试分析其原因。

（袁志江）

实验四十一　内标对比法测定对乙酰氨基酚片的含量

一、实验目的

1. 掌握内标对比法的实践步骤和结果计算方法。

2. 熟悉高效液相色谱仪的使用方法。

二、实验用品

1. **仪器与条件** 分析天平,容量瓶,移液管,高效液相色谱仪,ODS 柱,流动相为甲醇-水(60∶40),流速为 0.6ml/min,检测波长为 257nm,柱温为室温。

2. **试剂** 对乙酰氨基酚对照品、非那西丁对照品(内标物)、甲醇(色谱醇)、重蒸馏水、对乙酰氨基酚片等。

三、实验原理

配制含有内标物(s)的对照品溶液和供试品溶液,在相同条件下分别注入色谱仪进行分析。配制标准品(i)溶液的目的实际上是用来测定校正因子,公式如下:

$$f = \frac{f'_i}{f'_s} = \left(\frac{c_i/c_s}{A_i/A_s}\right)_{对照} = \left(\frac{c_i/c_s}{A_i/A_s}\right)_{供试品}$$

如果对照品溶液和供试品溶液中的内标物浓度相同,则按下式计算试样溶液中待测组分的浓度(即内标对比法):

$$c_{i供试品} = c_{i对照} \times \frac{A_{i供试品}/A_{s供试品}}{A_{i对照}/A_{s对照}}$$

四、实验内容

1. **对照品溶液的配制** 精密称取对乙酰氨基酚对照品约 50mg、内标物非那西丁约 50mg,置 100ml 容量瓶中,加甲醇适量,振摇,使溶解,并稀释至刻度,摇匀;精密量取 1ml,置 50mg 容量瓶中,用流动相稀释至刻度,摇匀即得。

2. **供试品溶液的配制** 取对乙酰氨基酚片 10 片,精密称定,研细,取样品细粉约 50mg,精密称定,用甲醇提取,过滤,将上清液滤至 100ml 容量瓶中。再取内标物非那西丁约 50mg,精密称定,置上述容量瓶中,加甲醇适量,振摇,使溶解,并稀释至刻度,摇匀;精密量取 1ml,置 50mg 容量瓶中,用流动相稀释至刻度,摇匀即得。

3. **进样分析** 用微量注射器吸取对照品溶液,进样 20μl,记录色谱图,重复测定 3 次,以同样的方法分析供试液,记录峰面积。

4. **结果计算** 计算对乙酰氨基酚片中对乙酰氨基酚的含量。

$$含量(mg/片) = c_{i对照} \times \frac{A_{i供试品}/A_{s供试品}}{A_{i对照}/A_{s对照}} \times 稀释体积 \times \frac{平均片重}{W_{取样量}}$$

五、实验注意事项

实践中可通过选择适当长度的色谱柱,调整流动相中甲醇和水的比例或流速,使对乙酰氨基酚与内标物的分离度达到定量分析的要求。

六、实验数据记录与数据

1. 记录 年 月 日

样品名称		仪器型号	
色谱柱		检测波长	
流动相		分离度	
柱效(n)		拖尾因子	

称配过程：

序号	对照液				供试液		
	A_i	A_s	A_i/A_s	f	A_i	A_s	A_i/A_s
1							
2							
3							
平均值							
RSD			*				
含量(mg/片)							

* 注:仅求校正因子 f 的 RSD。

2. 数据处理过程

$$f=\frac{f'_i}{f'_s}=\left(\frac{c_i/c_s}{A_i/A_s}\right)_{对照}$$

$$含量(mg/片)=c_{i对照}\times\frac{A_{i供试品}/A_{s供试品}}{A_{i对照}/A_{s对照}}\times稀释体积\times\frac{平均片重}{W_{取样量}}$$

3. 结论

定量重复性： 合格 不合格

对乙酰氨基酚片含量(mg/片)：

七、实验思考

1. 此实践中试样溶液和对照品溶液中的内标物浓度是否必须相同？为什么？

2. 内标法有何优点？如何选择内标物质？

（袁志江）

实验四十二　复方丹参片中丹参酮II_A的分离与含量测定

一、实验目的

1. 掌握高效液相色谱法及其在中成药有效成分分离与分析中的应用。

2. 掌握外标一点法的实践步骤和计算方法。

二、实验用品

1. 仪器与色谱条件　分析天平,容量瓶,移液管,锥形瓶,高效液相色谱仪,ODS 柱,流动相为甲醇-水(73∶27),检测波长为 270nm,流速为 1ml/min,进样量为 20μl,柱温为 30℃。

2. 试剂　甲醇(分析纯)、甲醇(色谱纯)、重蒸馏水、丹参酮II_A对照品、复方丹参片。

三、实验原理

丹参酮II_A是复方丹参片的有效成分之一,控制丹参酮II_A的含量对确保该制剂的疗效有重要意义。进行外标一点法定量时,分别精密称取一定量的对照品和样品,配制成溶液,在完全相同的色谱条件下,分别进样相同体积的对照品溶液和样品溶液,进行色谱分析,测定峰面积。

先利用标准溶液进行对比,求样品溶液中丹参酮II_A的浓度:

$$c_{样} = c_{对} \times \frac{A_{样}}{A_{对}}$$

用下式计算复方丹参片中丹参酮II_A的量:

$$丹参酮 II_A (mg/片) = \frac{c_{样} \times V_{样} \times 10^{-3}}{W_{取样量}} \times 平均片重$$

式中,$c_{样}$为样品溶液中待测组分的浓度($\mu g/ml$);$c_{对}$为标准品溶液的浓度;$V_{样}$为样品稀释体积即 25ml;$W_{取样量}$为样品称取量。

四、实验内容

1. 对照品溶液的制备　取丹参酮II_A对照品适量,精密称定,置棕色容量瓶中,用甲醇溶解,制成每 1ml 含 20μg 的溶液,即得。

2. 供试品溶液的制备　取本品 10 片,精密称定,去薄膜衣,研细,取约 1g,精密称定,置具塞棕色瓶中,精密加入甲醇 25ml,密塞,称定重量,超声处理 15 分钟,放冷,再称定重量,用甲醇补足减失的重量,摇匀,滤过,取续滤液,置棕色瓶中,即得。

3. 进样分析　分别精密吸取对照品溶液与供试品溶液 10μl,注入液相色谱仪,测定。各种溶液重复测定 3 次。

4. 结果计算　用外标一点法计算含量。

五、实验注意事项

进样前,分别将手柄置于"进样"及"载样"位置,用流动相冲洗六通阀。

六、实验数据记录与处理

1. 数据记录表　　　　　　　　　　　　　　　　　　年　　月　　日

样品名称		仪器型号	
色谱柱		检测波长	
流动相		分离度	
柱效(n)		拖尾因子	

称配过程:

序号	对照液	供试液
	A_i	A_i
1		
2		
3		
平均值		
RSD%		
复方丹参片含量(mg/片)		

2. 数据处理

$$丹参酮 II_A (mg/片) = \frac{c_{对} \times A_{样}}{A_{对}} \times \frac{V_{样} \times 10^{-3}}{W_{取样量}} \times 平均片重$$

3. 测定结论

定量重复性:　　　合格　　　　　不合格

复方丹参片含量测定结果判断：　　符合规定　　　　　　不符合规定

七、实验思考

1. 外标法与内标法相比有何优缺点？

2. 如丹参酮 II_A 与相邻组分的分离度达不到定量分析的要求，应采取哪些方法？

3. 本品每片含丹参以丹参酮 II_A（$C_{19}H_{18}O_3$）计，不得少于 0.20mg。分析该样品是否合格？

（袁志江　李维斌）

实验四十三　自主设计实验

一、自主设计实验的要求

在学习分析化学基础理论和基本技能的基础上，为了进一步提高学生对分析化学知识与技能的综合应用能力，培养学生勇于进取、敢于创新、踏实肯干、团结合作的优秀品质和科学素养，同时也对分析化学教学效果的检验，增加由学生自主设计实验。自主设计实验要求学生查阅相关资料、自拟设计实践方案、写出实践提纲、独立进行实践操作和写出实践报告。为了完成好此实验，特提出以下几点要求。

1. 分析方案设计实践教学方法提示

（1）编写分析方案设计实践的教学计划：包括进行科学研究方法、科学思维和科学精神的教育；明确设计实验的意义和目的要求、安全实验问题；选题范围、教学安排和教学指导。

（2）必须对学生讲述设计实验的意义：如何进行科学研究、科学思维以及发扬科学精神的重要性。

（3）学生提前 2 周将设计实践的题目、实践设计方案和所需要的试剂、仪器交给指导教师，得到指导教师同意方可进行实施。

（4）教师根据学生实践进展情况及时给予指导。

（5）设计实践时间除规定的实践教学学时外，必须对学生开放实验室。

（6）制订设计实践成绩评定标准，包括查阅资料、方案设计、实践方法、环境保护、实践操作、实践结果、协作精神、实践安排、创新内容、实践安全和实验报告。

（7）设计实践报告按发表论文的格式书写，要求交电子版。

（8）设计实践结束后以班级为单位进行交流。

（9）好的设计实践报告可在系内部刊物上发表。

2. 自主设计实验实施要求

（1）每个学习组根据所选定的实验题目，首先查阅有关的参考资料，并做好资料的查阅及整理的记录。

（2）学习组拟定出初步分析方案，注明方法原理、步骤、所用仪器和试剂、试样取量和分析结果计算方法等。

（3）分组讨论各个方案的优缺点，交流、讨论、总结，使学生的思路和认识得到升华。

（4）初步方案拟定好后交指导教师审阅，批准后若有条件可按方案进行实践。

（5）以学习小组为单位实施分析方案，明确各成员的分工和完成时间。

（6）按照专业论文的格式写出自主设计实验报告。

（7）实验报告交指导教师或考评组评定成绩。

二、自主设计参考实验题目

1. 维生素 C 片中维生素 C 的含量测定

2. 复方苯甲酸中苯甲酸和水杨酸的含量测定

3. 薄荷油中薄荷酮的分离及含量测定

4. 盐酸异丙嗪的含量测定

5. 测定氯霉素片中的氯霉素含量

6. 饼干中 $NaHCO_3$、Na_2CO_3 的含量测定

7. 碘酊中的碘与碘化钾成分分析

8. 酸雨中硫酸根的测定

9. 水中溶解氧（DO）的测定

10. 白酒中甲醇的含量测定

11. 水中铁的含量测定

12. 测定五硼酸铵溶液的浓度

（李维斌）

主要参考文献

[1]国家药典委员会.中华人民共和国药典[M].2015版.北京:中国医药科技出版社,2015.

[2]李发美.分析化学学习指导与习题集[M].第2版.北京:人民卫生出版社,2009.

[3]李发美.分析化学[M].第7版.北京:人民卫生出版社,2011.

[4]柴逸峰,邸欣.分析化学[M].第8版.北京:人民卫生出版社,2016.

[5]武汉大学.分析化学[M].第5版,上册.北京:高等教育出版社,2006.

[6]武汉大学.分析化学[M].第5版,下册.北京:高等教育出版社,2007.

[7]彭崇慧,冯建章,张锡瑜.分析化学[M].第3版.北京:北京大学出版社,2009.

[8]孟凡昌.分析化学教程[M].武汉:武汉大学出版社,2009.

[9]谢庆娟,李维斌.分析化学[M].第2版.北京:人民卫生出版社,2013.

[10]李维斌.分析化学[M].北京:高等教育出版社,2005.

[11]邱细敏.分析化学[M].第3版.北京:中国医药科技出版社,2012.

[12]卢小曼.分析化学[M].北京:中国医药科技出版社,2009.

[13]严拯宇.分析化学学习[M].南京:东南大学出版社,2011.

[14]雷丽红.分析化学实验[M].第2版.北京:中国医药科技出版社,2006.

[15]赵怀清.分析化学图表解[M].北京:人民卫生出版社,2008.

[16]潘国石,陈哲洪.分析化学[M].第3版.北京:人民卫生出版社,2014.

[17]陈允魁.红外吸收光谱法及其应用[M].上海:上海交通大学出版社,1993.

[18]国家药典委员会.药品红外光谱集[M].第四卷.北京:中国医药科技出版社,2015.

[19]刘文英.药物分析[M].第6版.北京:人民卫生出版社,2009.

[20]胡琴,彭金咏.分析化学[M].第2版.北京:科学出版社,2016.

[21]武汉大学化学系.分析化学[M].北京:高等教育出版社,2001.

[22]中国药品生物制品检定所.中国药品检验标准操作规范与药品检验仪器操作规程[M].北京:中国医药科
技出版社,2005.

[23]汪尔康.21世纪的分析化学[M].北京:科学出版社,1999.

ER-综合测试题-1　　ER-综合测试题-2　　ER-综合测试题-3　　ER-综合测试题-4

目标检测参考答案

第一章　绪　　论

一、选择题

（一）单项选择题

1. B　　2. A　　3. A　　4. A　　5. B　　6. B　　7. C　　8. D　　9. C　　10. B

（二）多项选择题

1. ABCDE　2. DE　3. BC　4. ABC　5. ABCDE

二、简答题

略

第二章　误差与分析数据的处理

一、选择题

（一）单项选择题

1. C　　2. C　　3. A　　4. B　　5. D　　6. B　　7. D　　8. B　　9. C　　10. D

11. C　　12. A　　13. C　　14. D　　15. D　　16. D　　17. A　　18. B　　19. A　　20. A

（二）多项选择题

1. BDE　2. BCDE　3. BCD　4. CD　5. ABE　6. AB　7. CD　8. ABCE　9. ABCD　10. ABDE

二、简答题

略

三、综合计算题

1. ①39.22　②0.3594　③32.05　④17.48　⑤1.835×10^{-3}　⑥548.4　⑦532.9　⑧9.866

2. 根据有效数字运算规则，计算下列结果：

①1.89　②0.0712　③316.3　④pH = 12.81　⑤$[H^+] = 4.5 \times 10^{-3}$ mol/L

3. ±0.2%　±0.01%

4. $\bar{x} = 0.3734$(mol/L)　$\bar{d} = 0.0011$　$R\bar{d} = 0.29\%$

$S = 0.0013$　$RSD = 0.35\%$

5. $Q_计 = 0.67$　$Q_{95\%} = 0.73$。$Q_计 < Q_表$，0.7303 不能舍去。

$\bar{x} = 0.7319$　$S = 0.0009$

(1)95% 置信度时的平均值的置信区间为：$\mu = 0.7319 \pm 0.0011$

(2)99% 置信度时的平均值的置信区间为：$\mu = 0.7319 \pm 0.0019$

6. (1)F 检验

$F_计 = 4$　$F_表 = 6.16$，故 $F_计 < F_表$，表明两组数据的精密度之间无显著性差异。

(2)t 检验

$S_R = 0.00033$　$t_计 = 2.07$　$t_{(0.95,10)表} = 2.23$。由于 $t_计 < t_表$，所以两组数据的平均值无显著性差异。

第三章　滴定分析法基础知识

一、选择题

（一）单项选择题

1. A　　2. C　　3. D　　4. C　　5. B　　6. D　　7. A　　8. C　　9. C　　10. A

11. D　　12. B　　13. B　　14. C　　15. B

（二）多项选择题

1. CDE　2. ABC　3. BE　4. CD　5. AC

二、简答题

略

三、实例分析题

1. 浓 H_2SO_4：18mol/L；应取浓硫酸 56ml。

2. $K_2Cr_2O_7$：0.020 00mol/L

3. Na_2CO_3：5.2995g

4. HCl：0.1017mol/L

5. $T_{NaOH/苯甲酸} = 0.012\ 21$g/ml

6. $\omega_{NaCO_3} = 0.9952$

7. $\omega_{NaCl} = 0.9618$

8. $CaCO_3$：66.67%

第四章　酸碱滴定法

一、选择题

1. A　　2. D　　3. B　　4. C　　5. C　　6. A　　7. A　　8. A　　9. D　　10. C

11. A　　12. C　　13. D　　14. D　　15. D　　16. B　　17. A　　18. C　　19. B　　20. B

二、填空题

1. 指示剂的变色范围应全部或部分落在滴定突跃范围之内,或理论变色点尽量接近化学计量点

2. 弱酸弱碱的相互滴定不会出现突跃,也就不能确定滴定终点

3. 高

4. 大;小;大;小

5. $pH = pK_{HIn}$;指示剂的酸式色与碱式色的混合色;$pH = pK_{HIn} \pm 1$

6. 滴定终点;滴定突跃

7. 酸碱的浓度;酸碱的强度

8. 大;小

三、简答题

略

四、计算题

1. Na_2CO_3:0. 11~0. 13g,HCl:0. 1037mol/L,$T_{HCl/CaO}$ = 0. 002 904g/ml,

$Na_2B_4O_7 \cdot 10H_2O$(%) = 79. 42%

2. Na_2CO_3%:66. 24%,$NaHCO_3$%:24. 50%,杂质%:9. 26%

3. $CaCO_3$%:60. 65%,CO_2%:26. 67%

4. C_6H_5COONa%:97. 02%

第五章　氧化还原滴定法

一、选择题

1. C　　2. C　　3. B　　4. C　　5. A　　6. A　　7. C　　8. D　　9. D　　10. B

11. B　　12. D　　13. D　　14. C　　15. B　　16. C　　17. A　　18. A　　19. C　　20. A

二、简答题

略

三、计算题

1. $Na_2S_2O_3$:0. 1078mol/L

2. ω_{V_c} = 0. 9803

3. $\omega_{FeSO_4 \cdot 7H_2O} = 0.9950$

第六章 配位滴定法

一、选择题

1. A   2. D   3. A   4. B   5. C   6. D   7. B   8. A   9. A   10. D

二、简答题

略

三、综合计算题

1. $CaCO_3(mg/L)$表示时水的总硬度为 225.9mg/L。

2. 葡萄糖酸钙的含量为 99.43%。

3. $Na_2SO_4\%$: 65.39%

第七章 沉淀滴定法

一、选择题

（一）单项选择题

1. C   2. A   3. B   4. B   5. C   6. B   7. C   8. B   9. C   10. B

11. C   12. D   13. D   14. D   15. C

（二）多项选择题

1. ABCE   2. CD   3. ABCDE   4. AC   5. ADE

二、简答题

略

三、综合计算题

1. 食盐中 $NaCl$ 的含量（质量分数）为 0.7131。

2. $AgNO_3$: 0.097 48mol/L。

3. KBr 试样的质量分数为 0.9788。

4. NH_4SCN : 0.1015mol/L。

5. 银合金中银的含量（质量分数）为 0.8033。

6. 1L 尿液中含 $NaCl$ 的质量为 13.66g。

第八章 电位法和永停滴定法

一、选择题

（一）单项选择题

1. C   2. B   3. D   4. C   5. A   6. C   7. D   8. A   9. D   10. A

11. C   12. B   13. D   14. D   15. C   16. B   17. D   18. D

（二）多项选择题

1. AC   2. ABDE

二、简答题

略

三、综合计算题

$pH_x = 1.95$

第九章   紫外-可见分光光度法

一、选择题

（一）单项选择题

1. C   2. D   3. D   4. C   5. C   6. B   7. C   8. D   9. B   10. B

11. D   12. B   13. A   14. D   15. A

（二）多项选择题

1. ACE   2. BCE   3. BCE   4. ABCDE   5. ABD

二、简答题

略

三、综合计算题

1. $c = 1.25 \times 10^{-6} mol/L, \varepsilon = 1.76 \times 10^5 L/(mol \cdot cm)$。

2. $\alpha = 150 L/(g \cdot cm), \rho_{样} = 4.66 mg/L$。

3. $c_1 = 5.14 \times 10^{-6} mol/L, c_2 = 1.92 \times 10^{-5} mol/L$，维生素 D_2 溶液的浓度在 $5.14 \times 10^{-6} \sim 1.92 \times 10^{-5}$ mol/L 范围内。

4. $P_{测定} = 4.990 \times 10^{-6} g/ml, \rho_{原样} = 5.000 \times 10^{-6} g/ml$，咖啡酸%：99.8%。

5. $\rho_{样} = 0.01 g/L, \alpha = 55 L/(g \cdot cm)$，维生素 C% = 98.2%。

第十章   荧光分析法

一、选择题

（一）单项选择题

1. B   2. A   3. D   4. C   5. C   6. D   7. B   8. D   9. C

（二）多项选择题

1. ACD   2. BDE   3. ABC   4. BCDE

二、填空题

1. 荧光光谱；激发光谱

2. 光源;单色器(分光系统);吸收池;检测器

3. 当其他条件(即 φ_F、I_0、ε、L)一定时,荧光物质在稀溶液中的荧光强度 F 与浓度 c 呈线性关系

三、简答题

略

四、实例分析题

1. 1. 26~1. 54μg/ml 为合格。1. 4μg/ml 的对照品溶液的荧光计计数 65,合格片的荧光计计数应在 58. 5~71. 5。

2. 食品中维生素 B_2 的含量 = 22μg/g。

第十一章　红外分光光度法

一、选择题

(一) 单项选择题

1. B　　2. D　　3. A　　4. B　　5. D　　6. B　　7. C　　8. A　　9. B　　10. C

(二) 多项选择题

1. ABC　2. AC　3. ABC　4. ABCDE　5. ABCDE

二、填空题

1. 近红外区;2. 5~50μm;50~1000μm

2. 分子基本振动的数目;$3n-5$;$3n-6$

3. 大;小

4. 官能团;指纹

5. 伸缩振动;弯曲振动

三、简答题

略

第十二章　原子吸收分光光度法

一、选择题

(一) 单项选择题

1. B　　2. D　　3. C　　4. A　　5. D　　6. C　　7. C　　8. B　　9. A　　10. C

(二) 多项选择题

1. CD　2. BCD

二、填空题

1. 光源、原子化系统、分光系统、检测系统

2. 共振吸收线

3. 火焰原子化器、石墨炉原子化器、氢化物发生原子化器、冷蒸气原子化器

4. 标准曲线法、标准加入法

三、简答题

略

四、实例分析题

A 厂的胶囊中铬含量为 1.7ppm，B 厂的胶囊中铬含量为 11.6ppm；B 厂的胶囊为毒胶囊。

第十三章　液相色谱法

一、选择题

（一）单项选择题

1. D　　2. B　　3. A　　4. B　　5. B　　6. C　　7. B　　8. D　　9. B　　10. D

11. A　　12. C　　13. B　　14. B　　15. D　　16. C　　17. B　　18. C　　19. B　　20. B

（二）多项选择题

1. ABCD　2. ABCE　3. ABCDE　4. CE　5. ADE

二、填空题

1. 越长　容易

2. 分配系数不相等

3. 0～1　0.3～0.5　大于 1　小于 1

4. 越慢　越小

三、简答题

略

四、实例分析题

1. 答：$R_f = 0.5$

2. 答：$R_f = 0.625, R_r = 1.25$

第十四章　气相色谱法

一、选择题

（一）单项选择题

1. B　　2. A　　3. C　　4. A　　5. C　　6. C　　7. B　　8. A　　9. B　　10. A

11. C　　12. B　　13. B　　14. C　　15. D

（二）多项选择题

1. BCDE　2. ABD　3. ABC　4. ABE　5. ACE

二、简答题

略

三、计算题

1. 1.1×10^4 0.18mm 6.8×10^3 0.29mm

2. 1.42%

3. 21.1% 62.8% 16.1%

第十五章　高效液相色谱法

一、选择题

（一）单项选择题

1. C   2. B   3. A   4. B   5. A   6. C   7. B   8. D   9. B   10. B

11. B   12. C   13. A   14. C

（二）多项选择题

1. ABDE   2. ABCD   3. BC   4. ABCD   5. ABCD   6. CE   7. CD

二、简答题

略

三、实例分析题

1. $f_{黄} = 1.05$，$f_{小} = 0.89$，黄连碱% = 26.2，小檗碱% = 27.3

2. $c_{供} = 74\mu g/ml$，黄芩苷含量（mg/丸）= 18.9

计算所得的含量高于《中国药典》的规定（15mg/丸），该批样品合格。

第十六章　核磁共振波谱法和质谱法简介

一、选择题

（一）单项选择题

1. C   2. C

（二）多项选择题

1. ABCD   2. ABD

二、填空题

1. 奇数　奇数或偶数

2. 一个电子　分子量

3. 磁性　一定频率　电磁辐射的能量　能级　核磁共振

三、简答题

略

附录

附录一　弱酸、弱碱在水中的电离常数

化合物	℃	分步	K_a(或K_b)	pK_a(或pK_b)	化合物	℃	分步	K_a(或K_b)	pK_a(或pK_b)
砷酸	25	1	5.8×10^{-3}	2.24	硫酸	25	2	1.2×10^{-2}	1.92
		2	1.1×10^{-7}	6.96	亚硫酸	18	1	1.20×10^{-2}	1.81
		3	3.2×10^{-12}	11.5			2	6.3×10^{-8}	7.2
亚砷酸	25		6×10^{-10}	9.23	氨水	25		1.76×10^{-5}	4.75
硼酸	20	1	7.3×10^{-10}	9.14	氢氧化钙	25	1	4.0×10^{-2}	1.4
碳酸	25	1	4.30×10^{-7}	6.37		30	2	3.74×10^{-3}	2.43
		2	5.61×10^{-11}	10.25	羟胺	20		1.70×10^{-8}	7.97
铬酸	25	1	1.8×10^{-1}	0.74	氢氧化铅	25		9.6×10^{-4}	3.02
		2	3.20×10^{-7}	6.49	氢氧化银	25		1.1×10^{-4}	3.96
氢氟酸	25		3.53×10^{-4}	3.45	氢氧化锌	25		9.6×10^{-4}	3.02
氢氰酸	25		4.93×10^{-10}	9.31	甲酸	20		1.77×10^{-4}	3.75
氢硫酸	25	1	9.5×10^{-8}	7.02	乙酸	25	1	1.76×10^{-5}	4.75
		2	1.3×10^{-14}	13.9	枸橼酸	20	1	7.1×10^{-4}	3.14
过氧化氢	25		2.4×10^{-12}	11.62		20	2	1.68×10^{-5}	4.77
次溴酸	25		2.06×10^{-9}	8.69	乳酸	25		1.4×10^{-4}	3.85
次氯酸	25		3.0×10^{-8}	7.53	草酸	25	1	6.5×10^{-2}	1.19
次碘酸	25		2.3×10^{-11}	10.64		25	2	6.1×10^{-5}	4.21
碘酸	25		1.69×10^{-1}	0.77	酒石酸	25	1	1.04×10^{-3}	2.98
亚硝酸	25		7.1×10^{-4}	3.16		25	2	4.55×10^{-5}	4.34
高碘酸	25		2.3×10^{-2}	1.64	琥珀酸	25	1	6.89×10^{-5}	4.16
磷酸	25	1	7.52×10^{-3}	2.12		25	2	2.47×10^{-6}	5.61
	25	2	6.23×10^{-8}	7.21	甘油磷酸	25	1	3.4×10^{-2}	1.47
	18	3	2.2×10^{-13}	12.66		25	2	6.4×10^{-7}	6.195
亚磷酸	18	1	1.0×10^{-2}	2	甘氨酸	25		1.67×10^{-10}	9.78
	18	2	2.6×10^{-7}	6.59	羟基乙酸	25		1.52×10^{-4}	3.82
焦磷酸	18	1	1.4×10^{-1}	0.85	顺丁烯二酸	25	1	1.42×10^{-2}	1.83
	18	2	3.2×10^{-2}	1.49		25	2	8.57×10^{-7}	6.06
		3	1.7×10^{-6}	5.77	丙二酸	25	1	1.49×10^{-3}	2.83
		4	6×10^{-9}	8.22		25	2	2.03×10^{-6}	5.69
硒酸	25	2	1.2×10^{-2}	1.92	一氯醋酸	25		1.4×10^{-3}	2.85
亚硒酸	25	1	3.5×10^{-3}	2.46	三氯醋酸	25		2×10^{-1}	0.7
	25	2	5×10^{-8}	7.31	苯甲酸	25		6.46×10^{-5}	4.19
硅酸	30	1	2.2×10^{-10}	9.66	对羟基苯甲酸	19	1	3.3×10^{-5}	4.48
		2	2×10^{-12}	11.7		19	2	4.8×10^{-10}	9.32
		3	1.0×10^{-12}	12	邻苯二甲酸	25	1	1.3×10^{-3}	2.89

化合物	℃	分步	K_a(或 K_b)	pK_a（或 pK_b）	化合物	℃	分步	K_a(或 K_b)	pK_a（或 pK_b）
	25	2	3.9×10^{-6}	5.5l	β-萘胺	25		1.44×10^{-10}	9.84
水杨酸	19	1	1.07×10^{-3}	2.97	对乙氧基苯胺	28		1.58×10^{-9}	8.8
	18	2	4×10^{-14}	13.4	六次甲基四胺	25		1.4×10^{-9}	8.85
氨基硝酸	25		6.5×10^{-4}	3.19	氨基乙醇	25		2.77×10^{-5}	4.56
苦味酸	25		4.2×10^{-1}	0.38	尿素	21		1.26×10^{-14}	13.9
五倍子酸	25		3.9×10^{-5}	4.41	吡啶	20		2.21×10^{-10}	9.65
正丁胺	18		5.89×10^{-4}	3.23	马钱子碱	25		1.91×10^{-6}	5.72
二乙基胺	40		3.08×10^{-4}	3.51	可待因	25		1.62×10^{-6}	5.79
二甲基胺	25		5.4×10^{-4}	3.26	黄连碱	25		2.51×10^{-8}	7.6
乙基胺	20	1	6.41×10^{-4}	3.19	吗啡	25		1.62×10^{-6}	5.79
乙二胺	25	1	8.5×10^{-5}	4.07	烟碱	25	1	1.05×10^{-6}	5.98
	25	2	7.1×10^{-8}	7.15		25	2	1.32×10^{-11}	10.88
三乙基胺	18		1.02×10^{-3}	2.99	毛果芸香碱	30		7.41×10^{-8}	7.13
苯胺	25		4.26×10^{-10}	9.37	喹啉	20		7.94×10^{-10}	9.1
联苯胺	25	1	9.3×10^{-10}	9.03	奎宁	25	1	3.31×10^{-6}	5.48
	25	2	5.6×10^{-11}	10.25		25	2	1.35×10^{-10}	9.87
α-萘胺	25		8.32×10^{-11}	10.08	番木鳖碱	25		1.82×10^{-6}	5.74

附录二　国际原子量表(1995)

（按照原子序数排列）

元素			原子序	原子量	元素			原子序	原子量
符号	名称	英文名			符号	名称	英文名		
H	氢	Hydrogen	1	1.00794(7)	Cl	氯	Chlorine	17	35.4527(9)
He	氦	Helium	2	4.002602(2)	Ar	氩	Argon	18	39.948(1)
Li	锂	Lithium	3	6.94ll(2)	K	钾	Potassium	19	39.0983(1)
Be	铍	Beryllium	4	9.012182(3)	Ca	钙	Calcium	20	40.078(4)
B	硼	Boron	5	10.8ll(7)	Sc	钪	Seandium	21	44.9559108
C	碳	Carbon	6	12.0107(8)	Ti	钛	Titanium	22	47.867(1)
N	氮	Nitrogen	7	14.00674(7)	V	钒	Vanadium	23	50.9415(1)
O	氧	Oxygen	8	15.9994(3)	Cr	铬	Chromium	24	51.9961(6)
F	氟	Fluorine	9	18.9984032	Mn	锰	Manganese	25	54.938049(9)
Ne	氖	Neon	10	20.1797(6)	Fe	铁	Iron	26	55.845(2)
Na	钠	Sodium	11	22.98977(2)	Co	钴	Cobalt	27	58.933200(9)
Mg	镁	Magnesium	12	24.3050(6)	Ni	镍	Nickel	28	58.6934(2)
Ai	铝	Aluminum	13	26.981538(2)	Cu	铜	Copper	29	63.546(3)
Si	硅	Silicon	14	28.0855(3)	Zn	锌	Zinc	30	65.39(2)
P	磷	Phosphorus	15	30.973761(2)	Ga	镓	Gallium	31	69.723(1)
S	硫	Sulphur	16	32.066(6)	Ge	锗	Germanium	32	72.61(2)

符号	名称	英文名	原子序	原子量	符号	名称	英文名	原子序	原子量
As	砷	Arsenic	33	74.921560(2)	Lu	镥	Lutetium	71	174.967(1)
Se	硒	Selenlum	34	78.96(3)	Hf	铪	Hafnium	72	178.49(2)
Br	溴	Bromine	35	79.904(1)	Ta	钽	Tantalum	73	180.9479(1)
Kr	氪	Krypton	36	83.80(1)	W	钨	Tungsten	74	183.84(1)
Rb	铷	Rubidium	37	85.4678(3)	Re	铼	Rhenium	75	186.207(1)
Sr	锶	Strontium	38	87.62(1)	Os	锇	Osmium	76	190.23(3)
Y	钇	Yttrium	39	88.90585(2)	Ir	铱	Iridium	77	192.217(3)
Zr	锆	Zirconium	40	91.224(2)	Pt	铂	Platinum	78	195.078(2)
Nb	铌	Niobium	41	92.90638(2)	Au	金	Gold	79	196.96654
Mo	钼	Molybdenium	42	95.94(1)	Hg	汞	Mercury	80	200.59(2)
Tc	锝	Technetium	43	(98)	Tl	铊	Thallium	81	204.3833(2)
Ru	钌	Ruthenium	44	101.07(2)	Pb	铅	Lead	82	207.2(1)
Rh	铑	Rhodium	45	102.9055	Bi	铋	Bismuth	83	208.98038
Pd	钯	Palladium	46	106.42(1)	Po	钋	Polonium	84	[209]
Ag	银	Silver	47	107.8682(2)	At	砹	Astatine	85	[210]
Cd	镉	Cadmium	48	112.411(8)	Rn	氡	Radon	86	[222]
In	铟	Indium	49	114.818(3)	Fr	钫	Francium	87	[223]
Sn	锡	Tin	50	118.710(7)	Ra	镭	Radium	88	[226]
Sb	锑	Antimony	51	121.760(1)	Ac	锕	Actinium	89	[227]
Te	碲	Tellurium	52	127.60(3)	Th	钍	Thorium	90	232.0381(1)
I	碘	Iodine	53	126.90447	Pa	镤	Protactinium	91	231.03588
Xe	氙	Xenon	54	131.29(2)	U	铀	Uranium	92	238.0289(1)
Cs	铯	Caesium	55	132.90545	Np	镎	Neptunium	93	[237]
Ba	钡	Barium	56	137.327(7)	Pu	钚	Plutonium	94	[244]
La	镧	Lanthanum	57	138.9055(2)	Am	镅	Americium	95	[243]
Ce	铈	Cerium	58	140.116(1)	Cm	锔	Curium	96	[247]
Pr	镨	Praseodymium	59	140.90765	Bk	锫	Berkelium	97	[247]
Nd	钕	Neodymium	60	144.24(3)	Cf	锎	Californium	98	[251]
Pm	钷	Promethium	61	(145)	Es	锿	Einsteinium	99	[252]
Sm	钐	Samarium	62	150.36(3)	Fm	镄	Fermium	100	[257]
Eu	铕	Europium	63	151.964(1)	Md	钔	Mendelvium	101	[258]
Gd	钆	Gadolinium	64	157.25(3)	No	锘	Nobelium	102	[259]
Tb	铽	Terbium	65	158.92534	Lr	铹	Lawrencium	103	[260]
Dy	镝	Dysprosium	66	162.50(3)	Rf	[ ]	Rutherfordium	104	[261]
Ho	钬	Holmium	67	164.93032	Ha	[ ]	Hahnium	105	[262]
Er	铒	Erbium	68	167.26(3)	Unh		(Unnilhexium)	106	
Tm	铥	Thulium	69	168.93421	Uns			107	
Yb	镱	Ytterbium	70	173.04(3)					

注:录制 1993 年国际原子量表(IUPAC Commission On Atomic Weighs and Isotopic Abundances, Atomic Weighs of the Elements, 1995, *Pure APPL.Chem.*, 68, 2339, 1996)。(　)表示原子量数值最后一位的不确定性,[　]中的数值位没有稳定同位数元素半衰期最长同位素的质量数。

附录三　常用式量表

（根据 2005 年公布的国际原子量）

分子式	分子量	分子式	分子量
$AgBr$	187.77	$MgNH_4PO_4 \cdot 6H_2O$	245.41
$AgCl$	143.32	MgO	40.3
AgI	234.77	$Mg(OH)_2$	58.32
$AgNO_3$	169.87	$Na_2P_2O_7$	222.55
Al_2O_3	101.96	$Na_2B_4O_7 \cdot 10H_2O$	381.37
As_2O_3	197.84	$NaBr$	102.89
$BaCl_2 \cdot 2H_2O$	244.27	$NaCl$	58.44
BaO	153.33	Na_2CO_3	105.99
$Ba(OH)_2 \cdot 8H_2O$	315.47	$NaHCO_3$	84.01
$BaSO_4$	233.39	$Na_2HPO_4 \cdot 12H_2O$	358.14
$CaCO_3$	100.09	$NaNO_2$	69
CaO	56.08	Na_2O	61.98
$Ca(OH)_2$	74.09	$NaOH$	40
CO_2	44.01	H_2SO_4	98.07
CuO	79.55	I_2	253.81
Cu_2O	143.09	$KAl(SO_4)_2 \cdot 12H_2O$	474.38
$CuSO_4 \cdot 5H_2O$	249.68	KBr	119
FeO	71.85	$KBrO_3$	167
Fe_2O_3	159.69	KCl	74.55
$FeSO_4 \cdot 7H_2O$	278.01	$KClO_4$	138.55
$FeSO_4 \cdot (NH_4)_2SO_4 \cdot 6H_2O$	392.13	$KSCN$	97.18
H_3BO_3	61.83	PbO_2	239.2
HCl	36.46	$PbSO_4$	303.26
$HClO$	100.47	P_2O_5	141.94
HNO_3	63.02	SiO_2	60.08
H_2O	18.01528	SO_2	64.06
H_2O_2	34.01	SO_3	80.06
H_3PO_4	98	ZnO	81.38
K_2CO_3	138.21	$HC_2H_3O_2$	60.05
K_2CrO_4	194.19	$H_2C_2O_4 \cdot 2H_2O$（草酸）	126.07
$K_2Cr_2O_7$	294.18	$KHC_4H_4O_6$（酒石酸氢钾）	188.18
KH_2PO_4	136.09	NH_3	17.03
$KHSO_4$	136.16	NH_4Cl	53.49
KI	166	NH_4OH	35.05
KIO_3	214	$(NH_4)_3PO_4 \cdot 12MoO_3$	1876.35
$KIO_3 \cdot HIO_3$	389.91	$(NH_4)_2SO_4$	132.13
$Na_2S_2O_3$	158.1	$PbCrO_4$	323.19
$Na_2S_2O_3 \cdot 5H_2O$	248.17	$KHC_8H_4O_4$（邻苯二钾酸氢钾）	204.44
$KMnO_4$	158.03	$K(SbO)C_4H_4O_6 \cdot 1/2H_2O$	333.94
KNO_2	85.1	（酒石酸锑钾）	
KOH	56.11	$Na_2C_2O_4$（草酸钠）	134
K_2PtCl_6	486	$NaC_7H_5O_2$（苯甲酸钠）	144.41
$MgCO_3$	84.31	$Na_3C_6H_5O_7 \cdot 2H_2O$（枸橼酸钠）	294.12
$MgCl_2$	95.2l	$Na_2 H_2C_{10}H_{12}O_8N_2 \cdot 2H_2O$（EDTA 二钠水合物）	372.24
$MgSO_4 \cdot 7H_2O$	246.47		

附录四　难溶化合物的溶度积（18~25℃）

名称	化学式	溶度积 K_{sp}	名称	化学式	溶度积 K_{sp}
砷酸银	Ag_3AsO_4	1.0×10^{-22}	硫酸钙	$CaSO_4$	1.0×10^{-5}
溴化银	$AgBr$	6×10^{-13}	碳酸镉	$CdCO_3$	5.2×10^{-12}
溴酸银	$AgBrO_3$	5.5×10^{-5}	草酸镉	CdC_2O_4	1.5×10^{-8}
氰化银	$AgCN$	7×10^{-15}	氢氧化镉	$Cd(OH)_2$	$(2\sim0.6)\times10^{-14}$
碳酸银	Ag_2CO_3	8.2×10^{-12}	碳酸钴	$CoCO_3$	1.4×10^{-13}
草酸银	$Ag_2C_2O_4$	1.1×10^{-11}	草酸钴	CoC_2O_4	6×10^{-8}
氯化银	$AgCl$	1.8×10^{-10}	氢氧化钴	$Co(OH)_2$	$(2\sim0.2)\times10^{-15}$
铬酸银	Ag_2CrO_4	4×10^{-12}	氢氧化铬	$Cr(OH)_3$	6.7×10^{-31}
碘化银	AgI	1.1×10^{-16}	溴化亚铜	$CuBr$	5.3×10^{-9}
碘酸银	$AgIO_3$	3×10^{-8}	氰化亚铜	$CuCN$	3.2×10^{-20}
磷酸银	Ag_3PO_4	1.0×10^{-20}	碳酸铜	$CuCO_3$	2.4×10^{-10}
硫化银	Ag_2S	6×10^{-50}	草酸铜	CuC_2O_4	3×10^{-8}
硫氰酸银	$AgSCN$	1.1×10^{-12}	氯化亚铜	$CuCl$	1.0×10^{-6}
硫酸银	Ag_2SO_4	2×10^{-5}	碘化亚铜	CuI	1.0×10^{-12}
氢氧化铝	$Al(OH)_3$	1.0×10^{-32}	氢氧化铜	$Cu(OH)_2$	2.2×10^{-20}
碳酸钡	$BaCO_3$	5×10^{-9}	碱式碳酸铜	$Cu_2(OH)_2CO_3$	1.7×10^{-34}
草酸钡	BaC_2O_4	1.1×10^{-7}	硫化铜	CuS	6×10^{-36}
铬酸钡	$BaCrO_4$	1.6×10^{-10}	硫化亚铜	Cu_2S	1.0×10^{-49}
氟化钡	BaF_2	1.7×10^{-6}	碳酸亚铁	$FeCO_3$	2.5×10^{-11}
硫酸钡	$BaSO_4$	1.1×10^{-10}	草酸亚铁	FeC_2O_4	2×10^{-7}
氢氧化亚铁	$Fe(OH)_2$	1.0×10^{-15}	氢氧化锰	$Mn(OH)_2$	2×10^{-13}
氢氧化铁	$Fe(OH)_3$	3.8×10^{-38}	硫化锰	MnS(粉红色)	2.5×10^{-10}
磷酸铁	$FePO_4$	1.3×10^{-22}	氰化镍	$Ni(CN)_2$	3×10^{-23}
硫化亚铁	FeS	5×10^{-18}	碳酸镍	$NiCO_3$	1.3×10^{-7}
溴化亚汞	Hg_2Br_2	5.2×10^{-23}	草酸镍	NiC_2O_4	4×10^{-10}
碳酸亚汞	Hg_2CO_3	9×10^{-17}	氢氧化镍	$Ni(OH)_2$	$10^{-15}\sim10^{-16}$
草酸亚汞	$Hg_2C_2O_4$	2×10^{-13}	溴化铅	$PbBr_2$	9.1×10^{-6}
氯化亚汞	Hg_2Cl_2	1.3×10^{-18}	碳酸铅	$PbCO_3$	7.5×10^{-14}
铬酸亚汞	Hg_2CrO_4	2×10^{-9}	草酸铅	PbC_2O_4	3.5×10^{-11}
碘化亚汞	Hg_2I_2	4.5×10^{-29}	氯化铅	$PbCl_2$	2×10^{-5}
硫化汞	HgS(黑色)	1.6×10^{-52}	铬酸铅	$PbCrO_4$	1.8×10^{-14}
硫化亚汞	Hg_2S	1×10^{-47}	碘化铅	PbI_2	8×10^{-9}
硫酸亚汞	Hg_2SO_4	6×10^{-7}	磷酸铅	$Pb_3(PO_4)_2$	8×10^{-43}
碳酸锂	Li_2CO_3	2×10^{-3}	硫化铅	PbS	1.0×10^{-27}
磷酸锂	Li_3PO_4	3.2×10^{-9}	硫酸铅	$PbSO_4$	1.6×10^{-8}
碳酸镁	$MgCO_3$	2×10^{-5}	硫化锡	SnS	1.0×10^{-26}
草酸镁	MgC_2O_4	8.6×10^{-5}	碳酸锶	$SrCO_3$	1.1×10^{-10}
氢氧化镁	$Mg(OH)_2$	$(2\sim0.6)\times10^{-11}$	草酸锶	SrC_2O_4	5.6×10^{-8}
氟化镁	MgF_2	7×10^{-9}	氢氧化锶	$Sr(OH)_2$	3.2×10^{-4}
碳酸锰	$MnCO_3$	1.0×10^{-11}	铬酸锶	$SrCrO_4$	3.6×10^{-5}
氢氧化铋	$Bi(OH)_3$	3×10^{-32}	硫酸锶	$SrSO_4$	3.2×10^{-7}
碳酸钙	$CaCO_3$	5×10^{-9}	碳酸锌	$ZnCO_3$	1.5×10^{-11}
草酸钙	CaC_2O_4	2×10^{-9}	草酸锌	ZnC_2O_4	1.5×10^{-9}
铬酸钙	$CaCrO_4$	7×10^{-4}	氢氧化锌	$Zn(OH)_2$	1.0×10^{-17}
氟化钙	CaF_2	4×10^{-11}	硫化锌	$ZnS(\alpha)$	1.6×10^{-24}
氢氧化钙	$Ca(OH)_2$	5.5×10^{-6}	硫化锌	$ZnS(\beta)$	2.5×10^{-22}
磷酸钙	$Ca_3(PO_4)_2$	1.0×10^{-29}	氢氧化锆	$Zr(OH)_4$	1.0×10^{-54}

附录五　标准电极电势表（298.15K，水溶液）

电极反应				φ^{θ}/V
氧化态（Ox）	电子数		还原态（Red）	
Li^+	$+e$	$\rightleftharpoons$	Li	-3.045
K^+	$+e$	$\rightleftharpoons$	K	-2.924
Ba^{2+}	$+2e$	$\rightleftharpoons$	Ba	-2.905
Ca^{2+}	$+2e$	$\rightleftharpoons$	Ca	-2.866
Na^+	$+e$	$\rightleftharpoons$	Na	-2.714
Mg^{2+}	$+e$	$\rightleftharpoons$	Mg	-2.363
Al^{3+}	$+3e$	$\rightleftharpoons$	Al	-1.663
ZnO_2+2H_2O	$+2e$	$\rightleftharpoons$	$Zn+4OH^-$	-1.216
SO_4+H_2O	$+2e$	$\rightleftharpoons$	$SO_3^{2-}+2OH^-$	-0.93
$2H_2O$	$+2e$	$\rightleftharpoons$	H_2+2OH^-	-0.828
Zn^{2+}	$+2e$	$\rightleftharpoons$	Zn	-0.763
Cr^{3+}	$+3e$	$\rightleftharpoons$	Cr	-0.744
$AsO_4^{3-}+2H_2O$	$+2e$	$\rightleftharpoons$	$AsO_2^-+4OH^-$	-0.67
$SO_3^{2-}+3H_2O$	$+4e$	$\rightleftharpoons$	$S_2O_3^{2-}+6OH^-$	-0.58
$2CO_2+2H^+$	$+2e$	$\rightleftharpoons$	$H_2C_2O_4$	-0.49
Fe^{2+}	$+2e$	$\rightleftharpoons$	Fe	-0.440
Cr^{3+}	$+e$	$\rightleftharpoons$	Cr^{2+}	-0.407
Cd^{2+}	$+2e$	$\rightleftharpoons$	Cd	-0.403
Cu_2O+H_2O	$+2e$	$\rightleftharpoons$	$2Cu+2OH^-$	-0.36
AgI	$+e$	$\rightleftharpoons$	$Ag+I^-$	-0.152
Sn^{2+}	$+2e$	$\rightleftharpoons$	Sn	-0.136
Pb^{2+}	$+2e$	$\rightleftharpoons$	Pb	-0.126
$CrO_4^{2-}+4H_2O$	$+3e$	$\rightleftharpoons$	$Cr(OH)_3+5OH^-$	-0.13
Fe^{3+}	$+3e$	$\rightleftharpoons$	Fe	-0.037
$2H^+$	$+2e$	$\rightleftharpoons$	H_2	0.0000
$NO_3^-+H_2O$	$+2e$	$\rightleftharpoons$	$NO_2^-+2OH^-$	0.01
$AgBr$	$+e$	$\rightleftharpoons$	$Ag+Br^-$	0.071
Sn^{4+}	$+2e$	$\rightleftharpoons$	Sn^{2+}	0.151
Cu^{2+}	$+e$	$\rightleftharpoons$	Cu^+	0.153
$S_4O_6^{2-}$	$+2e$	$\rightleftharpoons$	$2S_2O_3^{2-}$	0.17
$S+2H^+$	$+2e$	$\rightleftharpoons$	H_2S	0.17
$SO_4^{2-}+4H^+$	$+2e$	$\rightleftharpoons$	$H_2SO_3+H_2O$	0.17
$AgCl$	$+e$	$\rightleftharpoons$	$Ag+Cl^-$	0.222

续表

| 电极反应 | | | φ^θ/V |
氧化态(Ox)	电子数	还原态(Red)	
$IO_3^- + 3H_2O$	$+6e$	$\rightleftharpoons$ $I^- + 6OH^-$	0.25
Hg_2Cl_2	$+2e$	$\rightleftharpoons$ $2Hg + 2Cl^-$	0.268
Cu^{2+}	$+2e$	$\rightleftharpoons$ Cu	0.34
$[Fe(CN)_6]^{3-}$	$+e$	$\rightleftharpoons$ $[Fe(CN)_6]^{4-}$	0.356
$O_2 + 2H_2O$	$+4e$	$\rightleftharpoons$ $4OH^-$	0.401
$2BrO^- + 2H_2O$	$+2e$	$\rightleftharpoons$ $Br_2 + 4OH^-$	0.45
$4H_2SO_3 + 4H^+$	$+6e$	$\rightleftharpoons$ $6H_2O + S_4O_6^{2-}$	0.51
Cu^+	$+e$	$\rightleftharpoons$ Cu	0.520
I_2	$+2e$	$\rightleftharpoons$ $2I^-$	0.536
I_3^-	$+2e$	$\rightleftharpoons$ $3I^-$	0.545
MnO_4^-	$+e$	$\rightleftharpoons$ MnO_4^{2-}	0.564
$H_3AsO_4 + 2H^+$	$+2e$	$\rightleftharpoons$ $HAsO_2 + 2H_2O$	0.559
$IO_3^- + 2H_2O$	$+4e$	$\rightleftharpoons$ $IO^- + 2OH^-$	0.56
$MnO_4^- + 2H_2O$	$+3e$	$\rightleftharpoons$ $MnO_2 + 4OH^-$	0.60
$BrO_3^- + 3H_2O$	$+6e$	$\rightleftharpoons$ $Br^- + 6OH^-$	0.61
$ClO_3^- + 3H_2O$	$+6e$	$\rightleftharpoons$ $Cl^- + 6OH^-$	0.63
$O_2 + 2H^+$	$+2e$	$\rightleftharpoons$ H_2O_2	0.682
Fe^{3+}	$+e$	$\rightleftharpoons$ Fe^{2+}	0.771
Hg_2^{2+}	$+2e$	$\rightleftharpoons$ $2Hg$	0.788
Ag^+	$+e$	$\rightleftharpoons$ Ag	0.799
$2Hg^{2+}$	$+2e$	$\rightleftharpoons$ Hg_2^{2+}	0.920
$NO_3^- + 4H^+$	$+3e$	$\rightleftharpoons$ $NO + 2H_2O$	0.957
$HIO + H^+$	$+2e$	$\rightleftharpoons$ $I^- + H_2O$	0.99
$HNO_2 + H^+$	$+e$	$\rightleftharpoons$ $NO + H_2O$	1.00
Br_2	$+2e$	$\rightleftharpoons$ $2Br^-$	1.065
$IO_3^- + 6H^+$	$+6e$	$\rightleftharpoons$ $I^- + 3H_2O$	1.085
$2IO_3^- + 12H^+$	$+10e$	$\rightleftharpoons$ $I_2 + 6H_2O$	1.19
$O_2 + 4H^+$	$+4e$	$\rightleftharpoons$ $2H_2O$	1.228
$MnO_2 + 4H^+$	$+2e$	$\rightleftharpoons$ $Mn^{2+} + 2H_2O$	1.228
$Cr_2O_7^{2-} + 14H^+$	$+6e$	$\rightleftharpoons$ $2Cr^{3+} + 7H_2O$	1.333
$HBrO + H^+$	$+2e$	$\rightleftharpoons$ $Br^- + H_2O$	1.34
Cl_2	$+2e$	$\rightleftharpoons$ $2Cl^-$	1.359
$2ClO_4^- + 16H^+$	$+14e$	$\rightleftharpoons$ $Cl_2 + 8H_2O$	1.39
$BrO_3^- + 6H^+$	$+6e$	$\rightleftharpoons$ $Br^- + 3H_2O$	1.44

电极反应			φ^{θ}/V
氧化态（Ox）	电子数	还原态（Red）	
PbO_2+4H^+	$+2e$	$\rightleftharpoons$ $Pb^{2+}+2H_2O$	1.449
$ClO_3^-+6H^+$	$+6e$	$\rightleftharpoons$ Cl^-+3H_2O	1.451
$2HIO+2H^+$	$+2e$	$\rightleftharpoons$ I_2+2H_2O	1.45
$2ClO_3^-+12H^+$	$+10e$	$\rightleftharpoons$ Cl_2+6H_2O	1.470
$HClO+H^+$	$+2e$	$\rightleftharpoons$ Cl^-+H_2O	1.494
$MnO_4^-+8H^+$	$+5e$	$\rightleftharpoons$ $Mn^{2+}+4H_2O$	1.507
$2BrO_3^-+12H^+$	$+10e$	$\rightleftharpoons$ Br_2+6H_2O	1.52
$2HBrO+2H^+$	$+2e$	$\rightleftharpoons$ Br_2+2H_2O	1.59
Ce^{4+}	$+e$	$\rightleftharpoons$ Ce^{3+}	1.61
$2HClO+2H^+$	$+2e$	$\rightleftharpoons$ Cl_2+2H_2O	1.630
$MnO_4^-+4H^+$	$+3e$	$\rightleftharpoons$ MnO_2+2H_2O	1.692
Pb^{4+}	$+2e$	$\rightleftharpoons$ Pb^{2+}	1.694
$H_2O_2+2H^+$	$+2e$	$\rightleftharpoons$ $2H_2O$	1.776
$S_2O_8^{2-}$	$+2e$	$\rightleftharpoons$ $2SO_4^{2-}$	2.01
O_3+2H^+	$+2e$	$\rightleftharpoons$ O_2+H_2O	2.07
F_2	$+2e$	$\rightleftharpoons$ $2F^-$	2.87

附录六   部分氧化还原电对的条件电极电位

电极反应		φ^{θ}/V	溶液成分
氧化态（Ox）	还原态（Red）		
$AgI+e$ $\rightleftharpoons$	$Ag+I^-$	-1.37	1mol/L KI
Ag^++e $\rightleftharpoons$	Ag	0.77	1mol/L H_2SO_4
		0.792	1mol/L $HClO_4$
$Fe(\text{Ⅲ})+e$ $\rightleftharpoons$	$Fe(\text{Ⅱ})$	-0.68	10mol/L NaOH
		0.01	1mol/L $K_2C_2O_4$, pH=5
		0.07	0.5mol/L 酒石酸钠, pH=5~8
		0.46	2mol/L H_3PO_4
		0.53	10mol/L HCl
		0.64	5mol/L HCl
		0.68	1mol/L H_2SO_4
		0.70	1mol/L HCl
		0.71	0.5mol/L HCl
		0.767	1mol/L $HClO_4$

电极反应		φ^{θ}/V	溶液成分
氧化态（Ox）	还原态（Red）		
$Sn^4+2e \rightleftharpoons Sn^{2+}$		-0.63	$1mol/L\ HClO_4$
		0.14	$1mol/L\ HCl$
$Cr^{3+}+e \rightleftharpoons Cr^{2+}$		-0.40	$5mol/L\ HCl$
		-0.37	$0.1\sim0.5mol/L\ H_2SO_4$
		-0.26	饱和 $CaCl_2$
$Pb(Ⅱ)+2e \rightleftharpoons Pb$		-0.32	$1mol/L\ NaAc$
$CrO_4^{2-}+2H_2O+3e \rightleftharpoons CrO_2^-+4OH^-$		-0.12	$1mol/L\ NaOH$
$Cr_2O_7^{2-}+14H^++6e \rightleftharpoons 3Cr^{3+}+7H_2O$		0.84	$0.1mol/L\ HClO_4$
		0.92	$0.1mol/L\ H_2SO_4$
		0.93	$0.1mol/L\ HCl$
		1.00	$1mol/L\ HCl$
		1.025	$1mol/L\ HClO_4$
		1.05	$2mol/L\ HCl$
		1.08	$3mol/L\ HCl$
		1.08	$0.5mol/L\ H_2SO_4$
		1.11	$2mol/L\ H_2SO_4$
		1.15	$4mol/L\ H_2SO_4$
$Ce^{4+}+e \rightleftharpoons Ce^{3+}$		0.06	$2.5mol/L\ K_2CO_3$
		1.28	$1mol/L\ HCl$
		1.44	$1mol/L\ H_2SO_4$
		1.61	$1mol/L\ HNO_3$
		1.70	$1mol/L\ HClO_4$
$SO_4^{2-}+4H^++2e \rightleftharpoons SO_2+2H_2O$		0.07	$1mol/L\ H_2SO_4$
$I_3^-+2e \rightleftharpoons 3I^-$		0.545	$0.5mol/L\ H_2SO_4$
$[Fe(CN)_6]^{3-}+e \rightleftharpoons [Fe(CN)_6]^{4-}$		0.48	$0.01mol/L\ HCl$
		0.56	$0.1mol/L\ HCl$
		0.71	$1mol/L\ HCl$
		0.72	$1mol/L\ HClO_4$
		0.72	$1mol/L\ H_2SO_4$
$H_3AsO_4+2H^++2e \rightleftharpoons HAsO_2+2H_2O$		0.577	$1mol/L\ HCl$ 或 $HClO_4$
$Sb^{5+}+2e \rightleftharpoons Sb^{3+}$		-0.589	$10mol/L\ KOH$
		-0.428	$3mol/L\ KOH$
		0.75	$3.5mol/L\ HCl$
		0.82	$6mol/L\ HCl$
$MnO_4^-+8H^++5e \rightleftharpoons Mn^{2+}+4H_2O$		1.45	$1mol/L\ HClO_4$

分析化学课程标准

ER-课程标准